关于转子/定子碰摩系统的特性研究

王顺增　李卫鹏　著

四川大学出版社
SICHUAN UNIVERSITY PRESS

图书在版编目（CIP）数据

关于转子／定子碰摩系统的特性研究 ／ 王顺增，李卫
鹏著． -- 成都：四川大学出版社，2025.5. -- ISBN
978-7-5690-7595-3

Ⅰ．TH13

中国国家版本馆 CIP 数据核字第 2025UZ0234 号

书　　名：关于转子／定子碰摩系统的特性研究
　　　　　Guanyu Zhuanzi/Dingzi Pengmo Xitong de Texing Yanjiu
著　　者：王顺增　李卫鹏

选题策划：王　睿
责任编辑：王　睿　胡晓燕
特约编辑：孙　丽
责任校对：周维彬
装帧设计：开动传媒
责任印制：李金兰

出版发行：四川大学出版社有限责任公司
　　　　　地址：成都市一环路南一段 24 号（610065）
　　　　　电话：（028）85408311（发行部）、85400276（总编室）
　　　　　电子邮箱：scupress@vip.163.com
　　　　　网址：https://press.scu.edu.cn
印前制作：湖北开动传媒科技有限公司
印刷装订：武汉乐生印刷有限公司

成品尺寸：170 mm×240 mm
印　　张：24.5
字　　数：509 千字

扫码获取数字资源

版　　次：2025 年 5 月　第 1 版
印　　次：2025 年 5 月　第 1 次印刷
定　　价：138.00 元

四川大学出版社
微信公众号

前　　言

在广泛应用的旋转机械中,往往采用不断减小转子与定子的间隙的方法来提高旋转机械的效率,这使得转子/定子碰摩故障极易发生。在转子/定子碰摩系统中,碰摩表面的冲击力和干摩擦效应等非光滑因素可诱发一系列复杂的动力学行为,其中包括干摩擦自激振动,其可诱发灾难性的危害。因此,通过解析的方法求干摩擦自激响应解并确定其发生条件,可以深入全面地认识系统参数对该响应的影响规律。另外,借助非光滑动力学中的滑动分岔理论,可以深层次地认识干摩擦自激振动中的滞滑振动的特性及其动力学机制。同时,通过理论分析、模拟仿真和实验验证相结合的手段,可以对转子/定子碰摩系统的动力学特性进行综合性评价。基于此,针对轴流风机中叶片与风筒可能发生的多物理场耦合的动力学特性进行全面的分析。由此,可为旋转机械的设计和故障诊断等提供理论支撑,具有重要的学术价值和工程意义。

本书针对考虑干摩擦效应和碰摩面弹性变形的多自由度非光滑转子/定子碰摩系统,建立了不同自由度的动力学模型,并提出了预测系统干摩擦自激反向涡动响应及其存在边界的解析方法;另外,基于非光滑动力学理论揭示了干摩擦自激反向涡动响应的滞滑振动特性及其对应的多种滑动运动模式;此外,基于非线性模态构建了系统自激正向涡动的不变流形,并得到了系统的降阶模型。不仅如此,本书还通过轴流风机的多物理场耦合分析说明转子/定子系统的动力学特征。本书主要内容如下。

首先,基于转子/定子系统的的离散化和数值积分的数学分析方法,通过MDGKN 表示法、状态空间表示法、传递函数法和特殊构型等构建出不同形式的转子/定子碰摩系统的基本结构力学模型,分别分析转子/定子碰摩系统的滑动摩擦和滚动摩擦的摩擦力模型,并给出转子/定子系统摩擦系数的确定方法。然后,通过分别分析弹性力学冲击模型、牛顿冲击模型和振动冲击模型等描述转子/定子碰摩系统的碰撞力,并同样给出碰撞参数的确定方法。

其次,针对干摩擦反向涡动响应的反向和大幅值特性,从物理模型、激励、转子轨迹和频率等方面进行全面的分析,并通过分析干摩擦反向涡动的临界频率、临界切向速度、临界径向冲击速度,确定干摩擦反向涡动的稳定性图。同时,通过对刚性定子的干摩擦反向涡动的涡动频率特征进行分析,确定其最大涡动频率的限制条件。此外,分析柔性安装定子的干摩擦反向涡动的运动方程和接触条件,确定其周期性涡动的存在条件和稳定性。

再次,建立转子/定子碰摩系统的实验平台,从结构的设计、动平衡条件和定子不同安装条件的角度出发,设计可以通过更换定子实现改变转子与定子的间隙的转子结构。同时,搭建转子/定子碰摩系统实验平台的数据采集系统,建立转子涡动和定子振动的数据传输、采集和储存系统。通过实验平台的初步实验研究,对转子涡动数据和定子振动数据进行后处理,采用滤波、快速傅里叶变换(FFT)和轨迹等方法,从而确定转子/定子碰摩系统的实验研究基础。

然后,为了深入揭示干摩擦自激反向涡动响应的内在特征及响应随参数变化的规律,针对考虑定子动力学特性的4自由度非光滑转子/定子碰摩动力学模型,在转子和定子相对做纯滚动的条件下,通过假设系统响应可分解为正向的强迫响应解部分和反向的自激响应部分,从而发展一种预测非光滑干摩擦自激反向涡动响应行为的解析方法。该解析方法不仅可以对不同转速下纯滚动干摩擦自激反向涡动中转子和定子的响应幅值和频率进行准确预测,也可以对具有短滑移相的干摩擦自激反向涡动的滞滑振动响应进行近似预测。同时,阐明了滞滑振动和纯滚动对系统产生不同的阻尼效应。

接着,为了深层次地阐明非光滑转子/定子碰摩系统中干摩擦自激反向涡动的滞滑振动特性,借助非光滑动力系统的滑动分岔理论,解析确定了切换流形上不同类型滑动运动模式的区域及其边界条件,并基于干摩擦反向涡动边界处展现出的滑动运动模式临界条件,给出了一种基于滞滑振动特性的干摩擦反向涡动临界条件的解析方法。进一步地,分析一般性转子/定子碰摩系统中干摩擦反向涡动的滞滑振动特性,理论分析确认了:转子/定子在刚性碰摩情形下为纯滚动响应,在柔性碰摩情形下为无黏滞(滑动)的横穿振动,而在中等碰摩刚度情形下,发现转子/定子干摩擦自激反向涡动对应的滞滑振动包含横穿滑动模式、擦边滑动模式和切换滑动模式3种单一滑动运动模式的动力学行为,以及3种滑动运动模式相互混合的动力学行为。另外,阐明了在转动频率增大过程中各种类型滑动运动模式动力学行为的主要切换路径。

继而,为了探索非光滑转子/定子碰摩系统的有效模型降阶方法,针对考虑转子交叉耦合效应的转子/定子碰摩模型,根据非线性模态理论及谱子空间的流形理论,推导了该系统稳定正向涡动非线性模态所对应的谱子流形,发现其为具有开放曲面结构的谱子流形。基于该谱子流形得到了该转子/定子碰摩系统的一个二维的降阶模型,进一步分析了不同幅值谐波激励对降阶模型中自激正向涡动的响应精度及其特性的影响。

随后,为了验证已有的转子/定子碰摩系统动力学模型及相应分析方法和结果的合理性和有效性,开展了基于多体动力学分析软件的转子/定子碰摩响应的模拟仿真研究,以及基于转子实验台架的转子/定子碰摩响应的实验研究。通过对不同系统参数下碰摩响应结果进行对比分析,证实了理论分析、模拟仿真和实验测量结果的良好一致性,从而验证了转子/定子碰摩系统理论分析方法及其碰摩模型用于干摩擦自激振动分析的合理性和有效性。同时,发现了碰摩转子的干摩擦自激振动中含有纯滚动和滑移运动的现象。

最后,为了探索转子/定子系统在实际旋转设备中的动力学特性,对轴流风机的动力学的稳定性、多物理场耦合特性和可靠性展开分析。借助三维激光扫描仪,通过逆向扫描建模的方式建立叶片不规则几何外形,并进行结构模型的重建。通过对实验模态测试和仿真模态计算的模态参数进行对比分析,得到优化的叶片结构参数以及其与轮毂连接的连接参数,从而建立准确的轴流风机有限元模型。基于此,分别对轴流风机的振动响应特性、多物理场耦合特性及其疲劳寿命等进行分析,从而在不同静载荷、动载荷的激励条件下,考虑轴流风机流固耦合、热流固耦合的工作场所,进行有裂纹和无裂纹风机的综合分析。

本书所提出的解析方法和得到的结果可以推广到更为复杂的非光滑转子/定子碰摩系统,可为转子系统的设计、故障诊断和在线检测等提供理论支撑。

著　者

2025 年 1 月

目　　录

1 绪 论

1.1 涡轮机故障

涡轮机由于其工作原理,非常适用于能量转换,因此在一些工厂中得到了广泛应用。这些工厂大多具有非常高的能源吞吐量,这使得工厂的能量转换效率成为其控制成本的主要因素,因此,效率是涡轮机的关键指标。此外,由于涡轮机经常用于关键应用,在这些应用中,故障可能导致极高的成本,因此,可靠性是另一个关键指标。

本书研究的是涡轮机的一种特殊故障——干摩擦反向涡动。反向涡动是一种罕见但潜在致命的行为,转子受到足够强的激励后,沿着定子的内表面运行。轴的这种振动是由转子和外壳之间的摩擦力提供动力产生的,并指向与转子绕轴旋转相反的方向。转轴涡动的高频振动以及由此产生的剧烈变化的动载荷,使得干摩擦反向涡动对涡轮机的稳定运行构成严重威胁。干摩擦反向涡动的发生受转子与定子间隙和作用在转子上的激励的强烈影响。

对于反向涡动问题的明显解决方案,是通过设计足够大的环空间隙来避免转子和定子之间的任何接触,但通常是无法实现的,因为密封位置的间隙在很大程度上决定了涡轮机的效率及工厂在市场上的竞争力。因此,在涡轮机的经济运行与安全运行之间总是存在着一定的冲突。

涡轮机的一般结构如图 1-1 所示,图中举例说明了一个六级等温径向压缩机的结构。其中最重要的部分是旋转轴与叶轮,它们在一个固定的外壳内运行。在轴进入外壳的地方,以及在叶轮和外壳之间的几个位置,有密封元件将不同压力的区域彼此分开。

由于叶轮的高周向速度,这些密封元件不能设计成接触元件,且必须在转子和固定壳体之间保持一定的间隙。它们的特点是间隙窄,能对流体产生高阻力,以尽量减少泄漏。为了达到这个目的,流动要么被狭长的环形间隙阻碍,要么被众多节流阀的

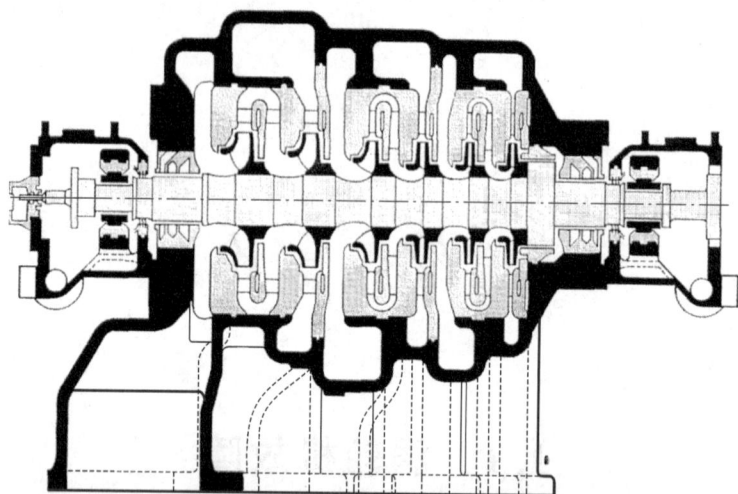

图 1-1　六级等温径向压缩机示意图

复杂设计阻碍。后来出现了一种称为迷宫密封的设计（图 1-2），在相关文献中可以找到关于各种涡轮机密封的作用模式的全面概述，以及对密封元件的转子动力学特性的介绍。

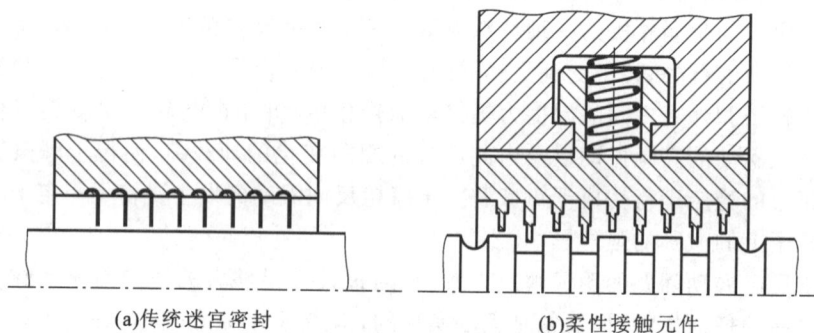

(a)传统迷宫密封　　　　　　　　(b)柔性接触元件

图 1-2　迷宫密封

　　通过间隙的气流对所做功没有贡献，因此这种气流的存在降低了涡轮机的热效率。这种气流流量的大小在很大程度上取决于密封环空间隙的大小。对于不可压缩的特殊情况，牛顿流体在静止层流下通过长间隙时，其能量的损失与间隙的立方成正比。而对于流动的可压缩流体，即使是在理想的迷宫密封中，情况也要复杂得多。在这里，可以用范诺曲线模拟气隙流动的近似值，范诺曲线将流动流体的焓与熵联系起来。

　　Bergami 关于涡轮机热效率的研究表明，尽管在减少密封位置的环形间隙方面做出了很大的努力，密封处的损失占总损失的比例仍然很大。19 世纪 70 年代初的调查数据显示,600 MW 的汽轮机的密封位置间隙损失约占总损失的 2.6％。小型涡轮机(如压气机),密封位置的间隙损失可达总损失的 20％。由于单个飞机涡轮密封件磨损产生的额外费用可能高达燃料总成本的 1％。每台设备每年的额外费用约为 10 万法郎。现今,涡轮机的间隙约为 0.2 mm。考虑到所描述的经济影响,对将由可磨损涂层制成的密封间隙减小至零间隙的强烈需求也就不足为奇了。

一方面,环形间隙变得越来越窄;另一方面,在过去的几十年里,尺寸、功率的增加和功率集中导致了涡轮机中由各种激励机制引起的振动问题不断增多。狭窄的间隙和过大的振动幅值使转子和定子之间更容易接触。这些接触是导致涡轮机大量损坏的原因。13％的涡轮机损坏与密封元件有关,一些涡轮机的密封元件和叶轮在调试时就已经因与边界接触而损坏。

涡轮机故障的经济影响不可低估。由于涡轮压缩机运行的不稳定性,菲利普斯石油公司在挪威埃科菲斯克附近的北海油田中的全面生产被推迟了近 6 个月。不稳定的压缩机使雪佛龙旗下 Kaybob 天然气厂的全面运营推迟了大约 1 年。美国国家航空航天局(NASA)航天飞机主发动机高压涡轮泵的问题使航天飞机计划中断了 6 个月,估计每天的损失费用为 50 万美元。

以涡轮压缩机为例,有以下 4 种机制可以激发轴的横向振动。

(1)同步激励

同步激励一般是由转子的不平衡产生的,转子不平衡的原因主要包括以下几点。

①初始不平衡。

②固体颗粒沉积在叶轮上造成的不平衡。

③收缩接头温度变化引起的张力不平衡。

④收缩配合松动造成的不平衡。

⑤由联轴器对准缺陷引起的不平衡。

⑥叶片损失导致的不平衡。

⑦密封位置损坏造成的不平衡。

此外,通过基础、联轴器或齿轮箱传递振动,也可能诱发同步激励。

(2)次同步激励

①轴承和密封件中的油鞭(油膜振荡)。

②间隙中流体的不稳定流动。

③间隙空气动力学不稳定。

④旋转失速。

⑤叶轮侧室的激励。

⑥叶轮和扩散器之间的相互作用。

⑦轴承或轴承支座松动。

⑧空气动力学波动。

⑨通过基础、联轴器或齿轮箱传递振动。

（3）超同频激励

①变速箱缺陷。

②弹性非线性联轴器，即对准缺陷。

③轴的非圆度。

④大振动幅度下的非线性油膜。

⑤轴承或轴承支座松动。

⑥空气动力激励。

⑦通过基础、联轴器或齿轮箱传递振动。

（4）非周期激励

①"泵"（抽气）。

②操作引起的压力波动。

③通过基础、联轴器或齿轮箱传递振动。

④突然出现上述现象，由此产生旋转失速或动叶损失。

图1-3为"抽气"时涡轮压气机转子的位移。例如，当压缩流体流经的管道关闭时，就会发生"抽气"。当管道内压力达到压气机最大排气压力时，叶片上的气流崩溃，压力水平无法维持。然后，管道系统中的压缩流体通过叶轮回流。这种情况会周期性地发生，其频率取决于管道系统的体积、压缩机的功率和流体的可压缩性。考虑到某些涡轮压气机的最大压力可高达 50 MPa，转子的强烈激励是不可避免的。

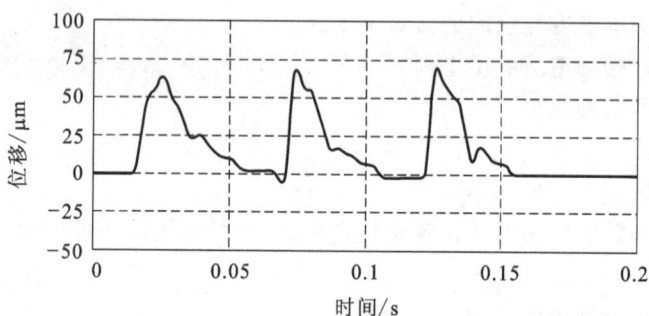

图1-3 "抽气"时涡轮压气机转子在一个轴承位置的位移

注：在转子中间位置的最大位移预估为 $180\ \mu m$

除了描述一般自激转子振动的文献外，还有相当多的文献描述了发生在转子与静止元件接触处的接触现象。对于摩擦接触这种严重的故障，不同文献的描述缺乏一致性，研究的现象和应用的方法也各不相同。这些文献报道的影响包括：

纽柯克效应：以略低于其第一个临界速度运行的轴稳定地接触定子的高点。摩擦力产生的热量导致轴的局部变形，带来额外的不平衡。这导致随着时间的推移，不平衡加剧，不平衡位置也慢慢地发生改变，最终结果是转子的同步振动增加。这种效应也被称为热诱导不平衡或螺旋振动。由热诱导不平衡产生的振动也可以在钢滑簧的碳刷处观察到。在线平衡提出了一种新概念，通过选择性诱导热不对称来实现对不平衡的补偿。

转子和定子的同步振动：如果转子在一个向前的、不平衡的受激轨道上运动，并且与定子有连续的接触，那么随着定子挠度的增加而产生的额外刚度会提高转子的特征频率，从而导致转子处于永久的临界状态。转子和定子的振幅可以达到很高的值，这种效应也可能发生在最初为了限制转子在过临界速度时偏转而设计的装置上。这种处于永久临界状态的转子转动也被称为超旋转。

次同步响应、冲击：在某些条件下，转子可以发展出一种冲击行为，连同它的不平衡轨道显示出特殊的特征，如周期运动或混沌行为等。这些效应主要出现在模拟中。如果转子的不平衡轨道上存在障碍物，则会产生复杂的振动模式，包括各种次同步状态之间的过渡。已有的模拟和测试结果主要揭示了负载水平不是太高的转子冲击特性。目前，声发射装置也已经可以用于检测转子与定子间的接触行为。

干摩擦反向涡动：如果激励使转子与其定子接触，则摩擦力使转子的切向速度在与其旋转方向相反的方向上增加。如果转子曾经获得足够的切向速度以与定子的内表面保持永久接触，那么摩擦力将使转子沿定子内表面的横向运动速度稳步增加。这是一种不稳定的行为，理论上直到转子在定子的内表面上滚动才会停止（图1-4）。

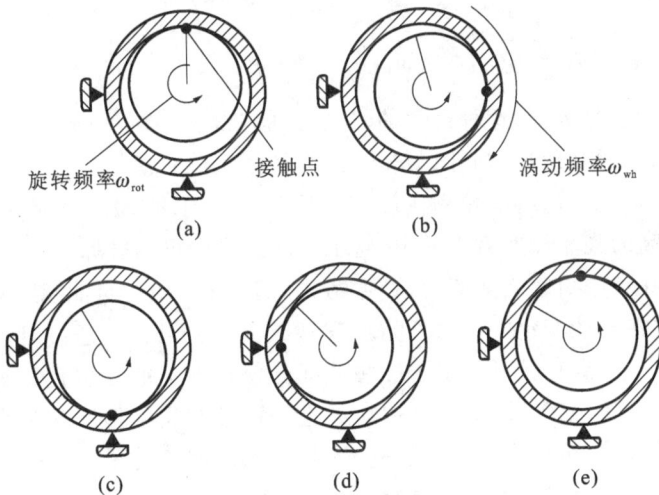

图 1-4　转子在其外壳内表面无滑移滚动时的位移

注：可以清楚地看到，当转子旋转角度只有 60° 时，旋转运动就完成了一个完整的周期

与上面描述的其他接触现象(主要是理论性的或很好理解的)不同,干摩擦反向涡动对涡轮机是一个真正的威胁。过去,研究者们还不了解反向涡动产生的原因,以及在反向涡动过程中发生了什么,因此,对这一现象进行彻底的实验和理论调查是当前研究的主题。

如上所述,干摩擦反向涡动(以下简称反向涡动或简单旋转)是一个非常速率的现象。然而,其潜在后果可能是灾难性的。Rosenblum 列举了这种故障的不同情况,并提到了一些涡轮机完全破坏的案例。其中包括 1972 年德国的 Kainan 发电厂一台 600 MW 涡轮发电机的完全报废。损坏源于低压涡轮部分的发电机一侧,并通过 4 个外壳一直延伸到高压涡轮部分,将轴肢解成 17 个部分。

Rosenblum 给出了以下解释,即在本书中被称为反向涡动的"经典模型":在小不平衡的情况下,转子静态弯曲,并在固定振幅的旋转方向上进行同步旋转运动,在此期间,在轴上不会产生交变应力。现在假设由叶片损失或类似事件引起突然不平衡,导致轴与壳体接触,并且轴与壳体之间的摩擦力足够大,可以完全防止滑动。由于切向摩擦力,转子被迫在定子的内表面上滚动。因此,轴的运动发生了巨大的变化。除了围绕转轴轴线转动之外,还有一种运动形式,转轴在转子和定子的接触位置处,仅仅是沿着以转子与定子径向间隙为半径的圆,发生径向平移。图 1-4 描述了转轴的 5 个连续运动状态。

这种运动的频率必须满足滚动的条件,即在接触点处的相对速度 v_{rel} 必须消失。定子半径为 R_{s},转子半径为 R_{r},旋转频率为 ω_{rot},涡动频率为 ω_{wh},则得到

$$\begin{cases} v_{\text{rel}} = \omega_{\text{rot}} R_{\text{s}} + \omega_{\text{wh}} (R_{\text{r}} - R_{\text{s}}) = 0 \\ \omega_{\text{wh}} = -\omega_{\text{rot}} \left(\dfrac{R_{\text{r}}}{R_{\text{s}} - R_{\text{r}}} \right) \end{cases} \tag{1-1}$$

旋转频率的负号表明,这种运动的转动方向与绕转子轴线转动的方向相反。即使在非密封位置,通常的环空间隙与转子的半径相比也非常小,这导致了异常高的向后进动频率。很明显,这些高频率在现实中是无法达到的,但同样明显的是,仍然会出现相对非常高的频率和非常大的力,这也可能造成严重的破坏。

上述运动在轴中引起交变应力,在振荡载荷下,交变应力可能超过转子的最大屈服应力,并导致在直径变化的位置开始出现裂纹。Rosenblum 通过对不同的涡轮机故障的研究发现,当涡轮转子与定子接触的部分使转子上的角位置相对于初始旋转方向发生 10°~15° 的变化时,得出上述后向进动机理与实际情况相吻合的结论。他提出了一个转子在扭转载荷下失败的例子,并将其归因于转子因破碎部件而引起的减速。Rosenblum 建议继续研究反向涡动,因为它具有普遍的有效性、独特的属性,以及对研究涡轮机故障具有重要意义。

Rosenblum 将旋涡行为的表征限制在转子已经与定子连续接触的情况下,

Zhang 通过研究这种运动状态可能发生的条件,扩展了经典的旋涡模型。假设特征频率为 ω_{r0},黏性模态阻尼为 D_r,转子与定子之间滑动摩擦系数为 μ,对于一个由轻柔轴支撑的刚性圆盘,他计算了圆盘在与刚性定子连续接触时由于摩擦力而产生的加速度。通过对运动方程稳定性的研究,他发现圆盘的稳定性依赖于初始条件。如果涡动频率 ω_{wh} 满足

$$\omega_{wh} < -\omega_{r0}\left[\frac{D_r}{\mu} + \sqrt{\left(\frac{D_r}{\mu}\right)^2 + 1}\right] \tag{1-2}$$

则旋转运动变得不稳定,否则转子进入阻尼自由振动。

式(1-2)中的关系表示转子与定子之间产生的摩擦力大于黏性阻尼所施加的力,并使转子向旋转方向加速。Zhang 将这一理论扩展到多自由度转子系统。

前文所述研究中所有反向涡动的例子都是针对在传统轴承上运行的转子,但干摩擦反向涡动不仅局限于传统的转子系统。Chen 研究了在原油开采中使用旋转钻柱的问题。

随着在主动磁轴承中运行的汽轮发电机数量的增加,对干摩擦反向涡动的理解变得更加重要。主动磁性轴承(AMB)是一种通过磁场使物体(在大多数情况下是铁磁转子)保持悬浮的装置。与传统轴承相比,它们具有一些明显的优点,如无机械接触、无磨损、无须润滑、损耗低、寿命长等。与主动磁性轴承相关的开放性问题之一是在磁力崩溃的情况下旋转转子的行为。通常有一对滚珠轴承,称为保持器轴承,用于防止转子与定子绕组的接触,并使其缓慢减速,直到停止或重新悬浮。在某些条件下,磁悬浮转子可进入反向涡动型振动。

在大多数情况下,文献中对反向涡动的研究都是基于强烈的简化。一方面,这使分析更便利,但另一方面,这也掩盖了必须考虑的一些重要因素,这些因素对于理解反向涡动过程的动力学行为具有重要的意义。例如,大多数作者假设定子是刚性固定体。这就产生了一个比假设定子参与运动更容易处理的方程组。然而,如果转子的运动频率很高,以至于负载足以破坏系统,那么定子没有柔度的假设就不太妥当。

很少有文献涉及按要求安装的定子中转子的旋转。除此之外,还没有发现任何关于反向涡动发生条件的文献。很少有文献明确报道致力于反向涡动的实验工作,现有的实验工作大多集中在具有非常灵活的转子和大气隙的相当理想化的系统上。

1993 年,欧盟发起了"ROSTADYN"研究项目,旨在研究转子-流体-定子相互作用的基本问题,Williams 开展的干摩擦反向涡动研究和 Fumagalli 开展的磁力破坏后磁悬浮转子行为研究是该项目的一部分。这两项研究均进行了理论分析和实验研究,并首次得出了有关反向涡动期间实际发生情况的结论。

尽管进行了这些研究,结果却大相径庭,人们还没有真正理解反向涡动的基本性质。在实际条件下,有许多与叶轮机械中的反向涡动相关的开放性问题,包括特征频

率、转速、环隙、密封元件的行为以及上述效应(主要是与定子的冲击)对转子的激励的影响。

1.2 轴承-转子系统动力学发展历程

转子系统广泛应用于汽车、航天航空和电力等行业中的发电机、电动机、泵、变速箱、传动系统、压缩机、风扇、鼓风机、涡轮增压器、汽轮机、燃气轮机和飞机发动机等基础性旋转机械设备。同时,高精密度的转子系统对微型磁悬浮电机和微型压缩机等微机电系统的高效、稳定运行至关重要。然而,制造误差或工况恶劣等因素极易引起转子系统的组件故障。其中,转子/定子碰摩是转子系统中较常见的故障之一,其根源主要是转子系统中旋转的转子部分和静止的定子部分的变形量和振动量超出了预留间隙而发生碰撞和摩擦。随着工业化的发展,旋转机械设备的工艺参数不断提升,转子与定子的间隙变得越来越小,以满足人们对转子系统的高效率、高精度和经济性的要求。相应地,转子/定子碰摩故障也层出不穷。

作为一种后继性故障,转子/定子碰摩一般是由非理想状态的初级因素引起的危害性极大的次级机械故障[1]。旋转机械运行过程中,转子的不平衡、转轴的不对中和局部热弯曲,定子的变形、失稳激励的突增和间隙的热缩等因素,都可能造成转子和定子的大幅振动,从而发生转子/定子碰摩故障[2]。转子/定子碰摩发生之后,转子系统在升速和降速过程中振幅会快速增大,额定转速下振幅也有可能产生剧烈振荡,从而对整个设备的稳定运行造成影响。一方面,干摩擦效应分别对转子系统沿周向和法向产生影响。转子与定子间的摩擦力会对转子系统产生一个沿圆周运动方向的附加力矩,使得转子的转动速度发生波动,并进一步影响转子的涡动速度,甚至产生全周的反向涡动,从而诱发大幅振荡的自激振动。同时,转子与定子间的全周碰触,相当于在转子系统的法向产生了附加的支承,使得转子系统的刚度产生不稳定的跳动,从而可能引发转子的临界转速和振型发生瞬变的非线性振动。另一方面,碰撞冲击和摩擦热变形等引起复杂的剧烈振动。转子/定子碰摩的冲击作用所产生的激振力在一定条件下有可能诱发自由振动的叠加,热变形可能导致转子偏心量和定子局部形变增大,从而使转子系统的振动加剧。此外,转子/定子碰摩还会导致转子和定子的磨损,从而进一步使二者的间隙增大,发生碰摩的概率剧增。这种恶性循环会不断损伤转子系统的零部件,降低旋转机械的性能,并最终引起转子和定子系统部件的断裂,导致设备的损毁,引发十分严重的后果。

转子/定子碰摩可能发生在高速旋转机械的轴承与密封之间、电动机的电枢与定子之间或涡轮机的叶片与壳体之间等,造成巨大的时间和经济损失。在汽车工业中,转速高达 100 000～400 000 r/min 的涡轮增压器,其不平衡质量比约为 100,从而可能导致轴承运行的不稳定,并引起严重的转子/定子碰摩[3]。在新能源电动和混合动力汽车的紧凑型直流或交流电机中,由于过大的附加应力,电枢与定子也会发生碰摩,从而可能导致绕组完全损坏[4]。在发电行业中,当燃气轮机产生转子偏心率,由转子和定子组件的瞬态过度膨胀差或压缩机壳体绝缘不均匀引起壳体变形时,都有可能发生叶片与定子之间的碰摩,从而导致发生局部过热、材料磨损和叶片断裂等故障[5-6]。由于燃气轮机的转子在叶片尖端的切线速度很高,因此叶片/定子碰摩比轴承/密封件碰摩更加危险,是叶片撞毁塔架的主要原因[7-8]。在飞机行业中,由发动机部件中叶片损伤、机壳变形和风车损坏等引起的桨叶/定子碰摩,极易造成严重的事故。在 2014 年的检查中发现,比奇公司的霍克 400A 型飞机的右引擎由于受到鸟击,发动机整流罩有多次穿透,表明叶片与定子之间存在严重的碰摩故障,需要对雷神公司或比奇公司霍克 400A 型飞机的所有 JT15D-5 型发动机进行改进,以抑制在发动机的鸟击或异物侵吞事故中涡扇与机壳之间的剧烈碰摩[9]。另外,微机电系统中的高速微旋转机械由于转子不平衡或不对中等原因,也有可能发生转子/定子碰摩[10]。其中,转子失稳主要是由深度反应离子刻蚀(DRIE)工艺的不均匀而引起的转子叶片高度差异所致[11]。

由于过去这些事故的发生,在设计、制造和维护旋转机械的过程中,应利用状态检修(CBM)技术预测设备中的异常行为,以避免不必要的转子/定子碰摩[12]。而有效的碰摩诊断技术需要全面深入地分析转子与定子之间的相互作用及其对系统响应的影响。关于转子/定子碰摩系统确定性问题,国内外学者已取得了大量的研究成果。然而,对于转子/定子碰摩系统的高维复杂问题,完整理解转子与定子相互作用期间的动力学行为仍是一项巨大的挑战。一方面,转子/定子碰摩现象的突发性和破坏性,使其干摩擦自激振动的详细实验资料匮乏;另一方面,转子/定子碰摩系统的非光滑动力学特性,使其难以采用光滑系统的理论和解析分析手段。转子/定子碰摩系统中向量场的非光滑性,对转子和定子的动力学行为产生根本性的影响,部分结果表明,在转子系统中已经发现了类似平动系统的滞滑振动现象[13-15]。非光滑动力系统经过了近 1 个世纪的研究,已经显示出了与光滑系统完全不同的独特分岔及其动力学行为[16]。与平动系统的动和静摩擦转换相比,转子系统的滚动和滑动摩擦转换更加复杂且不易观测,因而有关其非光滑特性的研究较少。这就迫切需要对多自由度非光滑转子/定子碰摩系统的干摩擦自激振动及滞滑振动特性进行机理性分析,从而为进一步保障旋转机械的稳定和安全运行以及优化设计和状态检修提供必要的理论和现实参考。

转子动力学是用来研究旋转机械转子/定子系统振动现象和动力稳定性,包括工程设计计算和减振方法、隔振方法、振动控制方法等的科学,已经有超过百年的探索历程。据相关统计,1974 年以前,研究学者的文献数量为 1 200 篇左右,1974 年到现在,由于该学科发展突飞猛进,文献的数量已是 1974 年前的数倍。从简单结构到复杂结构、从线性系统到非线性系统、从单盘转子到多盘转子,转子动力学展现给人们的不仅是其复杂程度,更多的是其在现代工业中的关键作用。

从时间轴来看,旋转机械在 19 世纪的工业革命中面世,从此转子动力学[9]开始逐渐发展。1869 年,提出临界转速概念的 Rankine 基于对两端刚性铰支的无阻尼均匀轴在初始位置受到扰动后的平衡条件研究,得到转子/定子系统只可以在一阶临界转速以下进行稳定运转的结论,从而使人们的认识在长达半个世纪的时间里停留在临界转速以下的研究领域。1919 年,转子动力学[11]的重要奠基人 Jeffcott 建立了著名的 Jeffcott 转子模型,他研究了两端支撑在刚性轴承上的柔性轴(轴无质量,是对称的且轴上只有 1 个集中质量的最简单的转子系统)的振动情况,分析了其动力学行为。他颠覆了人们以往的认识,提出处于超临界状态的转子因自动对心而达到平稳的运动状态的观点,从此为超临界转速的转子设计应用打开了通往前方的大门,使得旋转机械在工业工程领域发挥更有力的作用。

之后,Stodola 和 Green 提出了 Stodola-Green 转子模型,该模型可以更好地模拟实际转子运行的振动特性,为人们更加深入地了解临界转速下的运动特性等提供了参考。在这一时期,研究者主要通过传统结构力学的方法对转子系统的动力学特性进行研究,且主要集中于系统临界转速的计算,在研究的转子模型中将轴承简化为刚性支撑,并没有涉及轴承的影响。然而,随着转子转速跨临界转速逐渐提高,转子系统中的自激振动现象越来越频繁,人们开始考虑轴承油膜对转子系统的影响。1924 年,Newkirk 发现并解释了风机由于自激振动造成破坏的现象,并称这种现象为涡动,此外,通过对转子自激振动造成的涡动现象的工作频率进行研究,得出当油膜轴承的低频振动频率大概是正常工作频率的 1/2 时,可能发生油膜振动。

这些重要研究象征着转子轴承系统性研究的开始,预示着转子动力学理论和轴承润滑理论的历史碰撞以及转子-轴承系统动力学的诞生。现代研究主要考虑非线性阻力、碰摩、裂纹、密封力、陀螺效应等不同作用下的复杂转子定子系统下非线性动力学响应。

从不同方面的研究来看,转子-轴承系统动力学主要研究以下几类问题。

(1)临界转速问题

临界转速是响应到转子系统每一阶固有频率下的转速。如果转子的工作转速还有临界转速在数值上相等,就会发生共振现象。

在计算理论分析方法方面,20 世纪 50 年代以前,研究者在分析时都认为支承是完全刚性的,并经常只有求一阶的临界转速相对合理,如 Rayleigh 方法、Ritz 方法及 Stodola 方法等。1945 年由 Prohl、Myklesfad、Holzer 等研究者提出的初参数法被用来分析计算多个支撑的转轴系统的临界转速,并很快得到了推广,方便了在支承弹性、滑动轴承油膜弹性、陀螺效应等众多因素下解决问题,而且能进行高阶临界转速的计算。1957 年以后,Koling 和 Guenther 等研究者将 Prohl 法的成果做成了矩阵形式并且用计算机进行处理,提出了传递矩阵法。1954 年之后,Duncan 和 Bishop 等研究者提出了影响系数、机械阻抗和导纳的定义,这些定义在电学分析和音响学分析方面的应用相对成熟,被拓展用于机械振动系统的研究,而且能够用于计算临界转速问题。同时期,苏联也采用理论概念相似的动柔度方法、动刚度方法完成多支承复杂轴系的临界转速的分析计算。但是当求解动柔度时,必须理解单跨的具体振型曲线、共振频率反共振频率等。

在力学模型简化方面,哈尔滨工业大学做出了杰出贡献,其把有限元素法应用于转子的简化领域,进行了分析整锻转子及焊接转子的当量刚度一系列研究工作。1977 年日本的日立公司在对某一大型锅炉给水泵转子振动进行研究分析时,对每一级叶轮的径向都进行了简化,将其简化为 1 个弹簧和 1 个阻尼器,而且实际建立了专用实验台用于研究,在不同的间隙比下绘制相系数的实验曲线。

在考虑模拟临界转速的实验方面,20 世纪 50 年代的苏联和捷克斯洛伐克,以及 60 年代的日本都曾进行过不少临界转速的物理模拟尝试,尝试利用模拟实验的途径来分析转子系统的临界转速大小,而且发表了相关论文。我国在 60 年代初期也进行了类似的实验尝试。20 世纪 50 年代,瑞士 BBC 公司利用电模拟法分析转子系统临界转速的大小。70 年代初期,有关同时存在油膜和结构阻尼的转子-轴承系统的固有频率的计算问题被攻克。

(2)转子动平衡问题

20 世纪 50 年代末期,Bishop、Ferdern、Goodman 等研究者进行了柔性转子系统以及转轴系统的动平衡理论的研究分析。1972 年日本三菱公司白木万博发现了振型圆平衡技术。瑞士 BBC 公司 Kollenberger 等研究者对阵型平衡法开展了大量的研究工作。美国某企业也从 1967 年开始就针对多平面-多转速影响系数下转子平衡进行了探索,于 1971 年利用平衡程序得到转子转速超过四阶临界转速后还是可以安全可靠地工作的结论。我国在 20 世纪 70 年代初期也已熟练应用阵型平衡法进行问题研究,并于 1976 年掌握了最小二乘法。在动平衡理论和方法上,美国海军部伊里诺斯研究所于 1962 年 5 月发表了柔性转子的动平衡方法和设备发展的相关文献。

(3)轴承油膜动力学问题

1964 年,日本的众多学者和工程技术人员对轴承油膜的动力学问题开展了理论和实验的探索研究。1966 年,德国学者 Glienicke 和 Kollmann 利用对不同类型轴承进行实验的方法求解得到了油膜动力特性的重要系数。在我国的众多科学研究中,西安交通大学和清华大学等众多科研单位在理论研究分析方面取得了成效。

（4）转子系统稳定性问题

关于稳定性分析有两方面的考虑，第一是确立失稳转速，第二是确立稳定裕度。在 20 世纪 60 年代的科学理论分析研究中，一般会将转子简化成一个单质量并且单考虑油膜的动特性，Gunter 在进行研究时就是如此。20 世纪 70 年代初期，研究者经常将转子看成一个多质量而且变截面的轴来进行分析，Lund、Bansal 等人就是如此操作的。而 Rigir 于 1974 年发现，利用线性的轴承特性（8 个系数）进行计算得到的系统失稳转速与现实情况非常吻合。如今大型计算设备已经在此问题的处理中得到了广泛的应用。

（5）阻尼减振支承问题

考虑在阻尼减振支承方面的研究时，在发电机组方面，瑞士的 BBC 公司以及日本的日立公司都在研究的过程中运用阻尼减振支承的方法取得了很好的减振实际效果。而对于具有弹性阻尼的支承机构研究，很多的研究者专注于研究挤压油膜减振器，如美国弗吉尼亚大学学者 Gunter 分别于 1975 年和 1977 年进行的工作。

（6）使用计算机解决转子动力学问题

转子动力学的计算机解决方案通常通过建立转子系统的数学模型并应用分析方法来分析其动力学行为。首先，通过有限元分析（如 ANSYS、ABAQUS）或自定义程序（如 MATLAB）建模转子系统，得到转子系统的质量矩阵、刚度矩阵和阻尼矩阵，然后求解固有频率、临界转速、不平衡响应和稳定性等关键参数。常见的分析方法包括模态分析、稳态响应分析、时域或频域分析，通过这些方法计算转子在不同工况下的振动和稳定性。计算机仿真软件如 MSC Nastran 能够高效地处理转子系统的复杂力学问题，并通过优化设计避免共振、提高系统稳定性。这些计算结果可用于优化转子结构、轴承设计和振动控制，确保转子系统的可靠性和高效运行。

（7）振动测试及数据处理问题

当进行振动的测试和数据处理时，要考虑的问题主要有转子不接触式测振技术的应用、动态响应特性测试技术的应用、数据处理（分为在线和离线）三方面。

上述分别从时间轴和不同研究问题的角度对转子动力学进行了论述。需要特别强调的是，基于转子动力学的不断发展历程，现代的研究主要集中在由非线性因素引起的各种复杂的非线性转子动力学，传统的线性方法逐渐无法满足日益复杂的研究需求，而非线性的研究正处于发展阶段，面临的众多问题需要用更先进的方法、理论、实验、模拟等进行深入探索，这也吸引了越来越多的专家学者探索新的研究领域、找寻新的研究方法。现阶段对非线性转子动力学的研究分类如下：

①碰摩转子系统研究；

②松动转子系统研究；

③油膜转子系统研究；

④气弹转子系统研究；

⑤裂纹转子系统研究；

⑥刚度、阻尼、激振力随时间逐渐变化的转子系统研究。

1.3 非光滑动力系统的发展

在实际的科学和工程领域中，由于受系统中强非线性的约束条件、本构关系和控制方式等限制，系统模型中往往存在着不同部分相互之间或与外部环境的碰撞、冲击、干摩擦，以及变刚度、间隙、阈值、脉冲和数字控制等大量的非光滑因素，使得系统中平稳演变的向量场发生突变而变得非光滑。描述物理过程中这些非光滑动态行为的系统，被称为非光滑动力系统。其中，机械工程中周期力加载产生碰撞的碰振系统[17]，高转速旋转设备中转子与定子之间的碰摩问题[18]，以及具有运动约束的枪炮、船舶系留机构[19]，刹车系统[20]和空间可展机构[21]等，都是非光滑动力系统的典型工程实例。此外，电力电子工程中的 Chua 电路[22]和 DC/DC 降压/升压转换器变换器[23]等，控制工程中的继电器控制系统等[24]，经济学中的社会主义市场经济离散时间模型等[25]，以及生物学中的神经元模型[26]和疾病传播模型[27]等，都蕴含非光滑动力学原理与控制思想。深入研究非光滑系统的动力学问题，对于分析全局系统的特性具有重要意义。

根据动力系统的定义，非光滑微分方程和非光滑映射都属于非光滑动力系统的范畴。通过将非光滑动力系统的相空间划分为有限个光滑的区域，在各个区域内由相应的足够光滑的微分方程组描述系统处处可微的运动轨线。但是在相邻区域的分界面上，这些微分方程组不再保持光滑，使得系统运动轨线出现跳跃或尖峰。基于向量场在边界上的非光滑程度，非光滑动力系统大致可以分为三类[16]：①非光滑连续系统，微分动力方程组的右端项连续但不可微，该系统中存在着连续可微的轨线，同时具有不连续的第一阶或更高阶导数的向量场；②具有连续但不连续可微轨线的系统，微分动力方程组在时间上连续但右端项是不连续的，常以 Filippov 系统为典型，主要特征是约束在不连续位置处的滑动运动（sliding motion）；③在时间上不连续且具有不连续轨线的系统，常以传统意义上的碰撞系统为典型。一般来说，①、②类系统被称为分段光滑系统（piecewise smooth system）。非光滑动力系统中向量场的跳跃、滑动和切换等，使其具备了传统连续模型所不具备的强非线性和奇异性。因此，不同于光滑动力系统的一般方法，非光滑动力系统需要将非光滑因素融入动力系统的分析思想中，建立脉冲微分方程[28]、非光滑奇摄动[29]、微分包含[30]和非光滑分岔[31]等非光滑动力系统的定性分析理论。基于这些定性分析理论和相应的精细数值计算方法,可以揭示非光滑系统的分岔和混沌等一系列复杂的独特动力学特性。

非光滑动力系统微分方程理论研究始于 20 世纪 20 年代 Caratheodory 所研究的一类特殊的非光滑 Caratheodory 微分方程。随后基于单自由度分段线性振子和冲击振子模型,大量研究者开始针对非光滑平衡分岔、C 分岔、碰振运动和滑动运动等开展开创性研究工作[30-31]。20 世纪 80 年代初期开始,通过考虑不连续面两侧的 2 个不同矢量场来描述不连续性的方法,逐渐得到推广应用。其中,1988 年苏联学者 Filippov[30] 基于右端不连续微分方程理论,提出了微分包含解的概念,并发展成一套系统的微分包含定性理论体系。此后,微分包含理论成为研究 Filippov 系统的强有力工具,得到了各个应用领域学者的认可,并被广泛应用到具体的物理/工程模型研究中。同一时期,在冲击振子和弹跳小球模型,以及分段线性振子系统中,通过数值仿真发现了其倍周期分岔序列和"马蹄"特性,揭示了简单非光滑动力系统中的混沌运动[34]。随后,借助 Poincaré 映射、Poincaré-Nordmark 局部映射和同宿相截(homoclinic orbit,描述在一个动力学系统中,轨迹既从一个平衡点的稳定子系统出发,又最终回到同一个平衡点的相空间轨迹)条件等现代动力学理论,发现系统相空间中的轨线以零速度与碰撞面接触时出现的不确定性擦边现象,是冲击振子由周期运动状态直接进入混沌运动状态的主要原因[35]。相应地,冲击振子碰撞面附近的分岔行为被称为擦边分岔。显然,一般的光滑非线性系统中不会存在该类型分岔现象,且其混沌运动的诱发机理也与非光滑动力系统大不相同。通过分析非光滑动力系统中向量场对系统擦边现象的影响,确定了擦边分岔和奇异性与碰振系统复杂运动形式的内在联系[36-38]。对于更具有广泛意义的非光滑动力系统而言,由于非光滑动力系统的不变集与不连续边界的相互作用,系统响应的相图会随着参数的变化而失去拓扑等价性,从而产生非光滑动力系统所独有的不连续性诱发分岔(discontinuity-induced bifurcations)[16,39]。根据非光滑动力系统映射的特征值,得出 n 维非光滑动力系统的鞍结分岔、倍周期分岔、过临界分岔和叉形分岔等分岔的不同条件[40]。这些理论基础奠定了现代动力学理论在非光滑动力系统研究中的重要地位。

20 世纪 80 年代以来,随着非线性动力系统理论研究的深入,进一步的研究表明,非光滑动力系统的响应比光滑动力系统更复杂,且更容易产生各种分岔和混沌现象。研究者对非光滑动力系统的周期运动及其稳定性、Hopf 分岔及高余维分岔、吸引集及其共存现象、边界碰撞分岔现象、Floquet 特征乘子及 Lyapunov 指数谱计算方法,以及约束分岔和控制等复杂现象和动力学特性,进行了大量的理论研究[41-44]。针对多自由度非光滑动力系统中更复杂的动力学特征,Fredriksson 和 Nordmark 通过引入不连续拉回映射(discontinuity bypass mapping),提出了多自由度冲击振子的局部 Poincaré 映射的规范型计算方法[45-46]。同时,舒仲周和王照林基于自治动力学系统的拓扑理论,提出了多质体系统的振动和稳定性的统一分析方法[47]。Luo 和

Gegg 给出了一种针对非光滑动力系统的不连续边界上的局部奇异性理论,从而弥补了 Floquet 特征乘子用于研究具有擦边和滑动运动的周期运动的不足[48]。利用不同分段向量场的切换条件,Di Bernardo 和 Nordmark 提出了将分段映射组装成全局映射的零时间不连续映射(zero-time discontinuity mapping),并给出了其正规型映射[42,46]。由于碰撞系统和干摩擦系统的不连续极端情形等均包含于 Filippov 系统中,其解在不连续集上的性质及其滑动点拓扑结构一直是众多国内外学者的研究重点。基于研究 Filippov 的凸性方法[30]和 Utkin 的等度控制方法[33],可以给出具有一个不连续边界的平面 Filippov 系统的所有余维 1 和余维 2 的局部分岔拓扑正规型[16,49]。此外,具有一个不连续边界的平面 Filippov 系统的 Hopf 分岔也得到了分析[50]。Leine 和 Nijmeijer 结合 Floquet 特征乘子在 Filippov 系统中的突跳特性,对系统周期解的不连续性诱发分岔的存在条件进行了讨论,并给出了不连续性诱发分岔与一般光滑动力系统中传统分岔之间的联系[43]。Piiroinen 和 Kuznetsov 将 Filippov 系统向量场在不连续边界处的非光滑动力学行为作为事件发生,在非光滑动力分析中引入了控制理论中的事件驱动算法[51]。随后,Erazo 等结合胞映射全局算法和事件驱动方法,在对平面 Filippov 系统的全局吸引域计算中得到了很好的结果[52]。

1.4 滞滑振动的研究现状

干摩擦通常是一个影响大多数机械系统的非光滑因素。实际上,通常利用一组右端不连续的分段光滑常微分方程(ODE)来描述接触物理界面处存在的干摩擦效应。在非线性动力学分析中,与一般机制的复杂特征相比,即使在极其简单的摩擦模型中,由接触冲击和摩擦的相互作用所诱发的动力学特性也已被证明是极其复杂的[13,16]。虽然可以通过各种方式对带有滑动部件的系统进行调节和控制,以进行摩擦补偿,从而最大限度地减少机械磨损和解决效率低下的问题,然而,日常生活中和工程系统中存在的干摩擦效应仍可能成为自激振动的来源,使得机械系统等发生间歇性粘连和打滑的滞滑振动(stick-slip oscillations),从而产生尖叫声和颤振等不良影响和危害。滞滑振动问题在许多工业应用中都有所体现,包括水润滑轴承、盘式制动系统、电机驱动系统、轮/轨系统和机床/工件系统等[53-55]。对滞滑振动的全面理解,有助于消除其对高精度设备的影响,具有相当重要的实际意义。因此,一直以来,具有干摩擦的非光滑动力系统的滞滑振动在动力学系统分析中引起了相当大的关注。

两个物体之间的相对滑动是一个非平衡过程,其中由于干摩擦的能量耗散作用,系统运动的动能转化为不规则的微观运动的能量。但是,在一定的机制作用下,如当摩擦力具有随摩擦表面相对速度增大而减小的特性,摩擦作用反而会将能量引入系统中,有可能使得两个物体被黏滞在接触表面上,而出现二者之间没有相对运动的黏滞(stick)状态。而且,由于在黏滞状态下系统的某些状态变量被阻滞,因此该系统可以被视为属于具有可变相位结构的非光滑动力系统。当考虑两个物体接触表面的弹性自由度时,黏滞可能不是连续的,而是间歇性的,导致系统产生自激的滞滑振动[56]。这意味着,摩擦力的固有非光滑性是引起滞滑振动的重要因素。在滞滑振动中,一方面,两个物体在粗糙的接触面上黏滞在一起,发生弹性变形;另一方面,两个物体在相对滑动时,其凹凸部分会发生塑性变形。滞滑振动的发生是随污染、表面粗糙度、滑动表面未对准等因素随机变化的,从而导致系统出现更复杂的运行状态。近年来,作为非光滑因素的摩擦问题已成为全世界许多研究活动的焦点。

摩擦模型对于非光滑动力系统而言,既是合适的仿真工具,又是控制其算法的基础。干摩擦界面主要有宏观和微观两种建模的理论方法[57],其中在宏观滑动方法中,整个滑动界面被假定为可以发生滑动或黏滞。尽管有大量关于摩擦动力学实验观察的研究,但应用最为广泛的还是历史悠久的库仑摩擦模型。库仑摩擦模型将摩擦描述为滑动体相对速度差异的函数,是在应用物理学中具有完善理论的静态模型。实际上,库仑的干摩擦定律简化了涉及机械、塑性和化学等的摩擦过程中极为复杂的行为,会带来一些实验上可以观测到的误差[56]。但是,对于具有干摩擦的刚体,由于零相对速度附近的摩擦力具有很强的非线性行为,因此经典的库仑摩擦定律也常常因其简单性,而广泛应用于工程接触问题和解释与摩擦相关的动力学现象。当摩擦在系统中被认为是一种动态现象时,就需要建立复杂的动态干摩擦模型,如 Dahl 模型[58]、Bliman-Sorine 模型[59]和 LuGre 模型[60]等。其中,还有一些依赖接触面滑动速度的光滑和非光滑摩擦定律,在部分系统中的应用也收到了不错的效果[61],但是对于其相对滑动速度接近零时的摩擦值,尚无准确的估算方法。此外,对含摩擦系统中结构阻尼的动态特性与摩擦力大小之间的内部联系也进行了一定程度的讨论[55]。

对自激滞滑振动的解释可以追溯到 Den Hartog 的研究[62],随后,大量研究者对具有干摩擦的系统的非线性动力学行为及其相关问题进行了全面的研究。研究表明,滞滑振动是由不同类型摩擦力的相互转换引起的,如静、动摩擦力的转换等[32,63]。因此,针对具有摩擦力的系统中的滞滑振动研究,低维和高维的非光滑动力系统中的动力学理论分析是通用的。在带有摩擦力的系统中对滞滑振动进行动力学分析时,由于系统方程中考虑摩擦力与速度方向的切换,会产生一个 sgn 函数,因此,需要一种合适的算法来避免系统方程中出现突然的数值跳跃和错误。Henon 方法对于获得带有摩擦力的非光滑动力系统的周期解非常有效,并得到了广泛应用[64]。近年来,从分岔理论的角度研究非光滑动力系统中的滞滑振动,确定了许多类型的非线性动力学行为。其中,滞滑状态中的黏滞状态对应 Filippov 系统中在不连续边界上的滑动状态。Galvanetto 和 Knudsen 通过一维映射研究一个四维的滑块系统的分岔行为,发现了有一种分岔会诱发系统的滞滑振动[65]。Toulemonde 和 Gontier 基于一类两自由度系统中的周期黏滞行为,发现了系统的隆起分岔(rising bifurcation)行为[66]。Valente 等使用数学定理证明了一类两自由度无阻尼系统中黏滞状态解的存在性和唯一性,并理论分析了系统的二周期混合轨道[67]。Popp 和 Stelter 引入了 4 种不同的带有摩擦力的模型,发现了以滞滑振动为特征的混沌行为,并揭示了滞滑行为的不同间歇模式和发生混沌的不同路径[68]。Leine 等基于简单有效的交替摩擦模型,利用一种改进的打靶法计算滞滑振动的极限环[69]。Hetzler 分析了非光滑库仑摩擦力的负有效阻尼效应,并对由此产生的自激振动响应的稳定性和分岔行为进行了研究[50]。Fang 和 Xu 借助双参数分岔图,预测了具有各向异性库仑干摩擦的振动驱动系统的滞滑过渡[70]。Liu 和 Ouyang 考虑柔性转盘横向振动和滑块运动的耦合,得到其平面滞滑振动所诱发的典型准周期和混沌响应[71]。

尽管已有大量的研究涉及对带有摩擦力的机械系统的滞滑振动及其动力学的分析,但似乎并非所有可能的非线性现象都已被正确理解,甚至有些现象仍然未被发现和解释[72-73]。因此,大量研究者致力于对不同摩擦力模型的近似解析分析,来揭示滞滑振动在各个系统中的发生过程及其机理,并深入了解系统参数对非光滑响应的影响。傅里叶级数最早被用于研究具有周期性驱动基体的摩擦振荡模型的周期性运动稳定性[74]。Capone 等理论分析了一个自由度为 1 的系统的滞滑振动的稳定性[75]。Van de Vrande 等利用一个光滑函数近似描述不连续的摩擦力,对干摩擦引起的滞滑振动进行了近似分析[76]。Thomsen 和 Fidlin 推导出了从纯滑动运动引发滞滑振动的临界条件、振幅和基本频率的近似解析表达式[77]。Yin 等对单自由度冲击振荡器的滑擦点附近冲击周期运动的存在和稳定性进行了解析研究[78]。此外,滞滑振动的非光滑响应的解析解也一直是人们的关注对象。Hundal 最早得出了具有黏性和库仑摩擦的单自由度弹簧-质量系统的闭合形式响应的解析解[79]。Pascal 得到了含有干摩擦和谐波载荷的两自由度振荡器的黏滞和滑移轨道的闭合形式解[80]。Awrejcewicz 和 Holicke 利用 Melnikov-Gruendler 方法对具有摩擦的单自由度和两自由度系统中的滞滑混沌进行了预测[81]。然而,这些解析解仅对包含特定类型非线性项的特殊而简单的系统有效。

1.5 转子/定子碰摩系统的研究现状

由于转子不平衡、不对中、热膨胀、热弯曲以及流体环境侧负载等作用,在转子系统启停阶段和正常运转阶段,都有可能发生转子与定子的碰撞和摩擦现象,而此时的转子系统称为转子/定子碰摩系统。转子系统的效率通常是通过提高运行速度、减小轴承间隙和轴的重量来实现的,这些变化会增加旋转机械在运行中发生转子/定子碰摩的可能性。碰摩使转子和定子受到一定的冲击力和切向摩擦力,可能使转子系统的振动不断加剧,造成转子失稳。转子/定子碰摩的过程十分复杂,碰撞作用和干摩擦效应相互耦合,且从冲击到稳定接触时间极短,因此对多自由度的非光滑转子/定子碰摩进行研究难度很大。然而,由于具有冲击力以及滚动与滑动摩擦切换机制的转子/定子碰摩系统的实用性,深入和全面地研究其复杂动力学响应及其随参数演化的过程,揭示系统机理,对理论研究和实际应用都有重要意义,也是旋转机械发展的迫切需要。

早在 20 世纪 20 年代,研究者就在汽轮机中观测到转子/定子碰摩现象。从那时起,它就成为一个具有挑战性的研究热点。Newkirk 首先注意到,在转子系统的第一临界速度以下,转子/定子碰摩引起的横向振动会随着时间而增大,这种效应被命名为"Newkirk 效应"[82]。在碰摩过程中,由于摩擦热传导不均匀,转子系统会产生不规则的横向振动。随后,基于不同转子/定子碰摩模型,对系统的局部热/应力效应和整体振动行为两方面的机理研究逐渐展开。1962 年,Johnson 建立了用于分析等效的柔性转子与定子相互作用的基本模型[83]。1965 年,Billett 基于一个轴承带有间隙的 Jeffcott 转子模型,解释了简单的转子模型在与定子固结的情况下是无法以超越系统第一阶临界转速的速度转动的[84]。1967 年,Black 扩展了 Johnson 和 Billett 所采用的模型,给出了一种考虑转子与定子接触的通用模型,并对其进行简化,以研究同频碰摩的响应[85]。要完整理解转子与定子相互作用期间的系统行为,最好把复杂转子/定子碰摩系统的各种因素综合在一个力学模型中,但这是非常困难的。目前,对碰摩故障引起转子失稳机理的研究,主要是采用如图 1-5 所示的 3 种原始的力学模型。

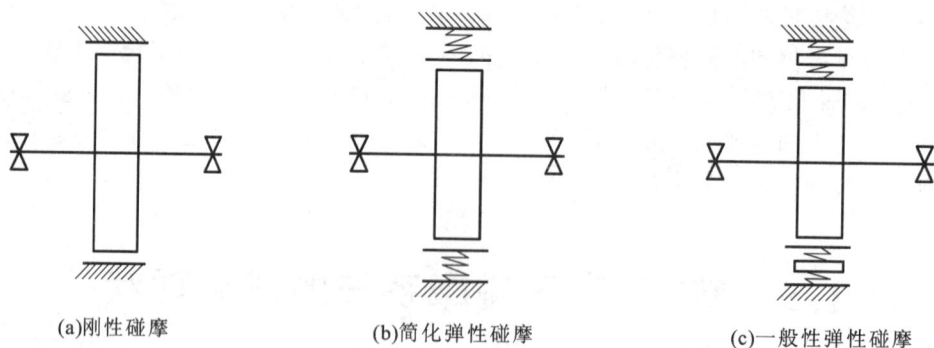

(a)刚性碰摩   (b)简化弹性碰摩   (c)一般性弹性碰摩

图 1-5 转子/定子碰摩模型

三种转子/定子碰摩模型都是由 Jeffcott 转子和环形径向弹簧定子组成的对称

模型。其中图 1-5(a)表示的是转子与定子发生刚性碰摩的模型,该模型忽略了碰摩过程的细节部分和定子的弹性变形,认为定子是刚性约束的且碰摩是一个瞬态过程。因此,基于碰摩前后速度变化和能耗的恢复系数,可以通过一个非光滑的带有单侧刚性约束的微分动力方程组来刻画刚性碰摩模型。图 1-5(b)和图 1-5(c)表示的是 2 种包含冲击和摩擦效应的弹性碰摩模型,这 2 种模型考虑了转子与定子相互作用时的变形和能耗,认为碰摩是一个转子弹性刚度发生不连续转变的过程。在等效的弹性碰摩模型中,柔性转子和定子之间通过一组附加的弹簧直接接触,转子与定子接触时的弹性刚度会增大到大于其相互脱离后的刚度,因此需要通过一个分段光滑的微分动力方程组来刻画弹性碰摩模型的非连续性变化过程。此外,图 1-5(b)的简化弹性碰摩模型中的定子支承被认为是刚性的,图 1-5(c)的一般性弹性碰摩模型中的定子支承被认为是弹性的。因为图 1-5(c)的一般性弹性碰摩模型同时考虑了转子和定子的相互耦合运动、冲击接触力和干摩擦效应,因而描述图 1-5(c)的 4 自由度微分动力方程组要比描述图 1-5(b)的两自由度微分动力方程组复杂得多。虽然刚性碰摩模型和弹性碰摩模型的描述方式区别很大,但是二者都是非光滑动力系统,且有深刻的内在联系。当定子对转子的碰摩刚度趋于无穷大时,分段光滑的微分动力方程组可以转化为带有单侧刚性约束的微分动力方程组,因此刚性碰摩可以作为弹性碰摩的特例。从应用角度来看,图 1-5(b)和图 1-5(c)的弹性碰摩模型的描述方法具有更合理的物理意义,可以用于转子/定子碰摩系统的理论分析和数值研究。在此基础上,又发展出了悬臂盘转子/定子碰摩[86]和多模态转子/定子碰摩[87]等模型,并逐渐向三维有限元模型扩展[88]。

1.5.1　转子/定子碰摩系统的响应行为

通过对旋转机械的摩擦效应的详细分析,Dimarogonas 和 Sandor 首次提出转子与定子接触处的摩擦特性和系统中的动态力是转子/定子碰摩的主要控制因素[89]。随后,基于转子/定子的弹性碰摩模型,涌现一系列转子/定子碰摩过程的物理现象分析和实验结果[90-92]。虽然转子/定子碰摩的理论模型较为简单,但是由于其是多自由度的非光滑动力系统,因此转子/定子碰摩系统能够呈现出各种各样的动力学响应,包括周期运动、准周期运动,甚至混沌运动。同时,系统中存在着多种不同类型的响应分岔行为,大大增加了转子/定子碰摩系统的分析难度。根据转子与定子的相对位置和接触情况,转子/定子碰摩系统的动力学响应可以分为 4 种典型连续接触类型,如图 1-6 所示。其中,红色虚线表示转子与定子之间的间隙圆,蓝色实线表示转子系统转轴轴心的运动轨迹线,当蓝色实线半径大于红色虚线半径,即表示转子与定子发生碰摩,反之则为无碰摩(no rub)。

图 1-6(a)是转子与定子没有接触的无碰摩,此时转子做周期性的正向涡动;图

1-6(b)是一旦碰摩发生,转子和定子始终保持接触的同频全周碰摩,此时碰摩力并不大,并且转子在旋转过程中与定子一直保持接触,系统运动轨迹线依然为圆形并且响应与转速同频;图1-6(c)是转子间歇性地与定子发生碰撞黏着与滑动抖振的局部碰摩(partial rub),即转子在一个转动周期内和定子接触有限次,其对系统产生较大的冲击力,具有一定的破坏性,此时系统表现为"花瓣状"的准周期响应;图1-6(d)是转子与定子持续接触的干摩擦反向涡动(dry frictionbackward whirl),由于干摩擦效应使得转子的涡动方向与转动方向相反,从而引起自激振动,使转子涡动失稳,此时碰摩转子将会发生较大幅值的非周期响应,这种响应是最具破坏性的摩擦现象之一。这些碰摩转子的响应类型都在实验研究和理论分析中得到了验证[92-95]。

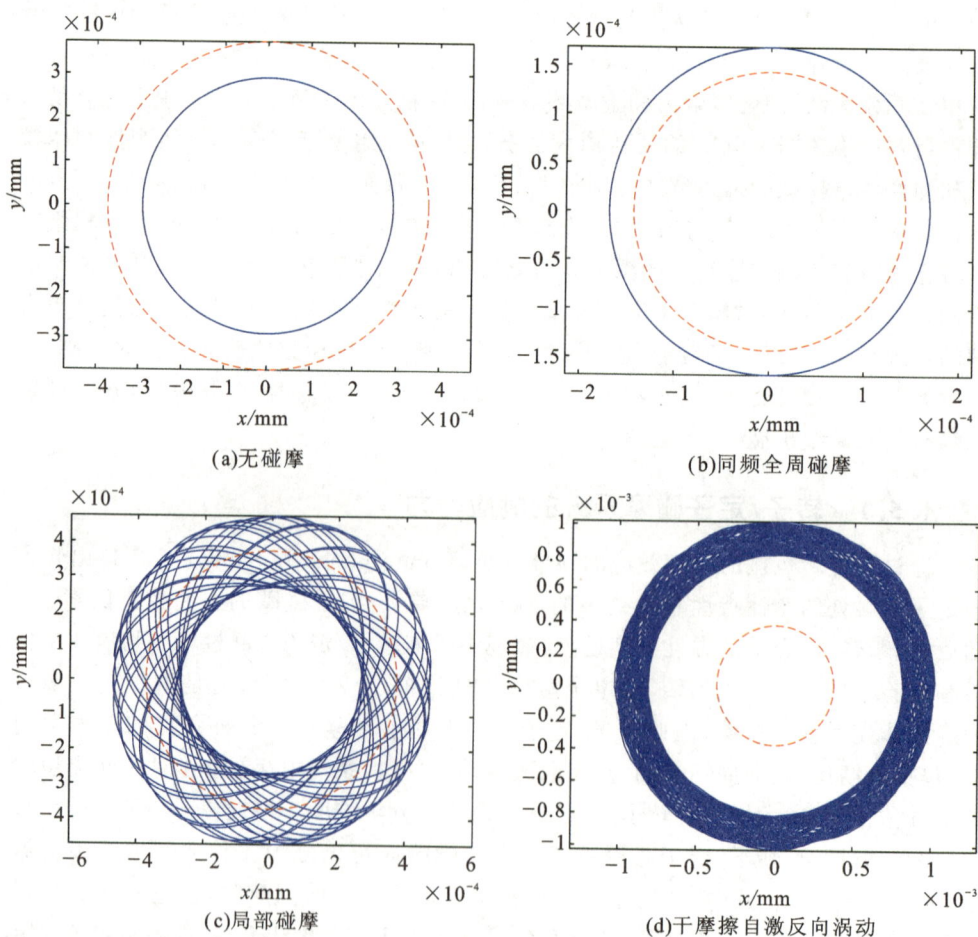

(a)无碰摩

(b)同频全周碰摩

(c)局部碰摩

(d)干摩擦自激反向涡动

图1-6 转子/定子碰摩系统的响应类型[93]

注:x,y 表示位移

在一定的条件下,转子与定子碰摩过程中受到的冲击力和切向摩擦力形成突加的激励,诱发超同步的干摩擦反向涡动,转子和/或定子将发生很大的变形并持续承受高频的拉、压应力转换,很容易导致转子严重疲劳损伤甚至断裂,从而引发灾难性事故[2]。在自激的干摩擦反向涡动期间,基于转子的转动与涡动之间的相对速度,转子与定子接触表面上的摩擦力方向不断切换,使得转子系统既有输入能量的过程,也有耗散能量的过程。最初,摩擦力与转子的转动和涡动方向都是相反的,这往往会驱动转子反向涡动。一旦转子反向涡动,摩擦力方向便转变成与转子涡动方向相同,从而将涡动能量连续转化为用于转子横向振动的能量。如果该能量超过系统阻尼的平衡能力,则将驱动转子偏移量不断增加。然而,当转子偏移量增加到足够大,以致涡动速度在接触点处超过转子的圆周速度时,该过程就会停止,因为摩擦力会使其向与转子涡动相反的方向涡动。此时,摩擦力消散了转子横向振动的能量,并迫使转子偏移量减少。当转子偏移量减少到一定程度,使接触点处的相对速度改变方向时,摩擦力方向再次更改为与转子转动相同的方向,并驱动转子偏移量再次增加。这样,碰摩转子的振幅将可能在对应零相对速度的值附近振荡。由此,确定了整个自激振动过程中,干摩擦效应和冲击过程在转子/定子碰摩系统中维持干摩擦反向涡动的作用。

因此,当转子相对于定子正向涡动时,转子与定子间的相对速度大于转子在接触点处的圆周速度。当转子相对于定子反向涡动时,其间的相对速度可以小于接触点处转子的圆周速度。当转子以足够高的涡动频率和/或足够大的相对偏移量反向涡动时,转子与定子间的相对速度甚至可以为负,这意味着涡动方向的改变。根据碰摩转子涡动频率的控制要素,可以将干摩擦反向涡动细分为 2 种类型:①干摩擦涡动(dry-friction whirl),转子在定子的表面上做纯滚动,其反向涡动频率由接触位置处的半径与间隙的比值控制;②干摩擦涡动失稳(dry-friction whip),转子连续在定子表面上滑移,其反向涡动频率由固结的转子/定子系统的固有频率控制[96]。因此,可以说明在干摩擦反向涡动期间,转子既可能在定子表面的接触点处滚动,也可能发生滑动。这一点通过在转子脱离定子的降速过程中,追踪干摩擦反向涡动得到了实验验证[14]。

1965 年,Billett 基于如图 1-5(b)所示的简化弹性碰摩模型,确定了转子/定子碰摩系统维持反向涡动所需的摩擦系数[84]。1967 年,Black 基于如图 1-5(c)所示的一般性弹性碰摩模型,确定了一条具有明显特征性的 U 形曲线,将干摩擦反向涡动和其他响应形式分离开来[85]。随后,Black 的结果经过了大量的理论和实验验证,并有研究者进一步给出了干摩擦反向涡动的转子临界转速[86,97-98]。Muszynska 和 Yu 等使用实验测试得出了清晰的转子与定子相互作用的过程[1,99]。其他文献[1]中报道了3 个存在不同干摩擦反向涡动解的转速区域,同时研究者使用摄动法研究这些解的动态稳定性,发现无碰摩和碰摩响应的稳定存在边界[100-101]。基于 Choi 开发的一种干摩擦反向涡动测试设备[102],Yu 等通过实验证明干摩擦反向涡动可以在没有任何外部干扰的情况下发生[99]。2005 年,Jiang 和 Ulbrich 通过分析解释了干摩擦反向涡动发生的物理原因,当转子转动频率等于耦合非线性转子/定子系统的负固有频率时,不需要外部激励就会发生干摩擦反向涡动[18]。接下来,Jiang 等基于如图 1-5(b) 和图 1-5(c) 所示的弹性碰摩模型,获得了转子/定子碰摩系统中干摩擦反向涡动的存在边界和涡动频率[103]。同时,通过对转子/定子碰摩系统中的同频全周碰摩解的稳定性和反向涡动失稳发生机制的深入分析,得到了如图 1-7 所示的碰摩转子在转速-接触面摩擦系数参数平面上的响应特性。

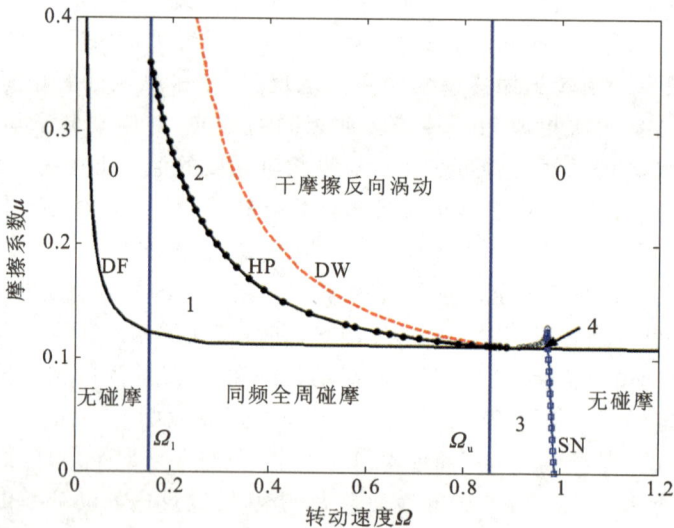

图 1-7　碰摩转子在转速-接触面摩擦系数参数平面上的响应特性[103]

图 1-7 揭示了不同碰摩响应对系统参数的依赖关系,以及给出了不同的随转速变化碰摩响应序列。其中,Ω_l 和 Ω_u 是无摩擦临界转速,SN 和 HP 分别是同频全周碰摩发生鞍结分岔和 Hopf 分岔的分岔曲线,DF 是出现反向涡动的边界线,DW 是局部碰摩消失、干摩擦失稳发生的边界线。用数字标出的区域是不同响应的共存区域(SN 与 DW 和 HP 交接处是"0"和"4"的边界),其中"0"是无碰摩和反向涡动的共存区域;"1"是同频全周碰摩和反向涡动的共存区域;"2"是局部碰摩和反向涡动的共存区域;"3"是无碰摩和同频全周碰摩的共存区域;"4"是无碰摩、同频全周和反向涡动的共存区域。在转子与定子接触刚度较高的情况下,干摩擦反向涡动的频率与转子的半径与间隙之比成比例,与转子的转动速度成正比,这种关系在转子/定子碰摩系统的理论和实验研究中得到了验证[104-106]。

除了周期性或准周期性的全周和局部碰摩响应外,在旋转机械中还观察到了次谐波和超谐波响应。Muszynska 和 Goldman 通过实验观察到了转子/定子碰摩期间混沌运动的发生,并且利用轨迹折叠来识别转子混沌响应中的不规则轨迹特征[107]。关于转子/定子碰摩系统中转子交叉耦合刚度[108]、弯扭耦合[109]和接触面粗糙变形[110]等对系统碰摩响应的影响,也得到了充分的讨论。在工程应用方面,Alzibdeh 等基于 Jeffcott 转子模型建立钻柱的等效物理模型,得到了通过驱动速度调制减少转子与定子连续碰摩的方法[105]。Tadokoro 等研究了利用压电元件的自激滞滑振动进行发电的可行性[111]。

由于转子/定子碰摩系统的强非线性和非光滑性,一般都是借助数值计算方法对其复杂的响应进行分析。Yamauchi 及 Kim 和 Noah 等都采用了谐波平衡法对柔性转子系统进行了分析[112-113]。Choi 和 Noah 在利用谐波平衡法对转子/定子碰摩系统进行分析的过程中,添加了包括次谐波响应分量的离散傅里叶变换程序[114]。Peletan 等结合使用准周期谐波平衡方法与伪弧长连续算法,预测转子/定子碰摩系统的稳态响应[115]。李自刚将演化概率向量的思想引入广义胞映射中,对随机因素引发的碰摩转子响应进行了全局分析[116]。为了全面揭示系统参数对系统碰摩响应的影响,以及进行干摩擦反向涡动的响应幅值和频率及其与其他碰摩响应的共存参数区域的辨识,有必要开展转子/定子碰摩系统的解析分析。但是,由于转子/定子碰摩过程是一个考虑转子和定子相互作用的变形过程、相对位置和相对速度的变化的,且在一段时间内完成的可解析模型,因此即使是对如图 1-5 所示的简化 Jeffcott 转子/定子碰摩模型的解析分析也非常困难,且研究结果较少。

1.5.2 转子/定子碰摩系统的模态分析

在线性振动理论中,模态分析已经发展得很完善了。针对一个 N 自由度的振动系统,确定其 N 个模态(频率和振型)是线性系统模态分析的主要内容,再结合线性叠加原理就可以求解任何形式的振动响应。同时已经明确了在离散线性系统中,谐波激励对应精确的周期响应。当振动系统中存在非线性回复力时,线性叠加原理及其他分析线性系统的方法都不适用了。因此,有必要发展新的方法来分析这类系统的响应。通常来说,研究非线性振动系统有 2 种基本做法。

首先,针对于弱非线性系统,其响应可以看成对应线性响应的摄动结果,使用摄动法就可以获得响应的渐近解。这种解通常是忽略高阶项的渐近解,包含了系统自由振动和强迫共振的重要信息,在某种程度上满足了工程需要,但是在强非线性系统中使用受到限制。还有一种处理方法是,在处理强非线性系统时,依然试图求解其振动微分方程的精确周期解。此时借鉴线性振动理论,而引入非线性模态和非线性周期解的概念。这些概念最早由 Rosenberg 在研究强非线性振动系统的自由振动响应时引入。为了与线性振动理论对应,他将非线性模态定义为一种同频振动。转子/定子碰摩系统是一种强非线性系统,其响应形式丰富多样。借鉴非线性模态的概念,使用非线性模态的分析方法对转子/定子碰摩系统进行分析,无疑是一种新的分析途径。而且就目前已经获得的结果来看,这的确是一种合适的分析手段。

自 1960 年 Rosenberg 提出非线性模态(nonlinear normal mode)的概念以来[117],非线性模态理论及其应用的研究一直是非线性振动领域一个比较活跃的分支,且对非线性系统响应的精确求解及其分岔和混沌等动力学行为的研究既有理论意义,又有实际价值。1991 年,Shaw 和 Pierre 基于中心流形理论,从几何角度给出了非线性模态的定义:非线性自治系统的正规模态是一种发生在系统相空间二维不变流形上的运动,它通过系统的稳定平衡点,并在此点与线性化系统的相应模态的特征超平面相切[118]。这个笼统的定义对模态的物理定义进行了数学解释和拓展,并逐渐渗透到多维非自治阻尼系统中[119],把非线性模态的研究方法提高到一个新的高度。继 Haller 和 Ponsioen 的研究之后,所有具有有限个频率的解,包括不动点、周期轨线和准周期环面,都被称为一般耗散系统的广义非线性模态[120]。

与线性模态相比,非线性模态本身还包含一些明显的非线性特征,包括模态频率与系统输入能量的相关性、内共振、模态分岔和局部化等,具体表现为以下几点[121]:①非线性模态具有解耦性但不具有叠加性,因此非线性系统使用模态构建方法一般只能得到系统振动的特解;②线性模态和非线性模态在非线性系统通常是共存的;③非线性模态数目可能会超过系统的自由度数;④非线性模态之间通常不是正交关系;⑤非线性模态有时候是不稳定的,会出现模态消失的现象。针对非线性模态的特性,Jezequel 和 Lamarque 则给出了用范式理论表达的非线性模态[122]。Mishra 和 Singh 用群论方法考察了一个对称系统的模态运动[123]。自此以后,研究者针对非线性模态在理论和数值计算方面都做了大量的研究。Vakakis 和 Rand 则采用渐进展开的数值方法研究了一个两自由度系统的非线性模态特性和响应动力学行为[124]。Pierre 和 Shaw 则采用中心流形理论研究了弱耦合系统中非线性模态局部化的条件,并指出非线性模态局部化是由非线性项对称性的破坏引起的[125]。同时,多种非线性模态的构建方法得到了应用,如参数匹配法[126]、多尺度方法[127]、不变流形法[120]、正规形方法[128]和谐波平衡法[129]等。对于弱非线性系统,使用 Pesheck 等提出的多项式展开函数[119]以及 Nayfeh 引入的扰动方法[127],可以系统地构建物理坐标中非线性模态的不变流形。Jiang 等完成了谱子空间沿着非线性模态向不变流形的非线性延拓[130]。黄行蓉等提出一种基于单模态共振理论的非线性模态计算方法,并将其与模态综合法结合用于大型复杂结构系统的模态和响应分析[131]。近些年来,沿着广义非线性模态渐近地与谱子空间(spectral subspace)相切的唯一的最平滑不变流形被定义为谱子流形（spectral submanifold）[120]，其解决了非线性模态的严格存在性、唯一性、光滑性和鲁棒性问题。随后，利用模态坐标转换，提出了一种二维自治谱子流形的参数化构建方法[132]。但是，目前还没有构建含有内共振的非线性系统的模态的统一方法。

基于非线性模态的广义定义，非线性模态及其相应子空间的不变流形特性可以为构建非线性系统的非常精确的降阶模型提供一个通用框架。进一步，在非线性系统中相应模态的线性化谱坐标下，利用泰勒展开式，参数化构建系统的唯一的谱子流形，从而实现对非线性模型的降阶[120,133]。目前，该降阶方法已经扩展到一般的含有周期或准周期强迫激励的耗散多自由度系统[134]，并在对高维梁系统降阶[133]、模态分岔[135]、精确脊线[136]和周期解中的孤立分支[137]的分析中显示出巨大优势。此外，还存在着模态延拓、模态缩聚以及本征正交分解等构建降阶的非线性模型的方法，但是它们都限于足够接近系统线性化模型解的参数区域[134,138-139]。

非线性模态并不是线性模态简单的概念延伸，它为研究非线性系统的动力学现象提供了一个有力工具，特别是当这些非线性现象，如模态分岔、模态局部集中等在线性系统中没有对应的解释时。而且非线性模态还可以用于研究非线性系统的受迫共振，或者对称非线性系统中振动能量的局部集中等问题。

非线性模态的构造方法总体上可以归为解析法和数值法两类。其中解析法包括能量法、不变流形法、多尺度法和谐波平衡法等。数值法通常包含直接积分法、打靶法和级数展开法等。有时候在构造非线性模态时也会结合使用这两类构造方法[18]。解析法得到的模态通常显含系统的动力学特性，而且便于做参数分析，然而解析法受到系统维数的限制，在高维系统中计算起来非常烦琐，而且当系统存在内共振时难以实施。在解析法中，能量法是一种很好的模态构造方法，但是由于其基于对称性的假设，要求非线性项处在奇数次上，同时，其在阻尼耗散系统中的应用也受到限制；不变流形法由于依赖级数展开，也仅适用于小变形系统；摄动法可以获得解析解，但是在多自由度系统中，这种方法计算起来非常复杂，多尺度法是基于摄动法的思想，构造出当系统的非线性消失时能退化成线性模态的非线性模态，这种方法构造的非线性模态除了含基频成分外，还含有该基频的倍频成分，但当出现内共振时，这种方法就不适用了；谐波平衡法没有以上各种解析法的缺点，但是存在谐波解式非线性模态的系统不多，所以它的应用范围也有一定限制。

解析法通常只能应用于低维且非线性程度不太高的系统，因此在针对实际结构的非线性动力学分析中还需依赖数值法。数值法虽然不受系统自由度数以及非线性程度的限制，但往往需要大量密集的计算，其工作量很大且效率不高。以伽辽金法为基础对系统进行降阶并结合不变流形法对离散化后的方程进行分析，相对来说是一种较好的非线性模态分析方法[109]，其适用于非自治、含陀螺效应和分段线性系统等几乎所有的非线性系统,而且计算精度容易控制,但多模态的稳定流形对应高维的曲面,致使非线性模态的作用机理很难得到清晰的解释。

陈艳华和江俊在研究转子/定子碰摩系统时,基于谐波平衡得到了非同步通过平衡和最大位置的非线性模态[140]。同时,通过研究发现非线性模态在干摩擦反向涡动的动力学特性中起着重要作用,如转子/定子碰摩系统中模态频率为负的周期性非线性模态可用于揭示干摩擦反向涡动从准周期局部碰摩中诱发的物理特性[18]。Hong 等建立了非线性复模态与干摩擦反向涡动之间的关系,指出模态不稳定性是干摩擦反向涡动诱发的内在原因[141]。基于非线性模态的分析,可以很好地预测出存在不同干摩擦自激反向涡动的必要条件和摩擦系数的下限,以及反向涡动频率的上限和下限[142]。后来,在考虑转子交叉耦合刚度的转子/定子碰摩系统中,求解出了另一个稳定的模态频率为正的非线性模态,它在物理上对应自激正向涡动[143]。此外,使用不变流形方法,Legrand 等得到了转子系统的流形一般式,并用数值计算得出各阶非线性模态及其降阶模型[144]。这些信息进一步激发研究者从非线性模式的角度对干摩擦反向涡动进行响应预测和分析。

1.6　非光滑系统研究现状

动力系统理论已被证明是分析和理解各种问题行为的有力工具。现在有一种发展完善的动力学系统的定性或几何方法,通常依赖于由其平衡点的光滑方程定义的系统演化。事实证明,这种方法在帮助理解许多重要物理现象的行为方面非常有效,如流体流动、弹性变形、非线性光学和生物系统。然而,这一理论排除了实践中出现的许多重要系统。这些系统包含动力学系统,其控制方程的函数项中包含由非光滑函数表达的自变量。例如,具有开关的电路、部件相互碰撞或自由运动的机械设备(如齿轮组件)、摩擦、滑动或尖叫问题、许多控制系统(包括通过自适应数值方法实现的控制系统)以及社会和金融科学中的模型中,连续的变化可以触发离散的动作。这些模型的函数都是分段光滑的函数,但在瞬时事件发生时(如应用开关时)失去光滑,其非光滑是由事件驱动的。它们具有重要的实际应用和丰富的底层数学结构。用现代动力学系统的定性理论来描述它们的行为是一个严重的疏漏。

严格来说,出现这种疏漏的一个常见原因是,不存在分段光滑的动力学系统,而且实际上所有物理系统都是光滑的(至少在所有长度尺度上都大于分子)。然而,这种说法具有误导性。与整体动力学相比,工程系统中发生冲击或控制律切换等转变的时间尺度可能非常小,因此,正确的全局模型在宏观时间尺度上肯定是不连续的。此外,从分段光滑系统的角度来看,相对简单的现象往往是在更光滑的系统中观察到的更复杂场景的自然极限。例如,分段光滑系统在参数变化的情况下从强稳定的周期运动突然跳变为全尺度混沌运动是很自然的。在一个光滑系统中,这种情况通常需要发生无限序列的分岔,如著名的倍周期分岔的费根鲍姆级联,从而导致混沌。

将分段光滑系统排除在现有文献之外的第二个原因是,它们挑战了我们关于动力学的许多假设。例如,我们如何定义这些系统中的结构稳定性、分岔和混沌的定性测度等概念?通过对我们研究的问题进行仔细的假设,这些问题与导致分段光滑系统的物理问题不一致。很明显,许多曾经被认为只是光滑系统领域的概念,也自然地扩展到分段光滑系统领域。但是,对非光滑系统领域进行概念扩展也是本书的主旨。尽管分段光滑系统也有其特有的动力学现象,但这些现象很容易分析。

本节可作为分段光滑动力系统的独立和非技术性指南,用来概述后面章节中给出的更详细的处理方法。后面章节将通过描述物理模型中的案例研究示例,为在非正式、非技术性和面向应用的环境中讨论非平稳动力学奠定基础。还将展示分段光滑流(常微分方程系统)中的分岔如何自然生成分段光滑映射或映射(离散时间迭代过程),这是本书的核心。本节中简要介绍了一些数学概念,这些概念将在后面章节进行更准确的定义。此外,本书的主旨之一在于回答为什么分段光滑系统值得研究这一问题。

作为分段光滑系统的第一个激励示例,考虑实现家用集中供暖系统运行所需的温度 θ。如果超过这个温度,恒温器会控制开关,关闭锅炉的电源。然后,系统在停止加热的情况下平稳运行,直到温度降至 θ 以下。在这一时刻,随着锅炉的开启和一组不同的控制规则的应用,系统动力学发生了变化。将切换过程与加热和冷却阶段所花费的时间相比,我们可以将前者所花费的时间视为极短,因此可以将温度 $T(t)$ 的动力学视为连续分段光滑流的动力学。两种不同的光滑流动状态描述了关闭和打开状态,当跨越它们之间的边界 $T(t)=\theta$ 时,会发生动力学切换。

我们可以想象有一个即时响应的供暖系统。那么,动力学将是一种滑动的状态,其中 $T(t)$ 被永久设置为阈值 θ,恒温器处于打开和关闭位置之间。当温度上升到 θ 以上时,锅炉关闭,这会立即导致温度下降到 θ 以下。因此,锅炉被重新点燃,导致温度又上升到阈值以上……往复循环,我们发现,滑动对应所谓的继电器控制器的自然状态,也对应具有干摩擦的系统的黏性阶段,该系统可能表现出黏滑运动。

回到更现实的情况,即温度的变化滞后于锅炉的开启或关闭,我们可以认为这个例子的动力学切换是由事件驱动的。事件是 $T(t)=\theta$,切换发生的时间为 t。供暖系统在事件之间平稳演变,因此我们可以轻松定义离散时间事件映射,该映射将一次切换时的系统状态表示为前一次切换状态的函数。这个映射可能是光滑的,也可能是非光滑的,具有较低维的有效状态空间,因为我们知道温度处于阈值。现在假设供暖系统有一个定时装置,每天在固定时间打开和关闭供暖。在这种情况下,我们可以考虑以 24 h 为间隔对温度进行采样,生成频闪图,将每天固定时间的系统状态表示为前一天同一时间的状态函数。这个映射不太可能是光滑的,因为温度高于 θ 的系统的动力学可能与温度低于 θ 的系统不同。

这个简单的例子表明,任何关于分段光滑系统的讨论都理应包括流和映射。第三类自然的分段光滑系统是流和映射的组合,我们称之为混合系统。流量达到切换阈值的结果是导致流量的瞬时跳跃(实际上变得不连续)时,就会出现这种系统。在供暖系统中,温度下降到 θ 的结果是瞬间打开电火,供暖速度比锅炉快得多,因此(在 24 h 的时间尺度上)我们可以看到温度在瞬间有效上升,则可能会发生分段光滑的瞬时跳跃情况。我们从一类在分段光滑系统理论的历史发展中发挥关键作用的混合系统开始更详细的案例研究讨论。

分段光滑系统是由一组有限数量的连续微分方程构成的。考虑一类只有一个不连续边界 Σ 的分段光滑系统:

$$\dot{\chi}(t) = \begin{cases} \boldsymbol{F}_1(\chi), & \chi \in S_1 \\ \boldsymbol{F}_2(\chi), & \chi \in S_2 \end{cases} \tag{1-3}$$

式中,χ 为状态变量;$S_1 \in \mathbb{R}^n$;$S_2 \in \mathbb{R}^n$;$\Sigma := S_1 \cap S_2$。

向量场 $\boldsymbol{F}_1(\chi)$ 和 $\boldsymbol{F}_2(\chi)$ 在相对应的开放集 S_1 和 S_2 是连续光滑的。

定义 1[16]   如果分段光滑系统(1-3)中存在一个整数 n_d,使得微分函数式

$$\boldsymbol{F}_1^{(n_k)} - \boldsymbol{F}_2^{(n_k)} = \frac{\mathrm{d}^{n_k}}{\mathrm{d}\chi^{n_k}} \boldsymbol{F}_1 - \frac{\mathrm{d}^{n_k}}{\mathrm{d}\chi^{n_k}} \boldsymbol{F}_2 \quad (0 \leqslant n_k < n_d, \ \chi \in \Sigma_{12})$$

是连续的,而 $\boldsymbol{F}_1^{(n_d)} - \boldsymbol{F}_2^{(n_d)}$ 在 Σ_{12} 上是不连续的,则系统(1-3)在边界 Σ 上的光滑度是 n_d。

按照分段连续系统中光滑度的定义,冲击系统的光滑度是 0;当分段光滑系统满足 $\boldsymbol{F}_1(\chi) \neq \boldsymbol{F}_2(\chi)$ $(\chi \in \Sigma)$ 时,其光滑度为 1,而该系统被定义为 Filippov 系统;相反地,当分段光滑系统满足 $\boldsymbol{F}_1(\chi) = \boldsymbol{F}_2(\chi)$ $(\chi \in \Sigma)$ 时,其光滑度由关于 $\chi \in \Sigma$ 的连续偏导数的最高阶数决定,而光滑度大于或等于 2 的系统统称为分段光滑连续系统。

只有 Filippov 系统可能会在不连续边界 Σ 上出现滑动运动,因此其需要特别的关注。下面对 Filippov 系统作简要介绍。

1.6.1　Filippov 系统简介

分段光滑流是由有限组常微分方程给出的:

$$\dot{x} = \boldsymbol{F}_i(x, \mu), \ x \in S_i \tag{1-4}$$

区间 $\Sigma_{ij} := \overline{S}_i \bigcap \overline{S}_j$ 包含在边界 ∂S_i 和 ∂S_j，或者是空集内。每个向量场 $\boldsymbol{F}_i$ 在状态 x 和参数 μ 下都是光滑的，且在任何开集 $U \supset S_i$ 内定义光滑流 Φ_i。

两个区域之间的非空边界 Σ_{ij} 将被称为不连续集、不连续边界，有时也被称为切换流形。我们假设 Σ_{ij} 的每一块都是余维 1，即嵌入 n 维相空间中的 $(n-1)$ 维光滑流形（与 $\mathbb{R}^n$ 局部微分同胚的东西）。此外，我们将要求每一个这样的 Σ_{ij} 本身是分段光滑的。也就是说，它是由有限多个光滑的部分组成的。注意，定义并没有唯一地指定不连续集合内动力学演化的规则。一种可能性是将每一个 Σ_{ij} 分配为仅属于单个区域 $\overline{S}_i$。也就是说，$\boldsymbol{F}_i$ 而不是 $\boldsymbol{F}_j$ 适用于 Σ_{ij}。事实上，除了流动被限制在边界（Filippov 轨迹）的情况外，这些概念几乎没有什么区别。在讨论这种情况之前，让我们首先考虑当穿过不连续边界 Σ_{ij} 时，分段光滑常微分方程的流会发生什么。

对于 n 维的 Filippov 系统（1-3），不连续边界 Σ 是由一个平滑的标量函数的零集定义的，即：

$$\Sigma_{12} := \{\chi \in \mathbb{R}^n : H(\chi) = 0\} \tag{1-5}$$

相对应地，不连续边界 Σ 将开域的状态空间 S 划分为两个独立的开域空间 S_1 和 S_2，其中 $S_1 := \{\chi \in \mathbb{R}^n : H(\chi) > 0\}$，$S_2 := \{\chi \in \mathbb{R}^n : H(\chi) < 0\}$。由不连续边界 Σ 张成的超曲面又被称为切换流形（switching manifold）。显然，切换流形既可以是闭环形式，也可以是在开域空间 S_1 和 S_2 中无穷拓展的形式。

因此，n 维的 Filippov 系统（1-3）的控制方程可以写为：

$$\dot{\chi}(t) = \begin{cases} \boldsymbol{F}_1(\chi), & H(\chi) > 0 \\ \boldsymbol{F}_2(\chi), & H(\chi) < 0 \end{cases} \tag{1-6}$$

在切换流形的附近，Filippov 系统的非连续向量场会产生不同轨线的切换行为，如图 1-8 所示。在图 1-8(a) 的状态空间中，空间 S_1 和 S_2 由不连续超曲面 Σ 分割而成，Filippov 系统（1-6）的轨线既可以横穿切换流形 Σ，也可以一直黏滞在 Σ 上进行滑动运动。相应地，整个切换流形 Σ 又可以划分为两类区域：一类是横穿区域（crossing region）Σ_c，另一类是滑动区域（sliding region）Σ_s。从而可得，$\Sigma = \Sigma_s \bigcup \Sigma_c$。在图 1-8(b) 的二维图中，在滑动区域附近，向量场 $\boldsymbol{F}_1(\chi)$ 和 $\boldsymbol{F}_2(\chi)$ 相向指向切换流形 Σ，系统轨线就被约束在表示切换流形的超曲面上进行滑动运动。在横穿区域附近，向量场 $\boldsymbol{F}_1(\chi)$ 和 $\boldsymbol{F}_2(\chi)$ 同向指向切换流形 Σ，系统轨线就直接穿过表示切换流形的超曲面进行横穿运动。

基于 Filippov 系统（1-6）中向量场 $\boldsymbol{F}_1(\chi)$ 和 $\boldsymbol{F}_2(\chi)$ 相对于切换流形 Σ 的法向分量，借助李导数（Lie deviation）的概念，将滑动区域 Σ_s 定义为：

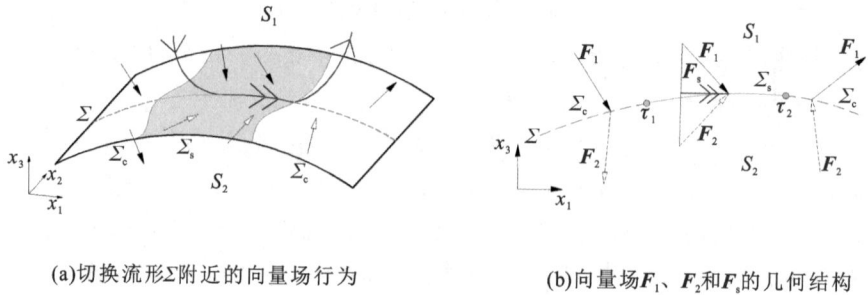

(a)切换流形Σ附近的向量场行为　　　　(b)向量场F_1、F_2和F_s的几何结构

图1-8　状态空间中分段光滑向量场在滑动区域Σ_s和横穿区域Σ_c的概述

注:图中阴影部分表示Σ_s,无阴影部分表示Σ_c。

$$\Sigma_s := \{\chi \in \Sigma : \mathscr{L}_{F_1}H(\chi) \cdot \mathscr{L}_{F_2}H(\chi) \leqslant 0\} \tag{1-7}$$

另外,横穿区域Σ_c作为滑动区域Σ_s在切换流形Σ上的补集,可以定义为:

$$\Sigma_c := \{\chi \in \Sigma : \mathscr{L}_{F_1}H(\chi) \cdot \mathscr{L}_{F_2}H(\chi) > 0\} \tag{1-8}$$

式中,$\mathscr{L}_F$为李导数;$\partial H(\chi)/\partial\chi$为$H(\chi)$的梯度;$\mathscr{L}_{F_1}H(\chi)$为$F_1(\chi)$相对于切换流形$\Sigma$的法向分量;$\mathscr{L}_{F_2}H(\chi)$为$F_2(\chi)$相对于切换流形$\Sigma$的法向分量。

定义2[16]　李导数$\mathscr{L}_F$是沿向量场F的流的方向的总时间导数。当$F_1(\chi)$和$F_2(\chi)$表示光滑的向量场,而$H(\chi)$表示一个光滑的标量函数时,则有:

$$\mathscr{L}_{F_1}H(\chi) := \frac{\partial H(\chi)}{\partial\chi}F_1(\chi)$$

$$\mathscr{L}_{F_2}\mathscr{L}_{F_1}H(\chi) := \frac{\partial(\mathscr{L}_{F_1}H)}{\partial\chi}F_2(\chi)$$

$$\mathscr{L}_{F_2}L_{F_1}^{n_k}H(\chi) := \frac{\partial(L_{F_1}^{n_k-1}H)}{\partial\chi}F_2(\chi)$$

$$L_{F_1}^0 H(\chi) := H(\chi)$$

在图1-8中由点τ_1和τ_2界定的滑动区域内,以蓝色曲线表示的系统轨线从子状态空间S_1开始接触切换流形Σ,并被约束在Σ上滑动,直至其中一个向量场$F_1(\chi)$或$F_2(\chi)$在点τ_2处与Σ相切而改变方向,从而使得向量场$F_1(\chi)$和$F_2(\chi)$关于切换流形Σ的法向分量的方向一致,满足横穿区域条件(1-8),最终脱离Σ。而与切换流形不相切的向量场进入子状态空间S_1或S_2。因此,Filippov系统滑动区域的边界条件可以确定为:

$$\partial\Sigma_s^{\pm} := \{\chi \in \Sigma : \mathscr{L}_{F_1}H(\chi) \cdot \mathscr{L}_{F_2}H(\chi) = 0\} \tag{1-9}$$

定义3[42]　对于n维的Filippov系统(1-6)中切换流形Σ上的一个点χ_T,如果能够满足以下条件之一,则称点χ_T为n维的Filippov系统(1-6)的切点(tangent point)。

①滑滞分岔

$$\mathscr{L}_{F_1} H(\chi) = 0, \ F_1(\chi) \neq 0, \ F_2(\chi) \neq 0$$

②边界交叉口交叉/拐角碰撞

$$\mathscr{L}_{F_2} H(\chi) = 0, \ F_1(\chi) \neq 0, \ F_2(\chi) \neq 0$$

根据切点 χ_T 附近轨线与切换流形 Σ 或滑动区域 Σ_s 的边界的局部弯曲方向,可以将切点分为可见和不可见两种类型:当切点附近轨线沿着滑动向量场 F_s 远离切换流形 Σ 或滑动区域边界时,切点被认为是可见切点,如图1-8(a)和图1-9(b)所示;反之,则为不可见切点,如图1-9(a)和图1-9(c)所示。

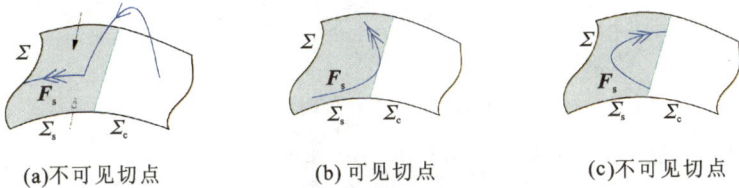

(a)不可见切点　　　　　(b)可见切点　　　　　(c)不可见切点

图1-9　切换流形 Σ 上滑动向量场 F_s 在滑动区域 Σ_s 和横穿区域 Σ_c 边界处的切点类型

注:图中阴影部分表示 Σ_s,无阴影部分表示 Σ_c。

通过案例研究和观察,对最常见的不连续分岔(DIB)类型进行分类和分析,其中一些最常见的余维1 DIB类型,如图1-10所示。

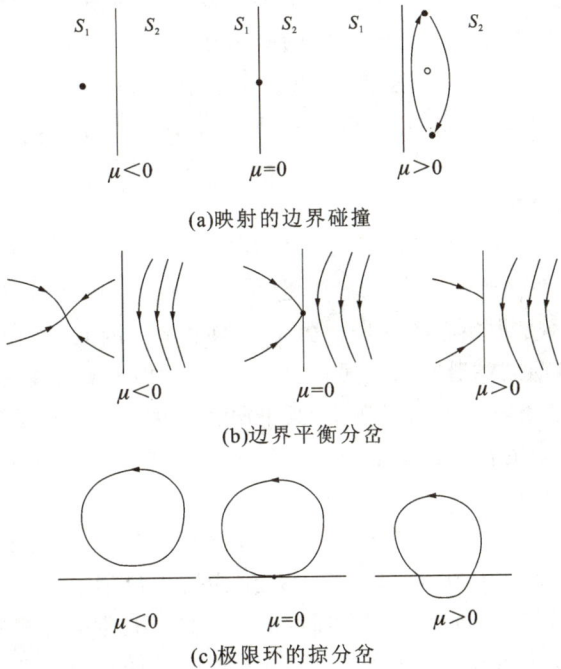

(a)映射的边界碰撞

(b)边界平衡分岔

(c)极限环的掠分岔

$\mu<0$ $\mu=0$ $\mu>0$

(d)滑滞分岔

$\mu<0$ $\mu=0$ $\mu>0$

(e)边界交叉口交叉/拐角碰撞

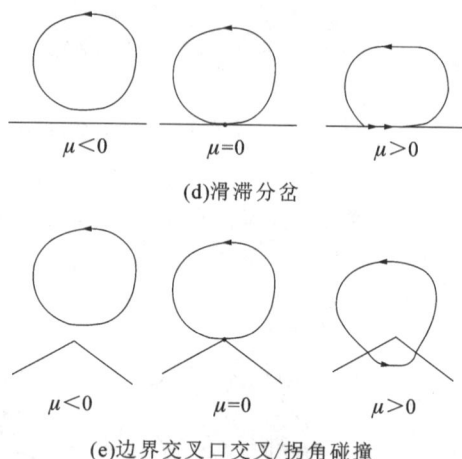

图 1-10　DIB 类型

（1）映射的边界碰撞

这一类在概念上是最简单的 DIB 类型，并且当在临界参数值处，分段光滑映射的不动点精确地位于不连续边界 Σ 上时发生。对于具有一阶奇异性（即局部分段线性连续）的映射，现在有一个成熟的理论来描述通过这种事件改变参数可能导致的分岔。值得注意的是，事态的发展可能相当复杂。即使在一维中，我们在案例研究中看到，对于任何维数 n，（周期—1）的吸引子都可以跳到（周期—n）的吸引子，或者跳到没有任何周期窗口的鲁棒混沌。在一维和二维中，无论是多或少的所有信息都是已知的。但在一般的 n 维映射中，只有最简单种类的周期点上的分岔信息是已知的。

（2）边界平衡分岔

当平衡点正好位于不连续边界 Σ 上时，就会出现最简单的流动 DIB。在 Filippov 系统和具有黏性区域的混合系统中，也存在伪平衡的可能性，伪平衡是滑动流或黏性流的平衡，但不是原始系统的任何矢量场的平衡。因此，存在这样的可能性，即平衡精确地位于滑动或黏滞区域之间的边界上，并且伪平衡转变为规则平衡（要么在直接参数变化下，要么在褶皱状过渡中，其中两者都存在于扰动参数的同一符号中）。也有可能在边界平衡的参数扰动下，在类 Hopf 跃迁中产生极限环。

（3）极限环的掠分岔

应用中最常见的 DIB 之一是由流动的极限循环与不连续边界相切（即掠射）引起的。有人可能天真地认为，这可以完全理解为边界碰撞（在适当的 Poincaré 界面上，存在掠分岔的分岔点，即掠点）。然而，正如我们在混沌系统和分段光滑常微分方程中看到的那样，情况并不一定如此。相反，我们必须仔细分析平衡点附近的流会发生什么。事实上,我们可以导出一个相关的映射(所谓的不连续映射)。但是,映射的奇异性和流的平滑度之间的联系是微妙的,取决于流在掠点处是否均匀不连续。该分析解释了在碰撞和双线性振荡器的掠分岔处观察到的情况。

(4)滑滞分岔

在 Filippov 系统中,有几种方法可以使不变集(如极限环)相对于滑动区域的边界在结构上不稳定。这样导出的 Poincaré 映射具有通常在相空间的至少 1 个区域中不可逆的性质,这是由于滑动运动固有的信息在时间上反向丢失。该分析有助于解释在案例研究中描述的继电器控制和干摩擦示例中观察到的动力学现象。此外,在冲击系统中,可以通过无限抖振冲击序列来接近黏着区域,我们已经在案例研究中发现了这一点。后文将在单自由度冲击振荡器的背景下给出此类事件的进一步细节。

(5)边界交叉口交叉/拐角碰撞

流中余维 1 事件的另一种可能性是,不变集(如极限环等)通过由 2 个不同的不连续流形 Σ_1 和 Σ_2 的交集形成的 $(n-2)$ 维集。我们将在没有滑动的情况下考虑 Filippov 系统中的此类交叉口。我们还考虑了一种特殊情况,即 Σ_1 和 Σ_2 上矢量场的跳跃使得它们的相交可以被视为单个不连续表面中的"角"。这可以解释在 DC/DC 转换器案例研究中观察到的动力学现象。

(6)一些可能的全局分岔

后文将举例介绍伪平衡的稳定流形和不稳定流形之间的联系,伪平衡是滑动流的平衡,而不是不连续边界两侧的单个流的平衡。

基于 DIB 理论的扩展,在每种情况下,这些扩展都是通过对一个具有实际意义的案例进一步研究推动的,研究包括参数和噪声敏感性,涉及具有不连续表面的不变复曲面的分岔,分段光滑流中的掠流与大间断极限下的混合系统之间的相似性,以及余维两个分岔。

1.6.2　向量场的滑动解

n 维的 Filippov 系统(1-6)可以进一步写为:

$$F(\chi)=\begin{cases} \{F_1(\chi)\}, & H(\chi)>0 \\ CH\{F_1(\chi),F_2(\chi)\}, & H(\chi)=0 \\ \{F_2(\chi)\}, & H(\chi)<0 \end{cases} \tag{1-10}$$

式中,$CH\{F_1(\chi),F_2(\chi)\}$ 为凸包,是一个切换流形 Σ 两侧向量场的多值集合。

从而可以得到 Filippov 系统(1-10)的微分包含式:

$$\dot{\chi} \in F(\chi) \tag{1-11}$$

式(1-11)的解称为 Filippov 解。当 Filippov 解停留在滑动区域 Σ_s 上时,则称

该解为 Filippov 系统(1-10)的滑动解。从而可得,Filippov 解是由子状态空间 S_1 和 S_2 的标准解和/或切换流形 Σ 上的滑动解串联而成的。下面重点介绍求解 Filippov 系统滑动解的两种等效方法:Filippov 的凸性方法[30] 和 Utkin 的等度控制方法[33]。

(1) Filippov 的凸性方法

n 维的 Filippov 系统(1-10)中,对于图 1-8(b)中由蓝色双箭头表示的滑动向量场 $\boldsymbol{F}_s$,可以通过滑动区域 Σ_s 任意点的凸组合方式表示为:

$$\mathrm{CH}\{\boldsymbol{F}_1(\chi), \boldsymbol{F}_2(\chi)\} = \boldsymbol{F}_s = (1-\boldsymbol{\xi}_F)\boldsymbol{F}_1(\chi) + \boldsymbol{\xi}_F\boldsymbol{F}_2(\chi) \tag{1-12}$$

由图 1-8(b)中的几何结构可知,切换流形 Σ 的梯度与滑动向量场 $\boldsymbol{F}_s$ 相互垂直,从而根据定义 2 的李导数,可得:

$$\mathscr{L}_{\boldsymbol{F}_s} H(\chi) = 0 \tag{1-13}$$

联立方程(1-12)和方程(1-13),可以求解得到:

$$\boldsymbol{\xi}_F(\chi) = \frac{\mathscr{L}_{\boldsymbol{F}_1} H(\chi)}{\mathscr{L}_{(\boldsymbol{F}_1-\boldsymbol{F}_2)} H(\chi)} \tag{1-14}$$

因此,Filippov 系统(1-10)的滑动解为:

$$\dot{\boldsymbol{\chi}} = \boldsymbol{F}_s(\chi), \quad \chi \in \Sigma_s \tag{1-15}$$

由此,由 Filippov 的凸性方法确定的滑动区域为:

$$\Sigma_s := \{\chi \in \Sigma_s \mid 0 \leqslant \boldsymbol{\xi}_F(\chi) \leqslant 0\} \tag{1-16}$$

(2) Utkin 的等度控制方法

n 维的 Filippov 系统(1-10),对于滑动区域 Σ_s 任意点的滑动向量场 $\boldsymbol{F}_s$,可以由一个泛函的等度项表示。从而有:

$$\dot{\boldsymbol{\chi}} = \boldsymbol{F}_s(\chi, \Theta_H), \quad \chi \in \Sigma_s \tag{1-17}$$

式中,Θ_H 为关于 $H(\chi)$ 的 Heaviside 函数,表示为

$$\Theta_H = \begin{cases} 0, & H(\chi) > 0 \\ \xi_U, & H(\chi) < 0 \end{cases}$$

从而可得,状态空间 S_1 的控制项为 0,而状态空间 S_2 的控制项为一个连续泛函 ξ_U。因此可以得到代数式:

$$\frac{\mathrm{d}H(\chi)}{\mathrm{d}t} = \frac{\partial H(\chi)}{\partial \chi} F_s(\chi, \Theta_H) = 0, \quad \chi \in \Sigma_s \tag{1-18}$$

对方程(1-18)中的 Θ_H 进行求解,解得 Θ_H^*。对于 Filippov 系统的滑动解(1-15),可以用 Θ_H^* 等度代替 Θ_H,即得:

$$\dot{\boldsymbol{\chi}} = \boldsymbol{F}_s(\chi, \Theta_H^*), \quad \chi \in \Sigma_s \tag{1-19}$$

方程(1-17)到方程(1-19)的过程就是 Utkin 的等度控制方法。因此,标量微分方程(1-18)就是 Filippov 系统(1-10)的滑动解的动力学控制方程。滑动向量场 $\boldsymbol{F}_s$ 可

以表示为：

$$CH\{\boldsymbol{F}_1(\chi),\boldsymbol{F}_2(\chi)\}=\boldsymbol{F}_s=\frac{\boldsymbol{F}_1(\chi)+\boldsymbol{F}_2(\chi)}{2}+\frac{\boldsymbol{F}_2(\chi)-\boldsymbol{F}_1(\chi)}{2}\xi_U \quad (1\text{-}20)$$

式中，等度控制项为

$$\xi_U(\chi)=-\frac{\boldsymbol{F}_1(\chi)+\boldsymbol{F}_2(\chi)}{\boldsymbol{F}_2(\chi)-\boldsymbol{F}_1(\chi)}$$

由此，由 Utkin 的等度控制方法确定的滑动区域为：

$$\Sigma_s:=\{\chi\in\Sigma_s\mid-1\leqslant\xi_U(\chi)\leqslant1\} \quad (1\text{-}21)$$

由于存在关系条件 $\xi_U=2\xi_F-1$，使得这两种滑动解的表示方法在代数上是等价的，仅在某些特殊情况下有少许差异。同时，根据 Filippov 系统滑动区域的边界条件 (1-21)，可以分别利用 Filippov 的凸性方法和 Utkin 的等度控制方法，得到等效的滑动区域边界条件：

$$\partial\Sigma_s^{\pm}:=\{\chi\in\Sigma:\xi_F(\chi)=0 \text{ 或 } 1\}$$
$$\partial\Sigma_s^{\pm}:=\{\chi\in\Sigma:\xi_U(\chi)=\pm1\} \quad (1\text{-}22)$$

从而可以进一步得到由向量场 $\boldsymbol{F}_1(\chi)$ 或 $\boldsymbol{F}_2(\chi)$ 与切换流形 Σ 的切点所构成的滑动区域 Σ_s 的边界条件，与滑动向量场 $\boldsymbol{F}_s$ 的关系：

$$\begin{cases}\boldsymbol{F}_s=\boldsymbol{F}_1(\chi),\text{ 当 }\mathcal{L}_{\boldsymbol{F}_1}H(\chi)=0\\\boldsymbol{F}_s=\boldsymbol{F}_2(\chi),\text{ 当 }\mathcal{L}_{\boldsymbol{F}_2}H(\chi)=0\end{cases} \quad (1\text{-}23)$$

定义 4[16]　对于 n 维的 Filippov 系统(1-10)中滑动区域 Σ_s，如果满足条件

$$\mathcal{L}_{(\boldsymbol{F}_2-\boldsymbol{F}_1)}H(\chi)>0$$

则称滑动区域 Σ_s 是稳定的或吸引的；如果满足条件

$$\mathcal{L}_{(\boldsymbol{F}_2-\boldsymbol{F}_1)}H(\chi)<0$$

则称滑动区域 Σ_s 是不稳定的或互斥的。

系统轨线进入不稳定滑动区域 Σ_s 后，快速地逃逸到子状态空间 S_1 或 S_2 中。因此，不稳定滑动区域在式(1-10)的数值积分计算过程中是观测不到的。一般情况下，Filippov 系统中的滑动区域 Σ_s 通常是指稳定的滑动区域。

1.6.3　滑动分岔的拓扑结构

对于 n 维的 Filippov 系统(1-10)中状态空间的拓扑变化，系统轨线在切换流形 Σ 上的演变会产生复杂的动力学行为。从而可得，当连续性参数发生变化时，任意小的扰动都可能诱发拓扑结构不等价的轨线变化，由此发生滑动分岔(sliding bifurcation)。

定义 4[16]　n 维的 Filippov 系统(1-10)中，其极限环与滑动区域 Σ_s 的相互作用

所引起的不连续边界诱导分岔现象,称为滑动分岔。

实际上,与切换流形相交的轨线的局部变化导致系统状态空间拓扑结构的转换,因此在扰动下滑动区域的出现或消失已经是分岔行为了。通常,轨线可以在系统子空间 S_1 和 S_2 之间的切换流形 Σ 上的任何点处发生状态转换。而在系统参数或初始条件的影响下,这种轨线的转换会发生在切换流形 Σ 的边界 $\partial\Sigma_s^{\pm}$ 处。

基于 1.6.2 节中有关滑动区域边界 Σ_s 的不同切点类型,可以根据轨线进出稳定的滑动区域的方式及进出次数或滑动形式等,对发生在其上的分岔行为进行分类。以滑动区域边界 $\partial\Sigma_s^{+}$ 或 $\partial\Sigma_s^{-}$ 的向量场方向为基础,可以确定系统轨线与不连续超曲面之间相互作用的 4 种可能的分岔情形[16,41],如图 1-11 所示。图 1-11 中,滑动分岔位于系统轨线和滑动区域边界 $\partial\Sigma_s^{\pm}$ 可能相交的滑动区域 Σ_s 附近,并通过具有不同系数参数值或初始条件的 3 条特殊轨线进行示意性的描述。

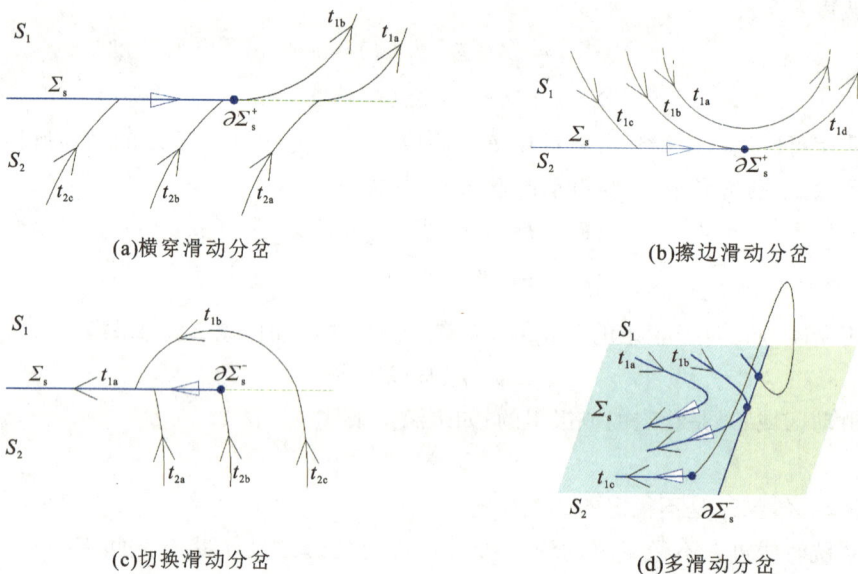

(a)横穿滑动分岔

(b)擦边滑动分岔

(c)切换滑动分岔

(d)多滑动分岔

图 1-11 轨线与滑动区域 Σ_s 边界 $\partial\Sigma_s^{\pm}$ 相交的 4 种局部滑动分岔行为

注:$\boldsymbol{F}_1(q)$ 和 $\boldsymbol{F}_2(q)$(S_1 和 S_2 的控制方程)分别位于局部水平的不连续边界 Σ 的上面和下面。蓝色实线和淡蓝色阴影部分表示带有边界 $\partial\Sigma_s^{+}$ 或 $\partial\Sigma_s^{-}$ 的滑动区域 Σ_s,带矢量箭头的曲线表示滑动前后或滑动时的一段轨线

图 1-11(a)～图 1-11(d)中描绘的不同滑动情形分别被称为横穿滑动分岔(crossing-sliding bifurcation)、擦边滑动分岔(grazing-sliding bifurcation)、切换滑动分岔(switching-sliding bifurcation)和多滑动分岔(adding-sliding bifurcation)。

图 1-11(a)展示了横穿滑动分岔。随着系统参数或初始条件的变化,以 t_{2b} 和 t_{1b} 表示的轨线横向触碰到滑动区域 Σ_s 的边界 $\partial\Sigma_s^{+}$,由此产生了 2 种不同的拓扑结构。

一方面,以 t_{2c} 和 t_{1b} 表示的轨线从状态空间 S_2 进入滑动区域 Σ_s,从而形成了滑动运动。另一方面,以 t_{2a} 和 t_{1a} 表示的轨线在横穿区域直接穿过切换流形 Σ。基于连续性的广义概念,滑动的轨线朝着滑动区域边界 $\partial\Sigma_s^+$ 进行局部演化,然后切向于切换流形而进入另一个状态空间 S_1。

图 1-11(b)展示了擦边滑动分岔。在这种情形下,以 t_{1a} 表示的轨线局部位于子空间 S_1 内,并不断地扰动以 t_{1b} 和 t_{1d} 表示的轨线,并且在滑动区域边界 $\partial\Sigma_s^+$ 处形成掠点。在进一步的扰动下,以 t_{1c} 表示的轨线与滑动区域相交,并朝着 $\partial\Sigma_s^+$ 的方向逐渐演变,并最终切向离开滑动区域 Σ_s 而进入同样的状态空间 S_1。

图 1-11(c)展示了切换滑动分岔。这种情形有点类似于图 1-11(a)中的横穿滑动分岔。然而,区别在于,轨线总是在与滑动区域相交之后被局部约束在滑动区域 Σ_s 上,并且永远不会从其中逃逸。因此,以 t_{2b} 和 t_{1a} 表示的临界轨线受到扰动后,新轨线 t_{2a} 会直接经过横向交叉点(轨迹与边界的交叉点)或在其上,并始终停留在滑动区域 Σ_s 内演化。

图 1-11(d)展示了多滑动分岔。它与其他 3 种情况不同,因为以 t_{1a} 表示的轨线完全位于滑动区域 Σ_s 内。当系统参数或初始条件发生变化时,该轨线会受到扰动而形成以 t_{1b} 表示的轨线,该轨线可能会在吸引和互斥边界之间的切换点处与滑动区域 Σ_s 的边界 $\partial\Sigma_s^-$ 发生触碰。进一步的扰动可能导致轨线离开切换流形进入子空间 S_1,然后再次返回滑动区域 Σ_s,从而在轨线的演化过程中附加了一段滑动区域,如图 1-11(d)中以 t_{1c} 表示的轨线。

另外,根据 1.6.1 节中关于切点的可见和不可见分类,横穿滑动分岔和擦边滑动分岔中的切点是可见的,而切换滑动分岔中的切点是不可见的。类似地,图 1-11(d)中描述的多滑动分岔中的切点是可见的。

根据图 1-11 中滑动分岔临界轨线在其与滑动区域边界 $\partial\Sigma_s^\pm$ 处的拓扑结构特性,可以定义出每一种滑动分岔需要满足的分析条件[16,41]。在不失一般性的前提下,假设轨线与滑动区域 Σ_s 边界 $\partial\Sigma_s^-$ 的相交点出现在 $\chi=\chi^*$ ($\chi^*\in\partial\Sigma_s^-$)处。因此,确定以下条件:

$$H(\chi^*)=0 \text{ 且 } \mathcal{L}_{\mathbf{F}_1}H(\chi^*)=0 \tag{1-24}$$

参照轨线在 $\chi^*\in\partial\Sigma_s^-$ 必须同时保持朝向或远离边界 $\partial\Sigma_s^-$ 的局部演化,在条件(1-24)的基础上,给出每一种滑动分岔中轨线曲率的额外分析条件。

对于横穿滑动分岔和擦边滑动分岔,在前提(1-24)下,必须满足以下附加条件:

$$\mathcal{L}_{\mathbf{F}_1}H(\chi^*)>0 \tag{1-25}$$

对于切换滑动分岔,需要满足的附加条件是:

$$\mathcal{L}_{\mathbf{F}_1}H(\chi^*)<0 \tag{1-26}$$

对于多滑动分岔,需要满足的附加条件是:

$$\mathscr{L}_{F_1}^{\beta} H(\chi^*)=0 \text{ 且 } \mathscr{L}_{F_1}^{\beta} H(\chi^*)<0 \tag{1-27}$$

从根本上讲,附加条件(1-25)~条件(1-27)可以简化为一点:通过判定 $\mathscr{L}_{F_1} H(q^*)$ 与 0 孰大,区分滑动分岔的类型。虽然横穿滑动分岔和擦边滑动分岔的分析条件都是由条件(1-24)和条件(1-25)定义的,但是它们各自的轨线进入和切向流出滑动区域 Σ_s 的方向是不同的。同时注意,条件(1-24)是先验性的,也就是说,一旦条件(1-24)被违反,仅满足附加条件(1-25)~条件(1-27)是无法确认这 4 种简单的滑动分岔类型的。因此,可以说附加条件(1-25)~条件(1-27)对于每种滑动分岔都是必要而不充分的。

此外,需要注意的是,相对于 n 维的 Filippov 系统(1-10),这 4 种滑动分岔都是局部的,它们的动力学行为并不会对系统整体极限环的存在性和稳定性造成影响。

实际上,滞滑振动(stick-slip oscillations)中存在着黏滞状态(sticking)和滑移状态(slipping)。其中,黏滞状态对应 Filippov 系统的滑动状态,因为二者的运动状态都是系统轨线停留在切换流形 Σ 上以滑动向量场 F_s 进行滑动。而在具有摩擦力的机械旋转机构中,其切换流形上的滑动状态通常对应转子系统中的纯滚动。

在某种意义上,上述 4 种情况代表了轨迹与滑动区域边界相互作用的最简单方式。本部分的主要目的是分类解释当所讨论的轨迹是一个极限环时,特别是当其导致混沌运动或吸引子的快速变化时,这些分岔的动力学后果。我们将处理一般的 n 维情况。Kuznetsov 等[49]对可能的 DIB 进行了更完整的分类,这些 DIB 涉及在具有单个切换表面的二维 Filippov 系统中滑动。这包括全局分岔的可能性,以及一些平衡分岔。在一般的 n 维系统中,完整的分类仍然是未知的。

在分析了滑动的几何拓扑结果之后,我们转向刚才介绍的 4 种滑动分岔的分析描述。对于每种情况,当求解与轨迹 t_{1a}、t_{2a} 具有相同事件序列的轨迹时,我们可以计算一个不连续映射,该不连续映射说明了必须添加的额外校正,以说明图 1-11 中更复杂的 t_{1c}、t_{2c} 的短暂额外通过,结果总结在表 1-1 中。表 1-1 给出了不连续映射中的前导项的大小,作为偏离临界 t_{1b}、t_{2b} 的初始条件下扰动大小 ϵ 的函数。这些映射的精确函数形式将很快给出。

表 1-1　　　　　　　4 种滑动分岔情形中出现的奇点的总结

分岔类型	映射前导项	映射奇异数
横穿滑动	$\epsilon^2+O(\epsilon^2)$	2
擦边滑动	$\epsilon+O(\epsilon^{3/2})$	1
切换滑动	$\epsilon^3+O(\epsilon^4)$	3
多滑动	$\epsilon^2+O(\epsilon^{5/2})$	2

我们首先给出定义 4 种滑动分岔情形中每一种的分析条件，以及适当的非退化假设。在 4 种情况下，分岔事件中涉及的临界轨迹都有一个与滑动区域边界相交的点 $\partial\hat{\Sigma}^-$。假设该交点出现在 $x=x^*$ 处，那么在 4 种情况下，都有以下定义条件：

$$\begin{cases} H(x^*)=0, \ H_x(x^*)\neq0 \\ \beta(x^*)=-1, \ \mathscr{L}_{F_1}(x^*)=0 \end{cases} \tag{1-28}$$

请注意，$\beta(x^*)=-1$ 意味着 $F_s(x^*)=F_1(x^*)$，式(1-28)第 1 个条件指出，点 x^* 属于切换流形，这是很好定义的。而式(1-28)第 2 个条件表示 x^* 在滑动区域的边界上，在不失一般性的情况下，我们假设其为 $\partial\hat{\Sigma}^-$。

现在让我们来看 4 种滑动分岔情形中每一个的非退化条件。第一个是在 x^* 的邻域中，向量场 F_2 不是掠射的，而是指向 Σ，即

$$H_x F_2(x^*)>0 \tag{1-29}$$

其他考虑因素包括滑动流与 $\partial\hat{\Sigma}^-$ 的相切。为了定义这样的相切，请注意，$\partial\hat{\Sigma}^- := \{x\in\Sigma : \beta(x)=-1\}$ 的一个方便的表示法是 β_x，则

$$\beta_x = \frac{-2}{(\mathscr{L}_{F_2}H(x))^2} \frac{\mathrm{d}}{\mathrm{d}x}\mathscr{L}_{F_1}H(x) \tag{1-30}$$

基于图 1-12，从式(1-29)可以得出式(1-30)的分母为正。

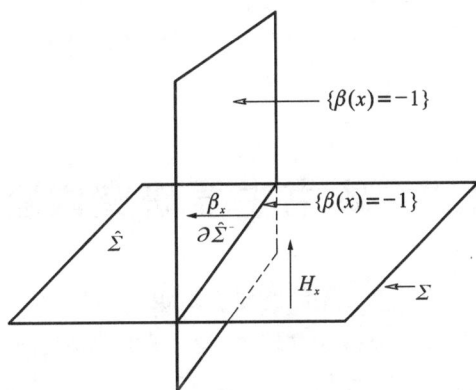

图 1-12　边界 $\partial\hat{\Sigma}^-$ 的拓扑结构

参考图 1-11 和图 1-12 中的几何形状，请注意，交叉滑动和掠流滑动情况要求滑动流局部向上演变为 $\partial\hat{\Sigma}^-$。因此

$$\left.\frac{\partial\beta(\Phi_s(x^*,0))}{\partial t}\right|_{t=0}<0 \tag{1-31}$$

式中，Φ_s 为对应滑动流 F_s 的流算子。然而，我们得到在 x^* 处 $F_s=F_1$，将其乘式(1-28)，得 $\Phi_s(x^*,0)=\Phi_1(x^*,0)$。此外

$$\frac{\partial \beta(\Phi_1(x^*,0))}{\partial t} = \beta_x \boldsymbol{F}_1(x^*) =: \mathscr{L}_{\boldsymbol{F}_1}\beta(x^*) \tag{1-32}$$

因此，$\mathscr{L}_{\boldsymbol{F}_1}\beta(x^*)$ 的符号决定了边界 $\partial\hat{\Sigma}^-$ 相对于侧线流是吸引还是排斥。因此，交叉滑动和掠流滑动需满足非退化条件：

$$\mathscr{L}_{\boldsymbol{F}_1}\beta(x^*) < 0 \tag{1-33}$$

其中，切换滑动行为需满足

$$\mathscr{L}_{\boldsymbol{F}_1}\beta(x^*) > 0 \tag{1-34}$$

因此，滑动流指向远离边界的方向。

多滑动行为更为微妙。在这里，我们需要一个额外的定义条件，即在分岔点处有一个滑动流的切点与 $\partial\hat{\Sigma}^-$ 相切，即

$$\mathscr{L}_{\boldsymbol{F}_1}\beta(x^*) = 0 \tag{1-35}$$

此外，几何结构清楚地表明，滑动流必须在分岔点达到局部最小值 β。因此，我们还要求

$$\frac{\partial^2 \beta(\Phi_s(x^*,0))}{\partial^2 t} > 0 \tag{1-36}$$

也就是说

$$\mathscr{L}_{\boldsymbol{F}_1}^2\beta(x) = \beta_x \boldsymbol{F}_{1x}\boldsymbol{F}_1 + \beta_{xx}\boldsymbol{F}_1^2 > 0 \tag{1-37}$$

我们现在可以在 4 种滑动分岔情形中陈述关于映射形式的定理。在每种情况下，映射情况都描述了必须对图 1-11 中的轨迹进行的校正，以获得分岔轨迹。

1.7 本书主要研究内容

本书以非光滑转子/定子碰摩系统为研究对象，针对非光滑干摩擦自激振动的主要影响因素，分别建立并解析分析 3 种转子/定子碰摩模型：两自由度的简单转子/定子碰摩模型、考虑定子动力学特性的一般性转子/定子碰摩模型、考虑交叉耦合效应的转子/定子碰摩模型，着重对其干摩擦自激振动的解析分析及滞滑振动特性的研究。首先，通过解析分析实现对非光滑转子/定子碰摩系统中干摩擦反向涡动的滞滑振动响应的合理预测，基于非光滑动力系统理论揭示干摩擦反向涡动中滞滑振动及其滑动分岔的动力学行为。然后，进一步利用非线性模态理论构建含交叉耦合效应的转子/定子碰摩系统的不变流形和降阶模型以分析自激正向涡动。最后，基于仿真模拟和实验研究，对碰摩转子的动力学研究方法和理论模型进行验证性分析。本书的具体研究内容如下。

第2章,基于转子/定子系统的离散化和数值积分的数学分析方法,构建系统的结构力学模型,分别分析转子/定子系统的滑动摩擦和滚动摩擦的摩擦力模型,并给出转子/定子系统摩擦系数的确定方法。然后,分别分析弹性力学冲击模型、牛顿冲击模型和振动冲击模型等描述转子/定子系统的碰撞力,并同样给出碰撞参数的确定方法。

第3章,针对干摩擦反向涡动响应的反向和大幅值特性,从物理模型、激励、转子轨迹等方面进行全面分析,并通过分析干摩擦反向涡动的临界频率、临界切向速度、临界径向冲击速度,确定干摩擦反向涡动的稳定性图。同时,通过对刚性定子的干摩擦反向涡动的涡动频率特征进行分析,确定其最大涡动频率的限制条件。此外,分析柔性定子的干摩擦反向涡动的运动方程和接触条件,确定其周期性涡动的存在条件和稳定性。

第4章,建立转子/定子碰摩系统的实验平台,从结构的设计、动平衡条件和定子不同安装条件的角度出发,设计可以通过更换定子实现改变转子与定子间隙的转子结构。同时,搭建转子/定子碰摩系统实验平台的数据采集系统,建立转子涡动和定子振动的数据传输、采集和储存系统。

第5章,针对考虑定子动力学特性的一般性转子/定子碰摩模型,对同时考虑转子和定子动力学特性、干摩擦效应以及接触面变形的干摩擦自激反向涡动的响应幅值和频率进行解析求解,分析反向涡动中滑移运动和纯滚动对系统响应的影响。

第6章,针对分段光滑的两自由度的简单转子/定子碰摩模型,借助非光滑动力系统的理论,以碰摩转子转动和涡动间的相对速度作为切换流形,揭示转子/定子碰摩系统中干摩擦反向涡动的滑动区域及其边界条件,同时通过分析系统参数对滞滑振动特性的影响,确定滞滑振动特性与干摩擦反向涡动响应之间的关系。

第7章,针对考虑定子动力学特性的一般性转子/定子碰摩模型,分析干摩擦反向涡动中不同类型的滑动分岔动力学行为的拓扑结构,分析纯滚动和横穿的发生条件,确定不同类型的滑动运动模式,并对其特性进行讨论。

第8章,针对考虑转子交叉耦合效应的转子/定子碰摩模型,根据谱子空间的流形理论,基于转子/定子碰摩系统的非线性周期模态,构建谱子流形和二维的降阶模型,并在降阶模型中分析自激正向涡动的响应精度及其特性。

第9章,考虑转子/定子碰摩系统中柔性转轴和刚性转盘的耦合特性,建立与无量纲理论模型相对应的实验台架及其刚柔耦合转子/定子碰摩仿真模型,以系统中不同类型响应的理论结果为参考,对不同系统参数的碰摩转子的响应边界条件进行验证性的模拟仿真和实验研究。

　　第 10 章,针对轴流风机的动力学的稳定性、多物理场耦合特性和可靠性展开分析,通过将实验模态测试和仿真模态计算的模态参数进行对比分析,得到优化的叶片结构参数及其与轮毂连接的连接参数,从而建立准确的轴流风机有限元模型。基于此,分别对轴流风机的振动响应特性、多物理场耦合特性及疲劳寿命等进行分析。

　　第 11 章,给出了研究总结及研究展望。

2 转子/定子系统基本模型

本章将对基本数学方法和力学模型进行概述,这些数学方法和力学模型用于表示转子从激励到第一次与定子接触再到充分发展的干摩擦反向涡动的行为。

本章首先在简要介绍常微分方程数值积分的基础上,介绍非线性微分方程周期解的稳定性,并给出了评估其稳定性的方法。该部分主要用于提供无法假设的知识。然后,以正在研究的系统为例,说明机械系统的运动方程,并介绍转子和定子的典型配置。该部分为后文的模型构建等奠定基础。最后,对摩擦和冲击现象进行评述,并给出能够描述各自基本情况的简单模型。本章内容有助于了解为什么要使用特定模型以及必须通过实验确定哪些参数。

2.1 转子/定子系统数学分析方法

2.1.1 离散化

在本节中,在描述机械系统的运动时,我们将限制使用离散模型,即将所有机械部件视为由离散质量、弹簧和阻尼元件组成。在这些条件下,建模必然产生常微分方程。我们必须考虑这些微分方程是线性的还是非线性的,从而正确地表示系统的行为。由于力学系统的基本物理性质,这些方程在大多数情况下是二阶的。

2.1.2 数值积分

作为一阶系统的微分方程,n 阶显式常微分方程的初值问题可表示为

$$\frac{\mathrm{d}^n q(t)}{\mathrm{d}t^n} = f(t, q(t), \dot{q}(t), \cdots, q^n(t)) \tag{2-1}$$

式中,上标符号表示对时间的一阶导数。

初值分别为 $q(t_0) = q_0, \dot{q}(t_0) = \dot{q}_0, \cdots, q^{n-1}(t_0) = q_0^{n-1}$,等价于一阶耦合微分方

程的初值问题：

$$
\begin{cases}
\dot{q}_1(t) = q_2(t) \\
\dot{q}_2(t) = q_3(t) \\
\vdots \\
\dot{q}_n(t) = f(t, q_1(t), \cdots, q_n(t))
\end{cases} \tag{2-2}
$$

式中，初始条件为 $q_1(t_0) = q_0, q_2(t_0) = \dot{q}_0, \cdots, q_n(t_0) = q_0^{n-1}$。

这意味着当且仅当 $q(t)$ 是方程(2-1)的解，则

$$
\begin{cases}
q_1(t) = q(t) \\
q_2(t) = \dot{q}(t) \\
\vdots \\
q_n(t) = q^{n-1}(t)
\end{cases} \tag{2-3}
$$

是方程(2-2)的解，具有各自的初始值。并且对于足够光滑的函数，其解的存在性和唯一性可用 Peano 定理和 Picard-Lindelöf 定理来确定。

具有给定初始条件的高阶微分方程的一般耦合系统总是可以表示为一个一阶初值问题，该问题包括寻找 m 个解 $q_1(t), q_2(t), \cdots, q_m(t)$：

$$
\frac{\mathrm{d}q_i(t)}{\mathrm{d}t} = f_i(t, q_1(t), q_2(t), \cdots, q_m(t)), \quad i = 1, 2, \cdots, m \tag{2-4}
$$

式(2-4)满足相应的初始条件，其中矢量式为：$\boldsymbol{q}(t) = (q_1(t), q_2(t), \cdots, q_n(t))^{\mathrm{T}}, \boldsymbol{q}_0 = (q_{01}, q_{02}, \cdots, q_{0n})^{\mathrm{T}}, \boldsymbol{f}(t, q(t)) = (f_1(t, q(t)), f_2(t, q(t)), \cdots, f_n(t, q(t)))^{\mathrm{T}}$。这样的话，这个问题就转化为了：

$$
\begin{cases}
\dfrac{\mathrm{d}q(t)}{\mathrm{d}t} = f(t, q(t)) \\
q(t_0) = q_0
\end{cases} \tag{2-5}
$$

这是通常用于数值计算的微分方程的标准形式。向量 $\boldsymbol{q}$ 称为相向量，集合 D：$\boldsymbol{q} \in D \subset \mathbb{R}^n$ 称为相空间。

对于给定的一阶微分方程，存在各种各样的数值解法。这些解法可以根据其用于计算下一个求解步骤的解的已计算点的数量进行分类，即单步算法与多步算法，以及根据要计算的值是否出现在计算算法本身进行分类，即隐式算法与显式算法。

其中最简单的方法是显式单步法，如欧拉法、多边形法、显式 Runge-Kutta 法等。从时间 t_k 的近似值 $q(k)$ 开始，这些算法通过依次计算下一时间步长内开始时的导数和不同时间的导数，来计算 t_{k+1} 时的近似值 $q(k+1)$。显式 Runge-Kutta 法通过选择具有相同评价点的不同阶次方法，非常适用于步长的自动控制。

隐式算法通常比显式算法具有更高的精度。它们的特点是导数由隐式方程定义。尽管精度有可能提高，但这些方法不太适合用于一般用途的计算，因为在每一步

中,都必须求解未知导数中的隐式系统,同时这些隐式系统通常是非线性的。

多步算法,如 Adams Moulton、Adams Bashforth 等的方法,不仅在计算 $q(k+1)$ 时考虑最后一个值 $q(k)$,而且多步算法中的早期值 $q(k-i)$ 可以是隐式或显式。隐式算法使用额外的迭代来计算所需的值。这些算法往往与数值求积公式或数值微分公式有一定的相似性。因此,一些多步算法也被称为后向微分公式(BDF)。

不同数值解法的精度和效率各不相同。解法的性能可以用其绝对稳定的区域来表示。该区域用于测量定义的测试方程的最大允许步长 h 可能有多大,以便至少以定性的方式正确表示解决方案。具有大面积绝对稳定性的解法有二阶 Runge-Kutta方法和一些多步方法,特别是低阶 BDF。不给步长施加任何上限以产生定性正确结果的解法称为 A-稳定的方法。

对于数值处理来说,一种特别难处理的情况是具有显著不同频率的解分量的微分方程。这些方程被称为刚性方程,其对数值解法的要求很高,因为阶跃宽度必须根据解中变化最快的分量来选择。对于刚性方程,具有大范围内绝对稳定的解是必不可少的。专门的求解算法获取额外的信息,如微分方程中的雅可比矩阵。

另一个复杂的任务是所谓的微分代数系统的积分。这些微分方程有一个额外的代数约束,限制了微分方程的解空间:

$$\begin{cases} \dfrac{dq(t)}{dt} = f(t,q(t)) \\ g(q) = 0 \end{cases} \tag{2-6}$$

对于这类系统,其解法远不如纯微分方程的解法成熟。对于求解这类系统的各种问题出现了。例如,在力学中,研究具有约束的多体系统的运动。虽然将对时间的微分约束代入微分方程可以将系统转化为一个纯微分系统,但这会引起其他问题:

① 由于约束通常只存在于加速度水平,数值误差可能导致违反这些约束。

② 通过分析与时间相关的约束会产生额外的多解,从而导致数值解偏离原始系统的物理意义解。

可以证明,如果在每一步求解之后,将解投影到约束上,则常规解法的稳定性不会改变。然而,这通常需要对数值解法进行剧烈的干预。出于这些原因,建议采用不同的方法,包括所谓最小坐标微分方程的控制方法。最小坐标系是先验满足约束条件的坐标系,通过这种坐标系,可以将微分代数系统转化为一组纯微分方程组,而不需要附加约束或过多的数值条件。此外,新系统的阶数比原系统的阶数小。

MATLAB 软件包提供了一系列用于积分纯微分方程的高性能刚性和非刚性解法。其中,关于微分方程及其数值解的算法有更全面的概述。

2.1.3 非线性微分方程临界点和周期解的稳定性

大多数技术上的微分方程是常系数的线性方程。这些方程可以以一般的方式进行求解,并得到具有振幅的复指数函数,该振幅取决于系统矩阵的特征值,通常要么渐近于零,要么呈指数增长。在某些情况下,解分量可能是具有恒定振幅的谐波振动或时间多项式。对于一般的非线性微分方程,解的类型显然没有这样的限制。然而,在众多可能的解决方案中,有 2 种特殊情况值得特别注意,即临界点和周期解。除非另有说明,以下关于临界点、周期解及其各自稳定性的表述遵循 Verhulst 使用的命名法。

为了简单起见,在下文中,我们将自己的研究对象限制为自治方程,即方程(2-7),其中自变量 t 不显式出现:

$$\frac{\mathrm{d}q(t)}{\mathrm{d}t} = f(q(t)) \tag{2-7}$$

点 q_c 被称为方程(2-7)的临界点,若

$$f(q_c) = 0 \tag{2-8}$$

式中,在 q_c 处,运动的导数消失。

平衡解 $q(t) = q_c$ 始终满足微分方程,临界点可视为退化为点的轨道。

函数 $q_p(t)$ 被称为方程(2-7)的 T-周期解,若是

$$\begin{cases} \dfrac{\mathrm{d}q_p(t)}{\mathrm{d}t} = f(q_p(t)) \\ q_p(t) = q_p(t+T) \end{cases} \tag{2-9}$$

可以证明,自治方程(2-7)的周期解对应相空间中的闭合轨道,相空间中的所有闭合轨道也同样对应自治方程(2-7)的周期解。

我们看到,无论是常系数线性微分方程还是非线性微分方程,都可以有周期解。对于线性方程组,这些解是振幅恒定的简谐振动,对应系统矩阵的纯虚极点对,而非线性微分方程组的周期解,也称为极限环,并不局限于简谐振动。极限环是一种真正的非线性现象,它与线性微分方程的调和解有着完全不同的性质和复杂程度。线性和非线性周期振动之间主要有 2 个区别:

① 线性振动的振幅取决于初始条件,而特定区域内非线性极限环的振幅与初始条件无关。

② 线性振动对系统参数的变化极为敏感。即使是阻尼的微小变化也会将虚极点对移动到左半平面或右半平面。因此,线性极限环是理论现象。与此相反,非线性极限环对参数的变化不敏感。它们可能会改变频率或振幅,但这种现象仍然存在。

如果找到了一个非线性微分方程的解,我们可能会对这个解的稳定性感兴趣,也就是说,我们想知道当它受到小扰动时,解是否离开了原始轨迹,或者它是否一直保

持在这个特解的附近。

最广泛使用的稳定性定义是 Lyapunov,它要求对于临界点的每一个邻域 $\varepsilon > 0$,找到第二个邻域 $\delta > 0$,以便从临界点的邻域 δ 开始的解始终保持在邻域 ε 中:

$$\| q_0 - q_c \| \leqslant \delta \rightarrow \| q(t) - q_c \| \leqslant \varepsilon \tag{2-10}$$

一个更强的假设是渐近稳定的,要求解随着时间的增加而到达临界点。这些定义稍加修改,也可应用于周期运动的稳定性定义。然而,受扰解的稳定性不足以跟随周期解的轨迹,还必须同时到达相应的点。这导致了这样一个结果,即一些直觉上被认为是稳定的运动,在 Lyapunov 意义下是不稳定的。因此,对于周期解,有时基于 Poincaré 映射使用不同的稳定性定义。在一些教材中,这种稳定性的概念被称为轨道稳定性。Poincaré 映射和轨道稳定性将在下文介绍。

本部分简要介绍一类自治非线性微分方程不动点和周期解的稳定性的判定。

可使用方程(2-7)围绕临界点 q_c 的线性化来研究 q_c 的稳定性。由于 f 是多个变量的向量值函数,线性化可以使用泰勒级数展开,省略高阶项。

对于实际解与临界点 q_c 的线性偏差 y,我们发现:

$$\frac{\mathrm{d}y(t)}{\mathrm{d}t} = \frac{\delta f(q)}{\delta q} \bigg|_{q=q_c} y(t) \tag{2-11}$$

$f(q)$ 对坐标向量 q 的导数必须视为 f 对单个坐标的逐列导数。该矩阵称为系统在临界点 q_c 处的雅可比矩阵:

$$J = \frac{\delta f(q)}{\delta q} \bigg|_{q=q_c} = \begin{bmatrix} \dfrac{\delta f_1}{\delta q_1} & \cdots & \dfrac{\delta f_1}{\delta q_n} \\ \vdots & & \vdots \\ \dfrac{\delta f_n}{\delta q_1} & \cdots & \dfrac{\delta f_n}{\delta q_n} \end{bmatrix}_{q=q_c} \tag{2-12}$$

常数矩阵 J 的特征值 $\lambda_1, \cdots, \lambda_n$ 决定了非线性方程的稳定性。结果表明,若 J 的所有特征值均为负实部,则非线性方程的临界点 q_c 渐近稳定。若至少存在一个实部为正的特征值,则该特征值是不稳定的。

确定临界点稳定性的另一种方法是找到 Lyapunov 函数的直接方法。虽然在大多数情况下,使用雅可比矩阵很容易评估稳定性,但对于更复杂的函数,通常几乎不可能找到 Lyapunov 函数。

以临界点 q_c 的稳定性为例。T-周期极限环解 $q_p(t)$ 的稳定性可用线性微分方程来估计。函数 $f(q(t))$ 再次根据状态进行微分,并在所研究的解处计算雅可比矩阵。与不动点的情况不同,该雅可比矩阵现在不是在单个点上求值,而是在周期解 $q_p(t)$ 上求值。通过这种方式,非线性微分方程被转化为一个线性化方程,其偏差 $y(t)$ 与周期解 $q_p(t)$ 关系如下:

$$\frac{\mathrm{d}y(t)}{\mathrm{d}t} = \frac{\delta f(q)}{\delta q}\bigg|_{q=q_p(t)} y(t) \tag{2-13}$$

时变 T 周期系统矩阵 $\boldsymbol{J}(t)$ 为：

$$\boldsymbol{J}(t) = \frac{\delta f(q)}{\delta q}\bigg|_{q=q_p(t)} \tag{2-14}$$

然而，现在系统的稳定性不能再通过计算离散平衡点的特征值来进行判定。利用 Floquet 理论得到了该问题的一个解，证明了具有周期时变系数的线性微分方程解的稳定性。

可以证明，对于方程（2-13）的每个基本矩阵 $\boldsymbol{\Phi}(t)$（该矩阵的列包含该方程的解），存在一个 T-周期矩阵 $\boldsymbol{P}(t)$，使得

$$\boldsymbol{\Phi}(t) = \boldsymbol{P}(t)\mathrm{e}^{\boldsymbol{B}t} \tag{2-15}$$

式中，$\boldsymbol{B}$ 是常数 $n \times n$ 矩阵。

常数矩阵 $\boldsymbol{C}$ 被定义为：

$$\boldsymbol{C} = \mathrm{e}^{\boldsymbol{B}t} \tag{2-16}$$

是非奇异的。

也可以证明 $\boldsymbol{C}$ 是乘子，通过它，在时间 $(t+T)$，$\boldsymbol{\Phi}(t+T)$ 将转化为基本矩阵。关于这些矩阵性质的更多细节，特别是关于将方程（2-13）转化为具有常数系统矩阵的微分方程的细节，将在下文详细描述。

由于 $\boldsymbol{C}$ 和 $\boldsymbol{B}$ 决定了方程（2-13）的解，很明显，$\boldsymbol{C}$ 和 $\boldsymbol{B}$ 的特征值决定了它的稳定性。矩阵 $\boldsymbol{C}$ 称为单数矩阵，$\boldsymbol{C}$ 的特征值称为特征乘子。如果将该方法应用于非线性微分方程的周期解，其中一个特征指数的实部总是为零。结果表明，若所有其他特征指数都有负实部，则 $q_p(t)$ 是稳定的。

与周期系数方程相关的一个问题是，没有通用的分析方法来计算矩阵 $\boldsymbol{P}(t)$、$\boldsymbol{C}$ 或特征指数或乘数。每一个方程都需要专门的研究，其中一些方程已经有了完整的研究成果。

一种主要源于控制理论的评价极限环行为稳定性的方法是谐波平衡法。该方法是将系统的非线性部分化为线性等效复放大因子。谐波平衡法是一种近似方法，主要用于单输入单输出系统（SISO 系统）。对于具有多输入多输出的系统（MIMO 系统）和微分方程形式的一般非线性的系统，该方法仅适用于相当有限的情况。虽然存在对该方法的扩展，但它们可能很复杂，并且缺乏数学精确性。

采用 Floquet 理论部分可以提高计算的精确性，然而我们发现采用 Floquet 理论的解析方法确定一个给定微分方程周期解的特征乘子有很大的难度。在本章中，我们将介绍通过数值确定这些乘数的方法。通常有 2 种方法：Floquet 理论和 Poincaré 映射。前者更具抽象性和数学性，而后者产生了直观的理解。由于这两种方法产生相同

的结果,因此将在 Poincaré 映射的上下文中提出这种通过数值确定这些乘子的概念。

方程(2-7)的周期解 $q_p(t)$ 对应 n 维相空间中的闭合轨道。现在构造一个闭合轨道的 $(n-1)$ 维横截面 V,它被闭合轨道在点 q_{vc} 处刺穿,并且与之不相切,如图 2-1 所示。现在考虑一个点 $q_v \in V$ 和从 q_v 开始的微分方程的解:如果 q_v 足够接近 q_{vc},这个轨道返回横截面 V,从而将点 q_v 映射到 V。这个映射称为返回映射或 Poincaré 映射 M,得到的点是 $M(q_v)$。位于周期轨道上的点 q_{vc} 被映射为自身:$q_{vc} = M(q_{vc})$,因此可以看作映射 M 的临界点。显然,$q_p(t)$ 的稳定性可以与 Poincaré 映射的稳定性联系起来,即不动点 q_{vc} 的稳定性。可以通过以下方式表示:

周期解 $q_p(t)$ 是稳定的,如果对于每个 $\varepsilon > 0$,我们可以得出 $\delta > 0$,从而有

$$\| q_v - q_{vc} \| \leqslant \delta \in V \rightarrow \| M^n(q_v) - q_{vc} \| \leqslant \varepsilon, \quad n = 1, 2, 3, \cdots \tag{2-17}$$

有时这种稳定性的定义被称为轨道稳定性。渐近稳定性的定义也是类似的。

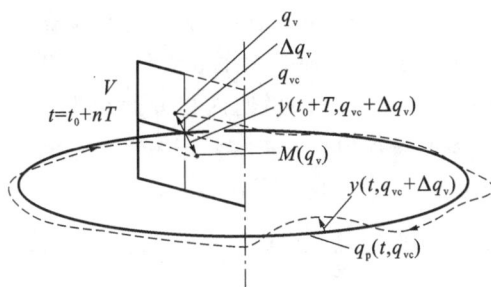

图 2-1　一类非线性微分方程未扰动和扰动周期解的 Poincaré 映射

现在已经建立了周期解的稳定性与其 Poincaré 映射之间的联系。我们需要定义映射 M 的稳定性。为此,将一般解 $q(t)$ 展开为具有初始条件的关于周期解 $q_p(t)$ 的泰勒级数,并通过省略高阶项将其线性化:

$$\begin{cases} q(t, q_{vc} + \Delta q_v) = q_p(t) + \left. \dfrac{\delta q(t, q_v)}{\delta q_v} \right|_{q=q_p(t)} \Delta q_v + \text{h. o. t.} \\[3mm] q_p(t) + y(t, \Delta q_v) = q_p(t) + \left. \dfrac{\delta q(t, q_v)}{\delta q_v} \right|_{q=q_p(t)} \Delta q_v \\[3mm] y(t, \Delta q_v) = \left. \dfrac{\delta q(t, q_v)}{\delta q_v} \right|_{q=q_p(t)} \Delta q_v \end{cases} \tag{2-18}$$

对于上式,有系统矩阵 $\boldsymbol{\Theta}$,定义线性映射 $M(q_v)$:

$$\boldsymbol{\Theta} = \left. \frac{\delta q(t, q_v)}{\delta q_v} \right|_{q=q_p(t)} = \begin{bmatrix} \dfrac{\delta q_1}{\delta q_{v1}} & \cdots & \dfrac{\delta q_1}{\delta q_{vn}} \\[3mm] \vdots & & \vdots \\[3mm] \dfrac{\delta q_n}{\delta q_{v1}} & \cdots & \dfrac{\delta q_n}{\delta q_{vn}} \end{bmatrix}_{q=q_p(t)} \tag{2-19}$$

结果表明,该方法与上述 Floquet 理论有着非常密切的联系。事实上,$\boldsymbol{\Theta}(T)$ 的特征值代表特征乘子,即单值矩阵 $\boldsymbol{C}$ 的特征值。这并不奇怪,因为 $\boldsymbol{C}$ 和 $\boldsymbol{\Theta}$ 都决定了各自解从时间 t 到时间 $(t+T)$ 的转移。从上述结果中可以得出结论,如果除单位特征值外的所有特征值都位于复平面的单位圆内,则 $q_p(t)$ 是稳定的。为了解析计算 $\boldsymbol{\Theta}$,必须明确地知道微分方程的显式解,特别是它对初始值的依赖性。但通常情况并非如此,因此不能直接计算 $\boldsymbol{\Theta}$。然而,存在数值计算 $\boldsymbol{\Theta}$ 的方法。下面,首先给出线性化映射的数值近似 $\dot{\boldsymbol{\Theta}}$,然后导出 $\boldsymbol{\Theta}$ 的精确数值计算。

如果在式(2-19)中,导数被差商替换,则 $\Delta q_{vi} = [\Delta q_{v1}, \cdots, \Delta q_{vj}, \cdots, \Delta q_{vn}]^T$,如果 $i=j$,且 $\Delta q_i = 0$,则有 $\Delta q_{vi} = \Delta q_v$。否则,对于 $\boldsymbol{\Theta}(T)$ 的每列,我们得到:

$$\frac{\delta q(t+T, q_v)}{\delta q_{vi}} \approx \frac{q(t+T, q_{vc} + \Delta q_{vi}) - q(t+T, q_{vc})}{\Delta q_v} \tag{2-20}$$

δq_{vi} 是在 q_{vi} 方向上的单元扰动之后与周期解的偏差。显然,数值 $q(t+T, q_{vc} + \Delta q_{vi})$ 不能用解析的方法表示,而必须用数值解 $\hat{q}(t+T, q_{vc} + \Delta q_{vi})$ 来近似,它是从 $(q_{vc} + \Delta q_{vi})$ 开始积分并在一整个周期内积分的结果。这样,通过 n 次逐次积分,可以计算出矩阵 $\dot{\boldsymbol{\Theta}}$ 及其特征值。

对于方程(2-7)的解 $q(t, q_v)$,我们可以写出:

$$\frac{\delta q(t, q_v)}{\delta t} = f(q(t, q_v)) \tag{2-21}$$

关于初始条件微分方程(2-21),假设 $q(t, q_v)$ 经常是连续可微的,我们发现:

$$\begin{cases} \dfrac{\delta}{\delta q_v} \dfrac{\delta q(t, q_v)}{\delta t} = \dfrac{\delta f(q(t, q_v))}{\delta q_v} \\[2mm] \dfrac{\delta}{\delta t} \dfrac{\delta q(t, q_v)}{\delta q_v} = \dfrac{\delta f(q(t, q_v))}{\delta q} \bigg|_{q = q_p(t)} \dfrac{\delta q(t, q_v)}{\delta q_v} \\[2mm] \dot{\boldsymbol{\Theta}} = \dfrac{\delta f(q(t, q_v))}{\delta q} \bigg|_{q = q_p(t)} \boldsymbol{\Theta} \end{cases} \tag{2-22}$$

这是所需矩阵 $\boldsymbol{\Theta} = \dfrac{\delta q}{\delta q_v}$ 的微分方程。注意,在这个方程中,我们不需要一般解的导数,而是像推导方程(2-18)时那样,需要微分方程本身的导数。由于该表达式始终可以明确地列出,因此也可以说明等式(2-22)。然而,在大多数情况下,解决方案需要数值法。

$\boldsymbol{\Theta}(t)$ 表示将初始干扰 Δq_v 在时间 t 转换为偏差 $y(t)$ 的矩阵。由于矩阵 $\boldsymbol{\Theta}(0)$ 将干扰转换为自身,因此认为:

$$\boldsymbol{\Phi}(0) = \boldsymbol{I} \tag{2-23}$$

式中,$\boldsymbol{I}$ 是 $n \times n$ 单位矩阵。

这是方程(2-22)的初始条件。数值计算通常针对 $\boldsymbol{\Theta}$ 的每一列以及相应的起始向量进行。如果周期解 $q_p(t)$ 明确已知,则可直接代入方程(2-22)。否则,$\boldsymbol{\Theta}$ 的计算必须与方程(2-7)的积分耦合。从离散映射 $\boldsymbol{\Theta}(T)$ 的特征值可以确定 Poincaré 映射的稳定性以及方程(2-7)的周期解的稳定性。

2.2 转子/定子系统基本结构力学模型

2.2.1 MDGKN 表示法

假设线性材料满足线性定律,即系统部件相对于其尺寸的挠度较小,夹紧部位产生线性黏性,则时不变机械系统的运动方程可写成以下形式:

$$\boldsymbol{M}\ddot{\boldsymbol{q}}(t)+(\boldsymbol{D}+\boldsymbol{G})\dot{\boldsymbol{q}}(t)+(\boldsymbol{K}+\boldsymbol{N})\boldsymbol{q}(t)=\boldsymbol{f}(t) \tag{2-24}$$

式中,矢量 $\boldsymbol{q}$ 表示广义位移;质量矩阵 $\boldsymbol{M}$ 确定动能和质量力;阻尼矩阵 $\boldsymbol{D}$ 确定速度相关阻尼力;矩阵 $\boldsymbol{G}$ 定义陀螺力;矩阵 $\boldsymbol{K}$ 定义势能及其保守位置相关力;而矩阵 $\boldsymbol{N}$ 描述非保守位置相关力;向量 $\boldsymbol{f}$ 与时间相关,表示作用在系统上的外部广义力。对于标准系统,当使用虚位移原理克隆运动方程的推导时,$\boldsymbol{M}$、$\boldsymbol{D}$ 和 $\boldsymbol{K}$ 是对称的,而 $\boldsymbol{G}$ 和 $\boldsymbol{N}$ 是反对称的,即 $\boldsymbol{G}=-\boldsymbol{G}^{\mathrm{T}}$,$\boldsymbol{N}=-\boldsymbol{N}^{\mathrm{T}}$。

对于形式如方程(2-24)所示的系统,自由振动的计算通常产生一组谐波和指数函数。只有在极少数情况下,特别是对于没有固定基的系统,才能解出在时间上出现圆弧多项式的分量。一般情况下,自由振动由系统的复特征向量 $\boldsymbol{q}_1,\cdots,\boldsymbol{q}_{2n}$ 和复特征值 $\lambda_1,\cdots,\lambda_{2n}$ 表征(其中 n 是自由度数),前者给出系统的形状,后者给出系统不同本征模的频率和阻尼。

然而,从方程(2-24)开始计算系统的特征向量和特征值,意味着求解特征方程 $\det(\boldsymbol{M}\lambda^2+(\boldsymbol{D}+\boldsymbol{G})\lambda+(\boldsymbol{K}+\boldsymbol{N}))=0$,这相当于求 $2n$ 阶多项式的复数根。由于这非常复杂且对系统参数的变化极为敏感,因此通常采用不同的方法,将在下文介绍。

2.2.2 状态空间表示法

如 2.1.2 节所述,每一组高阶微分方程都可以重写为一组一阶微分方程。对于方程(2-24)中的线性时不变机械系统,这将产生:

$$\begin{bmatrix} \dot{q}_1 \\ \vdots \\ \dot{q}_n \\ \ddot{q}_1 \\ \vdots \\ \ddot{q}_n \end{bmatrix} = \begin{bmatrix} \boldsymbol{0} & \boldsymbol{I} \\ -\boldsymbol{M}^{-1}(\boldsymbol{K}+\boldsymbol{N}) & -\boldsymbol{M}^{-1}(\boldsymbol{D}+\boldsymbol{G}) \end{bmatrix} \cdot \begin{bmatrix} q_1 \\ \vdots \\ q_n \\ \dot{q}_1 \\ \vdots \\ \dot{q}_n \end{bmatrix} \tag{2-25}$$

如果存在以广义力形式作用于系统的输入 u，并且定义了输出 y，则可以将系统扩展到标准状态空间表示：

$$\begin{cases} \dot{q}_s = A \cdot q_s + Bu \\ y = C \cdot q_s + Du \end{cases} \tag{2-26}$$

式中，q_s 为 $2n \times 1$ 状态向量；$\dot{q}_s$ 为状态导数的 $2n \times 1$ 向量；A 为 $2n \times 2n$ 系统矩阵；u 为 $r \times 1$ 输入向量；B 为将输入与状态导数关联的 $2n \times r$ 矩阵；y 为 $m \times 1$ 输出向量；C 为将状态与输出关联的 $m \times 2n$ 矩阵；D 为表示系统输入与输出直接馈通的 $m \times r$ 矩阵。在控制理论中，u 的维数 r 和 y 的维数 m 决定了系统是单输入单输出（SISO）、多输入多输出（MIMO）、单输入多输出（SIMO）还是多输入单输出（MISO）。

对于机械系统的动力学分析，特征值和特征向量的计算是必不可少的。因为从方程(2-24)开始，特征值的确定对数值误差非常敏感，对于大多数此类系统，计算从方程(2-25)开始。这是数值分析及其许多发展的解决方法的一个标准问题。

2.2.3　传递函数法

通过系统的传递函数，给出了系统谐波激励与稳态响应的关系。它可以从 MDGKN 形式或系统的状态空间表示开始使用拉普拉斯（Laplace）变换进行计算。这里显示了后一种情况。方程(2-26)的 Laplace 变换给出：

$$\begin{cases} \tilde{s}\tilde{q}_s(\tilde{s}) - \tilde{q}_{s0} = A\tilde{q}_s(\tilde{s}) + B\tilde{u}(\tilde{s}) \\ \tilde{y}(\tilde{s}) = C\tilde{q}_s(\tilde{s}) + D\tilde{u}(\tilde{s}) \end{cases} \tag{2-27}$$

求解 $\tilde{y}(\tilde{s})$ 的代数方程，从而得：

$$\tilde{y}(\tilde{s}) = C(\tilde{s}E - A)^{-1}\tilde{q}_{s0} + C(\tilde{s}E - A)^{-1}B\tilde{u}(\tilde{s}) + D\tilde{u}(\tilde{s}) \tag{2-28}$$

定义复传递矩阵 $\tilde{G}(\tilde{s})$：

$$\tilde{G}(\tilde{s}) = C(\tilde{s}E - A)^{-1}B \tag{2-29}$$

考虑到矩阵 D 在机械系统中非常少见，并且假设系统是渐近稳定的，即解的瞬态分量接近零，得到输出：

$$\tilde{y}(\tilde{s}) = G(\tilde{s})u(\tilde{s}) \tag{2-30}$$

从矩阵代数可以看出，$\tilde{G}(\tilde{s})$ 是一个复 $m \times r$ 矩阵，其中每一个元素，直到零极点对消，都具有 $2n$ 次的公分母和 $r \leqslant 2n$ 次的分子。分母的零表示系统的复数极点。从 Laplace 变换到傅里叶（Fourier）域，用相应谐波激励函数 $i\omega$ 的频率替换变量 s。然后，复数元素 $\tilde{G}_{ij}$ 以振幅和相位形式给出输出 $\tilde{y}_i$，作为输入 $\tilde{u}_j$ 的函数。

2.2.4　特殊构型

在本工作中，将检查由具有间歇性或连续接触的转子和定子组成的系统。在研究接触下的复杂系统行为之前，将分别说明两个部件的模型。为了使模型具有足够

的通用性,能够正确地表示系统的行为,而不会在分析中引入不必要的复杂性,以下假设将贯穿整个工作:

① 转子是柔性的,在刚性轴承中旋转,不会在轴上施加扭矩;

② 定子可以是刚性的,也可以是柔性的;

③ 接触位置处的转子外表面和定子内表面为圆形;

④ 除非另有说明,否则转子和定子是对称和各向同性的,但定子可以向一侧移动;

⑤ 忽略陀螺效应;

⑥ 转子可能存在不平衡,这种不平衡起到外部激励的作用;

⑦ 转子上可能有一个内部阻尼力。

在上述简化条件下,一般转子的建模会产生方程(2-24)中所述的具有陀螺矩阵 $\boldsymbol{G}$ 的系统。使用的最简单的转子模型是 Jeffcott 转子模型(图 2-2)。它由一个刚性圆盘组成,该圆盘将由一个单一质量和一个柔性但无质量的轴建模,表示为一对正交的弹簧,中心圆盘有两个自由度。这个模型可以解释转子动力学中最重要的现象。它将贯穿本书的大部分内容。

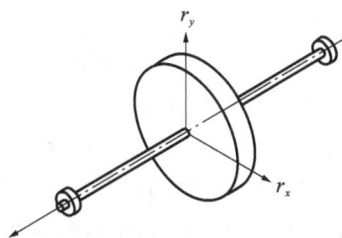

图 2-2　Jeffcott 转子模型

设 k_r 为轴在 x 和 y 方向上的刚度,m_r 为圆盘的质量,d_r 为黏性阻尼系数,$\omega_{rot}(t) = \dot{\sigma}_r(t)$ 为转速,c_r 为圆盘重心和轴心之间的偏心率,r_x 和 r_y 分别为转子在 x 和 y 方向上的位移。在陀螺效应可忽略不计且无内部阻尼的假设下,在转子适当的初始角位置处,运动方程可写成如下形式:

$$\begin{bmatrix} m_r & 0 \\ 0 & m_r \end{bmatrix} \begin{bmatrix} \ddot{r}_x \\ \ddot{r}_y \end{bmatrix} + \begin{bmatrix} d_r & 0 \\ 0 & d_r \end{bmatrix} \begin{bmatrix} \dot{r}_x \\ \dot{r}_y \end{bmatrix} + \begin{bmatrix} k_r & 0 \\ 0 & k_r \end{bmatrix} \begin{bmatrix} r_x \\ r_y \end{bmatrix} = \begin{bmatrix} m_r \varepsilon_r \dot{\sigma}_r^2(t) \cos(\sigma_r(t)) \\ m_r \varepsilon_r \dot{\sigma}_r^2(t) \sin(\sigma_r(t)) \end{bmatrix}$$

$$(2\text{-}31)$$

尽管这是转子在 x 和 y 方向上位移的矩阵微分方程,但两个坐标之间没有耦合。因此,两个方向上的运动方程可以写成两个非耦合的标量微分方程。在不失一般性的情况下,对于 x 位移,有:

$$\begin{cases} m_r\ddot{r}_x + d_r\dot{r}_x + k_r r_x = m_r\varepsilon_r\dot{\sigma}_r^2(t)\cos(\sigma_r(t)) \\ r_x(t=0) = r_{x0} \\ \dot{r}_x(t=0) = \dot{r}_{x0} \end{cases} \tag{2-32}$$

对于该系统的任意角速度 $\dot{\sigma}_r(t)$ 的情况,不能以闭合形式给出一般解。然而,如果我们将研究限制在转子角速度恒定的情况下,即 $\dot{\sigma}_r(t) = \omega_{rot}$,并导致在过去足够长的时间开始的纯谐波不平衡激振,则该初值问题的一般解如下:

$$\begin{cases} r_x(t) = e^{-\delta_r t}\left(r_{x0}\cos(\omega_{rD}t) + \dfrac{\dot{r}_{x0} + \delta_r r_{x0}}{\omega_{rD}}\sin(\omega_{rD}t)\right) + \dfrac{\varepsilon_r\omega_{rot}^2}{\sqrt{(\omega_{rot}^2 - \omega_{ro}^2)^2 + 4\delta_r^2\omega_{rot}^2}}\cos(\omega_{rot}t - \phi_r) \\ \phi_r = \arctan\left(\dfrac{2\delta_r\omega_{rot}}{\omega_{ro}^2 - \omega_{rot}^2}\right) \end{cases}$$

$$\tag{2-33}$$

式中,$\omega_{ro} = \sqrt{\dfrac{k_r}{m_r}}$,$D_r = \dfrac{d_r}{2m_r\omega_{r0}}$,$\omega_{rD} = \omega_{r0}\sqrt{1 - D_r^2}$,$\delta_r = \omega_{r0}D_r$。

该解的第一部分来自初始条件,即 r_{x0} 和 $\dot{r}_{x0}$,并且对于具有非零阻尼的系统,解的第一部分随着时间的推移而消失。第二部分是静止部分,由外部激励引起,在这种情况下第二部分是由系统的不平衡力引起的。

对于本书中的一些计算,使用了具有内部阻尼的 Jeffcott 转子模型。内部阻尼可归因于转子材料中的应变变化,通常被建模为在坐标系中作用于运动的黏性阻尼,该坐标系固定在转子上并在 ω_{rot} 处旋转。内部阻尼会使转子的运动不稳定。由于内部阻尼在本书中不是一个显著的影响,因此这里足以说明微分方程(2-31)主要由 x 和 y 方向之间的交叉耦合力项扩展,即 N 矩阵不会消失。所有影响的完整微分方程,在方程中的交叉耦合力是可清楚识别的。关于作用力的推导,读者可以参考任何关于转子动力学的教材。

在 x 方向上作用在转子上的频率为 ω_{exc} 的谐波力到位移 r_x 处的传递函数为:

$$\widetilde{G}_{11} = \frac{1}{-m_r\omega_{exc}^2 + id_r\omega_{exc} + k_r} \tag{2-34}$$

涡轮机的真实定子可以是非常复杂和巨大的(图 2-3)。但是,在大多数机械中,转子与定子直接接触区域的动态参数是很多研究工作的重点。这尤其适用于结构较重的固定式涡轮机。在这项工作中,使用了 3 个大幅简化的定子模型。按照复杂性由小到大的顺序,这些模型是:

① 1 个刚性环,代表一个非常重、安装紧密的定子;

② 1 个刚性但柔性安装的环[图 2-3(a)],表示定子在负载下具有一定屈服能力;

③ 2 个刚性环,内环顺从地安装在外环中,外环本身顺从地悬挂[图 2-3(b)]。

这种配置表示具有一个以上本征模的更复杂的定子。

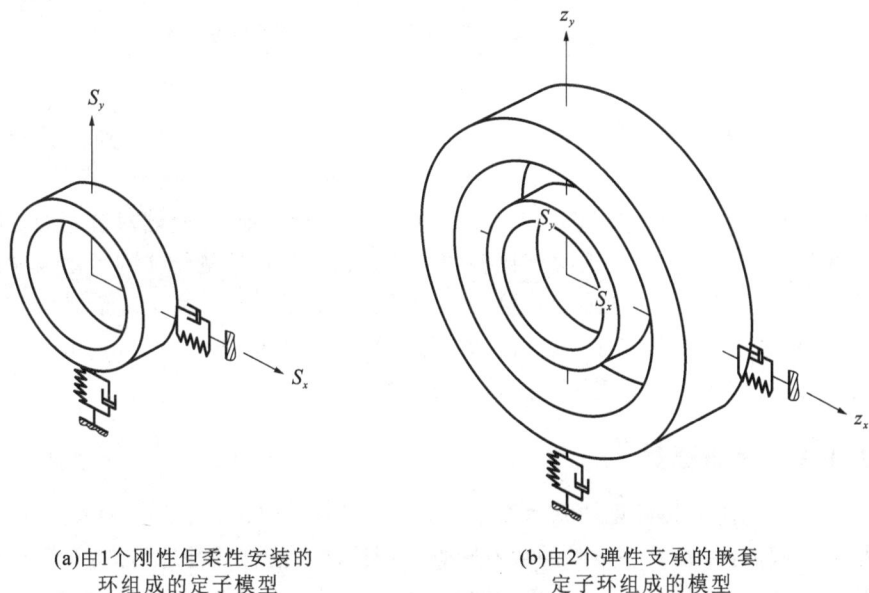

(a)由1个刚性但柔性安装的
环组成的定子模型

(b)由2个弹性支承的嵌套
定子环组成的模型

图 2-3　两种模型草图

所有这些定子元件都具有半径为 R_s 的圆形内表面。由于第一个定子没有柔度，因此无法推导出其运动的微分方程。定子内表面只是表示转子的运动约束或附加刚度。然而，两个柔性安装的定子具有它们自己的动态特性，其以复杂的方式与接触的转子相互作用。

弹性支承环的微分方程与式(2-3)非常相似，方程等号右侧没有强迫函数。传递函数的形式与式(2-34)中的传递函数相同。对于包括 2 个嵌套定子环的模型，相应的项是相似的，只有方程的阶数从 2 增加到 4。

为了研究干摩擦反向涡动，将使用以下 3 种转子/定子配置：

① 最基本的配置包括在刚性定子中运行的 Jeffcott 转子。该系统将主要用于研究反向涡动的起始阶段，此时接触力不是很高，并且使用更复杂的模型会使分析不必要地复杂化；

② Jeffcott 转子在灵活安装的定子中运行，将用于研究已建立的反向涡动的基本特性；

③ 在由 2 个嵌套质量组成的定子中运行的 Jeffcott 转子将用于说明较高定子模式对完全发展的反向涡动的影响。

2.3 转子/定子系统摩擦力

下文将介绍有关摩擦的基础知识,这些知识对于理解所选模型和所进行的实验是必要的。

摩擦力是一种阻力,它阻止接触的两个物体的相对运动,或起到对抗它们之间相对速度的作用。摩擦的产生取决于接触的运动学、摩擦力、接触物体的滑动速度以及特征量,如表面粗糙度、几何形状和接触位置的润滑。在分子水平上,摩擦是一系列过程的结果,其中包括黏附性、同极性和异极性结合以及范德华力结合。由于这些过程的复杂性,目前还不可能对摩擦进行一般分类。

2.3.1 滑动摩擦

让我们首先研究最常见的摩擦类型,即滑动摩擦。如果我们假设摩擦是由分布的微接触引起的,并且这些接触的数量随着作用法向力近似线性地增加,对于接触的两个物体之间的非零相对滑动速度,法向力的绝对值 f_n 和作用摩擦力的绝对值 f_f 之间存在近似线性关系。这种关系被称为库仑-阿蒙顿摩擦定律:

$$f_f = \mu f_n \tag{2-35}$$

式中,μ 被称为摩擦系数。

这个关系是一个很强的简化,因为摩擦系数变化很大,尤其是随着滑动速度的变化。

对于具有滑动摩擦的油润滑摩擦学系统的特殊情况,可以定性地分析摩擦系数的变化特点。图 2-4 显示了摩擦力 f_f 和法向力 f_n 之间的关系,即摩擦系数 μ,对由润滑剂的动态黏度 η、相对滑动速度 $v_{rel,s}$ 和法向力 f_n 给出的特征变量的依赖性。虽然在较低的 $v_{rel,s}$ 值下,不可能形成稳定的流体膜,但在较高的 $v_{rel,s}$ 值下,接触表面变得越来越分离,直到最终只由润滑剂中的黏性阻力决定切向力。

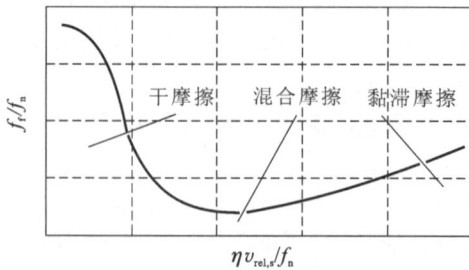

图 2-4 f_f/f_n-$\eta v_{rel,s}/f_n$ 曲线

尽管有许多关于摩擦的模型,但它们中的大多数都存在这样的缺点,即没有可用的模型参数数据,或者法向力或相对滑动速度的覆盖范围对于给定的应用来说太窄。因此,上述库仑-阿蒙顿定律,即方程(2-35),尽管非常简化,但已成为计算摩擦力的标准。然而,它的精度主要取决于给定材料、力、几何形状、速度和表面条件的摩擦系数的测量精度。

当计算作用在两个接触物体之间的摩擦力时,只要两个物体之间存在相对滑动速度,就可以很好地定义这些力。然后,摩擦力与速度的作用方向相反,其大小由作用的法向力和相应的摩擦系数定义。一旦物体在不存在相对切向滑动速度的情况下静止接触,这种不模糊的情况就会急剧变化。然后摩擦力可以取从 $-\mu_0 f_n$ 到 $+\mu_0 f_n$ 间的任何值,这取决于外部载荷,静摩擦系数 $\mu_0 \geqslant \mu$。

为了说明 $v_{rel,s}=0$ 时摩擦力方向的变化,通常使用符号函数乘摩擦系数的实际值。然而,由于该函数在 $v_{rel,s}=0$ 处不是连续可微的,因此该函数存在问题。特别是使用方程的雅可比矩阵的刚性微分方程的数值解法在这一点上求解失败了。为了解决这个问题,通常使用一个函数来代替符号 $\text{sign}(v_{rel,s})$,该函数在 $v_{rel,s}=0$ 处从 -1 到 $+1$ 间有一个非常陡峭的过渡,但仍然是可微的,有

$$f_r = \mu \frac{2}{\pi} \arctan(a \cdot v_{rel,s}) f_n \tag{2-36}$$

式中,$a \gg 1$。

图 2-5(a)描绘了当 $a=100$ 时,μ 关于 $v_{rel,s}$ 的函数。

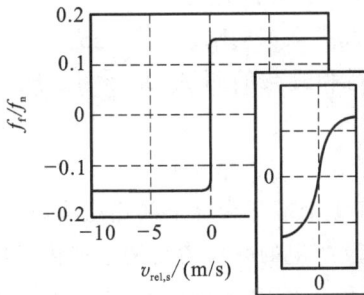

(a)f_f/f_n-$v_{rel,s}$曲线   (b)滚动运动的受力示意图

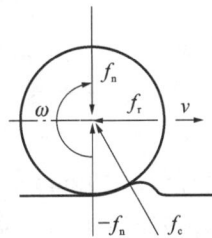

图 2-5 f_f/f_n-$v_{rel,s}$ 曲线及滚动运动的受力示意图

尽管式(2-36)具有毋庸置疑的优点,但 $v_{rel,s}$ 关于 $v_{rel,s}=0$ 的真实行为很难近似,因为在此时的计算中,接触表面中不能传递摩擦力。然而,如果转子在定子上滚动,至少在很短的时间内,转子和定子之间的相对滑动速度只能消失。那么,在切向上作用在转子和定子上的外力相对较小,并且上述 $v_{rel,s}=0$ 的模型可以被认为是足够精确的。

2.3.2　滚动摩擦

除了滑动摩擦,在所研究的系统中,转子和定子之间还有一个由滚动运动引起的摩擦力。从物理角度来看,滚动摩擦是由多种机制产生的,其中包括接触体中的微滑移、黏附、变形和磁滞。从力学的角度来看,滚动阻力通常归因于圆柱体在底座上滚动引起的一定变形。这种变形导致倾斜接触力 f_c 产生,其垂直分量是对法向力 f_n 的反作用力,而水平分量 f_r 作用于滚动运动。接触体、变形和作用力如图 2-5(b)所示。粗略估计,滚动阻力可以通过滚动摩擦系数 μ_r 来量化:

$$f_r = \mu_r f_n \tag{2-37}$$

当钢制车轮在均匀轨道上滚动时,该系数的范围为 0.001～0.005。对于车轮在高度弯曲的物体上滚动的情况,如在定子内表面上滚动的转子,找不到任何数据。可以怀疑,在这种情况下,滚动摩擦的影响可能比直线情况下大得多。Kalker 提出了一个关于车轮在均匀轨道上滚动摩擦的非常详细的理论[145]。

2.3.3　确定摩擦系数

遗憾的是,文献中现有的上述库仑-阿蒙顿定律[方程(2-35)]的摩擦系数值通常只是相当大的估计值。为了确保转子和定子接触的模拟与实验之间的良好一致性,对具有代表性的样品进行了摩擦系数测试。

为了确保转子/定子系统的计算性能和测量性能之间的充分一致,有必要好好了解转子和定子表面之间的摩擦系数。获得此类数据的唯一方法是进行具有代表性的测试。本部分概述了测试装置、使用的材料和进行的测试,并介绍了这些测试的结果,因为它们对本工作很重要。

为了测定摩擦系数,我们准备了 1 台销盘式摩擦磨损试验机。该摩擦磨损试验机主要由 1 个直径为 40 mm 的旋转圆盘和 1 个端部为球形的销组成,该销用由校准砝码标定的法向力向下压在圆盘上。切向上产生的摩擦力是通过连接到保持销的杠杆臂上的力传感器测量的。图 2-6 所示为用于确定摩擦系数的销盘式摩擦磨损实验机。

销盘式摩擦磨损实验机的主要技术指标如下。

(1)旋转摩擦测试技术指标

① 加载范围:0.1～1 N、1～10 N、10～200 N。

② 自动连续加荷。

③ 旋转半径:2～25 mm。

④ 样品台转速:200～3 000 r/min。

图 2-6　销盘式摩擦磨损实验机

⑤ 下试样尺寸:厚度 0.5～30 mm、半径 2～30 mm。

⑥ 上试样尺寸:ϕ(3～6)mm 钢珠或 ϕ(3～5)mm 圆柱(可根据用户要求加工)。

(2) 表面轮廓测量技术指标

① 加载载荷:10 g。

② 表面粗糙度分辨率:0.1 μm。

仪器的具体操作步骤如下。

(1) 准备工作

检查实验机的电源、润滑系统及各部件是否正常,确保设备处于良好状态;安装试样和对试件进行清洁,确保其表面无杂质;根据实验要求设定转速、载荷和实验时间等参数;检查并校准力传感器、温度传感器等测量设备的精确度;确保实验环境(如温度、湿度等)符合规范;启动设备进行空载试运行,确认系统稳定后方可开始正式实验。

(2) 开机

① 检查整机接线准确无误后,打开计算机电源。进入 Windows 资源管理器窗口,单击 ＊＊＊＊.exe 图标进入仪器运行程序。

② 依次打开计算机、仪器控制箱电源,此时控制箱电源灯亮,预热 15 min 后开始实验。(注:开机时先开计算机,再开控制箱电源;关机时先关控制箱,再关计算机电源)。

（3）主控窗体各功能键、文本框及其使用说明

① 新建按钮：单击新建按钮，弹出参数设定窗口。

每次打开参数设定窗口，将显示上一次输入的参数。如要重新输入或修改参数，单击要修改的文本框，光标在文本框中闪动，用键盘输入修改值。只需输入参数数值，不必输入参数的单位。实验参数输入完成后，单击确定按钮，返回程序窗口。

参数设定窗口中主要参数如下。

a. 样品编号：实验样品号。

b. 加载载荷：用户实验时所需的加载重量，单位为 N 或 g，选择并使用 200 N 力传感器时，单位为 N，输入的参数最好为整数值；选择并使用 1 000 g 或 100 g 传感器时，单位为 g。

c. 实验时间：实验的运行时间，单位为 min。

d. 运行速度：选择旋转摩擦测量方式是指选择样品台的转速，单位为 r/min。

e. 往复长度：此参数无效。

f. 旋转半径：在旋转摩擦测量方式下，试样的旋转半径值。该参数根据旋转半径调整机构的实际调整值输入。当选择往复摩擦测量方式时，此参数无效。

g. 扫描长度：在磨损量测量方式中，位移传感器锥尖在试样表面划动的测量距离。当选择旋转摩擦测量方式、往复摩擦测量方式时，此参数无效。

h. 摩系上限：样品在往复、旋转摩擦实验中，所测摩擦系数的上限。在摩擦实验过程中，一旦摩擦系数超过上限设定值，仪器便会自动停止摩擦实验。一般设定为 1 或 2。

i. 采样频率：用户自定义实验过程中采集实验原始数据的频率，即在实验过程中自定义 1 s 的采样次数，单位为 Hz。一般采样频率为 1 Hz、2 Hz、3 Hz、4 Hz、5 Hz、6 Hz、12 Hz、15 Hz、20 Hz、30 Hz。最慢为 1 次/s，最快为 30 次/s，最大数据容量 2 500 万个。在设定采样频率时应考虑与实验运行时间相对应。一般情况下，实验运行时间长，采样频率应较低；实验运行时间短，采样频率可高些。用户可根据公式计算原始数据采集量。数据采集量应不超过数据容量。数据采集量＝实验运行时间（s）×采样频率。

j. 测试方式：包括旋转摩擦测量方式、往复摩擦测量方式、磨损量测量方式。用户根据实验要求单击选择框，选择测量方式，同时必须更换与测量方式相应的样品台和夹具。

k. 力传感器的规格：用户根据实验要求单击选择框，选择传感器规格，同时必须更换相应规格的传感器。

l. 摩擦系数量程：程序主界面中左边纵坐标显示值设定。

m. 磨痕深度测量范围:程序主界面中右边纵坐标显示值设定。

② 调图按钮:以图形方式显示已存储的实验数据文件。单击该按钮,弹出文件对话框,找到或输入要调用的文件名,单击打开按钮。调用的文件以图形方式显示在屏幕上。

③ 存储按钮:实验数据以文本形式保存。测试结束后,单击该按钮,弹出存储对话框,输入要存储的文件名,单击存储按钮,弹出是否保存原始数据对话框,选择"否",则保存的数据为程序自定义采样频率的原始数据,选择"是",则又一次弹出存储对话框,此时保存的数据为用户自定义采样频率的原始数据(用户可建立自己的文件夹保存数据)。

④ 启动按钮:调整好试样位置和载荷零点、摩擦力零点,正确输入各参数后,单击此按钮,开始测试。

⑤ 停止按钮:在启动运行程序后,单击此按钮,可终止当前测试程序的运行。

⑥ 退出按钮:单击此按钮,可退出实验程序,返回 Windows 窗口。

⑦ 打印按钮:单击此按钮,可调出 Excel 程序,手动绘制实验图形。也可调出历史数据文件进行绘图、打印。

⑧ 测试设定框:显示用户设定的载荷、转速等参数。

⑨ 测量显示框。

a. 电机转速文本框:在旋转摩擦测量方式中,显示电机的转速。

b. 摩擦系数文本框:在旋转摩擦测量方式中,显示所检测到的摩擦系数值。注意:在使用 1 000 g、100 g 传感器进行测试前,观察此文本框中的值,调整 1 000 g、100 g 传感器的零点。

c. 实验载荷文本框:此文本框用于 200 N 传感器测试时,显示传感器的载荷值。由于 1 000 g、100 g 传感器在测试时,用砝码加载,所以无须检测载荷值,此时此框无效。

⑩ 零点调节框。

a. 摩擦力 1 文本框:观察此文本框中的值,调整 200 N 传感器摩擦力 1 的零点。

b. 摩擦力 2 文本框:观察此文本框中的值,调整 200 N 传感器摩擦力 2 的零点。

c. 载荷 1 文本框:观察此文本框中的值,调整 200 N 传感器载荷 1 的零点。

d. 载荷 2 文本框:观察此文本框中的值,调整 200 N 传感器载荷 2 的零点。

⑪ 磨痕深度文本框:按磨损量测量方法操作,显示磨痕宽度、磨痕深度、磨损量。

⑫加载、位移电机控制框:在移动距离文本框中输入要移动的位移量,单位为 mm。也可输入小数,如 0.1、0.003、0.000 1 等。单击加载或卸载按钮,可沿 Z 轴方向上下移动加载平台,调整载荷压头位置。单击左移或右移按钮,可沿 X 轴方向

左右移动上试样平台,调整摩擦半径。注意:左右移动时输入最大值为10。

(4) 测量的操作方法

① 旋转摩擦测量操作方法。

a. 组件的安装:将旋转组件安装到主机平台上,拧紧固定螺钉(4只M6的内六角螺钉)。把试样平稳地放在样品台上,用压板将试样固定。

b. 传感器的安装:选择实验所需的传感器安装在设备上。200 N传感器安装前,选择与实验相匹配的弹簧大小、夹具芯、相对应的销或钢球夹具并安装好;1 000 g、100 g传感器则需安装相应的加载杆及钢球夹具。

c. 调整加载机构:用自动或手动方法调整加载平台升降,使上试样刚要触及下试样表面,但不能接触到,再用自动或手动方法左右移动上试样平台,调整摩擦半径。注意:调整好后,用手拨动样品盘,观察上试样与下试样接触的轨迹,确定上试样夹具没有与压板边缘或螺钉等接触。

d. 设定参数:单击程序界面的新建按钮,设定参数并选择相应的传感器及摩擦方式。注意:1 000 g、100 g传感器的加载载荷等于实际加载砝码重量加20 g(加载杆自重)。

e. 200 N传感器测试:主控箱预热后,检查上试样是否离开下试样,力传感器应在空载状态。旋转仪器控制箱前面板载荷Ⅰ、Ⅱ调零旋钮(图2-7),使屏幕程序窗口左下方,零点调节框中的载荷1、载荷2文本框中数值显示为"0.00",然后检查测量显示框中实验载荷文本框数值是否显示为"0.00"。旋转仪器控制箱前面板摩擦力Ⅰ、Ⅱ调零旋钮,使屏幕程序窗口左下方,零点调节框中的摩擦力1、摩擦力2文本框中数值显示为"0.00",然后检查测量显示框中摩擦系数文本框数值是否显示为"0.00"。载荷Ⅰ、载荷Ⅱ、摩擦力Ⅰ、摩擦力Ⅱ零点调整结束后,单击程序界面的启动按钮,开始测试。仪器将按照实验设定参数,自动加载并绘制数据图形,实验结束后自动停机。

f. 1 000 g、100 g传感器测试:在使用1 000 g或100 g传感器时,因使用标准砝码加载,所以不需要载荷调零,只需调整摩擦力零点。用仪器控制箱前面板1 000 g、100 g调零旋钮调节,使程序界面测量显示框中摩擦系数文本框数值显示为"0.00"即可。调整结束后,用手动方法调整加载平台下降,使上试样与下试样表面接触,并将加载杆顶起2~3 mm,加载实验所需的砝码到加载杆上,单击程序界面的启动按钮,开始测试。仪器将按照实验设定参数,自动绘制出数据图形,实验结束后自动停机。

g. 保存:测试结束后,单击存储按钮弹出存储对话框,输入要存储的文件名,单击存储按钮,弹出一个对话框,询问是否保存原始数据,选择"否",则保存的数据将按程序默认的采样频率记录,选择"是",则又一次弹出存储对话框,此时保存的数据将

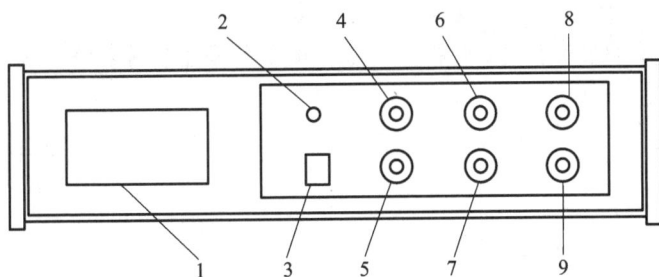

图 2-7　主控箱前面板操作元件示意图

1—风扇;2—电源指示灯;3—电源开关;4—摩擦力Ⅰ调零旋钮;5—摩擦力Ⅱ调零旋钮;6—载荷Ⅰ调零旋钮;

7—载荷Ⅱ调零旋钮;8—100 g摩擦力调零旋钮;9—1 000 g摩擦力调零旋钮

基于用户自定义采样频率记录(用户可根据需要创建自己的文件夹组织和保存数据)。注意:保存的数据格式为.txt,打开后,第 1 列为运行时间,第 2 列为摩擦系数,第 3 列与第 4 列为无效值。用户可选择第 1、第 2 列进行数据的绘图。

② 磨损量测量操作方法。

a. 磨损量测量组件的安装及试样安装:将磨损量测量组件安装到加载平台的右侧,将信号线接入控制箱后面的位移输入接口。试样放置在样品台上并固定。松开固定手柄,将传感器支架旋转至试样上方合适的位置,拧紧固定手柄。手动或自动调整,使加载平台升降、样品台向左或向右移动,观察样品台向左移动的空间是否大于将要设定的扫描长度,如果小于将要设定的扫描长度,则需重新将试样向右移动,并向右移动样品台,使样品台向左移动的空间大于设定的扫描长度,使位移传感器处于试样所测磨痕的右侧。

b. 参数设定:单击程序界面的新建按钮,设定各参数。注意:设定扫描长度时,根据所测磨痕的宽度设定,一般设定为 3～5 mm,销对磨的磨痕较宽,设为 5～10 mm。旋转半径参数必须与所测磨痕的实际一致,否则计算出的磨损量结果将有误。

c. 磨损量测量方式的位移传感器零点调节:确定好位置后,在程序窗口加载、位移电机控制框中的移动距离文本框中输入"1",单击加载、位移电机控制框中的加载按钮,观察程序窗口测量显示框中的表面基线文本框数值,显示为"±*.**",其值最大为+455,最小为−455。如果仍为+455,则继续单击程序窗口加载、位移电机控制框中的加载按钮,直到程序窗口测量显示框中的表面基线文本框数值变化,根据程序窗口测量显示框中的表面基线文本框数值大小,改变加载、位移电机控制框内的移动距离文本框中的值,依次为"0.1""0.01""0.001""0.000 1",连续单击加载、位移电机控制框中的加载、卸载按钮,直至程序窗口测量显示框中的表面基线文本框数值为"0"为止。

注意:如果程序窗口测量显示框中的表面基线文本框数值为正,则单击加载、位移电机控制框中的加载按钮;如果程序窗口测量显示框中的表面基线文本框数值为负,则单击加载、位移电机控制框中的卸载按钮。

d. 开始测试:单击程序窗口的启动按钮,开始测试,仪器将自动运行并显示检测曲线(图2-8)。

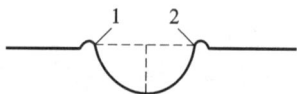

(a)试样表面平行时磨损量的测量方法   (b)试样表面不平行时磨损量的测量方法

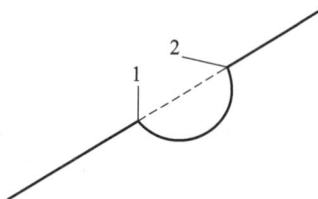

图2-8 磨痕深度测量计算

1—磨痕前沿;2—磨痕后沿

③磨损量的计算方法。

a. 如图2-8所示,先用鼠标中轴滚轮点击磨痕左上沿1处,再用鼠标中轴滚轮点击磨痕右上沿2处,磨痕宽度显示在程序窗口磨痕宽度文本框内。选择所测磨痕截面是旋转摩擦。

b. 计算机自动计算出磨损量,显示在磨损量文本框内。

注意:测量时要在磨痕上选择不同的3~5个测量点,每个测量点检测3次,对这些数据取平均值,即该磨痕的磨损量。

测试结束后,单击存储按钮,弹出存储对话框,输入要存储的文件名,单击存储按钮,弹出是否保存原始数据对话框,选择"否",即可保存好数据。注意:保存的数据格式为.txt,打开后,第1列与第2列为无效值,第3列为扫描长度,第4列为磨痕深度。用户可选择第3、第4列进行数据的绘图。

单击退出按钮或主控窗口右上角按钮,退出控制程序。注意:必须先关闭控制箱电源,再关闭计算机电源。

测试数据为实际测量值,以文本文件的格式存储。测量数据文件的参数和数据存储顺序如下:

第1~20行为实验条件输入参数,包括试样编号、加载载荷、运行速度、旋转半径、长度、扫描长度、实验日期等。

从第21~1 020行开始,共分4列:

第1列:运行时间;

第 2 列:摩擦系数测量值;

第 3 列:扫描长度值;

第 4 列:磨痕深度测量值。

数据文件可以＊＊＊.txt 文本文件方式打开,也可用 Excel 电子表格工具软件打开,进行绘图并转换为电子图表文件存储格式。

数据文件图形制作的操作方法如下。

① 打开电子图表工具软件,进入操作界面。

② 打开＊＊＊.txt 测试数据文件。设定导入起始行为 20(删除输入的参数),选择逗号为分隔符。在列数据格式中选择文本,之后单击完成按钮。测量数据全部显示在 A1、B1、C1、D1 列上。A1 列为运行时间,B1 列为摩擦系数,C1 列为扫描长度,D1 列为磨痕深度。

③ 选取任意 2 列或全部列,单击工具栏图表向导,弹出图表向导窗体,选择图表类型中的折线图。再单击"下一步"按钮,弹出图表向导属性窗体;填写完图表标题等信息后单击"下一步",再单击"完成"。图表制作完成以后,用户可根据情况修改绘图区或分类轴。

详细操作说明请参阅 Microsoft Excel 软件应用参考书。

从摩擦学的角度来看,必须确定摩擦系数的转子/定子系统由以下参数表征:

① 圆盘材料要么是 Ck45,要么在密封元件的情况下,为 X6CrMo17-1。前者是一种非合金、可回火的钢,具有极好的结构;后者是一种具有铁素体结构的高度合金化的、不易弯曲的不锈钢。

② 定子始终由 St52 制成,St52 是一种简单的非合金结构钢。

③ 在所有情况下,圆盘表面都是通过车削工艺制造的,因此产生的质量应为 N7~N8,这对应 1.6~3.2 μm 之间的 R_z 值(轮廓最大高度值)。

④ 圆盘表面通常覆盖着一层非常薄的防腐润滑剂。

⑤ 转子表面和定子之间的相对速度在 9.4~25 m/s,转速在 15~40 Hz。

⑥ 由于摩擦系数主要用于计算实验、钻机的临界径向速度,因此决定性的力是转子与定子碰撞期间的力。圆盘和定子之间的作用法向力 f_n 可以根据转子在冲击过程中遇到的脉冲变化来估计,其范围在 5 000~10 000 N。对于已建立的涡流,最大法向力估计在 35 000 N 以下。

⑦ 根据赫兹关于固体接触压力的理论,对于球体与圆柱体内表面的接触,我们发现实验台参数的最大平均压力范围为 300 N/mm^2。

为了实现原始系统和测试系统的最佳匹配,对测试系统中的参数调整如下:

① 圆盘和销的材料与转子和定子的材料组合相对应,即基本上为 St52-Ck45 和

St52-X6CrMo17-1。

② 圆盘表面采用车削工艺制造,表面质量与转子/定子系统大致相同。

③ 圆盘表面经过仔细清洁,并使用与原始系统相同的防腐润滑剂进行处理。

④ 球形销端受到 1 N 正常载荷,等效产生了与转子/定子系统计算所需的平均压力范围。

⑤ 唯一无法在适当范围内调整的参数是销和圆盘之间的表面速度,因为圆盘的最大表面速度比实验台中的表面速度低约 1/30~1/12。考虑摩擦系数对相对表面速度的依赖性,在不同的速度下进行了测试,并外推到我们感兴趣的范围内。接触表面的高功率损耗对摩擦系数的影响也不能用这种装置来研究。

通过对 St52-Ck45 的干燥、无润滑表面进行实验,我们发现平均摩擦系数约为 0.3。摩擦系数从大约 0.2 开始随着时间略有增加,并首先在圆盘旋转大约 600 圈后出现磨损。令人惊讶的是,与其他测试系统相比,该系统只有很少的磨损。通常当两个钢材的圆盘在相互摩擦时,预计会受到较大腐蚀的影响,而该系统则表现出了不同的特性。而当有了润滑剂,情况就大不相同了。摩擦系数降至约 0.15,在整个实验过程中几乎保持不变。系统没有明显磨损。St52-Ck45 系统的摩擦系数如图 2-9 所示。

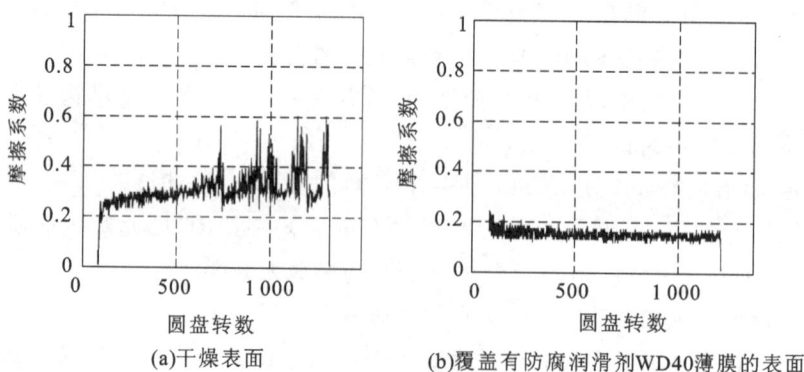

(a)干燥表面   (b)覆盖有防腐润滑剂WD40薄膜的表面

图 2-9   St52-Ck45 系统的摩擦系数

实验 St52-X6CrMo17-1 系统干燥、无润滑的表面,系统显示摩擦系数平均值约为 0.4。在该系统中,随着磨损的发生,摩擦系数在大约 350 圈后陡然增加。在那之后,摩擦系数表现出非常不规则的行为。摩擦系数的峰值小于 0.85。

当防腐润滑剂 WD40 添加到摩擦系统中时,摩擦系数发生了变化,并显示出与润滑的 St52-Ck45 系统相同的行为:摩擦系数降至约 0.175,没有显示出不规则性或磨损。St52-X6CrMo17-1 系统的摩擦系数如图 2-10 所示。

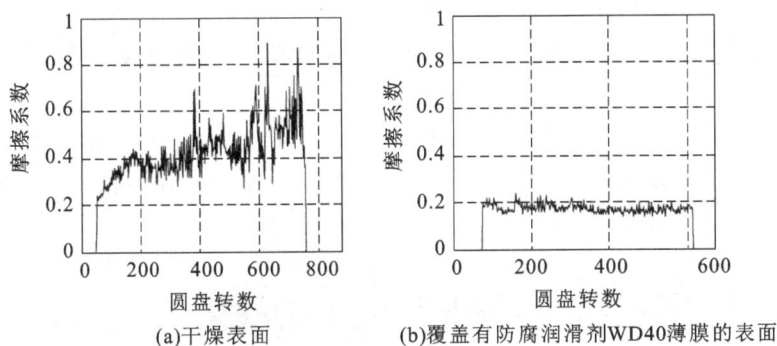

(a)干燥表面　　　　　　　(b)覆盖有防腐润滑剂WD40薄膜的表面

图 2-10　St52-X6CrMo17-1 系统的摩擦系数

上述实验及进一步的实验可得出如下结论。

① 对于配备有刚性圆盘的实验台,其表面的几何形状促进了稳定油膜的形成,可以假设系数在 0.15～0.20 范围内变化。

② 对于配备有密封元件的实验台,密封元件尖端处的高功率集中将导致油膜的破坏。假设干摩擦的摩擦系数小于 0.4 是合理的。

③ 进一步的实验表明,非常低的表面粗糙度可以在一段时间内降低摩擦系数,但会导致过度磨损。

④ 在不同转速下进行的实验表明,摩擦系数随着表面速度的增加而略有下降。干燥表面和润滑表面都是如此。

⑤ 在大多数情况下,钢-钢摩擦系统的行为比钢-铝摩擦系统的行为更有利,钢-铝摩擦系统会发生过度磨损。

⑥ 结果具备再现性,使用相同材料进行的不同实验之间,摩擦系数偏差在 10%～15% 范围内。

2.4　转子/定子系统碰撞力

下文概述了两个物体碰撞(或冲击)的基本原理以及与当前研究相关的模型。许多研究已对该内容进行了深入的介绍。

接触物体运动的突然变化通常称为冲击。这种变化是由在短接触时间内作用在物体之间的高作用力引起的。虽然可以根据几个特征来区分影响,但在本节中,我们将研究范围局限于两个物体或具有刚性基础的一个物体的中心受到直接接触的影响。通常,撞击的持续时间可分为两个阶段:一个阶段,法向力增加,直到撞击体之间不再有法向速度;另一个阶段,法向力减少。因为力作用在两个物体之间,它们被视为系统的内力,不会改变总碰撞。对于两个物体的情况,这会导致:

$$p_1^- + p_2^- = p_1^+ + p_2^+ \tag{2-38}$$

式中,p_i^- 是物体 $i(i=1,2)$ 碰撞之前的冲击力;p_i^+ 是物体 i 撞击之后的冲击力。

扭转矢量也是如此。关于动能 E,不能做出这样明确的陈述。使用与上述类似的定义,我们可以将其写为:

$$E_1^- + E_2^- \geqslant E_1^+ + E_2^+ \tag{2-39}$$

由于其高度瞬态性质,不容易对碰撞现象进行测量或建模。

2.4.1 弹性力学冲击模型

一组冲击模型包括试图根据冲击体的材料和几何特性在弹性力学基础上计算冲击过程的模型,部分模型包括波传播等现象。其中之一是赫兹的撞击模型。赫兹假设撞击时间比接触体的最低模态频率的时间周期长得多,通过对作用力随时间的积分来扩展他关于静载荷和变形的理论。结果得到了一个公式,该公式给出了接触的持续时间,以及变形和力对时间的函数。对于两个撞击球体的特殊情况,实验结果得到了证实。尽管该模型有着明显的优点,但它也有许多缺点,这是弹性力学方法的特点。

① 推导公式困难。即使是专门的弹性力学教材,也只涵盖了两个球体之间碰撞的最简单情况。

② 对准静态现象的假设不再适用于比撞击球体更通用的系统。对于长杆上球的冲击影响的分析,必须考虑波浪传播现象。

③ 该模型未考虑耗散效应:冲击建模为完全弹性,这对于强烈依赖冲击过程中能量损失的行为的系统来说是一个弊端。

由于这些缺点,弹性力学冲击模型被用于碰撞物体行为的精确研究,而不是用于振动系统的评估,冲击碰撞只起次要作用。

2.4.2 牛顿冲击模型

最著名的冲击模型可能是牛顿冲击模型。它使用了一个维度参数 ε,即恢复系数,它被定义为在冲击的压缩和恢复阶段传输的脉冲之间的比率。两个物体碰撞的更具可操作性的定义如下:

$$\varepsilon = \frac{v_2^+ - v_1^+}{v_1^- - v_2^-} \tag{2-40}$$

式中,v_i^- 是物体 $i(i=1,2)$ 碰撞之前的法向速度;v_i^+ 是物体 i 碰撞之后的法向速度。

该模型具有很强的说明性,适用于多种计算。可惜的是,该模型没有对冲击过程中的作用力进行预测,而且,该模型相对于时间的定义是不连续的。这使得将其纳入有限元程序变得非常困难。

2.4.3　振动冲击模型

为了克服上述缺点,我们可以使用简单的微分方程对冲击进行建模,模型中通常包括一种归因于冲击过程的局部刚度和阻尼。这些模型通常被称为振动冲击模型,如图 2-11 所示。这些模型中的方程不是从弹性力学中推导出来的,而是与质量弹簧-阻尼器系统的行为类似。正确选择微分方程的结构和参数,就可以对冲击过程和作用力进行描述。这些模型中最著名的可能是线性黏弹性冲击模型,该模型将冲击视为线性阻尼振动循环运动周期的一半:

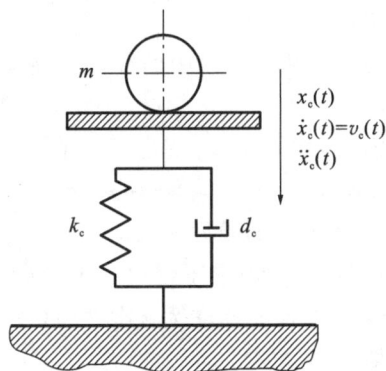

图 2-11　振动冲击模型的基本力学类比

$$m\ddot{x}_c + d_c\dot{x}_c + k_c x_c = 0 \qquad (2-41)$$

式中,m 为冲击质量;k_c 和 d_c 分别为接触刚度和阻尼;x_c 表示接触变形量;$\dot{x}_c$ 是冲击过程中变形的速度。初始条件是 $x_c(t=0)=0,\dot{x}_c(t=0)=v_{c0}$。

该模型具有解析可解的优点。接触过程中的变形具有阻尼谐波振动的形状。接触力可以根据变形及其相对于时间的导数来计算。图 2-12 显示了法向力相对于时间和变形量的函数。

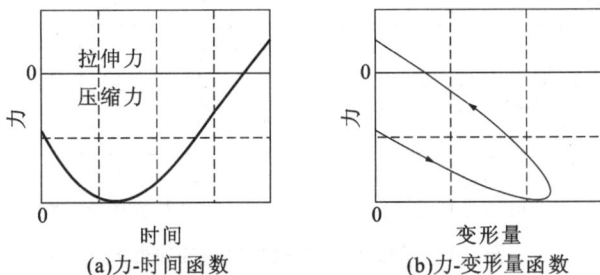

图 2-12　线性冲击模型预测的冲击力

如果我们假设接触力施加张力时接触结束，则可以计算接触的持续时间和恢复系数。从模型的线性度可以直接看出，接触的持续时间与初始冲击速度 v_{c0} 无关。恢复系数也仅取决于系统参数。这意味着系统参数可以很容易地根据冲击过程中的恢复系数和接触时间的测量数据确定。除了上述优点外，该模型还有几个缺点：

① 接触时间与初始冲击速度无关这一事实与实验研究相矛盾，实验研究发现接触时间随着速度的增加而减少。

② 在实验中，还发现恢复系数 ε 取决于初始冲击速度。它随着速度的增加而减小。对于 $v_{c0} \to 0$，发现 $\varepsilon \to 1$。

③ 线性模型预测的耗散能量与冲击速度的平方成正比。而实验结果表明，能量损失与冲击速度的立方成正比。

④ 在冲击刚开始时，由于方程(2-41)中的线性黏性项，接触力突然增加。这与基本的物理定律相矛盾。

由于存在上述缺点，Hunt 和 Orossley 提出了一个修正的非线性冲击模型：

$$m\ddot{x}_c + d_c\dot{x}_c x_c^n + k_c x_c^n = 0 \qquad (2-42)$$

式中，初始条件与方程(2-41)中给出的模型相同。

该模型包含一个非线性阻尼项，该项不仅取决于冲击速度 $\dot{x}_c$，还取决于冲击位置的实际变形 x_c。即使是具有明显非线性接触刚度的系统，也可以通过在接触刚度中选择合适的指数来适当地表示。

从物理角度来看，该方程的解比方程(2-41)的解合理得多。恢复系数随冲击速度的增加而减小。对于阻尼很小的情况，Hunt 和 Orossley 分析推导了 d_c、k_c 与 $v_{c0} \to 0$ 时恢复系数斜率之间的关系。尽管这并不直接适用于更高的阻尼，但应该可以使用数值方法将其扩展到更现实的区域。至于冲击开始时的力，从图 2-13 中可以看到，不再存在无限的梯度。这是由于阻尼力中存在位移项，该项在 $t=0$ 时强制梯度连续增加。

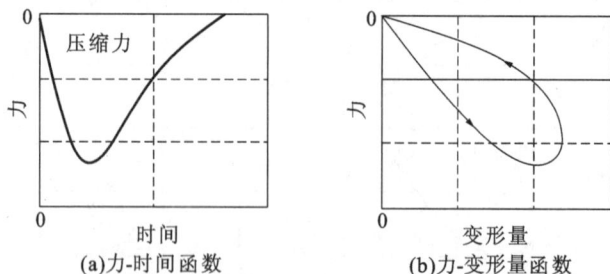

图 2-13　非线性冲击模型预测的冲击力

由于在这项研究中,无论如何都必须对转子的行为进行数值研究,因此该模型不再具有解析可解性这一事实并不是主要缺点。

2.4.4　确定碰撞参数

给定冲击质量的线性模型和非线性模型都有两个自由参数,分别表示刚度和阻尼系数。对于非线性模型,可以另外确定接触的刚度指数 n。除了能够表达出冲击的物理意义的模型所带来的那些问题外,模型的准确性主要取决于这两个参数的准确性。由于它们不能根据接触体的几何形状和材料确定,因此必须根据具有代表性的实验数据进行识别。在实验中可以很容易评估的量是恢复系数和接触时间,而测量作用的接触力是非常复杂的。

在线性模型和非线性模型中,对于给定的冲击质量,接触时间主要由刚度参数决定,而恢复系数主要取决于夹紧参数。这使得可以通过反复改变参数和评估模型来确定合适的参数,直到结果与测量值匹配为止。

在目前的研究中,建立了一个特殊的实验台,用于测量代表性配置的接触时间和恢复系数。根据测量数据,使用上述方法识别参数,针对该冲击实验装置、实验和获得的结果进行以下的描述。

除了摩擦之外,影响转子/定子系统在外部激励下的行为的是冲击现象。很明显,根据材料数据和实验台的结构理论确定模型参数是不可能的,必须进行有代表性的测试。下文将概述所使用的测量设置、进行的测试以及对当前研究具有重要意义的结果。

在2.3节中,我们看到,对于所提出的大多数模型,可以从相对容易获得的恢复系数和接触时间中提取模型参数,恢复系数是衡量冲击过程中能量耗散的指标,接触时间是衡量系统弹性特性的指标。下文的实验旨在使用测试装置来测量代表所研究的转子/定子系统的实体。

从冲击的角度来看,转子/定子系统可以抽象为由一个质量明显小于转子质量的圆盘组成,该圆盘以高达 0.3 m/s 的径向速度冲击刚性固定的钢圈。需要测量表面双向弯曲的刚性圆盘和装有密封元件的圆盘的数据。

用于确定冲击参数的实验装置主要由刚性定子组成,该定子紧密连接在质量非常大的基础上。在定子中安装了内径为 $R_s=202$ mm 的圆形钢圈。在环内,质量约为 5 kg、外径为 $R_r=185$ mm 的钢盘可以沿两个低摩擦线性导轨在垂直方向自由移动。这些导轨保证了圆盘的完全垂直运动。圆盘可以是刚性的或者是配备有密封元件的。接触环和圆盘都可以转动,以防反复撞击损坏表面。

当用手提起圆盘然后将其释放时,它以约 0.58 m/s 的最大速度撞击定子环。使用电荷耦合器件(CCD)相机测量圆盘的垂直位置,该相机检测到圆盘上黑白对比的位置。电压信号用于检测环与定子的接触:电压源的一端连接到圆盘,另一端连接到定子。圆盘和定子相互电气隔离。当圆盘和定子之间没有接触时，可以测量两个部件之间的全部电势。当圆盘与定子接触时，整个电压在限制电阻器处下降。使用基于个人计算机(PC)的数据采集系统以 20 kHz 的采集速率对位移和接触电压信号进行采样。

根据圆盘垂直位置的时间历程，可以根据撞击前后圆盘的速度或两个连续位移最大值之间的关系来确定恢复系数 ε。对于后一种方法，必须假设在自由运动期间没有能量耗散。使用与 2.4.2 节相同的字母定义，我们得到：

$$\varepsilon = -\frac{v^+}{v^-} = \sqrt{\frac{h^+}{h^-}} \tag{2-43}$$

式中，h^+ 表示碰撞前的连续位移最大值；h^- 表示碰撞后的连续位移最大值。

使用接触信号的时间历程可以很容易地确定接触时间。

图 2-14 显示了从最顶部位置释放后刚性圆盘与定子反复碰撞的代表性测量结果。图 2-14(a) 给出了圆盘和定子之间的接触电压，图 2-14(b) 给出了圆盘偏移量。重复碰撞的影响在图 2-14 中清晰可见。

表 2-1 给出了刚性圆盘实验的典型结果。撞击速度是根据撞击前圆盘的高度估计的。由于线性导轨中被忽略的摩擦力，这些值有些高，但精度仍然足够。表 2-2 给出了装有密封元件的圆盘的实验结果。

表 2-1　　　　　　　　　　**使用刚性圆盘进行冲击实验的结果**

碰撞次数 N_r	冲击速度 v_c/(m/s)	冲击时间 t_c/ms	恢复系数 ε
1	0.58	0.40	0.75
2	0.43	0.44	0.76
3	0.33	0.45	0.81
4	0.27	0.50	0.74

表 2-2　　　　　　　　　**使用装有密封元件的圆盘进行冲击实验的结果**

碰撞次数 N_r	冲击速度 v_c(m/s)	冲击时间 t_c(ms)	恢复系数 ε
1	0.47	2.9	0.52
2	0.25	2.0	0.69
3	0.17	2.0	0.78
4	0.13	3.4	0.83

对于刚性圆盘的冲击，我们发现恢复系数近似为常数值，在 0.76 左右变化。接触时间随着撞击速度的降低而略有增加，但保持在 0.4～0.5 ms 范围内。这种依赖性符合赫兹撞击模型预测的结果。实验结果适用于 0.2～0.6 m/s 范围内的冲击速度。

(a)接触电压

(b)圆盘偏移量

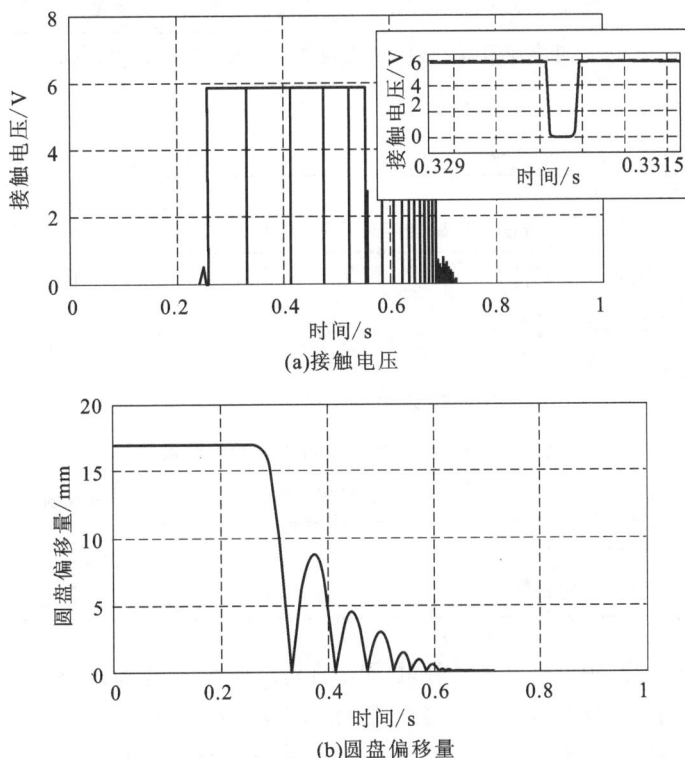

图 2-14　从最高位置释放后的刚性圆盘的接触电压和圆盘偏移量

注:图(a)的插图显示了第一次冲击期间的接触电压

对于装有密封元件的圆盘的冲击,随着冲击速度的降低,恢复系数从 0.47 m/s 时的 0.52 增加到 0.13 m/s 时的 0.83。接触时间的测量比刚性圆盘更复杂,因为电压信号更粗糙。平均接触时间在 2.6 ms 范围内。

对于两个圆盘,确定了线性模型[方程(2-41)]和非线性模型[方程(2-42)]的参数。识别过程如下:首先,调整接触刚度,直到接触时间匹配。然后调整阻尼参数,直到恢复系数正确表示。通过重复该过程 2~3 次,可以以百分比范围内的精度匹配这两个参数。该过程中使用的参数见表 2-3,结果见表 2-4 和表 2-5。注意:为了确定非线性模型的参数,有必要选择参考冲击速度。对于刚性圆盘,选择 0.30 m/s 的参考冲击速度;对于装有密封元件的圆盘,选择 0.15 m/s 的参考冲击速度。

作为关于冲击行为的一般定性结果,可以说,刚性圆盘与定子的冲击最好用线性冲击模型来表示,因为恢复系数在大范围的冲击速度上是恒定的。相反,装有密封元件的圆盘的弯曲振动最好用非线性模型来表示,因为摩擦系数对冲击速度的依赖性是匹配的。

表 2-3　　　　　用于识别线性和非线性冲击模型的模型参数的数值

布局	冲击质量 m/kg	冲击速度 v_c/(m/s)	冲击时间 t_c/ms	恢复系数 ε
刚性圆盘	5	0.30	0.45	0.76
装有密封元件的圆盘	5	0.15	2.60	0.80

表 2-4　　　　　线性冲击模型的已识别模型参数的数值

布局	阻尼 d_c/(Ns/m)	接触刚度 k_c/(N/m)
刚性圆盘	6.5×10^3	2.45×10^8
装有密封元件的圆盘	9.0×10^2	7.20×10^6

表 2-5　　　　　非线性冲击模型的已识别模型参数的数值

布局	阻尼 d_c/(Ns/m)	接触刚度 k_c/(N/m)
刚性圆盘	3.0×10^8	2.45×10^8
装有密封元件的圆盘	1.8×10^7	7.20×10^6

为了将已确定的装有密封元件的圆盘的动态刚度与这些元件的静态刚度进行比较,还进行了测量以确定后者。为此,将装有 4 个密封元件的圆盘夹在 SCHENCK 材料试验机中。该机器可以高精度地在垂直方向上施加高达 100 000 N 的压缩力和拉力。使用重型螺栓将圆盘牢牢固定在圆盘中心,密封元件在大约 45°的扇区上加载。随着压缩力稳步增加,使用涡电流位移探针逐步测量机器支架的位移。在某些点上,力被缓慢地移除并重新施加,以检查金属板的不可逆影响和塑性变形。

为了分析数据,首先估计力路径中其他元件的柔度,并从测量的位移数据中,在数字上消除施加载荷下的屈服变形。然后,根据所施加的力的增加和片材的变形来确定密封元件的刚度。

所得数据显示了以下行为:在刚度大幅增加至约 500 N 的正常载荷的短时间间隔后,刚度可以在载荷高达 8 000 N 的更大范围内保持不变。这可以用最初只与 1 个密封元件接触的微小制造不规则性来解释。然后,随着力的增加,装载装置与所有 4 个密封元件接触。在 8 000 N 时,力被移除并重新施加。当重新加载密封元件时,刚度比以前略高,这可能是由于之前施加的载荷导致了永久变形。刚度保持不变,直到载荷达到大约 14 000 N。这时达到了位移传感器的可拆除值。之后,力稳步增加,直到密封元件在 20 000~25 000 N 的力下突然弯曲和塌陷。这种行为在所有实验中都是相同的。表 2-6 总结了实验结果。

表 2-6 密封元件的静态刚度

参数值	接触刚度 k_c/(N/m)
初始刚度	1.80×10^8
平均刚度	7.00×10^7
重新加载刚度	1.00×10^8

作为一般结果,我们可以发现,测量的密封元件的静态刚度比确定的动态刚度高大约一个数量级。这清楚地表明,冲击参数严格来说是局部量,无法通过静态测量确定。

3　干摩擦反向涡动响应

本章将结合迄今为止提出的模型和方法来描述转子和定子从激励到完全发展的干摩擦反向涡动的行为。首先，从与刚性定子碰撞的激励阶段开始研究转子的定性行为，直到转子进入阻尼自由振动或与其定子连续接触。在可能的情况下，使用分析方法来强调对转子/定子碰撞的基本影响及其对转子动力学行为影响。将引入一个系数参数，以表征系统对激励的鲁棒性。

本章将说明描述转子在完全发展的反向涡动中的行为模型。这些模型的范围从基于运动学关系或能量守恒的非常简单的模型，到基于稳态分析和对周期运动稳定性的研究的模型。将特别强调基于不同模型预测的最大涡动频率的确定以及周期运动的可能性和稳定性。

在本章中，主要阐述基本的、定性的关系。详细的定量结果以及与实验结果的比较将在第 5 章中给出。

3.1　反向涡动的诱发阶段

3.1.1　物理模型

本节使用的物理模型是第 2 章介绍的 Jeffcott 转子模型，该转子位于刚性圆形定子中，可以向一侧移动，也可以不向一侧移动。使用这种非常简单的物理模型的原因如下：

① 对于转子，其与定子接触的主要模式是第一弯曲模式。尽管脉冲可以激发大量的模态频率和本征形式，但这些较高阶的模态预计不会对涡旋运动产生强烈的影响，因为这些模式的位移通常非常小。

② 对于定子，其外壳通常相当重，尤其是固定式涡轮机。在冲击阶段，转子和定子之间传递的能量不是很高。圆形振动壳体的使用将不必要地增加非线性并引入数学问题。

在实际的涡轮机中,圆周速度通常非常高。因此,假设转子的转速足够高,在反向涡动的开始阶段,接触表面之间总是存在相对滑动。在整个文本中,恰当的模型修改将被详细说明。第 5 章将通过将数值结果与相应的实验结果进行比较,来检查这些假设的正确性。

3.1.2　激励

为了与定子进行第一次接触,转子必须受到某种激励,这种激励能提供足够的能量来消除径向间隙的影响。第 1 章介绍了各种类型的激励模式。尽管为了研究其对转子/定子接触的影响,它们在持续时间以及激励频率和强度方面有所不同,但大多数的激励可以总结如下:

① 通过观察转子首次冲击定子的速度方向和大小,可以将瞬态、非同步或次同步激励模式带到一个共同的基础上。如果激励用于增强转子/定子的后续接触,在许多情况下,它们可以被视为独立事件并单独研究。

② 大部分同步激励是由不平衡效应引起的,可以根据不平衡轨道或转子的偏心率和旋转频率进行分类。

③ 由齿轮箱错误或第 1 章中列出的其他机制引起的高频周期性激励通常不会导致转子运动幅度大到足以与定子接触。对于转子/定子接触的模拟,这些激励可以忽略不计。

在下一节中,将研究以速度和方向为特征定义的冲击激励对转子动力学行为的影响。必要时还将考虑不平衡激励。

3.1.3　转子轨迹计算

对于整个工作中使用的 Jeffcott 转子模型,根据模型参数和初始条件,在 2.2.4 节中推导出了转子运动的解析解,作为时间的函数[见方程(1-36)]。通过给定的变量和表达式以及初始条件 r_{x0}、r_{y0}、$\dot{r}_{x0}$ 和 $\dot{r}_{y0}$,我们可以将转子的轨迹描述如下:

$$\begin{cases} r_x(t) = \mathrm{e}^{-\delta_r t}\left[r_{x0}\cos(\omega_{rD}t) + \dfrac{\dot{r}_{x0} + \delta_r r_{x0}}{\omega_{rD}}\sin(\omega_{rD}t) \right] + \\ \qquad \dfrac{m_r \varepsilon_r \omega_{rot}^2}{m_r \sqrt{(\omega_{rot}^2 - \omega_{ro}^2)^2 + 4\delta_r^2 \omega_{rot}^2}}\cos(\omega_{rot}t + \phi_r) \\[4mm] r_y(t) = \mathrm{e}^{-\delta_r t}\left[r_{y0}\cos(\omega_{rD}t) + \dfrac{\dot{r}_{y0} + \delta_r r_{y0}}{\omega_{rD}}\sin(\omega_{rD}t) \right] + \\ \qquad \dfrac{m_r \varepsilon_r \omega_{rot}^2}{m_r \sqrt{(\omega_{rot}^2 - \omega_{ro}^2)^2 + 4\delta_r^2 \omega_{rot}^2}}\sin(\omega_{rot}t + \phi_r) \end{cases} \tag{3-1}$$

式中,ω_{rD} 表示激励频率;ϕ_r 表示相位。其他参数含义与前文一致。

对该轨迹进行了数值评估,并检查了其是否与刚性定子环的内表面相交:

$$(r_x - s_x)^2 + (r_y - s_y)^2 = R_s \tag{3-2}$$

式中,s_x 和 s_y 是定子中心的坐标;R_s 是定子的内径。

如果在选定的时间内未检测到交叉点,则评估结束。如果检测到接触,则按以下步骤计算。首先,根据转子运动的解析导数计算碰撞时 x 方向的速度 $\dot{r}_x$ 和 y 方向的速度 $\dot{r}_y$。这里没有给出这些方程,但使用方程(3-1)很容易推导出来。

假设转子的轨迹与定子轮廓在笛卡儿坐标系中以速度$(\dot{r}_x{}^-,\dot{r}_y{}^-)$在$(r_x,r_y)$处相交。由于碰撞过程中速度变化的计算最好在定子的偏移极坐标系中进行,因此引入了偏移坐标:

$$\begin{cases} r_x{}^{sh} = r_x - s_x \\ r_y{}^{sh} = r_y - s_y \end{cases} \tag{3-3}$$

对于转子和定子之间的接触角 γ_c,我们可以得到:

$$\gamma_c = \arctan\left(\frac{r_y{}^{sh}}{r_x{}^{sh}}\right) \tag{3-4}$$

图 3-1 给出了所使用的坐标系和一些变量。定子是刚性的,但相对于转子的标称旋转轴偏移了(s_x,s_y)。在转子和定子之间,作用有法向接触力 $f_n{}^{sh}$ 和切向摩擦力 $f_f{}^{sh}$。偏移极坐标中的径向和切向速度为:

$$\begin{cases} \dot{r}_r{}^{sh-} = \dot{r}_x{}^- \cos\gamma_c + \dot{r}_y{}^- \sin\gamma_c \\ \dot{r}_t{}^{sh-} = -\dot{r}_x{}^- \sin\gamma_c + \dot{r}_y{}^- \cos\gamma_c \end{cases} \tag{3-5}$$

对于撞击,忽略了撞击表面的曲率,并假设只有撞击时的径向撞击速度才是重要的。切向速度不影响冲击,但可以被作用力改变。

应用牛顿冲击模型[方程(2-40)],对于具有固定定子的系统,冲击后的径向速度如下:

$$\dot{r}_r{}^{sh+} = -\varepsilon \dot{r}_r{}^{sh-} \tag{3-6}$$

径向和切向的变化可以按接触期间作用力的积分来计算:

$$\begin{cases} m_r(\dot{r}_r{}^{sh+} - \dot{r}_r{}^{sh-}) = \int_{t_c} f_n{}^{sh}(\tau)\mathrm{d}\tau \\ m_r(\dot{r}_t{}^{sh+} - \dot{r}_t{}^{sh-}) = \int_{t_c} f_f{}^{sh}(\tau)\mathrm{d}\tau \end{cases} \tag{3-7}$$

对于碰撞后的切向速度,应用库仑-阿蒙顿摩擦模型[方程(2-35)],我们发现:

$$(\dot{r}_t{}^{sh+} - \dot{r}_t{}^{sh-}) = -\mu(1+\varepsilon)\dot{r}_r{}^{sh-} \tag{3-8}$$

撞击后,速度被转换回笛卡儿系统:

$$\begin{cases} \dot{r}_x{}^+ = \dot{r}_r{}^{sh+} \cos\gamma_c - \dot{r}_t{}^{sh+} \sin\gamma_c \\ \dot{r}_y{}^+ = \dot{r}_r{}^{sh+} \sin\gamma_c + \dot{r}_t{}^{sh+} \cos\gamma_c \end{cases} \tag{3-9}$$

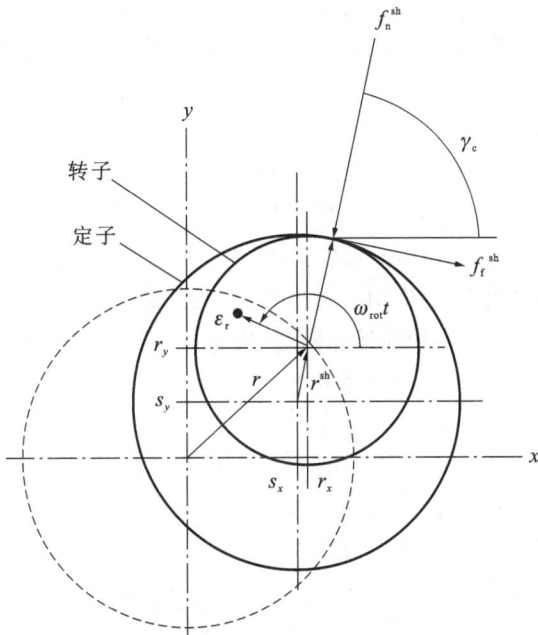

图 3-1 用于确定 Jeffcott 转子与定子碰撞轨道的变量和坐标系

并且被用作转子运动的新的初始条件。因为假设撞击是瞬时的,所以除了接触力之外,没有考虑任何力,包括轴的恢复力和不平衡所施加的力。新运动开始的位置就是撞击位置。

如果转子再次撞击边界,则采用相同的计算过程。从方程(3-8)可以看出,切向速度基本上都是在一次又一次的碰撞中增大,不一样的是,在无约束运行阶段,转子的刚度和模态阻尼反而会对切向速度起到减速的影响。通过反复应用上述计算,可以计算转子的轨道,并研究不同参数对其性能的影响。

上述分析计算揭示了转子与定子接触时的大部分基本行为。然而,由于计算转子运动需要解析解,因此在计算中考虑更复杂的影响是非常困难的。另外,由于牛顿冲击模型的不连续性,很难将其纳入现有的计算程序,如有限元程序,因为没有给出作用力的说明。为了解决这些问题,使用第 2 章中描述的转子运动方程和连续接触模型的数值积分进行了与上述相同的研究。

在无约束运行过程中,从定义的初始条件开始,对旋翼的运动方程进行积分。在检测到与定子的接触后,积分过程被切换到另一个程序实施,该程序还考虑了与定子接触产生的力以及转子的刚度、阻尼和不平衡。使用预定的接触刚度来确定弹性接触力,从而允许转子发生一定变形或侵入定子。当接触开始在接触体上施加张力时,通常表明达到了接触的末端。

然而，由于阻尼接触力仅取非常低的值，接触的末端也可以通过消失的变形来确定。由于转子的对称性，弹性力仅在相对于移位定子质心的径向上作用。阻尼接触力仅在径向方向上被考虑，在切向方向上的阻尼接触力没有被引入，因为所有的切向效应都已经包括在摩擦系数中。

让我们假设转子和定子在接触位置具有定义的刚度，因此有限的侵入或变形 δ 是可能存在的。由于布置的对称性，所产生的弹性力在径向方向上作用，即在与偏移的定子坐标系统中的转子位移相反的方向上作用。为了说明冲击或接触过程中的耗散效应，我们假设存在沿径向作用的黏性接触阻尼，该阻尼与转子速度在定子运动的径向上的分量成比例。关于切向接触阻尼，在 3.1.3 节中，我们讨论了摩擦力的变化是不可区分的，因此将它归因于摩擦系数。

考虑到接触力和变形 δ 的方向，如图 3-2 所示，在转子/定子系统中，质量、弹性力和黏性阻尼力都在起作用。作用法向力 f_n 可写成：

$$f_n = k_c\delta + d_c\dot{\delta} \tag{3-10}$$

式中，k_c 为碰撞刚度；d_c 为碰撞阻尼。

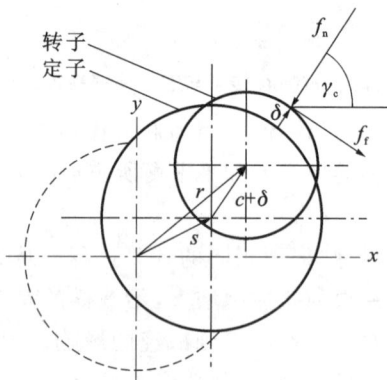

图 3-2　接触位置发生有限变形时，作用在转子上的坐标、位移和接触力

根据库仑-阿蒙顿摩擦定律和摩擦力 f_f 垂直于法向力 f_n 的事实，我们得出结果：

$$f_f = \mu\begin{pmatrix} 0 & 1 \\ 1 & 0 \end{pmatrix}f_n = \mu\begin{pmatrix} f_{ny} \\ f_{nx} \end{pmatrix} \tag{3-11}$$

因此，力的计算简化为确定变形及其相对于时间的导数。对于径向变形，我们可以得到：

$$\delta = \frac{r-s}{|r-s|}(|r-s|-c) = \begin{pmatrix} r_x - s_x \\ r_y - s_y \end{pmatrix}\left[1 - \frac{c}{\sqrt{(r_x-s_x)^2 + (r_y-s_y)^2}}\right] \tag{3-12}$$

使用标量乘积 $<a, b>$ 作为两个矢量之间角度 α 的度量，对于法线方向上的速

度分量 $\dot{\delta}_n$，我们发现：

$$\dot{\delta}_n = \frac{r-s}{|r-s|} \frac{\langle (r-s),(\dot{r}-\dot{s}) \rangle}{|r-s|}$$

$$\dot{s} = \binom{r_x-s_x}{r_y-s_y} \frac{(r_x-s_x)(\dot{r}_x-\dot{s}_x)+(r_y-s_y)(\dot{r}_y-\dot{s}_y)}{(r_x-s_x)^2+(r_y-s_y)^2} \tag{3-13}$$

法向力和摩擦力减小到

$$\begin{cases} f_n = \binom{r_x-s_x}{r_y-s_y}(k_c A + d_c B) \\[2mm] f_f = \binom{r_y-s_y}{r_x-s_x}(k_c A + d_c B) \\[2mm] A = 1 - \dfrac{c}{\sqrt{(r_x-s_x)^2+(r_y-s_y)^2}} \\[2mm] B = \dfrac{(r_x-s_x)(\dot{r}_x-\dot{s}_x)+(r_y-s_y)(\dot{r}_y-\dot{s}_y)}{(r_x-s_x)^2+(r_y-s_y)^2} \end{cases} \tag{3-14}$$

将其代入转子/定子系统的控制方程，最终得到了一个非常适合使用数值积分方法进行进一步研究的公式。

3.1.4 临界频率和临界切向速度

上文描述了转子与定子摩擦碰撞时计算转子轨道的过程。现在，将提出一个标准，根据该标准可以决定转子是与定子保持永久接触并加速进入涡流运动，还是减速并最终进入夹紧自由振动。

假设转子在定子内表面滑动运行（图 3-3），即 $f_f = f_n$，涡动频率为 ω_{wh}，转子上没有不平衡力，定子与转子的标称旋转轴同心，间隙为 c。在径向方向上，离心力 $f_\omega = m_r c \omega_{wh}^2$ 和恢复弹性力 $f_k = k_r c$ 作用在转子上。在切向方向上，黏性阻尼力 $f_d = d_r c \omega_{wh}$ 和摩擦力 f_f 起作用。由此，可以说明作用力的两个要求，且必须满足这两个要求才能实现持续的涡动：

①为了保持连续接触，产生的径向力必须指向外。从 $f_\omega - f_k > 0$，我们直接得到

$\omega_{wh} > \sqrt{\dfrac{k_r}{m_r}}$，即涡动频率的绝对值必须高于转子的第一个无阻尼特征频率。

②为了使涡流不减速，产生的切向力必须在摩擦力的方向上。

由要求②，得到涡流频率 ω_{wh} 的二次方程：

$$\omega_{wh}^2 + \frac{d_r}{\mu m_r}\omega_{wh} - \frac{k_r}{m_r} \geq 0 \tag{3-15}$$

要求②临界涡动频率 $\omega_{wh,crit,1}$ 和 $\omega_{wh,crit,2}$ 的两个可能解如下：

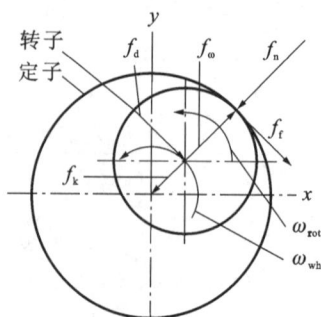

图 3-3　转子在刚性定子中旋转的配置以及作用在转子上的力

$$\begin{cases} \omega_{\text{wh}} \geqslant \omega_{\text{wh,crit,1}} = \omega_0 \left(-\dfrac{D_r}{\mu} + \sqrt{1 + \dfrac{D_r^2}{\mu^2}} \right) \\[4mm] \omega_{\text{wh}} \geqslant \omega_{\text{wh,crit,2}} = \omega_0 \left(-\dfrac{D_r}{\mu} - \sqrt{1 + \dfrac{D_r^2}{\mu^2}} \right) \end{cases} \tag{3-16}$$

式中，D_r 表示转子的偏移量。

　　由于两个原因，可以排除第一个解：第一，频率的绝对值必须高于转子的第一模态频率的条件没有得到满足，因此离心力不能高于轴的恢复弹性力。第二，摩擦力和阻尼力都指向与旋转速度相反的方向，因此即使在以高旋转频率启动时，转子也会减速并与定子失去接触。只有第二个解满足这两个条件。负号表示涡流运动的方向与转子的旋转方向相反。这里，只有这个频率才会被称为临界涡动频率，即 $\omega_{\text{wh,crit}}$。

　　转子的临界切向速度为：

$$v_{\text{t,crit}} = \omega_{\text{wh,crit}} c \tag{3-17}$$

　　对于 Jeffcott 转子在无不平衡的同心定子中的强简化情况，该值可用于简单评估转子的未来行为。如果转子在某个点的切向速度下降到该值以下，则转子将与定子连续接触，并发生反向涡动。如果在一定次数的冲击后，切向速度没有达到该值，则转子进入阻尼自由振动状态。大多数模型和参数的选择符合这种情况。只有在某些"病理"模型中，才会出现例外。一般的多自由度转子也有类似的情况。

　　图 3-4 显示了径向激励后的典型转子计算轨道。由图 3-4（a），我们可以看到定子轮廓中转子中心的轨道，定子受到的连续冲击清晰可见。从轨道上可以看出，由于径向速度分量的耗散和每次撞击时切向分量的加速度的影响，转子的切向速度和径向速度之间的比率正在稳步增加。最后，轨迹与定子表面相切，转子与定子连续接触。

　　图 3-4（b）为连续撞击速度图。每次撞击时的切向速度施加在纵坐标上，在横坐标上施加相应的径向速度。由于径向速度从一个高值开始，并且通常随着撞击次数增加而减小，因此序列接近 $\dot{r}_r = 0$。由图 3-4（b）可以看出，切向速度随着撞击次数增

加而增大(绝对值增大,方向为负)。水平线表示临界切向速度 $v_{t,crit}$。转子的切向速度下降到与定子发生第五次碰撞时的临界切向速率以下。可以看出,此后转子进入涡流运动。

切向速度与径向速度的曲线大致形成一条直线。由此可以得出,径向分量的减少和切向分量的增加是成比例的,并且转子的模态阻尼只产生非常小的耗散。这意味着切向分量主要表现为附加量,并且在冲击开始时存在的切向速度通常不会消散。它向上或向下移动曲线,并改变临界切向速度的转换时间间隔。

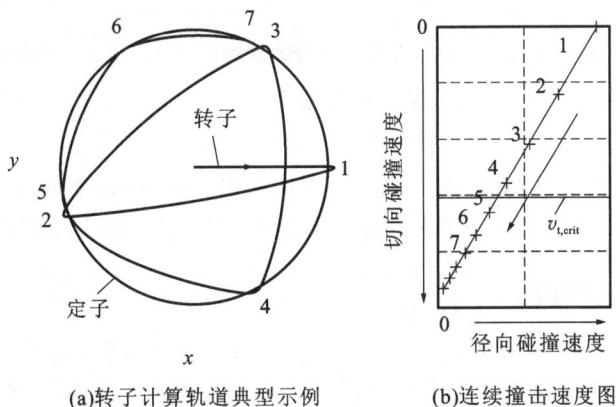

(a)转子计算轨道典型示例　　　(b)连续撞击速度图

图 3-4　径向激励后转子计算轨道的典型示例以及连续撞击速度图

3.1.5　临界径向冲击速度

如上所述,临界切向速度是一个特征系统变量,但没有说明转子和定子之间的冲击对系统稳定性的影响。因此,与其研究临界切向速度本身,不如研究冲击速度,从而得出临界切向速度。

在冲击阶段切向速度的加性行为意味着第一次冲击的切向速度值对转子的稳定性非常重要。图 3-5 中,对于一个样本系统,给出了转子稳定性对第一次冲击方向的依赖性。横坐标为速度和定子表面之间的倾斜角,纵坐标为临界径向速度的值。我们看到,指向相反方向的速度,$\gamma_c < \dfrac{\pi}{2}$;比正向激励更容易触发涡流,$\gamma_c > \dfrac{\pi}{2}$。相反方向的速度矢量只比纯径向激励更容易触发涡流,这一事实可以通过径向速度分量导致进一步的影响,进而导致切向速度的增加来解释。由于存在这种行为,使用纯径向冲击作为参考并定义临界径向冲击速度似乎是合理的。

在没有进一步外部激励的情况下,系统首次变得不稳定的初始径向冲击速度,即转子首次超过临界切向速度并与定子连续接触的初始径向碰撞速度,在下文中称为临界径向速度 $v_{r,crit}$。它代表了系统的稳定性边界,并决定了系统对外部激励的敏感性。

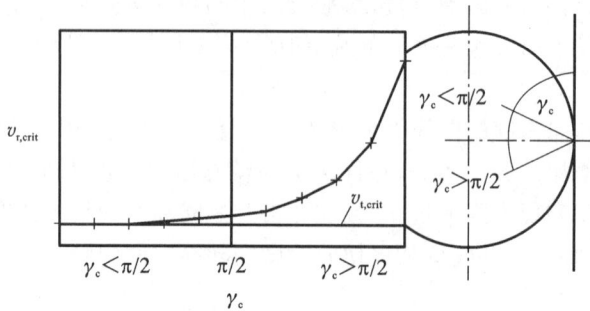

图 3-5　样本系统的临界径向冲击速度的绝对值与第一次冲击倾角的关系

临界径向速度是一个简单的量,可以用其对不同的系统进行简明的比较,并且可以用作一个通用的参量。该值非常适用于将理论分析结果与随后的实验进行比较,而且比转子的轨迹更有意义,因为在一些撞击后由于缺陷,转子的轨迹总是有很大的偏差。通过分析确定 $v_{\mathrm{r,crit}}$ 的值通常是不可能的,因此必须使用数值模拟。

3.1.6　稳定性图

对于给定的系统,可以进行数值灵敏度分析,以研究转子的临界径向冲击速度对不同参数的依赖性。这是通过改变系统参数之一来实现的,如转子的第一模态频率、摩擦系数、模态阻尼或恢复系数,并确定新系统的临界径向冲击速度 $v_{\mathrm{r,crit}}$。结果可以显示在曲线图中,该曲线图为变化的系统参数的函数的最大允许径向冲击速度的稳定性图。图 3-6 给出了 $v_{\mathrm{r,crit}}$ 与转子和定子之间的摩擦系数的依赖关系,该图可以用作摩擦系数变化的给定系统的稳定性图。

后面章节给出了实验中使用的系统的完整映射以及实验结果。

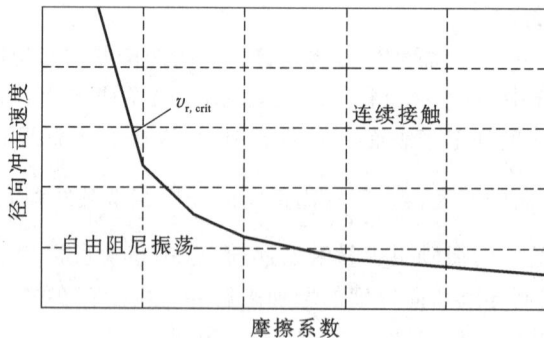

图 3-6　临界径向冲击速度对转子和定子之间摩擦系数的依赖性

3.2 刚性定子的涡动

3.2.1 涡动频率的加速度

在本节中，转子将由对称的 Jeffcott 转子表示，没有陀螺效应，黏性阻尼力作用在与其平移速度相反的方向上。定子将由一个刚体表示。不考虑定子的偏转或偏心安装。

不考虑激励，而是假设冲击的径向速度已经消散，并且涡动频率超过临界频率。然后，转子将与定子保持永久接触，摩擦力将进一步加速转子。在下文中，我们将主要关注作为时间函数的旋转频率及其最大值。

在转子和定子之间的接触点，接触表面的法向量总是与从定子中心到转子中心的向量一致，即与间隙向量一致。这意味着，转子和定子之间的摩擦力始终沿垂直于转子位移的方向作用。同样，图 3-2 给出了作用在转子上的作用力。

在不考虑转子转速变化的情况下，涡动频率 $\omega_{wh}(t)$ 的微分方程可以表示为绕定子中心的动量，如下：

$$\begin{cases} \dot{\omega}_{wh}(t)m_r c^2 = -f_d c - f_f c \\ \qquad = -\omega_{wh}(t)c^2 d_r - \mu[m_r c^2 \dot{\omega}_{wh}^2(t) - k_r c^2] \\ \dot{\omega}_{wh}(t) = -\mu\omega_{wh}^2(t) - \dfrac{d_r}{m_r}\omega_{wh}(t) + \dfrac{\mu k_r}{m_r} \end{cases} \tag{3-18}$$

注意，阻尼项中的负号并不一定意味着阻尼作用在与摩擦力相同的方向上，因为对于负的涡动频率，即指向相反方向的频率，阻尼力的方向也相反。

这个微分方程是一个可分离的方程，然而，它的解相当复杂，因为根据方程中参数的符号，它有不同的形式。在与刚性定子连续接触的情况下，具有黏性阻尼的 Jeffcott 转子的涡动频率的微分方程可以表示为：

$$\begin{cases} \dot{\omega}_{wh}(t) = -\mu\omega_{wh}^2(t) - \dfrac{d_r}{m_r}\omega_{wh}(t) + \dfrac{\mu k_r}{m_r} \\ \omega_{wh}(t=0) = \omega_{wh,0} \end{cases} \tag{3-19}$$

这个微分方程属于一类可分离的微分方程，它有一个通解。然而，对于方程 (3-19) 中的物理参数和符号，我们发现了一个无法解析求解的公式，但公式的解析求解取决于反正切双曲线中复杂表达式的结果。

只有在为一般变量指定实际数值时，才能计算出解。对于特殊情况，即 $\mu = 0.15, k_r = 700\,000\ \text{N/m}, d_r = 20\ \text{Ns/m}, m_r = 10\ \text{kg}, \omega_{wh,0} = -45\ \text{Hz}$，则解为：

$$\omega_{wh}(t) = [-6.666\ 666\ 669 + 264.659\ 110\ 0 \times \tanh(39.698\ 864\ 9t - 1.928\ 889\ 239$$
$$+ 1.570\ 796\ 327i)]\ \text{rad/s} \tag{3-20}$$

图 3-7 显示了上述给定参数值的解决方案形状。涡动频率开始为 -45 Hz,并在大约 40 ms 的时间内保持在该频率左右。然后涡动频率加速非常快,并在有限的时间内达到 $-\infty$。

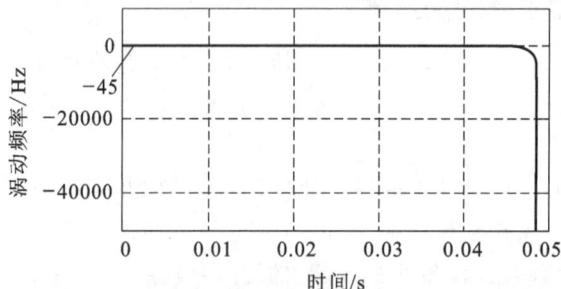

图 3-7　作为时间函数的刚性定子中 Jeffcott 转子的涡动频率

请注意以下内容:

① 众所周知的 tanh 函数行为,即 $\lim\limits_{x \to \pm\infty} \tanh(x) \to \pm 1$,仅对实数 x 有效。在复域中,$\tanh(x)$ 可以有极点。

② 上述解决方案仅适用于其中的一个区间,在该区间中,$\dot{\omega}_{wh}(t) \neq 0$。这将产生一个开放区间 $[\omega_{wh,crit}, -\infty]$,正是在这个涡动频率 $\omega_{wh,crit}$ 下,阻尼力等于摩擦力,涡动运动不会加速。

③ 当不考虑转子涡动现象的物理参数所施加的上限时,涡动运动会在有限的时间内加速到无穷大,乍一看,这似乎很奇怪。这种行为存在于微分方程中,与 Feeny 在圆形轴承内旋转圆盘的更简单情况下发现的结果一致,没有复位弹簧,也没有黏性阻尼。

这个函数是大多数系统的代表,它采用的形式是,复数值表征的双曲切线。从初始涡动频率(其绝对值仅略高于临界涡动频率的绝对值)开始,涡流在一段时间内仅缓慢加速。然而,在一定时间后,加速度取非常大的值,并且频率在有限时间内变为负无穷大。这种行为仅仅是理论上的,因为没有考虑到转子涡动现象的物理参量所施加的任何上限。

3.2.2　最大涡动频率的限制

如果假设转子的转速恒定,$\dot{\omega}_{rot} = 0$,对于刚性定子的情况,转子涡动频率的唯一固有极限是运动学涡动频率 $\omega_{wh,kin}$。这是转子在定子内表面上滚动而不打滑的频率。

$$\omega_{wh,kin} = -\omega_{rot} \frac{R_r}{c} \tag{3-21}$$

式中,环形间隙 c 和转子的半径 R_r 在接触点处。当达到这个频率时,涡动的任何进一步加速都会改变相对滑动速度的方向,摩擦力会使转子减速。从结合常识的第一角度来看,因为频率和力取值很大,我们可以排除实际设备的这种动力学行为,因此从早期开始,关于刚性定子和无限制供能的假设就不再有效。

除了方程(3-18),我们还可以陈述转子转速变化的方程:

$$\dot{\sigma}_r(t) = \dot{\omega}_{rot}(t) = \frac{t_d - t_f}{J_r}$$

$$= \frac{t_d - \mu r_r [m_r c \omega_{wh}^2(t) - k_r c]}{J_r} \tag{3-22}$$

式中,J_r 是转子的转动惯量;t_f 是摩擦力施加的转矩;t_d 是驱动器的转矩。

观察由方程(3-18)的解预测的涡动频率的非常快的加速度,我们可以指出,在非常短的时间内,驱动器不能提供足够大的功率来影响转子的行为。因此,假设一旦涡动开始就没有能量传输到转子。这意味着,由于旋转频率大大降低,转子被减速到静止或直到它以比方程(3-21)预测的频率低得多的频率在定子上滚动。

使用 MATLAB 等软件很容易对这些运动方程进行数值积分,但不能给出不同转子配置的通用表达式。另外,由于涡动频率的复杂求解,不可能得到显式解。在下文中,给出了最大涡动频率的近似值,该近似值考虑了有限的能量供应,并且对于任何转子都易于计算。

在涡动开始时,所有动能都储存在转子绕其轴线的旋转运动中。在涡动过程中,能量被转移到涡动运动中,并通过摩擦和阻尼耗散。如果研究作用力的值,我们可以清楚地看到,与摩擦力相比,黏性夹紧的耗散可以忽略不计。对于具有刚性定子的系统,转子和定子之间的法向力总是指向转子位移的方向,而摩擦力则作用在涡动速度的方向。摩擦力加速旋转,同时通过杠杆臂 R_r 使旋转减速:

$$\begin{cases} J_r \dot{\omega}_{rot}(t) = -f_f R_r \\ m_r c^2 \dot{\omega}_{wh}(t) = -f_f c \end{cases} \tag{3-23}$$

从时间 $t=0$ 到时间 t 对式(3-23)两边积分,我们得到:

$$\begin{cases} \dfrac{I_s}{R_r} \displaystyle\int_0^t \dot{\omega}_{rot}(\tau) d\tau = -\int_0^t f_f(\tau) d\tau \\ m_r c \displaystyle\int_0^t \dot{\omega}_{wh}(\tau) d\tau = -\int_0^t f_f(\tau) d\tau \end{cases} \tag{3-24}$$

最后,将这两个方程结合起来,我们发现:

$$\frac{J_r}{R_r}[\omega_{rot}(t) - \omega_{rot}(0)] = m_r c[\omega_{wh}(t) - \omega_{wh}(0)] \tag{3-25}$$

假设转子以接近零的转速静止或达到滚动状态,并且在连续接触开始时涡动速度可忽略不计,对于最大涡动频率,我们发现:

$$\omega_{wh,max} = -\frac{J_r}{R_r m_r c}\omega_{rot}(0) \tag{3-26}$$

当展开这个方程时,我们注意到,对于圆柱形转子,与运动涡动频率相比,最大涡动频率降低了1/2。但是,尽管出现下降,涡动频率仍然达到非常大的值,从而产生很大的力。这些较大的力很可能破坏系统,产生不容忽视的定子的偏转问题。因此,我们可以指出,对于具有实际参数的真实转子,刚性定子的假设是不合适的。还需要考虑定子的位移,并研究耦合系统的行为。这将在后文完成。

3.3　柔性安装定子的涡动

3.3.1　运动方程

在下文中,我们把旋转转子的分析扩展到具有柔性安装定子的系统。我们将从一个基本模型入手,该模型由一个平衡的 Jeffcott 转子和一个刚性的定子环组成,且定子环柔性安装。然后,该模型将扩展到包括额外的物理效应以及几种嵌套的定子模式。在下文中,假设转子和定子接触。关于接触模型,将讨论几种可能的接触条件。

上述模型在文献中经常用于数值和分析研究。图 3-8 显示了该模型的几何结构以及作用在转子上的接触力。此外,在转子和定子上,质量、弹性力和黏性阻尼力都会起作用。如果转子和定子不接触,则接触力为零。此外,任意的外部激振力可以作用在转子上。为了简单起见,这里没有给出这种力,但很容易将其引入模型中。

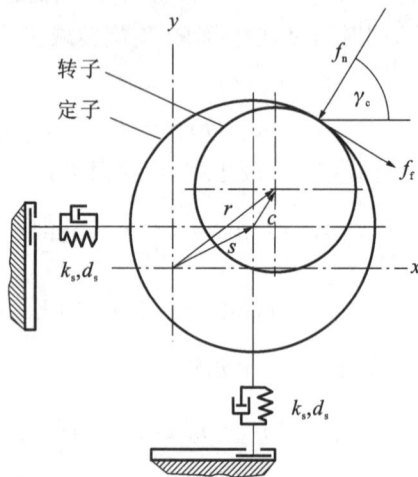

图 3-8　转子与刚性但柔性安装的定子接触示意图

假设转子和定子分别偏转 $r=(r_x,r_y)$ 和 $s=(s_x,s_y)$，并接触。在转子和定子之间，作用有接触法向力 f_n 和摩擦力 f_f。在转子和定子上都作用有黏性阻尼力和恢复弹性力。没有不平衡力作用在转子上。为了方便起见，假设转子的旋转角度在时间 $t=0$ 时为零。

为了计算摩擦力，库仑-阿蒙顿摩擦模型 $f_f=\mu f_n$ 与恒定的摩擦系数 μ 一起使用。

将转子和定子的 x 和 y 方向的力相加，我们得到：

$$\begin{cases} m_r\ddot{r}_x+d_r\dot{r}_x+k_r r_x=-f_n\cos\gamma_c+\mu f_n\sin\gamma_c \\ m_r\ddot{r}_y+d_r\dot{r}_y+k_r r_y=-f_n\sin\gamma_c-\mu f_n\cos\gamma_c \\ m_s\ddot{s}_x+d_s\dot{s}_x+k_s s_x=f_n\cos\gamma_c-\mu f_n\sin\gamma_c \\ m_s\ddot{s}_y+d_s\dot{s}_y+k_s s_y=f_n\sin\gamma_c+\mu f_n\cos\gamma_c \end{cases} \tag{3-27}$$

作用在转子上的转矩主要是驱动装置施加的转矩 t_d 和摩擦转矩 t_f。后者是由杠杆臂 R_r 作用的摩擦力 f_f 引起的，杠杆臂 R_r 是转子的半径。因此，对于转子角速度 ω_{rot} 的变化，我们可以写成：

$$\ddot{\sigma}_r(t)=\dot{\omega}_{rot}(t)=\frac{t_d-t_f(t)}{J_r} \tag{3-28}$$

在本书的大部分内容中，特别是对于周期性涡动的存在性和稳定性的分析研究中，方程(3-27)用于对系统的振动行为进行分析的数学模型。

尽管上述模型已被广泛使用，但为了正确表示反向涡动，扩展系统模型是必要的。因此，在下文中，在与上述相同的前提下，我们通过将一些尚未考虑的影响因素纳入来扩展模型。这些影响因素包括通过使用由两个同心嵌套环组成的定子模型的定子的第二本征模、转子的内部夹紧、不平衡激励、非均匀旋转速度对转子振动的影响、作用于转子运动的滚动摩擦以及滑动摩擦系数对转子和定子之间的相对速度的依赖性。虽然对于基本模型[方程(3-27)]，仍然可以在一定程度上进行分析评估，但必须对扩展模型进行数值研究。

图 3-9 给出了扩展模型的几何结构以及作用在转子上的接触力。例如，可以找到具有不平衡和变化转速的转子的内部阻尼或运动方程的信息。此外，在转子和定子上，质量、弹性力和黏性阻尼力都起了作用。

对于滑动摩擦力的计算，我们使用扩展库仑-阿蒙顿摩擦模型：

$$f_f=\mu(v_{rel},s)f_n \tag{3-29}$$

式中，$v_{rel,s}$ 是转子和定子在接触位置处的相对滑动速度。在下文中，d_{ri} 是转子内部阻尼的系数；m_z 是附加定子环的质量，k_{zx}、k_{zy}、d_{zx} 和 d_{zy} 是其刚度和阻尼系数，在 x 和 y 方向上可能不同。附加定子环分别在 x 和 y 方向上具有自由度 z_x 和 z_y。

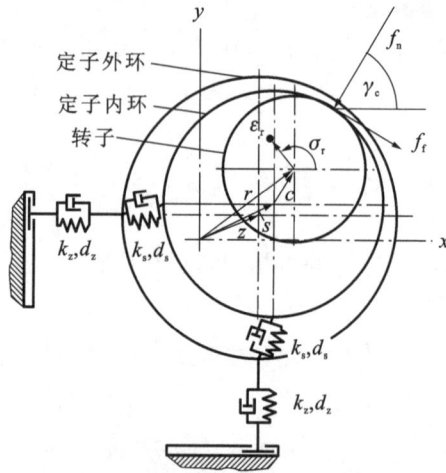

图3-9 转子与由两个嵌套环组成的定子接触示意图

在不进行推导的情况下,可以得到以下微分方程组:

$$
\begin{cases}
m_r \ddot{r}_x + (d_r + d_{ri}) \dot{r}_x + k_r r_x = -f_n \cos\gamma_c + (\mu v_{rel,s} - \mu_r) f_n \sin\gamma_c \\
\qquad\qquad - m_r \dot{\sigma}_r d_{ri} r_y + m_r \varepsilon_r \ddot{\sigma}_r \sin\sigma_r + m_r \varepsilon_r \dot{\sigma}_r^2 \cos\sigma_r \\
m_r \ddot{r}_y + (d_r + d_{ri}) \dot{r}_y + k_r r_y = -f_n \sin\gamma_c - (\mu v_{rel,s} - \mu_r) f_n \cos\gamma_c \\
\qquad\qquad + m_r \dot{\sigma}_r d_{ri} r_x - m_r \varepsilon_r \ddot{\sigma}_r \cos(\sigma_r) + m_r \varepsilon_r \dot{\sigma}_r^2 \sin\sigma_r \\
m_s \ddot{s}_x + d_{sx} \dot{s}_x + k_{sx} s_x = f_n \cos\gamma_c - (\mu v_{rel,s} - \mu_r) f_n \sin\gamma_c + d_{sx} \dot{z}_x + k_{sx} z_x \\
m_s \ddot{s}_y + d_{sy} \dot{s}_y + k_{sy} s_y = f_n \sin(\gamma_c) + (\mu v_{rel,s} - \mu_r) f_n \cos\gamma_c + d_{sy} \dot{z}_y + k_{sy} z_y \\
m_z \ddot{z}_x + (d_{zx} + d_{sx}) \dot{z}_x + k_{zx} z_x = d_{sx} \dot{s}_x + k_{sx} s_x \\
m_z \ddot{z}_y + (d_{zy} + d_{sy}) \dot{z}_y + k_{zy} z_y = d_{sy} \dot{s}_y + k_{sy} s_y
\end{cases}
$$

$$(3\text{-}30)$$

注意,与方程(3-27)相比,额外的定子环增加了自由度2。

方程(3-30)中包括的一些影响因素,除了对转子的横向运动的影响外,还对转子绕其轴线的旋转产生影响。例如,由于转子的几何中心与其重心之间的不匹配,存在由弹性力和黏性力施加的扭矩。

然而,所有这些扭矩都可以忽略,因为与滑动摩擦施加的扭矩相比,它们的尺寸很小。因此,对于绕转子轴线的旋转,方程(3-28)对于扩展模型也是有效的。

相对滑动速度 $v_{rel,s}$ 由转子在接触位置处的表面速度 $\omega_{rot}(t)R_r$ 和转子与定子的相对切向速度 $v_{rel,t}$ 组成,即:

$$v_{\mathrm{rel,s}} = v_{\mathrm{rel,t}} + \omega_{\mathrm{rot}}(t) R_{\mathrm{r}} \tag{3-31}$$

相对切向速度 $v_{\mathrm{rel,t}}$ 可以简单地使用转子和定子的间隙矢量与速度矢量之间的叉积来确定,则式(3-31)可写作:

$$v_{\mathrm{rel,s}}(t) = \frac{|c \times \dot{r}| + |c \times \dot{s}|}{c} + R\omega_{\mathrm{rot}}(t) \tag{3-32}$$

$$= \frac{(r_x - s_x)(\dot{r}_y - \dot{s}_y) - (r_y - s_y)(\dot{r}_x - \dot{s}_x)}{\sqrt{(r_x - s_x)^2 + (r_y - s_y)^2}} + R\omega_{\mathrm{rot}}(t)$$

在上述运动方程(3-27)和方程(3-30)中,我们可以得到比方程式数目更多的两个未知量,即接触法向力的大小 f_{n} 和方向 γ_{c}。这两个未知量的必要信息可以从适当的接触条件中获得,但尚未说明。对于转子和定子之间的接触,可以假设两种性质不同的接触条件,以下将对其进行更详细的研究。

3.3.2　接触条件

关于转子和定子之间的接触的第一个假设是运动接触条件,其中接触体不可能变形,并且转子总是在定子的圆形内表面上移动。从图3-8中,我们可以看到 r、s 和 c 有以下关系:

$$c = r - s \tag{3-33}$$

虽然方程(3-27)形成了一个微分方程组,但方程(3-33)是一个限制潜在解空间的代数方程。这种混合系统被称为微分代数系统,这种系统的直接求解非常复杂。然而,约束可以相对于时间微分,并代入微分方程(3-27)或方程(3-30),从而形成纯微分方程组。结合代数约束的另一种可能性是,在最小坐标即先验包含接触条件的坐标中,建立运动方程。

针对转子和定子的运动,我们导出了一个由微分方程和代数方程组成的方程组。这样的系统解决起来很复杂,并且需要针对其开发专用例程。因此,在下文中,我们通过微分约束并将其代入运动方程,将方程正式转换为纯微分方程组。尽管这引发了数值积分的新问题,但所得系统至少可以用标准的数值积分解法来求解,如由MATLAB软件提供。让我们从转子和定子的微分方程开始,用复数表示,如 $\underline{r} = r_x + \mathrm{i}r_y$,其中 i 是复数单位,$\mathrm{i} = \sqrt{-1}$:

$$\begin{cases} m_{\mathrm{r}}\ddot{\underline{r}} + d_{\mathrm{r}}\dot{\underline{r}} + k_{\mathrm{r}}\underline{r} = -(f_{\mathrm{n}} + \mathrm{i}f_{\mathrm{f}})\mathrm{e}^{\mathrm{i}\gamma_{\mathrm{c}}} \\ m_{\mathrm{s}}\ddot{\underline{s}} + d_{\mathrm{s}}\dot{\underline{s}} + k_{\mathrm{s}}\underline{s} = (f_{\mathrm{n}} + \mathrm{i}f_{\mathrm{f}})\mathrm{e}^{\mathrm{i}\gamma_{\mathrm{c}}} \\ \underline{c} = \underline{r} - \underline{s} \end{cases} \tag{3-34}$$

通过方程(3-34)，我们可以写出一个形式合适的方程：

$$\begin{cases} m_r\ddot{\underline{r}} + m_s\ddot{\underline{s}} + d_r\dot{\underline{r}} + d_s\dot{\underline{s}} + k_s\underline{s} = 0 \\ m_r\ddot{\underline{r}} + d_r\dot{\underline{r}} + k_r\underline{r} = -(1+\mathrm{i}\mu)f_\mathrm{n}\mathrm{e}^{\mathrm{i}\gamma_c} \\ \underline{c} = \underline{r} - \underline{s} \end{cases} \tag{3-35}$$

方程(3-35)中最后一个方程式可以写成它的绝对值和自变量：

$$\begin{cases} c = |\underline{r} - \underline{s}| \\ \mathrm{e}^{\mathrm{i}\gamma_c} = \dfrac{1}{c}(\underline{r} - \underline{s}) \end{cases} \tag{3-36}$$

下一步是消除角度 γ_c。

通过这种方式，我们找到了一组新的方程：

$$\begin{cases} m_r\ddot{r}_x + m_s\ddot{s}_x + d_r\dot{r}_x + d_s\dot{s}_x + k_r r_x + k_s s_x = 0 \\ m_r\ddot{r}_y + m_s\ddot{s}_y + d_r\dot{r}_y + d_s\dot{s}_y + k_r r_y + k_s s_y = 0 \\ m_r\ddot{r}_x + d_r\dot{r}_x + k_r r_x = -\dfrac{f_\mathrm{n}}{c}(r_x - s_x - \mu r_y + \mu s_y) \\ m_r\ddot{r}_y + d_r\dot{r}_y + k_r r_y = -\dfrac{f_\mathrm{n}}{c}(r_y - s_y + \mu r_x - \mu s_x) \\ c = |\underline{r} - \underline{s}| \\ \mathrm{e}^{\mathrm{i}\gamma_c} = \dfrac{1}{c}(\underline{r} - \underline{s}) \end{cases} \tag{3-37}$$

为了消除接触力，解方程得 f_n：

$$f_\mathrm{n} = -c\,\frac{m_r\ddot{r}_y + d_r\dot{r}_y + k_r r_y}{r_y - s_y + \mu r_x - \mu s_x} \tag{3-38}$$

为了将运动学表达式 $c = |\underline{r} - \underline{s}|$（仅在 r 和 s 中的表达式）集成到微分方程中，微分方程是 r 和 s 及其一和二阶导数的函数，我们可以将其写成：

$$c^2 = (r_x - s_x)^2 + (r_y - s_y)^2 \tag{3-39}$$

并且求解其关于时间的二阶导数。将 f_n 代入方程(3-37)，并用其二阶导数代替方程(3-39)，这导致了有关未知量 $\ddot{r}_x$、$\ddot{r}_y$、$\ddot{s}_x$、$\ddot{s}_y$、f_n、γ_c 的 6 个部分耦合的非线性微分方程：

$$
\begin{cases}
m_r \ddot{r}_x + m_s \ddot{s}_x + d_r \dot{r}_x + d_s \dot{s}_x + k_r r_x + k_s s_x = 0 \\
m_r \ddot{r}_y + m_s \ddot{s}_y + d_r \dot{r}_y + d_s \dot{s}_y + k_r r_y + k_s s_y = 0 \\
m_r \ddot{r}_x + d_r \dot{r}_x + k_r r_x - (m_r \ddot{r}_y + d_r \dot{r}_y + k_r r_y) \dfrac{r_x - s_x - \mu r_y + \mu s_y}{r_y - s_y + \mu r_x - \mu s_x} = 0 \\
\dot{r}_x{}^2 - 2\dot{r}_x \dot{s}_x + \dot{s}_x{}^2 + \dot{r}_x \ddot{r}_x - r_x \ddot{s}_x - s_x \ddot{r}_x + s_x \ddot{s}_x + \dot{r}_y{}^2 - 2\dot{r}_y \dot{s}_y + \dot{s}_y{}^2 + r_y \ddot{r}_y - \\
\qquad r_y \ddot{s}_y - s_y \ddot{r}_y + s_y \ddot{s}_y = 0 \\
f_n = -c \dfrac{m_r \ddot{r}_y + d_r \dot{r}_y + k_r r_y}{r_y - s_y + \mu r_x - \mu s_x} \\
\gamma_c = \arg(\underline{r} - \underline{s})
\end{cases}
\tag{3-40}
$$

对于转动速度的变化,我们发现:

$$
\frac{\mathrm{d}\omega_{\mathrm{rot}}}{\mathrm{d}t} = \frac{1}{J_r}\left(t_d + \mu r_r c \, \frac{m_r \ddot{r}_y + d_r \dot{r}_y + k_r r_y}{r_y - s_y + \mu r_x - \mu s_x} \right)
\tag{3-41}
$$

为了确定转子和定子的位移,只需求解方程(3-40)前 4 个等式。由此可以计算法向力和相位角。由于系统的复杂性和非线性,手动求解公式(3-40)的加速度是不可能的。然而,使用 Maple 这样的计算机代数系统可以很容易地模拟它。对于 $\ddot{r}_x$、$\ddot{r}_y$、$\ddot{s}_x$、$\ddot{s}_y$ 这 4 个加速度中的每一个,计算过程导致有理函数具有相似的、相当简单的分母,但分子非常复杂,每个有理函数由大约 100 个加数组成,每个加数由大约 5 个参数、位置或速度的乘积形成。由于 4 个加速度的最终方程需要几页的篇幅,并且可以由读者使用 Maple 或类似程序生成,此处不再赘述。

在下文中,我们将导出转子和定子加速度在最小坐标下的耦合微分方程组。最小坐标是先验包含约束的坐标,因此得到了一个没有额外代数约束的常微分方程组。

转子/定子无接触系统的位置可以用 4 个自变量来描述。由于方程(3-33)的接触条件将解空间的维数减少了 1,因此具有接触的系统可以用 3 个自变量来描述。为了在最小坐标中表述当前问题,选择定子在 x 和 y 方向上的有效位移。s_x 和 s_y 以及间隙的方向 γ_c,作为独立的变量。让我们再次从笛卡儿坐标系中转子和定子运动的方程(3-27)开始分析。有关转动速度的微分方程再次可以解耦,并且可以独立求解。首先定义以下内容:

$$
\boldsymbol{w} = (s_x, s_y, r_x, r_y)^{\mathrm{T}}
$$

$$
\boldsymbol{M} = \mathrm{diag}(m_s, m_s, m_r, m_r)
$$

$$
\boldsymbol{D} = \mathrm{diag}(d_s, d_s, d_r, d_r)
$$

$$
\boldsymbol{K} = \mathrm{diag}(k_s, k_s, k_r, k_r)
$$

$$
\boldsymbol{R} = \begin{pmatrix} \cos\gamma_c & -\sin\gamma_c \\ \sin\gamma_c & \cos\gamma_c \end{pmatrix}
$$

$$E = \begin{pmatrix} \cos\gamma_c - \mu\sin\gamma_c \\ \sin\gamma_c + \mu\cos\gamma_c \\ -\cos\gamma_c + \mu\sin\gamma_c \\ -\sin\gamma_c - \mu\cos\gamma_c \end{pmatrix}$$

$$f = |f_n + f_f|$$

据此将方程(3-27)改写为:

$$M\ddot{w} + D\dot{w} + Kw = fE \tag{3-42}$$

请注意,这些变量中的大多数实际上都是状态的函数。引入坐标向量 q 和变换矩阵 J:

$$\begin{cases} q = (s_x, s_y, \gamma_c)^T \\ J = \begin{pmatrix} 1 & 0 & 0 \\ 0 & 1 & 0 \\ 1 & 0 & -c\sin\gamma_c \\ 0 & 1 & c\cos\gamma_c \end{pmatrix} \end{cases} \tag{3-43}$$

可得:

$$\begin{cases} w = (s_x, s_y, s_x + c\cos\gamma_c, s_y + c\sin\gamma_c)^T \\ \dot{w} = \begin{pmatrix} 1 & 0 & 0 \\ 0 & 1 & 0 \\ 1 & 0 & -c\sin\gamma_c \\ 0 & 1 & c\cos\gamma_c \end{pmatrix} \begin{pmatrix} \dot{s}_x \\ \dot{s}_y \\ \dot{\gamma}_c \end{pmatrix} = J\dot{q} \\ \ddot{w} = \begin{pmatrix} 1 & 0 & 0 \\ 0 & 1 & 0 \\ 1 & 0 & -c\sin\gamma_c \\ 0 & 1 & c\cos\gamma_c \end{pmatrix} \begin{pmatrix} \ddot{s}_x \\ \ddot{s}_y \\ \ddot{\gamma}_c \end{pmatrix} - c\dot{\gamma}_c^2 \begin{pmatrix} 0 \\ 0 \\ \cos\gamma_c \\ \sin\gamma_c \end{pmatrix} = J\ddot{q} + \dot{J}\dot{q} \\ M(J\ddot{q} + \dot{J}\dot{q}) + DJ\dot{q} + Kw = fE \end{cases} \tag{3-44}$$

通过适当的线性组合,这 4 个基本等式可以简化为 3 个等式。例如,这可以通过与矩阵 J 的转置相乘来实现:

$$J^T[M(J\ddot{q} + \dot{J}\dot{q}) + DJ\dot{q} + Kw] = J^T fE \tag{3-45}$$

其中,有:

$$\bar{M} = J^T MJ = \begin{pmatrix} m_s + m_r & 0 & -cm_r\sin\gamma_c \\ 0 & m_s + m_r & cm_r\cos\gamma_c \\ -cm_r\sin\gamma_c & cm_r\cos\gamma_c & c^2 m_r \end{pmatrix}$$

$$\overline{\boldsymbol{D}} = \boldsymbol{J}^{\mathrm{T}} \boldsymbol{D} \boldsymbol{J} = \begin{pmatrix} d_s + d_r & 0 & -cd_r \sin\gamma_c \\ 0 & d_s + d_r & cd_r \cos\gamma_c \\ -cd_r \sin\gamma_c & cd_r \cos\gamma_c & c^2 d_r \end{pmatrix}$$

$$\overline{\boldsymbol{K}} = \boldsymbol{J}^{\mathrm{T}} \boldsymbol{K} \boldsymbol{w} = \begin{pmatrix} (k_r + k_s) s_x + ck_r \cos\gamma_c \\ (k_r + k_s) s_y + ck_r \sin\gamma_c \\ ck_r (-\sin\gamma_c s_x + \cos\gamma_c s_y) \end{pmatrix}$$

$$\boldsymbol{J}^{\mathrm{T}} \boldsymbol{E} = \begin{pmatrix} 0 \\ 0 \\ c\mu \end{pmatrix}$$

$$\boldsymbol{J}^{\mathrm{T}} \boldsymbol{M} \dot{\boldsymbol{J}} \dot{\boldsymbol{q}} = -cm_r \dot{\gamma}_c^2 \begin{pmatrix} \cos\gamma_c \\ \sin\gamma_c \\ 0 \end{pmatrix}$$

微分方程采用以下形式：

$$\boldsymbol{M} \ddot{\boldsymbol{q}} + \overline{\boldsymbol{D}} \dot{\boldsymbol{q}} + \overline{\boldsymbol{K}} - cm_r \dot{\gamma}_c^2 \begin{pmatrix} \cos\gamma_c \\ \sin\gamma_c \\ 0 \end{pmatrix} + f \begin{pmatrix} 0 \\ 0 \\ c\mu \end{pmatrix} = 0 \tag{3-46}$$

接下来，必须根据方程的适当组合来计算法向力 f，以便将其从上述表达式中消除。这可以通过将微分方程(3-44)中最后一个方程式从左起乘适当的向量 $\overline{\boldsymbol{j}}^{\mathrm{T}}$ 来实现，该向量将其简化为单个标量方程：

$$\overline{\boldsymbol{j}}^{\mathrm{T}} [\boldsymbol{M} (\boldsymbol{J} \ddot{\boldsymbol{q}} + \dot{\boldsymbol{J}} \dot{\boldsymbol{q}}) + \boldsymbol{D} \boldsymbol{J} \dot{\boldsymbol{q}} + \boldsymbol{K} \boldsymbol{w}] = \overline{\boldsymbol{j}}^{\mathrm{T}} f \boldsymbol{E} \tag{3-47}$$

适当选择 $\overline{\boldsymbol{j}}^{\mathrm{T}} = (-m_r \cos\gamma_c, -m_r \sin\gamma_c, m_s \cos\gamma_c, m_s \sin\gamma_c)$，可以使得总和中的第一项消失。即得：

$$\overline{\boldsymbol{j}}^{\mathrm{T}} \boldsymbol{M} \boldsymbol{J} = (0 \quad 0 \quad 0)$$
$$\overline{\boldsymbol{j}}^{\mathrm{T}} \boldsymbol{D} \boldsymbol{J} = (m_s d_r - m_r d_s)(\cos\gamma_c, \sin\gamma_c, 0)$$
$$\overline{\boldsymbol{j}}^{\mathrm{T}} \boldsymbol{K} \boldsymbol{w} = (m_s k_r - m_r k_s)(x_s \cos\gamma_c + y_s \sin\gamma_c) + cm_s k_r$$
$$\overline{\boldsymbol{j}}^{\mathrm{T}} f \boldsymbol{E} = -f(m_s + m_r)$$
$$\overline{\boldsymbol{j}}^{\mathrm{T}} \boldsymbol{M} \dot{\boldsymbol{J}} \dot{\boldsymbol{q}} = -m_s m_r c \dot{\gamma}_c^2$$

代入方程(3-47)并求解后，我们发现：

$$f = c \dot{\gamma}_c^2 \frac{m_r m_s}{m_r + m_s} - c \frac{k_r m_s}{m_r + m_s} - (\dot{s}_x \cos\gamma_c + \dot{s}_y \sin\gamma_c)\sigma_d - (s_x \cos\gamma_c + s_y \sin\gamma_c)\sigma_k$$

$$\tag{3-48}$$

式中，

$$\sigma_d = \frac{k_r m_s - m_r k_s}{m_r + m_s}$$

$$\sigma_k = \frac{d_r m_s - m_r d_s}{m_r + m_s}$$

将式(3-48)代入方程(3-46)，我们发现：

$$\overline{M}\ddot{q} + J^{\mathrm{T}}MJ\dot{q} + \overline{D}\dot{q} + \overline{K} = J^{\mathrm{T}}fE \tag{3-49}$$

将其扩展，可以得出：

$$
\begin{pmatrix}
m_s + m_r & 0 & -cm_r\sin\gamma_c \\
0 & m_s + m_r & cm_r\cos\gamma_c \\
-cm_r\sin\gamma_c & cm_r\cos\gamma_c & c^2 m_r
\end{pmatrix}
\begin{pmatrix}
\ddot{s}_x \\
\ddot{s}_y \\
\ddot{\gamma}_c
\end{pmatrix} +
$$

$$
\begin{pmatrix}
d_s + d_r & 0 & -cd_r\sin\gamma_c \\
0 & d_s + d_r & cd_r\cos\gamma_c \\
-cd_r\sin\gamma_c - \mu c\sigma_d\cos\gamma_c & cd_r\cos\gamma_c - \mu c\sigma_d\sin\gamma_c & c^2 d_r
\end{pmatrix}
\begin{pmatrix}
\dot{s}_x \\
\dot{s}_y \\
\dot{\gamma}_c
\end{pmatrix} +
$$

$$
\begin{pmatrix}
k_s + k_r & 0 & 0 \\
0 & k_s + k_r & 0 \\
-ck_r\sin\gamma_c - \mu c\sigma_k\cos\gamma_c & ck_r\cos\gamma_c - \mu c\sigma_k\sin\gamma_c & 0
\end{pmatrix}
\begin{pmatrix}
s_x \\
s_y \\
0
\end{pmatrix} +
$$

$$
c(k_r - m_r\dot{\gamma}_c^2)
\begin{pmatrix}
\cos\gamma_c \\
\sin\gamma_c \\
0
\end{pmatrix} +
c^2(k_r - \dot{\gamma}_c^2)
\begin{pmatrix}
0 \\
0 \\
-\mu\dfrac{m_s}{m_s + m_r}
\end{pmatrix} = 0
$$

（3-50）

为了简化上述表达式并标准化状态的大小，将最后一个方程除以环形间隙 c，角位置 γ_c 由 $\xi = c\gamma_c$ 代替，得出：

$$
\begin{pmatrix}
m_s + m_r & 0 & -m_r\sin\dfrac{\xi}{c} \\[2mm]
0 & m_s + m_r & m_r\cos\dfrac{\xi}{c} \\[2mm]
-m_r\sin\dfrac{\xi}{c} & m_r\cos\dfrac{\xi}{c} & m_r
\end{pmatrix}
\begin{pmatrix}
\ddot{s}_x \\
\ddot{s}_y \\
\ddot{\xi}
\end{pmatrix} +
$$

$$
\begin{pmatrix}
d_s + d_r & 0 & -d_r\sin\dfrac{\xi}{c} \\[2mm]
0 & d_s + d_r & d_r\cos\dfrac{\xi}{c} \\[2mm]
-d_r\sin\dfrac{\xi}{c} - \mu\sigma_d\cos\dfrac{\xi}{c} & d_r\cos\dfrac{\xi}{c} - \mu\sigma_d\sin\dfrac{\xi}{c} & d_r
\end{pmatrix}
\begin{pmatrix}
\dot{s}_x \\
\dot{s}_y \\
\dot{\xi}
\end{pmatrix} +
$$

$$\begin{bmatrix} k_s + k_r & 0 & 0 \\ 0 & k_s + k_r & 0 \\ -k_r \sin \dfrac{\xi}{c} - \mu \sigma_k \cos \dfrac{\xi}{c} & k_r \cos \dfrac{\xi}{c} - \mu \sigma_k \sin \dfrac{\xi}{c} & 0 \end{bmatrix} \begin{pmatrix} s_x \\ s_y \\ \xi \end{pmatrix} +$$

$$\left(ck_r - \frac{m_r}{c} \dot{\xi}^2 \right) \begin{bmatrix} \cos \dfrac{\xi}{c} \\ \sin \dfrac{\xi}{c} \\ -\mu \dfrac{m_s}{m_s + m_r} \end{bmatrix} = 0 \tag{3-51}$$

刚度矩阵的第 3 列仅包含零这一事实非常清楚地表明,转子的角偏转不受弹簧的限制。

为了对微分方程进行数值积分,必须求解加速度。通常,在每一步中,我们都必须找到质量矩阵 $\overline{\boldsymbol{M}}$ 的逆。在目前的情况下,这个逆 $\overline{\boldsymbol{M}}^{-1}$ 可以解析计算:

$$\overline{\boldsymbol{M}}^{-1} = \begin{bmatrix} \dfrac{m_s + m_r - m_r \cos \dfrac{\xi}{c}}{m_s^2 + m_r m_s} & \dfrac{m_r \cos \dfrac{\xi}{c} \sin \dfrac{\xi}{c}}{m_s^2 + m_r m_s} & \dfrac{\sin \dfrac{\xi}{c}}{m_s} \\[6mm] \dfrac{-m_r \sin \dfrac{\xi}{c} \cos \dfrac{\xi}{c}}{m_s^2 + m_r m_s} & \dfrac{m_s + m_r - m_r \sin^2 \dfrac{\xi}{c}}{m_s^2 + m_r m_s} & \dfrac{-\cos \dfrac{\xi}{c}}{m_s} \\[6mm] \dfrac{\sin \dfrac{\xi}{c}}{m_s} & \dfrac{-\cos \dfrac{\xi}{c}}{m_s} & \dfrac{m_s + m_r}{m_r m_s} \end{bmatrix} \tag{3-52}$$

有关转动速度的微分方程可以很容易地通过方程(3-48)计算出来:

$$\frac{\mathrm{d} \omega_{\mathrm{rot}}}{\mathrm{d} t} = \frac{1}{J_r} (t_d - f \mu R_r) \tag{3-53}$$

将得到的微分方程转换为一阶系统,并进行数值积分。

另一个基本接触条件给出了作用力的表达式,而不是转子和定子的位置的表达式。考虑到接触区域的有限柔度,转子的位置并不真正局限于定子的表面,而是可能产生有限的侵入。在这种情况下,接触力是根据指定的接触模型计算的,如根据径向上的非线性接触定律。

$$f_n = d_c \dot{\delta} \delta^n + k_c \delta^n \tag{3-54}$$

式中,δ 是变形的矢量,它总是在 c 的方向上。

这个公式直接给出了作用法向力作为系统状态函数的表达式。将这些表达式代入运动方程后,所得系统仍然可以用纯微分方程来描述,该方程可以用标准方法求解。

在所有上述情况下,即对于假设转子有限侵入定子的基本模型和扩展模型,以及对于具有运动接触条件和在最小坐标下的基本模型,建模产生非线性微分方程。我们注意到,对于笛卡儿坐标系中的公式,具有接触刚度的情况下的非线性比具有代数约束的情况更容易处理。除了复杂的推导之外,最小坐标下的公式产生了最简单的方程。

所有这些模型的运动方程都是针对加速度求解的,并表示为一阶系统。对于基本模型,所得方程被纳入 MATLAB 例程的框架中,并在适当的初始条件下进行数值求解。这些计算结果,即系统在激励后的行为,被用于与实验结果进行比较。

3.3.3 周期性涡动的存在条件

非线性微分方程可以具有时间周期函数形式的解。除了纯粹的学术意义之外,了解上述运动方程能否揭示同期性涡动行为,对于旋转设备的运行具有实际意义。对于具有完全刚性定子的系统,我们看到涡动频率取非常大的值。另外,很明显的是,在现实中涡动频率存在极限,这是由非常大的接触力和每个实际定子的有限刚度所施加的。这种极限很可能可以用周期性的旋涡运动来表示。如果存在这种运动并且了解其行为,则可以采取相应措施来影响涡动行为,并将出现的最大涡动频率限制在不威胁完整性的值内。

下文中将首先介绍 Black 的调查,其他文献中也进行了类似的研究。本书的研究重点是检查得到的周期解是否稳定。

在下文中,我们将研究在运动接触条件下的微分方程(3-34),即方程(3-37)是否可以具有周期解。换言之,我们将寻找系统的周期性运动,其中转子在定子内表面滑动。

从微分方程和笛卡儿坐标系中的接触条件出发,引入复数表示法 $\underline{r}=r_x+ir_y$,$\underline{s}=s_x+is_y$,我们发现:

$$\begin{cases} m_r\ddot{\underline{r}}+d_r\dot{\underline{r}}+k_r\underline{r}=-(f_n+if_f)e^{i\gamma_c} \\ m_s\ddot{\underline{s}}+d_s\dot{\underline{s}}+k_s\underline{s}=(f_n+if_f)e^{i\gamma_c} \\ \underline{c}=\underline{r}-\underline{s}=ce^{i\gamma_c} \end{cases} \tag{3-55}$$

注意,$\gamma_c=\gamma_c(t)$。由于系统的对称性,如果系统存在周期解,该解很可能有一个圆形轨道和一个恒定的频率。无论如何,不同类型的周期解都很难检测到。让我们假设以下形式的周期解:

$$\begin{cases} \underline{r}(t)=\hat{\underline{r}}e^{i\omega_{wh}t} \\ \underline{s}(t)=\hat{\underline{s}}e^{i\omega_{wh}t} \end{cases} \tag{3-56}$$

然后,为了使周期性行为成为可能,力矢量 $\underline{f}_n = f_n e^{i\gamma_c}$ 和 $\underline{f}_t = i f_t e^{i\gamma_c}$ 和间隙矢量 $\underline{c}$ 必须具有相同的周期类型。或者,另有说明:

$$\gamma_c(t) = \hat{\gamma}_c + \omega_{wh} t \tag{3-57}$$

到目前为止,所有向量都是相对于实轴给出的,因此,在任何向量中,其表达式无论是明确的还是不明确的,因子 $e^{i\gamma_c}$ 都可以形成。由于系统的初始角位置是任意的,通过选择间隙矢量 $\underline{c}$ 作为相位基准,我们可以简化后续的分析。这仅仅意味着转动坐标系,使得 $\underline{c}$ 与实轴重合,并且 $\hat{\gamma}_c = 0$。所以从现在开始

$$\underline{c} = c \tag{3-58}$$

所有其他矢量,特别是 $\hat{r}$ 和 $\hat{s}$,都是关于 $\underline{c}$ 的。

现在,我们将方程(3-56)相对于时间进行微分,并将导数代入方程(3-55)。将结果除以 $e^{i\omega_{wh}t}$,我们发现:

$$\begin{cases} \hat{r} = -\underline{\alpha}(\omega_{wh}) f e^{iv} \\ \hat{s} = \underline{\beta}(\omega_{wh}) f e^{iv} \\ c = -\underline{\alpha}(\omega_{wh}) f e^{iv} - \underline{\beta}(\omega_{wh}) f e^{iv} \end{cases} \tag{3-59}$$

式中,v 为摩擦角;$\underline{\alpha}(\omega_{wh})$ 为转子的复柔度;$\underline{\beta}(\omega_{wh})$ 为定子的复柔度。则有

$$\begin{cases} \underline{\alpha}(\omega_{wh}) = \dfrac{1}{k_r - m_r \omega_{wh}^2 + i d_r \omega_{wh}} \\ \underline{\beta}(\omega_{wh}) = \dfrac{1}{k_s - m_s \omega_{wh}^2 + i d_s \omega_{wh}} \\ \underline{f} = (f_n + i f_t) = f e^{iv} \end{cases} \tag{3-60}$$

根据方程(3-59),我们可以得到:

$$\begin{cases} c + [\underline{\alpha}(\omega_{wh}) + \underline{\beta}(\omega_{wh})] f e^{iv} = 0 \\ c + |\underline{\alpha}(\omega_{wh}) + \underline{\beta}(\omega_{wh})| e^{i\psi} f e^{iv} = 0 \end{cases} \tag{3-61}$$

式中,ψ 是 $\underline{\alpha}(\omega_{wh}) + \underline{\beta}(\omega_{wh})$ 的相位,依赖于 ω_{wh}。

方程(3-61)是一个复方程,包含两个标量未知数:接触力 f 的大小,以及确定转子和定子传递函数的相位角 ψ 的涡动频率 ω_{wh}。由于 c 是一个实数,所以方程的第二部分也必须是实数。这就给出了相位角的条件以及旋转频率,在该频率下,周期性运动是可能的。

如果我们假设转子和定子之间总是存在滑动,则摩擦角 v 是恒定的,并且对于相位角 $\psi(\omega_{wh})$,我们发现:

$$\psi(\omega_{\mathrm{wh}})+\upsilon=\pi \tag{3-62}$$

这里可以首先确定满足方程(3-62)的涡动频率 ω_{wh}，然后确定满足方程(3-61)的作用接触力的绝对值 f。通过将 ω_{wh} 和 f 代入方程(3-59)，得到转子和定子在涡动过程中的位移。

可以用一种稍微不同的方式来解释上述关系，从涡动频率开始，我们感兴趣的是：根据方程(3-62)，可以定义在给定涡动频率下，维持周期性反向涡动所需的摩擦角 $\upsilon_{\mathrm{req}}(\omega_{\mathrm{wh}})$：

$$\upsilon_{\mathrm{req}}(\omega_{\mathrm{wh}})=\pi-\psi(\omega_{\mathrm{wh}}) \tag{3-63}$$

并且由此定义所需的摩擦系数 $\mu_{\mathrm{req}}=\tan\upsilon_{\mathrm{req}}$。耦合转子/定子系统在某一涡动频率下的周期性行为是可能的，当且仅当该频率所需的摩擦系数等于实际摩擦系数，即 μ_{req} $(\omega_{\mathrm{wh}})=\mu$。这种关系还给出了一个频率范围内不可能发生连续涡动的标准：这些区域的摩擦系数为负。这意味着摩擦力的方向必须为反向才能保持平衡状态。在图 3-10 中，针对文献中给出的样本系统，所需的摩擦系数是作为涡动频率绝对值的函数给出的。图中数据来自简单测试系统。

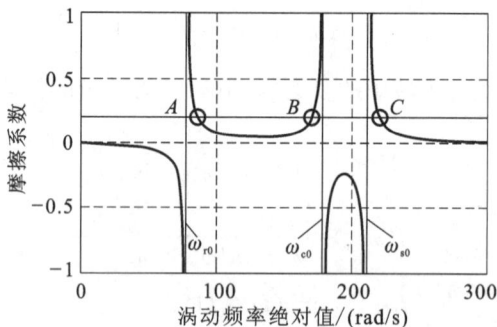

图 3-10　摩擦系数随周期涡动的涡动频率变化的曲线

我们可以清楚地看到系统共振频率对 μ_{req} 的影响：对于无阻尼系统，转子的共振频率为 $\omega_{\mathrm{r0}}=\sqrt{\dfrac{k_{\mathrm{r}}}{m_{\mathrm{r}}}}$，定子的共振频率为 $\omega_{\mathrm{s0}}=\sqrt{\dfrac{k_{\mathrm{s}}}{m_{\mathrm{s}}}}$，耦合系统的共振频率为 $\omega_{\mathrm{c0}}=$ $\sqrt{\dfrac{k_{\mathrm{r}}+k_{\mathrm{s}}}{m_{\mathrm{r}}+m_{\mathrm{s}}}}$，决定了连续涡动可能存在的区域。低于转子共振频率，涡动是不可能发生的，这与前文结论一致。有两个区域可能发生稳态涡动：转子共振频率与耦合系统共振频率之间，以及高于定子共振频率。我们还看到，有 3 个点符合匹配实际摩擦系数的标准，将这 3 个点标记为 A、B、C。为了确定这些频率中的哪一个对应稳定的周期性运动，Black 考虑了以下方面：

假设转子以与 A 或 C 相关的频率旋转。如果一个小扰动作用在转子上,仅略微增加其旋转频率,则维持力平衡所需的摩擦系数将降低,并低于实际摩擦系数。然后摩擦力将主导阻尼力,并进一步加速涡动。

如果扰动使涡动频率降低,则必要的摩擦系数将变得高于实际摩擦系数,并且涡动将进一步减速。在任何一种情况下,转子的状态都会偏离 A 和 C。对于 B,情况正好相反:如果转子被扰动加速,那么所需的摩擦系数将高于实际摩擦系数,转子将再次被阻尼力减速。

根据这些考虑,Black 得出结论,A 和 C 表示不稳定的周期解,而 B 表示周期解。

上述确定周期性涡动的方法的一大优点是其多功能性:它不仅限于简单的系统,如本书所述,而是使用一般的复柔度 $\underline{\alpha}(\omega_{wh})$ 和 $\underline{\beta}(\omega_{wh})$,即使是非常复杂的系统也可以用简洁的方式进行评估。Lingener 和 Crandall 报道了上述测试系统的实验结果,这些结果似乎证实了 Black 的理论结果:他发现了一种稳定的涡动,其频率略低于系统的耦合模态频率。遗憾的是,这些结果与其他实验研究的结果不符,尤其是本书进行的实验研究。

在讨论上述计算的有效性时,读者应记住,Black 对稳定性的评估只是一个合理的推测,仅基于静力平衡。真实的转子/定子系统有 4 个自由度,即 8 个状态,不能只通过看 1 个变量来评估所有状态。因此,为了评估涡动运动的稳定性,有必要对整个系统及其所有状态的稳定性进行数学研究。这将在下一小节中完成。

3.3.4 周期性涡动的稳定性

我们将参考笛卡儿坐标中的基本模型,采用方程(3-34)和方程(3-37),以及运动学接触条件进行分析。这正是 Black 用于确定假定周期运动的方程。所提出的具有较小扩展的方法也可以应用于 3.3.2 节中提出的其他模型。

由于这是任何数值积分的先决条件,尤其是研究其周期解稳定性的前提,我们首先将基本模型的运动方程公式化为一阶系统。对于转子和定子环在 x 和 y 方向上的 4 个加速度以及转子的角加速度,找到以下形式的表达式:

$$\begin{cases} \ddot{r}_x = f_{rx}(r_x, s_x, \dot{r}_x, \dot{s}_x, r_y, s_y, \dot{r}_y, \dot{s}_y) \\ \ddot{s}_x = f_{sx}(r_x, s_x, \dot{r}_x, \dot{s}_x, r_y, s_y, \dot{r}_y, \dot{s}_y) \\ \vdots \\ \ddot{\sigma}_r = f_\sigma(r_x, s_x, \dot{r}_x, \dot{s}_x, r_y, s_y, \dot{r}_y, \dot{s}_y) \end{cases} \tag{3-64}$$

我们可以将其写成 8 种状态下的一阶系统:

$$\frac{\delta}{\delta t}\begin{bmatrix} r_x \\ s_x \\ \dot{r}_x \\ \dot{s}_x \\ \vdots \\ \sigma_r \\ \dot{\sigma}_r \end{bmatrix} = \begin{bmatrix} \dot{r}_x \\ \dot{s}_x \\ f_{rx}(r_x, s_x, \cdots, \dot{s}_y) \\ f_{sx}(r_x, s_x, \cdots, \dot{s}_y) \\ \vdots \\ \dot{\sigma}_r \\ f_\sigma(r_x, s_x, \cdots, \dot{s}_y) \end{bmatrix} \tag{3-65}$$

其中,初始条件为:

$$\boldsymbol{q}_0 = (r_{x0}, s_{x0}, \dot{r}_{x0}, \dot{s}_{x0}, r_{y0}, s_{y0}, \dot{r}_{y0}, \dot{s}_{y0}, \dot{\sigma}_{r0})^T \tag{3-66}$$

尽管该方程的形式很简单,但函数 f 的单独表达式可能非常复杂。扩展模型与方程(3-37)是类似的,只是维度的数量增加了 4 个。

周期解的特征乘数的近似值是通过从扰动的 Poincaré 点开始对微分方程进行数值积分并确定线性化映射 $\Theta(T)$ 的近似值来计算的。

让我们假设转子的旋转速度 ω_{rot} 是恒定的。这是合理的,因为对于假定的周期性运动,作用的接触力通常相当低,并且驱动器可以容易地补偿摩擦扭矩。对于转子和定子在 x 和 y 方向上的运动,我们发现 8 种状态下的一阶系统,其与方程(3-65)中所述的非常相似。

Black 模型直接给出了周期解的涡动频率 ω_{wh},以及转子和定子的复振幅 $\hat{\underline{r}}$ 和 $\hat{\underline{s}}$。对于状态的初始值,我们发现:

$$\begin{cases} r_{x0} = \text{Re}(\hat{\underline{r}}), & \dot{r}_{x0} = -\omega_{wh}\text{Im}(\hat{\underline{r}}) \\ r_{y0} = \text{Im}(\hat{\underline{r}}), & \dot{r}_{y0} = \omega_{wh}\text{Re}(\hat{\underline{r}}) \\ s_{x0} = \text{Re}(\hat{\underline{s}}), & \dot{s}_{x0} = -\omega_{wh}\text{Im}(\hat{\underline{s}}) \\ s_{y0} = \text{Im}(\hat{\underline{s}}), & \dot{s}_{y0} = \omega_{wh}\text{Re}(\hat{\underline{s}}) \end{cases} \tag{3-67}$$

在数值积分中,这些值可以直接用作 Poincaré 点。理论上,从 $\boldsymbol{q}_0$ 进行积分将在一段时间后再次产生相同的状态。

通过在初始条件 $\boldsymbol{q}_0$ 上添加一个方向上的小扰动,并在一个周期内进行积分,确定了由一个方向的单位扰动引起的所有方向上与 Poincaré 点的偏差。对每个坐标重复这一过程,逐列找到线性化 Poincaré 映射 $\Theta(T)$ 的近似值 $\widehat{\Theta}(T)$。

这个矩阵的特征值是系统特征乘数的近似值。周期解的稳定性可以通过特征值的最大绝对值来判断。这是针对 3 个涡动模型、各种系统参数以及各系统的所有周期解进行的。

前文引入了一种方法,该方法允许通过方程的积分来直接计算线性化的 Poincaré

映射：

$$\begin{cases} \dot{\Theta} = \dfrac{\delta f(q(t,q_v))}{\delta q}\bigg|_{q=q_p(t)} \Theta \\ \Theta_0 = I \end{cases} \tag{3-68}$$

式中，$q_p(t)$ 是 $\dot{q}=f(q)$ 的周期解；$\Theta(T)$ 是期望的线性化 Poincaré 映射。利用作为一阶系统的基本模型的运动方程，我们可以得到：

$$\dfrac{\delta f(q(t,q_v))}{\delta q}\bigg|_{q=q_p(t)} = \begin{bmatrix} 0 & 0 & 1 & 0 & 0 & 0 & 0 & 0 \\ 0 & 0 & 0 & 1 & 0 & 0 & 0 & 0 \\ \dfrac{\delta f_{rx}}{\delta r_x} & \dfrac{\delta f_{rx}}{\delta s_x} & \dfrac{\delta f_{rx}}{\delta \dot{r}_x} & \dfrac{\delta f_{rx}}{\delta \dot{s}_x} & \dfrac{\delta f_{rx}}{\delta r_y} & \dfrac{\delta f_{rx}}{\delta s_y} & \dfrac{\delta f_{rx}}{\delta \dot{r}_y} & \dfrac{\delta f_{rx}}{\delta \dot{s}_y} \\ \dfrac{\delta f_{sx}}{\delta r_x} & \dfrac{\delta f_{sx}}{\delta s_x} & \dfrac{\delta f_{sx}}{\delta \dot{r}_x} & \dfrac{\delta f_{sx}}{\delta \dot{s}_x} & \dfrac{\delta f_{sx}}{\delta r_y} & \dfrac{\delta f_{sx}}{\delta s_y} & \dfrac{\delta f_{sx}}{\delta \dot{r}_y} & \dfrac{\delta f_{sx}}{\delta \dot{s}_y} \\ 0 & 0 & 0 & 0 & 0 & 0 & 1 & 0 \\ 0 & 0 & 0 & 0 & 0 & 0 & 0 & 1 \\ \dfrac{\delta f_{ry}}{\delta r_x} & \dfrac{\delta f_{ry}}{\delta s_x} & \dfrac{\delta f_{ry}}{\delta \dot{r}_x} & \dfrac{\delta f_{ry}}{\delta \dot{s}_x} & \dfrac{\delta f_{ry}}{\delta r_y} & \dfrac{\delta f_{ry}}{\delta s_y} & \dfrac{\delta f_{ry}}{\delta \dot{r}_y} & \dfrac{\delta f_{ry}}{\delta \dot{s}_y} \\ \dfrac{\delta f_{sy}}{\delta r_x} & \dfrac{\delta f_{sy}}{\delta s_x} & \dfrac{\delta f_{sy}}{\delta \dot{r}_x} & \dfrac{\delta f_{sy}}{\delta \dot{s}_x} & \dfrac{\delta f_{sy}}{\delta r_y} & \dfrac{\delta f_{sy}}{\delta s_y} & \dfrac{\delta f_{sy}}{\delta \dot{r}_y} & \dfrac{\delta f_{sy}}{\delta \dot{s}_y} \end{bmatrix}_{q=q_p(t)} \tag{3-69}$$

其中

$$q_p(t) = \begin{bmatrix} r_{x0}\cos(\omega_{wh}t) - r_{y0}\sin(\omega_{wh}t) \\ s_{x0}\cos(\omega_{wh}t) - s_{y0}\sin(\omega_{wh}t) \\ -\omega_{wh}r_{y0}\cos(\omega_{wh}t) - \omega_{wh}r_{x0}\sin(\omega_{wh}t) \\ -\omega_{wh}s_{y0}\cos(\omega_{wh}t) - \omega_{wh}s_{x0}\sin(\omega_{wh}t) \\ r_{y0}\cos(\omega_{wh}t) + r_{x0}\sin(\omega_{wh}t) \\ s_{y0}\cos(\omega_{wh}t) + s_{x0}\sin(\omega_{wh}t) \\ \omega_{wh}r_{x0}\cos(\omega_{wh}t) - \omega_{wh}r_{y0}\sin(\omega_{wh}t) \\ \omega_{wh}s_{x0}\cos(\omega_{wh}t) - \omega_{wh}s_{y0}\sin(\omega_{wh}t) \end{bmatrix}$$

且 r_{x0}，r_{y0}，s_{x0}，s_{y0} 等和上文的定义一致。

将上述方法应用于具有运动耦合的笛卡儿坐标系中的系统模型。表达式(3-69)的计算只能使用计算机代数程序来执行，因为即使是在笛卡儿坐标系中，具有运动耦合的系统的一阶方程，也会产生极其难以管理的表达式。对于矩阵 $\dfrac{\delta f(q(t,q_v))}{\delta q}\bigg|_{q=q_p(t)}$

的 8 列中的每一列，按顺序对方程进行积分，选择适当的初始条件向量，然后组合形成 $\Theta(T)$，进而确定了周期方程的特征乘子 $\Theta(T)$ 的特征值。由于没有已知的一般方法来评估数值误差和周期解表示中误差的影响，因此，通过采用故意增加的不准确度的方式，判定所有方法的稳定性。

4 实验台和实验研究

本章将介绍用于干摩擦反向涡动实验研究的实验台。除介绍硬件外,还将描述仪器和数据采集设置,以及校准程序,从而最大限度地减少由不正确参数引起的系统误差。对所进行的实验进行解释,以便对生成的数据进行概述。最后,解释数据的后处理。

4.1 实　验　台

实验台主要由 Jeffcott 转子组成,该转子配备了一个在两个常规自对准滚珠轴承中运行的刚性圆盘。用转子代表一个小型固定涡轮压缩机,直径为 200 mm 的圆盘代表一个叶轮。转子总长度为 947 mm,包括圆盘在内,总质量约为 12 kg。转子的第一固有频率设计为约 48 Hz,相当于 2 880 r/min 的第一临界转速。转子在径向间隙为 0.2 mm 的定子中运行。定子可以刚性安装,也可以柔性安装。转子由配备有变频器的 2 kW 异步电动机驱动,该变频器的转速可无级变化,最高转速可达 250 Hz(15 000 r/min)。圆盘表面的最大圆周速度约为 157 m/s。功率通过柔性电磁联轴器传输,该联轴器消除了电机的不良影响,并可在开始测量序列前释放。

该实验台最特殊的特点是用于转子激励的单个主动磁性轴承(AMB)。它安装在转子跨度中心附近,以对第一弯曲模式产生最大影响。使用这种主动磁性轴承可以模拟各种不同的激励模式。

基本配置下,实验台在圆盘位置配备了位移传感器和光学编码器,以提供有关转子当前转速的准确信息。必要时则额外配备位移传感器和加速度计。数据是通过一个基于 PC 的系统获取的,该系统由模拟数字转换(A/D 转换)卡和专用软件组成。

实验台安装在一个 1 t 重的钢安装板上,该安装板本身固定在 1 t 重钢筋混凝土基础上。整个实验台的质量约为 2.5 t,由 4 个弹簧阻尼元件支撑,防止振动从地板传递到地板。整个实验台(包括其基础)的刚体平移模式的频率约为 3 Hz。图 4-1

和图 4-2 分别为带有刚性和柔性定子的实验台示意图。

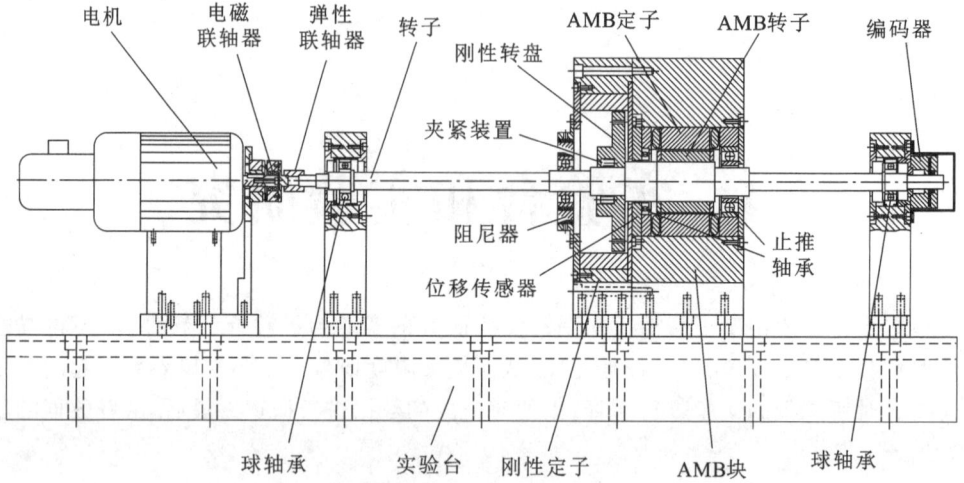

图 4-1 带有刚性定子的实验台

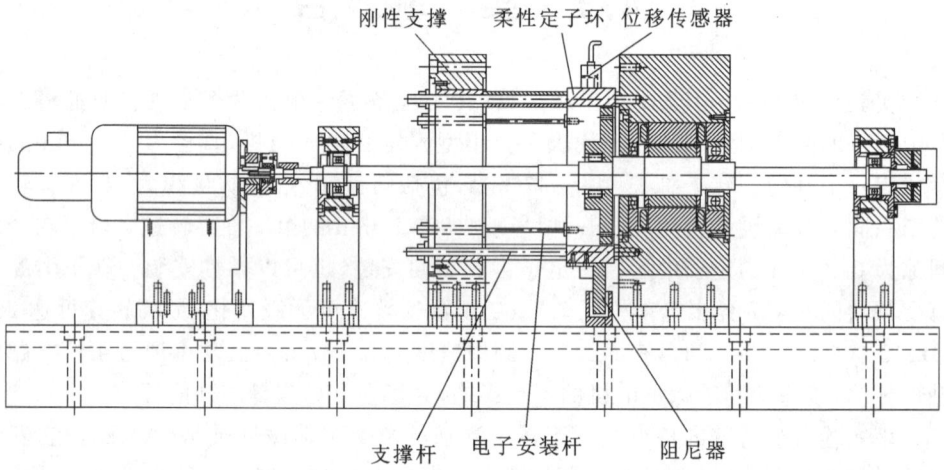

图 4-2 带有柔性定子的实验台

为了保证实验结果适用于全尺寸涡轮机,实验转子经过精心设计,以代表真实设备(如小型涡轮压缩机)的最重要特性。如上所述,转子的模态频率约为 48 Hz,是许多涡轮压缩机模态频率值的 1/2。最大转速高达 15 000 r/min,实际上超过了大多数压缩机的转速。0.2 mm 的环形间隙与商用机械的间隙相同,可互换圆盘,以帮助研究原始密封元件的接触行为。当转子在滚珠轴承中运行时,其模态阻尼非常低,可以通过外部阻尼装置将其增加到更高的值。

在实验台的最终版本中,使用了两个略有不同的转子,一个用于刚性定子组件,另一个用于柔性定子组件。两者在转子、定子和磁性轴承之间的间隙方面略有不同。除另有说明外,下文中提到的转子通常指刚性定子实验台中使用的间隙较窄的转子。图 4-3 为该转子的示意图以及计算出的前 3 个本征模的形状。

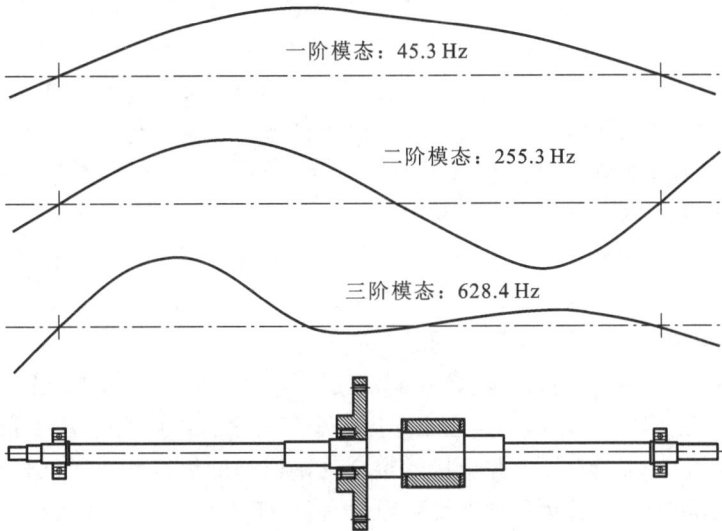

一阶模态:45.3 Hz

二阶模态:255.3 Hz

三阶模态:628.4 Hz

图 4-3　计算的实验转子的前三阶模态

表 4-1 给出了前 3 个本征模的模态频率与模态阻尼因子计算值和测量值,这些值通常用于间隙较窄的配置。对于模态频率,给出了具有窄间隙和大间隙的系统的测量值。通过脉冲激励、自由阻尼振动和对数衰减率的确定,测量了第一模态的模态阻尼因子。

表 4-1　没有额外外部阻尼时,实验转子前 3 个本征模的模态频率和模态阻尼因子

模态阶数	模态频率/Hz			模态阻尼因子/%	
	计算值	测量值		计算值	测量值
		窄间隙	宽间隙		
1	45.3	45.3	41.5	0.34	0.35
2	255.3	—	—	0.10	—
3	628.4	—	—	0.07	—

最初,转子被设计用于大约 48 Hz 的第一模态频率。对于间隙较窄的系统,其与测量频率(45.3 Hz)之间的偏差可能归因于不完美的建模和制造公差。其结果如表 4-1 所示。对不确定的参数进行调整以产生与各个测量值相匹配的结果。

对于具有较大间隙的转子,第一模态频率在 41.5 Hz 的范围内。这种偏差可能部分由转子直径的减小导致,但比预期的值要大得多。然而,因为使用了两个不同的数据集,数值结果的有效性不受这些偏差的影响,假设各自轴的第一模态频率为 48 Hz 和 41.5 Hz。

转子配备了一个直径约 200 mm 的可更换圆盘,该圆盘要么是刚性的,要么装有真正的迷宫式密封元件。刚性圆盘的圆周边缘在轴向上分布并不均匀,而是随着圆盘的主半径发生相应的变化。这种几何形状保证了即使在轻微倾斜安装的情况下也能形成明确的接触,并阻碍了圆盘边缘的明确接触。密封元件由 4 块平行的高级钢板组成,这些钢板非常紧密地压入圆周凹槽中。钢板的自由高度为 3 mm,厚度为 0.3 mm。在第一本征模的最大位移附近,将盘夹在转子上。

通过增加额外的质量,转子可以在接触盘的平面内平衡。由于转子质量或多或少集中在一个平面上,因此平衡这个平面就足够了。这可以使用影响系数来完成,由于结构简单,本实验中是手动完成的。

为了研究增加阻尼的预测稳定效果,建造了一个可以添加到转子上的装置,以增加第一本征模的模态阻尼因子。它主要由一个带有聚合物填充凹槽的环组成。该环通过滚珠轴承安装在转子上,并由接触聚合物镶嵌物的螺钉和小板从外部固定。通过这种方式,转子的旋转运动没有受到阻碍,但由于聚合物填充物的耗散效应,横向振动受到阻尼作用。在 x 和 y 方向上调整阻尼有些麻烦,但对于相对少的实验情况来说,阻尼的调整是可以操作的。上文所描述的装置比基于硅油中薄板黏性阻力原理的类似装置更易于操作。

对于转子行为的数值模拟,通常只考虑具有一个质量、弹簧和阻尼器的简化模型,代表转子的第一本征模。因此,重要的是找到一个很好的近似值来计算该模型中涉及的质量和刚度。由于通过模态分解计算的模态质量取决于特征向量的标准化,因此不能将其视为绝对值,而只能给出不同模态之间的关系。通过有限元计算,得到了圆盘固定节点的荷载/位移关系。这被视为转子的刚度 k_r。然后通过实验确定转子的第一模态频率 ω_{r0},并估计第一模态的质量 m_r 为

$$m_r = \frac{k_r}{\omega_{r0}^2} \tag{4-1}$$

从电机到转子的动力传输通过柔性电磁联轴器完成。柔性部件由商用螺旋联轴器组成,该联轴器与自对准滚珠轴承一起,几乎消除了对转子弯曲运动的一切阻碍。电磁部分安装在电机的轴上,可以在开始旋转之前释放。它消除了电机在旋转过程中或旋转后对转子的一切不必要影响。来自驱动器的此类影响会导致转子受到的影响消除,而不会导致数据质量的提高。在稳定周期性涡动下,预计转子的能量含量足以在足够长的时间内维持这种运动,以研究其性质。

实验台配备了一个单独的主动磁性轴承,该轴承不是用来支撑转子的,而是用来通过规定的力激励转子的。它能够模拟外部扰动力,加强转子和定子之间的接触,并触发反向涡动。在这种应用中,轴承不具有任何承载或悬挂功能,因为转子无论如何都在滚珠轴承中运行。

主动磁性轴承是一种通过受控磁场使铁磁物体(通常是转子)保持悬停的装置。

图 4-4 显示了实验中使用的径向主动磁性轴承的横截面。此外,轴承系统由每个轴的位移传感器、控制器和功率放大器组成,功率放大器将控制器输出转换为通过线圈的电流。通过反向线圈的电流在转子上产生 x 和 y 方向上的磁力。转子与所需位置的偏差由位移传感器确定,信号被输入控制器,控制器必须考虑转子的动态特性以及磁力的固有不稳定性。根据轴承的设计,可以施加从几牛顿到几千牛顿的力。由于当今大多数磁性轴承都配备了数字信号处理器,因此它们具有很大的通用性,可以影响转子的动态行为。

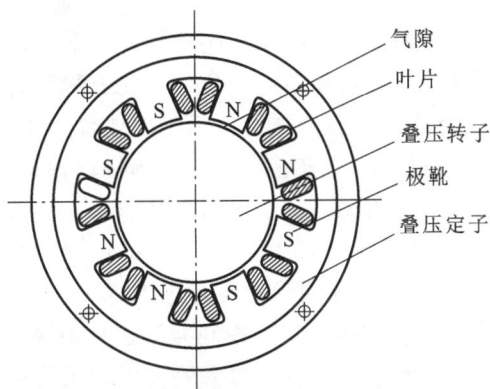

图 4-4 径向主动磁性轴承的横截面

主动磁性轴承是一种先进的轴承技术。与传统机械轴承不同,主动磁性轴承在工作过程中没有机械接触部件,因此可以实现无摩擦、无磨损的运转,具有更高的可靠性和更长的使用寿命。这种技术在高速旋转机械、精密仪器以及极端环境中具有显著的应用优势。主动磁性轴承的工作原理主要基于对电磁力的控制。其核心思想是通过电磁铁产生的磁场来悬浮和稳定转子的位置。以下是其详细工作过程:

① 产生电磁力。当电磁铁通电后,电流通过电磁线圈产生磁场。这个磁场与转子上的磁性材料相互作用,产生悬浮和控制转子位置的电磁力。通过调节电磁铁的电流大小和方向,可以精确控制转子的悬浮位置和稳定性。

② 监测转子位置。为了实时监测转子的位置,主动磁性轴承系统在转子周围安

装了高精度的传感器。传感器的主要作用是检测转子相对于理想位置的偏移量和偏移方向,并将这些信息传输给控制系统。

③ 控制转子位置。控制系统接收到传感器反馈的位置信号后,通过一系列复杂的控制算法计算出需要施加的电磁力的大小和方向。这些算法通常包括比例积分微分(PID)控制、模糊控制、自适应控制等。控制系统根据计算结果,调整电磁铁的电流,以实现对转子位置的实时控制。

④ 反馈。整个控制过程是一个闭环反馈系统,通过持续监测和调整,保持转子在设定的平衡位置上。反馈回路的存在确保系统能够迅速响应外部扰动,维持转子的稳定悬浮。

主动磁性轴承系统由多个关键部件组成,各部分协同工作以实现对转子的精确控制。电磁铁是主动磁性轴承的核心部件,负责产生悬浮转子所需的电磁力。电磁铁由铁芯和线圈组成,通过控制电流来调节磁场强度和方向。高性能电磁铁要求具备快速响应和高稳定性的特点。转子是被悬浮和控制的旋转部件,通常采用高强度、轻质量的材料制成,以减小惯性和提高动态响应性能。转子的设计需考虑电磁兼容性和机械强度,以确保在高速旋转和高应力条件下能够稳定运行。位移传感器用于监测转子的实时位置。常用的传感器类型包括电感式传感器、光学传感器和电容式传感器。电感式传感器通过检测电磁感应变化来测量位移;光学传感器通过光束反射来测量位移;电容式传感器通过电容变化来测量位移。传感器的选择取决于具体应用的精度要求和环境条件。控制器是主动磁性轴承系统的大脑,负责处理传感器数据并执行控制算法。现代控制器通常采用高速数字信号处理器(DSP)或现场可编程门阵列(FPGA)实现复杂的控制算法。控制器需要具备快速响应能力和高精度计算能力,以实时调整电磁铁的电流大小。功率放大器用于将控制器输出的低功率信号放大,产生能够驱动电磁铁的电流。高性能的功率放大器要求具有高效率、低失真和快速响应特性,以确保电磁铁能迅速响应控制信号。

与传统机械轴承相比,主动磁性轴承具有显著的优点。由于主动磁性轴承没有机械接触部件,因此在运转过程中不存在摩擦损耗。这不仅提高了系统的效率,还减少了能量损失。在高转速下,传统机械轴承会因为摩擦产生大量的热量,导致效率下降和部件磨损,性能受到限制;而主动磁性轴承则可在高转速下实现更稳定的运行。没有机械接触还意味着没有磨损,这显著延长了轴承和系统的使用寿命。无磨损特性降低了维护需求,减少了停机时间和维修成本。而且,由于没有摩擦,主动磁性轴承运行时产生的噪声非常低。此外,主动磁性轴承不需要润滑油,避免了润滑油污染的问题。主动磁性轴承具有高精度和高可靠性。其通过精确的反馈控制系统,可以实现对转子位置的高精度调节;通过控制系统,能够实时监测和调整转子的悬浮位置。由于没有磨损和摩擦,主动磁性轴承在恶劣环境中也能保持高可靠性。例如,在极端温度、真空或高辐射环境下，传统机械轴承可能会失效或性能下降，而主动磁性轴承则能够继续稳定工作。

主动磁性轴承因其独特的优点，被广泛应用于多个领域。在能源领域，主动磁性轴承主要用于风力发电机等设备中。风力发电机的转子在工作中需要持续高速旋转，如果使用传统机械轴承，摩擦和磨损会导致效率降低和维护成本增加。使用主动磁性轴承可以显著提高发电机的效率并延长其寿命。主动磁性轴承还被广泛应用于高速电机、涡轮机械、泵和压缩机等工业机械中。在这些设备中，主动磁性轴承的高转速能力和无摩擦特性显著提高了设备的性能。例如，在化工和石油工业中使用的高速离心泵，采用主动磁性轴承可以减少维护频率，降低运营成本。在医疗设备中，主动磁性轴承的无摩擦、无磨损和低噪声特性非常重要。例如，人工心脏泵中使用的主动磁性轴承能够提供持续、稳定的血液循环，延长设备寿命，提高患者的生活质量。在核磁共振成像设备中，主动磁性轴承的低噪声和高稳定性有助于提高患者的舒适度和获得高质量的医学影像。在需要高度清洁或真空环境的设备中，主动磁性轴承是理想选择，例如，半导体制造设备中，任何污染都可能影响产品质量，而主动磁性轴承的无润滑油设计则避免了污染问题，提高了制造工艺的可靠性。此外，在高真空环境下，传统机械轴承的润滑剂可能会挥发，而主动磁性轴承不需要润滑剂，能够在真空环境中稳定运行。主动磁性轴承在航空航天领域具有重要应用，特别是在高精度仪器和高速旋转机械中，例如，航天器的姿态控制系统、陀螺仪、惯性导航系统等都可以使用主动磁性轴承。主动磁性轴承的高精度和高可靠性使其不仅能够在航天器工作的极端环境下稳定运行，还提高了航天器的控制精度和可靠性。

尽管主动磁性轴承具有众多优点，但在实际应用中仍面临一些挑战和需要改进的方面。主动磁性轴承系统的设计和制造非常复杂，涉及电磁学、控制理论、材料科学等多个学科。控制系统需要快速处理大量传感器数据，并执行复杂的控制算法，以实现对转子位置的实时控制。这要求系统具备高精度传感器、高速处理器和高性能电力放大器。此外，系统的集成和调试也需要专业的知识和经验。相较传统机械轴承，主动磁性轴承系统的初始成本较高，这主要是由其复杂的设计、高精度的组件以及高性能的控制系统和电力放大器决定的。然而，随着技术的进步和规模化生产，主动磁性轴承的成本有望逐步下降。此外，从长远来看，主动磁性轴承由于其低维护需求和长使用寿命，整体运营成本可能低于传统机械轴承。在某些应用中，电磁干扰（EMI）是一个需要解决的问题。主动磁性轴承系统中强大的电磁场可能会对周围的电子设备产生干扰，影响其正常工作。为解决这一问题，设计中需要采取有效的屏蔽和滤波措施，减少电磁辐射对其他设备的影响。虽然主动磁性轴承的无磨损特性提高了其可靠性，但其电子控制系统和传感器仍存在故障风险。为了确保系统的高可靠性,需要在设计中引入冗余设计,如双重或多重传感器、备用控制器等,以应对可能的故障和突发情况。在高动态性能要求的设备中,如涡轮机械和高速电机,主动磁性轴承需要具备优异的动态响应和稳定性。这要求控制系统能够快速响应外部扰动,并在高频振动环境下保持稳定运行。为此,需要不断优化控制算法和改进系统硬件,以提高动态性能和稳定性。在某些高温或低温环境中,主动磁性轴承系统的性能可能受到影响。在高温环境中,电磁铁和控制电子设备可能过热,因此需要有效的散热措施。在低温环境中,材料的物理性能变化可能影响系统的稳定性。为此,需要开发适应不同温度环境的材料和设计不同方案,以确保系统在极端温度下的可靠运行。

随着技术的不断进步,主动磁性轴承的性能将进一步提升,成本也有望逐步下降。未来,主动磁性轴承将在更多领域得到广泛应用,并逐渐取代部分传统机械轴承。未来的主动磁性轴承系统将更加智能化,具备自适应控制能力。通过引入人工智能和机器学习算法,系统能够根据运行状态和环境变化进行自我调整优化,提高控制精度和稳定性。智能化系统还能够实现故障预测和预防,进一步提高系统的可靠性和使用寿命。随着微电子技术和材料科学的进步,主动磁性轴承系统将朝着集成化和小型化方向发展。集成化设计将电磁铁、传感器、控制器和电力放大器紧密集成在一起,减少体积和质量,提高系统的紧凑性和便携性。小型化技术特别适用于精密仪器和微型设备,如微型飞行器、微型泵和生物医学设备。未来的发展方向还包括在高温和低温环境中提高主动磁性轴承的适应性。通过开发耐高温和耐低温材料,以及改进散热和绝缘设计,主动磁性轴承能够在更广泛的环境条件下稳定工作。这对于航空航天、能源和工业机械等领域尤为重要,因为在这些领域中,设备需要在极端环境下长时间可靠地运行。随着能源效率要求的提高,主动磁性轴承的设计将更加注重节能和高效,包括优化电磁铁的设计以降低能耗,提高电力放大器的效率,减少系统的总能耗。这不仅有助于降低运行成本,还符合可持续发展的要求,有利于减少对环境的影响。传统的主动磁性轴承主要控制转子的径向和轴向位置,但未来的设计将可能包括更多自由度的控制,如倾斜和旋转控制。这将进一步提高系统的灵活性和应用范围,使其适用于更加复杂的机械系统和精密设备。材料科学的发展将推动主动磁性轴承的进步。例如,采用新型磁性材料、高强度轻质材料和高导热材料,可以提高电磁铁的性能,减轻转子的质量,提高系统的散热性能,这些材料创新将有助于提高主动磁性轴承的整体性能。为了促进主动磁性轴承在各个行业中的广泛应用,标准化和模块化设计也是未来的发展趋势。通过制定统一的技术标准和规范,可简化设计和制造过程,降低开发和应用成本。模块化设计可以使系统更容易组装、维护和升级,从而提高系统灵活性和可扩展性。未来的主动磁性轴承系统将更加注重长使用寿命和高可靠性的设计。通过引入更先进的故障诊断和预防技术,以及高冗余度的系统设计,确保系统在各种运行条件下的可靠性。长使用寿命设计不仅可以降低维护和更换成本,还可以提高设备的整体经济性和用户满意度。

主动磁性轴承作为一种先进的轴承技术,凭借其无摩擦、无磨损、高转速、低噪声、清洁和高精度控制等优点,在多个领域展现出广阔的应用前景。尽管在实际应用中面临技术复杂、成本高和存在电磁干扰等挑战,但随着技术的不断进步,这些问题有望逐步得到解决。未来,主动磁性轴承将朝着智能化、自适应控制、集成化、小型化、高温和低温适应性、节能高效、多自由度控制、材料创新、标准化和模块化、长使用寿命和高可靠性设计等方向发展,以进一步提升其性能和可靠性,降低成本,并在更多领域得到广泛应用。主动磁性轴承的发展不仅能推动相关技术的进步,也能为多个行业带来新的机遇和挑战。通过不断的技术创新和改进,主动磁性轴承有望在未来成为旋转机械和精密设备中不可或缺的关键组件,推动工业和科技的发展。随着研究和应用的深入,主动磁性轴承将为实现更高效、更可靠和更可持续的机械系统贡献重要力量。

在本应用中,控制器主要补偿磁力的负刚度。在正常操作中,主动磁性轴承将转子中心设定在其静止位置或定子间隙内的任意位置。通过应用外部触发器,可以启动激励序列,该序列要么使转子朝着定子边界加速,直到发生碰撞,要么使转子移动到圆形或螺旋轨道上。

在实验台的设计阶段,分别使用刚性定子的组件和柔性定子的组件进行了模拟,以确定磁轴承力是否足以触发反向涡动。在这两种情况下,转子都被建模为 Jeffcott 转子。对于刚性定子组件,通过模拟可知临界径向速度。将磁轴承力建模为与位置无关的力,但在有限的上升时间内,发现即使摩擦系数低得不切实际,轴承力也足以通过冲击激励触发反向涡动。

对于柔性定子组件,由于环形间隙大大增加,最大轴承力明显低于刚性定子实验台。由此可以清楚地看出,必须应用不同的激励模式。通过模拟可知,最容易导致反向涡动的激励是反向轨道产生的激励,其气隙的高幅值振动频率高于转子的第一模态频率。为了计算转子位移的稳态振幅,轴承力被建模为振幅为 100 N 且频率可变的谐波激励。研究发现,剩余的轴承力足以使转子在大于环形间隙的轨道上涡动,且频率可以达到大约 60 Hz。在 50 Hz 时,可实现的半径大约是间隙的 2 倍。从这些计算中可以看出,轴承能够在任何一种配置中触发反向涡动。

整个主动磁性轴承系统,包括专用软件功能,均为自制或从市场上购买。该软件包括一个 MATLAB 接口,具备多功能性,并允许通过 PC 设置所有轴承参数。表 4-2 概述了刚性定子组件和柔性定子组件所用轴承的关键参数。

表 4-2   **不同配置的磁性轴承的关键参数**

参数值	刚性定子组件	柔性定子组件
最大幅值电压	300 V	300 V
最大幅值电流	8 A	8 A
支撑轴承气隙	0.3 mm	1.4 mm
极点气隙	0.4 mm	1.5 mm
定子气隙	0.2 mm	0.2 mm
轴承力的约数值	1 400 N	约 100 N

除转子外,实验台最重要的部分是定子,转子与定子接触并在定子中产生涡动。涡动被认为受到定子特性的强烈影响,尤其是其动态特性的影响。因此,在本实验中使用了两个性质不同的定子,每个定子代表不同类型的机械,允许进行不同类型的测量。

第一个定子是一个沉重的、刚性安装的定子,如代表一个由铸铁制成的压缩机壳体。该定子是为以下研究主题而设计的:转子对外部激励的稳定性;接触模型的验证;转子在预期非常高的旋转频率下的行为;极限涡动频率和极限效应;密封元件对稳定性的影响及其在涡动过程中的行为。这些研究基本上都是定量研究,要求所有部件具有高精度。

定子的接触元件由圆盘位置的一个钢环组成,该钢环为 St52 材质,刚性夹紧。环的直径为 200 mm,径向间隙为 0.2 mm。制造精度误差始终在 0.01 mm 范围内。环同心安装在转子上。定子是可分离的,通过 6 个优质 M12 螺钉拧到钢安装板上,并固定到主动磁性轴承定子块上,主动磁性轴承定子组本身再次固定到安装板上。定子组件的总质量约为 300 kg。

由于转子和定子之间的作用接触力是不可预测的,因此定子应尽可能坚固。仅在没有主动磁性轴承块的情况下,实际定子在垂直方向上的允许力远高于500 000 N。这保证了在出现不可预见的严重过载的情况下,其他故障机制,如转子上的圆盘打滑,将在定子发生潜在灾难性故障之前限制负载。系统中安装了一个盖子,以保护操作员免受密封元件从圆盘上脱落的影响。

通过测量强激励后的振动行为,以实验确定定子的质量和模态参数,由于其质量大且非常刚性地安装在基板上,因此只能给出定性结果。令人惊讶的是,x 和 y 方向上的第一模态频率非常相似,因此可以忽略下面的各向异性。频率在大约 2 000～2 500 Hz 的范围内。根据测量加速度的衰减,估计模态阻尼因子约为 0.5%。

对数据进行有限元计算,以近似确定定子的静态刚度。由此计算出参与观测振动的质量的近似值,使用类似转子质量的方程式。尽管计算结果随着定子与主动磁性轴承块连接的建模而产生很大的变化,但其中一个计算的谐振频率与测量的谐振频率非常相似。其他模式在实验中不可见很可能是由于定子块固定在主动磁性轴承块上。令人惊讶的是,定子的静态刚度非常低,其在所施加的载荷下的变形比固体结构块上预期的变形要大得多。这种约 3×10^9 N/m 的低刚度以及约 2 300 Hz 的第一模态频率测量值导致观测模式的等效质量非常低,仅在 15 kg 左右。表 4-3 对计算值和测量值进行了调查。

表 4-3   **刚性安装定子前 3 个本征模的模态频率和模态阻尼因子**

模态阶数	模态频率/Hz		模态阻尼因子/%	
	计算值	测量值	计算值	测量值
1	988	—	—	0.5
2	2 337	2 260	—	—
3	3 735	—	—	—

第二个定子设计用于研究具有柔性外壳的涡轮机的性能,如航空发动机。这样配置的主要目的是研究定子的柔度对涡动运动的影响,Black 模型预测的低频周期解的存在,以及可能的情况下其稳定性。这些实验主要是为了获得定性的见解。

如上所述,定子的主要部分由转子圆盘位置的相同钢圈组成,但这次悬挂在 4 根充当弹簧的柔性水平杆上。4 根杆上的安装件起到了平行导向的作用,防止环出现任何倾斜。杆安装在移动到侧面的定子块中。这种组装结构的第一模态是杆的弯曲和环作为刚体的平移运动。水平柔性杆的直径的选定原则为,可以使环产生大约 75 Hz 的模态频率的运动。然而,由于制造中的不精确性和对夹紧位置的顺应性的低估,原始模态频率仅约为 58.5 Hz。实验后重新计算,给出了仅约 45 Hz 的模态频率。这种大幅下降可以通过以下事实来解释:在实验过程中,高的力和扭矩使柔性杆发生永久变形并损坏夹紧装置。该组装结构的第二模态由环的柔性变形决定。该模式是通过实验确定的,并将实验结果与简单的有限元计算结果进行了比较。计算得到的频率为 1 187 Hz,与实验确定的 1 173 Hz 的频率非常吻合。

在环的下面安装了一个阻尼装置,它由一堆在高黏度硅油中移动的薄板组成。使用不同数量的板和不同量的流体来调节阻尼。刚体运动模态阻尼因子的可实现值在 $D_s = 0.5\%$ 的范围内。通过实验评估定子环的阻尼自由振动,确定了精确的频率和模态夹紧。

表 4-4 总结了模态频率以及模态阻尼因子的计算值和测量值。对于环的刚体模态频率,给出了涡动前后的值。

表4-4 　　　柔性安装实验定子前后两阶模态的模态频率和模态阻尼因子

模态阶数	模态频率/Hz			模态阻尼因子/％
	计算值	测量值		测量值
		安装前	安装后	
1	75	58.5	45	0.5
2	1 187	1 173	1 173	—

4.2　数据采集系统

为了监测转子的横向运动,使用了 4 个涡流位移探头,每个方向 2 个差动配置,这是所进行的实验中最重要的信息来源。这些传感器和相应的评估单元由瑞士温特图尔的 Mecos Traxler AG 提供有源磁轴承系统,用于主动磁性轴承控制和数据采集。传感器被放置在圆盘和磁性轴承之间的主动磁性轴承块中。传感器的带宽高达 20 kHz,足以控制频率在 kHz 级数范围内的磁性轴承。原始配置中的测量范围为 $\pm$ 0.3 mm,通过调整评估系统,在不损失太多线性度的情况下,柔性定子配置的测量范围可以扩展到 $\pm$1.5 mm。传感器输出可在 $-10 \sim +10$ V 的范围内调节。

使用固定在转子非驱动端的光学编码器监测转子的旋转。编码器的分辨率是每转 100 个增量的 TTL 信号(二进制数字信号,0 V 到 5 V)和每转一次的参考 TTL 信号。这两个信号通常被采样作为数据采集(DAQ)设备的模拟输入。在 A/D 转换器不能提供足够高的采样频率的旋转频率下,TTL 信号可以使用包含在数据采集硬件中的计数器来缩小规模。该传感器无须特殊校准。

通过两个加速度计评估刚性定子的运动,这两个加速度计在 x 和 y 方向上紧密安装,并连接到适当的电荷-电压放大器。与定子的质量相比,传感器和安装适配器增加的额外质量可以忽略不计。由于定子的运动不是先验的,因此选择传感器来覆盖与频率和振幅有关的大范围加速度。传感器的典型输出在 $\pm$3 V 的范围内。由于刚性定子的位移太小,无法使用传统的位移探针直接测量,因此有必要使用加速度计。将加速度信号积分两次并从可能的时间和信号偏移中减去影响值,得到定子在各自方向上的位移。传感器已由制造商进行校准,并随校准表一起交付。

使用 4 个感应传感器评估了柔性定子的运动。2 个传感器分别用于 x 和 y 方向,2 个传感器用于测量水平连接到定子环的钢板上的两个 y 位置,通过测量值来评估定子环的扭曲程度。根据传感器读数之间的差异和传感器之间的距离,计算定子的倾斜角度。这些传感器具有 5～10 mm 的特别大的工作范围,传感器输出在 1～9 V 的范围内。使用千分尺螺钉和合适的传感器目标对传感器进行定制校准。

数据采集是使用基于 PC 的数据采集系统进行的,该系统由数据采集板和 Lab-VIEW V4 软件包组成。数据采集板主要包含 1 个多路模拟数字转换器。额外的模拟和数字输出通道可用于控制电磁耦合和频率转换器。该板的总采样率为每秒 200 000 个样本,分辨率为 12 位,可分配给差分配置的多达 8 个模拟输入通道。通常,对每个采样通道以 25 kHz 的采样频率进行测量。只有在对影响进行特殊测量时,采样频率才会提高。为了获得最大的吞吐量和数据安全性,在测量过程中,采集的测量值以二进制格式写入硬盘。采集后,该二进制文件被打开、读取并转换为 ASCII 格式,以供 MATLAB 稍后使用。对于一台拥有足够多随机存取存储器 (RAM)和快速硬盘的最新计算机来说,即使是长时间的数据采集也不会出现问题。

尽管信号连接是使用屏蔽电缆进行的,但存在对信号的干扰,这种干扰主要源于开关主动磁性轴承放大器。谨慎接地减少了干扰,但不能完全消除干扰。令人惊讶的是,无源电阻-电容(R-C)低通滤波器的使用反而增加了干扰。由于这些干扰,实验中在转子激励后完全关闭主动磁性轴承放大器。这几乎消除了信号上所有不希望有的电干扰。而且在最终配置中,没有使用低通滤波。这种选择是合理的,采样频率相当高,因此在 Nyquist 频率以上不会出现显著的机械振动。与有用信号相比,剩余的电干扰较小,并且该实验不打算对采样数据使用频域方法。在差分信号之间仅使用 500 kΩ 的分流电阻器,以消除硬件制造过程中产生的杂散电容。

4.3 装配和校准

轴承支架、定子环和主动磁性轴承定子块的同心安装对测量的可靠性至关重要。所有钻孔的调整都是使用专门设计的测量装置进行的。该装置由一个圆形杆组成,可以安装在实验台上,用于更换转子。在该杆上,以允许轴向和旋转运动的方式安装了机械位移传感器,该传感器通常用于调整机床上的工件。通过用该传感器扫描钻孔的内表面,可以确定钻孔与转子轴线的横向偏差。水平方向的调整只通过稍微移动相应的部分来完成;垂直方向的调整更困难,但可以使用薄的层压金属片进行等效操作。每个钻孔与井筒轴线的剩余失配量约为 0.02 mm。

由于轴在一次运行中被研磨,可以假设轴的所有圆形表面都是同心的。因此,在调整后,主动磁性轴承与它的所有表面同心。这一事实以及已知的转子和止动轴承之间的间隙被用于校准位移传感器。主动磁性轴承用于在径向方向上拉动没有安装圆盘的转子,直到它与止动轴承牢固接触。然后,转子在轴承内表面绕一个圆圈移动。

记录传感器信号,调整增益和偏移,使传感器读数对应的位置围绕$(x,y)=(0,0)$形成一个圆圈。

使用与校准主动磁性轴承传感器类似的方法检查和调整刚性定子环的同心安装:将圆盘安装到转子上后,主动磁性轴承用于在定子环的内表面移动转子。如果产生的转子轨道是以$(x,y)=(0,0)$为中心的圆,则定子的位置将得到正确调整。然而,在这个过程中,我们注意到定子的位置似乎随着转子的角位置而变化。出现该错误的原因是圆盘在转子上相对于传感器目标的轻微偏心安装。如图 4-5 所示的方法,可以使定子相对于圆盘表面居中,并消除这种几何不平衡对测量的影响。

设 ε_s 为当转子处于其角零位置时从传感器目标中心到圆盘中心的矢量。使转子和定子为圆形,并使定子完全居中。当圆盘被迫在定子的内表面移动时,圆盘的中心被描述为与转子轴线同心的圆。然而,由于传感器目标发生了偏移,传感器感知到一个圆,该圆因圆盘和传感器目标之间的负几何不平衡而偏移。在转子的不同角度位置测量定子表面,以相同的角度差确定圆盘真实运动和传感器感知运动之间的关系,并产生不同的轮廓图。

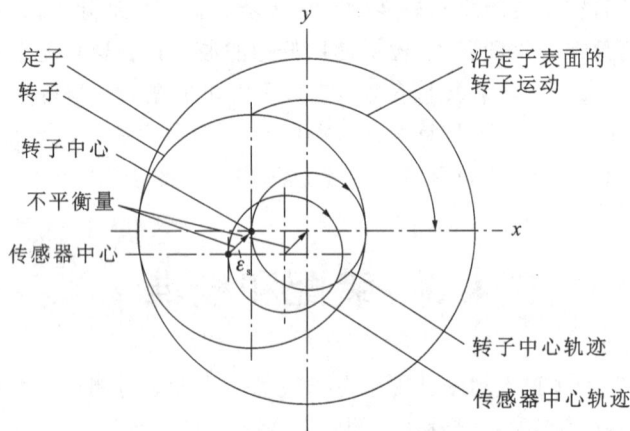

图 4-5　实际转子轨迹和传感器测量的转子轨迹

由于几何不平衡的振幅是恒定的,但其方向随着转子的角位置而变化,因此可以通过考虑转子相对角位置处的几个前缘来抵消几何不平衡。因此,当转子的角度位置为 0°、90°、180°、270°时,获取转子沿定子内表面运动的传感器读数,并在所有 4 个位置计算圆的百分位数。当圆心坐标之和为 $x=0,y=0$ 时,定子与转子轴同心安装。应用这种方法,可以使定子相对于转子的轴线居中,估计剩余误差小于 0.02 mm。

柔性定子的定心比刚性定子的定心更复杂。由于定子在负载下弯曲,因此无法按照上述方式检查同心安装。其他方法,如通过电势检测接触,经证明是不可靠的。因此,通过将校准的金属片应用于不同位置的环形间隙,并移动定子,直到所有方向的气隙相同,来手动检查同心安装。这产生了相对于圆盘表面的定心,该定心足够精确,但不如使用刚性定子进行的定心精确。从圆盘的实际位置来看,安装精度约为0.05 mm。在柔性定子的情况下,如上所述,没有对几何不平衡进行补偿。

4.4 实验研究

下文将描述使用刚性定子组件进行实验的一般程序。以最基本的测试为例,即在配备刚性圆盘的转子情况下确定临界径向冲击速度。

每次实验前,都要检查定子表面的半径和位置。记录该数据是为了能够检测由涡动力引起的定子的潜在位移。此外,还标记了转子上圆盘的角位置,以检查机械夹紧元件是否过载。每当测试序列以新的转速开始时,转子都会以该转速进行平衡。平衡后,记录不平衡轨道。

为了进行测试,首先启动主动磁性轴承并选择激励参数。对于脉冲激励,这些参数包括激励应开始的初始位置、应加速转子的轴承力以及激励应停止的径向位移。在实际激励之前,主动磁性轴承将转子中心设定在环形间隙内的选定位置,通常是其中心,然后数据采集硬件提供信号以闭合电磁耦合,电动机将转子加速到所需的转速。当数据采集开始时,电磁耦合被释放。在 0.2 s 的预定时间延迟下,向主动磁性轴承发送触发信号以执行所选激励。主动磁性轴承从控制模式切换到激励模式,并施加具有选定振幅的径向力。当转子达到预定的径向位移时,力被消除。同时,关闭放大器以消除电干扰。在一段预定的时间内,或者从开始直到用户输入"停止采集"的时间段内,记录转子的运动。

实验从低激振力开始,该激振力不会引起转子和定子之间的接触。然后,力逐步增加。在一定水平上,转子和定子之间发生了接触,但激励强度不足以引起反向涡动。从转子和定子接触这一点开始,力进一步增加,直到出现涡动。存储的数据集包括在没有引起反向涡动的最高激励和首先引起涡动的激励下记录的数据。

实验测试内容如下。

① 测试目的:执行测试序列,以确定各种变量对系统鲁棒性和涡动过程中行为的影响,从而获取这些与转子稳健性有关的实验结果,以及在刚性定子中建立的涡动过程中转子行为的结果。

② 标准实验序列:作为所有其他实验参考的最重要的实验序列,用于确定标准转子系统的临界径向冲击速度和记录旋转过程中的行为,研究对象是配备有刚性盘、没有外部阻尼元件、在刚性定子中旋转的转子。该测试序列首先在 15 Hz(900 r/min)、20 Hz(1 200 r/min)、25 Hz(1 500 r/min)、30 Hz(1 800 r/min)、35(2 100 r/

min)和 40 Hz(2 400 r/min)下进行,并提供了转速对临界激励和涡动本身可能有影响的证据。在 40 Hz(2 400 r/min)的频率下,实验停止,直到后来因为涡动变得剧烈,以至于可能会对实验台造成永久损坏。在完成第一次实验后,重复以 20 Hz(1 200 r/min)的转速进行实验。这样做是为了检测系统中的所有变化,尤其是接触表面的变化,否则,系统行为的潜在变化可能会被错误地归因于转速变化所产生的影响。实验后,将圆盘从转子上取下,并检查圆盘和定子的接触表面。最后,在进行下面描述的所有其他测试之后,对 100 Hz(6 000 r/min)到 166 Hz(10 000 r/min)的旋转频率进行标准测试。由于研究主要集中在已建立的涡动中,因此没有进行临界激励的确定。在这些测试之后,再次评估接触表面的磨损和永久损伤。

③ 冲击指向涡动方向:使用相同标准转子系统的稍微修改的序列,避免冲击速度与涡动方向的切向分量的不稳定影响。为此,开始激励的初始位置通过磁性轴承向 y 方向移动,即进入间隙的上半部分。施加的激励导致转子碰撞,定子在后切线方向上具有强分量。其余序列的实施过程,特别是激励的逐步增加方式,如上所述。这些实验使用两个不同的初始位置进行,每个初始位置的转速分别为 20 Hz(1 200 r/min)、30 Hz(1 800 r/min)和 40 Hz(2 400 r/min)。

④ 轨道激励:为了检查轨道激励的预测效果,在标准系统中,转子受到预定频率的螺旋激励。激励一次在向前的方向,一次在向后的方向。它从轴承的中心开始,慢慢地增加转子的振幅,使其几乎在一个圆上移动。它一直持续到转子接触边界,要么进入反向涡动,要么冲击边界而变得不稳定。

⑤ 模态阻尼:为了研究模态阻尼增加的影响,在转子上安装了一个外部阻尼装置。手动调整该装置,以在 x 和 y 方向上产生 $D_r=3\%\sim5\%$ 的第一本征模的模态阻尼因子。随后的实验再次符合径向激励的标准实验,并在 20 Hz(1 200 r/min)、30 Hz(1 800 r/min)和 40 Hz(2 400 r/min)的转动频率下进行。

⑥ 不平衡激励:根据模拟,如果转子和定子之间存在偏心安装,将纯正向激励变为随机冲击,则怀疑不平衡激励会导致反向涡动。为了检查,在标准配置中,将定子移动到距侧面约 0.1 mm,即移动一半的间隙,并且故意使转子平衡不良,使旋转速度稳步增加,直到发生严重撞击并记录转子的进一步运动。

⑦ 密封元件:在此之前,所有测试都是使用具有轻微弯曲接触表面的刚性圆盘作为接触元件进行的,为了能够说明真实密封元件和定子之间的接触,圆盘配备了真正的密封元件。使用该系统,在 20 Hz(1 200 r/min)、30 Hz(1 800 r/min)和 40 Hz(2 400 r/min)的转动频率下进行临界冲击速度的标准测定。这里特别强调了临界激励、涡动过程中的行为以及涡动前后环形间隙的确定,以检测密封元件的潜在损坏。

使用柔性定子组件进行第二次实验,实验的目的不是定量确定参数,而是总体研究转子/定子耦合系统在涡动过程中的行为。使用该系统进行两次测试,发现其行为仅随转子和定子之间接触的激励而变化。

对系统进行了组装和定心,确定定子的模态频率,并调整黏性阻尼。转子在 30 Hz(1 800 r/min)下平衡,这是预定的转动频率,应记录剩余的不平衡轨道。磁性轴承被打开并准备好以给定频率和给定轨道半径增加率的螺旋形式进行激励。转子轨迹的方向指向后方,反向涡动频率设置为略高于转子的第一模态频率。开始数据采集,关闭联轴器,将转子加速至 30 Hz(1 800 r/min),并对数据进行采样。转子的激励由用户输入启动,主动磁性轴承执行选定的激励。这是唯一一次执行的测试,其中主动磁性轴承在转子与定子第一次接触之前没有关闭。由于无法准确预测转子在何种激励水平下会进入反向涡动,因此保持激励一段时间,并在涡动发生后手动关闭。在转子进入后向涡动并静止后,停止数据采集,并存储采样数据以备日后检查。

在使用轨道激励的测试过程中,发现转子运动包含一个强频率分量,怀疑该分量源于系统的动态行为,即代表稳态旋转运动。然而,不能排除轨道激励的影响,因为激励在相同的频率范围内,并且在旋转过程中仍然存在。为了能够明确地将运动归因于涡动,使用不同的激励模式重复测试。这一次主动磁性轴承只用于提供传感器读数,而不用于执行激励。通过用塑料制成的锤子撞击转子来手动施加激励,从而加强与定子的接触。

在两次实验后,对定子安装处的损坏进行评估,并在必要时进行修复。重新评估所有相关参数,将其与测试前确定的值进行比较。

4.5 数据后处理

对于采样数据进行后处理和分析时,首先使用先前确定的校准参数将传感器读数转换为物理实体。假设传感器采集信号在测量范围内是线性的,因此没有对非不准确度进行校正。大多数传感器读数表示距离或位移,但也有部分表示加速度,必须对其进行二次积分,并消除永久偏移的影响。最终,对位移数据进行滤波,以消除电噪声中不必要的干扰。利用光学编码器采集的 TTL 脉冲信号在一定数量的高和低状态之间转换所需的时间,确定旋转速度。

刚性定子的内表面由具有最佳拟合半径和在 x 和 y 方向上偏移的圆近似。定子表面较小的缺陷被忽略。

为了准确评估第一次撞击时的径向速度和切向速度测量值,必须再次考虑圆盘的几何不平衡。这种几何不平衡的计算采用了上述方法。不平衡的绝对值和方向是根据转子几个角位置的定子表面读数确定的。根据转子与定子碰撞前后的实际时间序列测量,当转子处于其参考角位置时,选择 2 个时间点。假设转子的转速在这一转中仅略有变化,通过将作为旋转角度函数的矢量值几何不平衡添加到传感器目标的位置,可以获得圆盘的实际位置。

通过将碰撞时转子的轨道与测得的定子轮廓进行比较,发现校正后的位置与接触盘的实际位置非常接近。从图 4-6(a)可以看出,第一次撞击时转子的轨道与定子轮廓几乎完全一致,测量的定子表面与图中的冲击位置之间具有良好一致性。

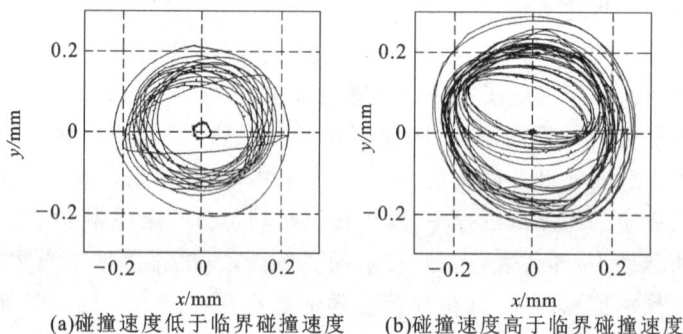

(a)碰撞速度低于临界碰撞速度　　(b)碰撞速度高于临界碰撞速度

图 4-6　碰撞速度低于和高于临界碰撞速度的实验中的典型转子轨道

第一次撞击的位置可以根据 x 和 y 方向上校正位移的时间历程曲线来确定。接触时刻的速度是通过将直线拟合到撞击前短时间间隔内位置的时间历程曲线来确定的。然后,将 x 和 y 方向上的速度转换为相对于实际定子轮廓上的实际冲击点的径向和切向的速度。

为了确定临界冲击速度,通常使用径向激励。然而,由于实验装置的缺陷,总是存在一个小的切向速度分量。这个分量可以指向前和后两个方向。这是根据测量结果确定的,通常在径向冲击速度的 5% 的数量级。然而,应将实验结果与转子稳定性的数值数据进行比较,这些数据是使用纯径向激励确定的。用于确定装置鲁棒性的数值和实验结果的冲击速度之间的不匹配,可能会在评估模型准确性时造成额外的误差,因此应予以补偿。

为了比较实验数据和数值数据,使用了等效的校正径向速度,而不是实际测量的冲击速度,该速度是径向部分和切向部分的组合。这种校正后的径向速度与实验中观察到的复合速度具有相同的不稳定效应。如果实验中的切向速度指向涡动方向,即使转子不稳定,则校正的径向速度必须高于测量的径向速度。如果实验中的切向速度与涡动方向相反,则校正的径向速度必须低于测量的径向速度。通过将切向速度分量乘加权因子,来对测量的径向冲击速度进行必要校正,该加权因子是根据模拟结果确定的,取决于冲击速度 $v_{r,crit}$ 的角方向。

在测量过程中发生反向涡动的情况下,对采样数据的检查包括几个额外的步骤。

首先,对转子的轨道进行定性和定量评估,包括确定涡动过程中的最大位移、作为时间函数的涡动频率和最大涡动频率。由于位移信号通常相当粗糙,涡动频率不能通过拟合的谐波函数来确定,而是根据一个坐标方向上连续位移最大值之间的时间来计算。

旋转过程中的旋转频率是通过将编码器信号作为时间的函数来计算的。还确定了使转子静止所需的时间。根据转子的平均延迟来估计涡动过程中的平均作用摩擦转矩,并将其可信度与估计法向力计算得出的转矩进行比较。在定子是刚性的假设下,转子和定子之间法向力的第一近似值可以通过转子的位移和涡动频率来表示:

$$f_n = m_r r \omega_{wh}^2 \tag{4-2}$$

对于那些包含涡动过程中定子加速度数据的测量,计算定子的位移并检查位移是否与转子的位移有潜在的相似性。

对于使用柔性定子装置的两个实验,数据分析与上述有所不同,其主要是定性分析。如上所述,利用这种设置,不能实现圆盘和传感器目标之间的偏心率以及定子位置的精确确定,并且不能可靠地确定冲击速度。

数据分析的重点显然是转子/定子耦合系统在涡动过程中的行为,特别是转子运动的频率。针对作为时间函数的涡动频率的最高频率,特别是与系统耦合模态频率下的预测稳态反向涡动相匹配的频率分量,评估了转子和定子的轨迹。检查了转子和定子在 x 和 y 方向上的位移及其最大值,并记录了潜在的塑性变形。只要传感器读数在测量范围内,就可以计算定子的角扭曲。通过研究矢量值间隙,检查转子和定子轨道的共同特性。最后,将转速作为时间的函数,确定减速时间,并根据减速度计算平均作用摩擦转矩。

5　一般性转子/定子碰摩模型的干摩擦反向涡动响应解析预测

　　转子/定子碰摩模型的干摩擦反向涡动是破坏性最为严重的一种自激振动。在反向涡动过程中,摩擦力随着转子与定子间相对速度方向的改变,会变为正、负或零,即产生所谓的干摩擦效应,由此诱发大幅值的干摩擦自激反向涡动响应。针对干摩擦反向涡动的机理性研究一直都是人们关注的重点,*Jiang* 等利用干摩擦反向涡动的纯滚动条件,发展将干摩擦反向涡动分解为自激反向涡动和强迫正向转动的方法,从而通过这两种响应解部分的叠加得到总的干摩擦反向涡动响应解[103]。但是,目前该解析方法只适用于求解两自由度的简单的转子/定子碰摩模型,对于复杂的 4 自由度的高维一般性转子/定子碰摩模型,该解析方法尚无法实现求解。从其他研究人员对转子/定子碰摩的研究成果[13-15]中可以得出,转子/定子碰摩模型中的干摩擦反向涡动存在着纯滚动和滑移运动并存的现象。因此,针对一般性转子/定子碰摩模型的干摩擦自激反向涡动的纯滚动和滑移运动的响应幅值和频率的预测,是十分有必要的。

　　本章针对考虑定子动力学特性的一般性转子/定子碰摩模型,首先在转子纯滚动的条件下,逐项求解转子和定子在干摩擦反向涡动中自激反向涡动解部分和强迫正向转动解部分的响应幅值、频率和相位角。然后,通过限定转子和定子幅值的相位差,将自激反向涡动解部分和强迫正向转动解部分进行叠加,得到总的干摩擦反向涡动响应解。通过数值仿真结果与解析解的对比,验证了该解析方法对于纯滚动情形下干摩擦反向涡动响应的精准预测,以及对于其短滑移相的响应的近似预测。同时,通过讨论滑移相对时长对解析解精度的影响,说明了滑移相对纯滚动有较大的阻尼效应。

5.1 一般性转子/定子碰摩模型

5.1.1 数学模型

考虑定子动力学特性的 4 自由度的一般性转子/定子碰摩模型,如图 5-1 所示。基于简单的 Jeffcott 转子模型,有效弹性刚度为 k_r 的无质量弹性转轴的两端由一对理想轴承支承,转子系统以角速度 ω 沿逆时针方向转动。安装在柔性转轴中央的刚性质量盘 m_r 具有 e 的质量偏心距。质量 m_s 的环形定子与圆盘同心,并由径向弹性刚度为 k_s 的对称弹簧组弹性地支承。转子圆盘半径用 r_d 表示,转子和定子之间的间隙用 r_0 表示。在定子的内圈放置一组对称的径向弹性刚度为 k_c 的虚拟弹簧,以等效地模拟转子和定子之间碰摩面发生弹性变形时的接触刚度 k_c。O_r 和 O_s 分别是转子和定子的几何中心。在如图 5-1(b)所示的转子/定子碰摩系统的受力简图中,分别表述了作用于转子和定子上的库仑摩擦力或单侧弹簧的非线性力。在转子/定子碰摩模型的分析中,忽略重力以及弹簧弹性刚度 k_s 和 k_c 之间的相互耦合作用。

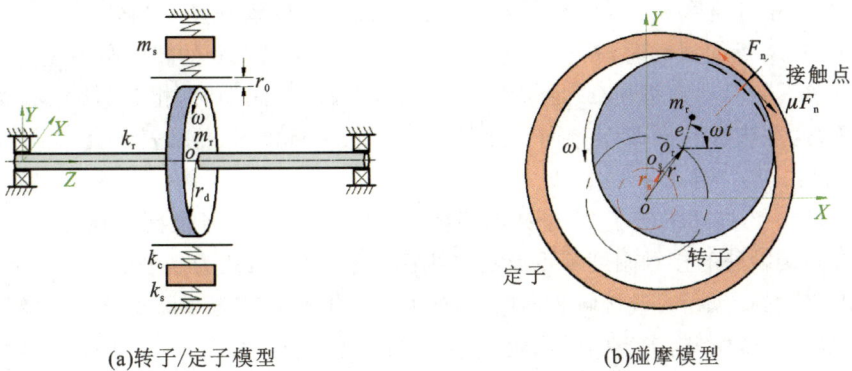

(a)转子/定子模型   (b)碰摩模型

图 5-1　一般性转子/定子碰摩模型示意图

注:F_n 为法向接触力;μF_n 为切向库仑摩擦力

一般性转子/定子碰摩模型的控制方程为:

$$
\begin{cases}
m_r \ddot{x}_r + c_r \dot{x}_r + k_r x_r + \Theta k_c \left(1 - \dfrac{r_0}{r}\right)\left[(x_r - x_s) - \mathrm{sgn}(v_{rel})\mu(y_r - y_s)\right] = m_r e\omega^2 \cos(\omega t) \\[2mm]
m_r \ddot{y}_r + c_r \dot{y}_r + k_r y_r + \Theta k_c \left(1 - \dfrac{r_0}{r}\right)\left[(y_r - y_s) + \mathrm{sgn}(v_{rel})\mu(x_r - x_s)\right] = m_r e\omega^2 \sin(\omega t) \\[2mm]
m_s \ddot{x}_s + c_s \dot{x}_s + k_s x_s - \Theta k_c \left(1 - \dfrac{r_0}{r}\right)\left[(x_r - x_s) - \mathrm{sgn}(v_{rel})\mu(y_r - y_s)\right] = 0 \\[2mm]
m_s \ddot{y}_s + c_s \dot{y}_s + k_s y_s - \Theta k_c \left(1 - \dfrac{r_0}{r}\right)\left[(y_r - y_s) + \mathrm{sgn}(v_{rel})\mu(x_r - x_s)\right] = 0 \\[2mm]
v_{rel} = r_d \omega + r\omega_w, \quad r = \sqrt{(x_r - x_s)^2 + (y_r - y_s)^2} \\[2mm]
\Theta = \begin{cases} 0, & r < r_0 \\ 1, & r \geqslant r_0 \end{cases}
\end{cases}
$$

$$\text{(5-1)}$$

式中，c_r 为转子有效阻尼常数；c_s 为定子有效阻尼常数；μ 为摩擦系数；$r_r = \sqrt{x_r^2 + y_r^2}$ 为转子偏移量；$r_s = \sqrt{x_s^2 + y_s^2}$ 为定子偏移量；r 为转子与定子之间的相对偏移量；v_{rel} 为接触点处转子相对于定子的转动速度 $r_d\omega$ 和涡动速度 $r\omega_w$ 之间的相对速度。

方程(5-1)中的符号函数 $\mathrm{sgn}(v_{rel})$ 表示相对速度的符号变化，并且在 $v_{rel} = 0$ 处具有多值，即 $\mathrm{sgn}(0) = [-1, 1]$。这就意味着，摩擦系数为 μ 的摩擦力方向取决于接触点转子转动和涡动速度间的相对速度方向。因此，当转子以相对于定子为正的 ω_w 正向转动时，相对速度 v_{rel} 可以大于转子在接触点处的转动速度。当转子以相对于定子为负的 ω_w 反向涡动时，相对速度 v_{rel} 也可以小于接触点处的转子圆周速度。当转子以足够大的涡动频率和/或足够大的相对偏移量反向涡动时，相对速度 v_{rel} 甚至可以为负，这意味着它会改变方向。此外，Heaviside 函数 Θ 可以表示为，当 $r < r_0$ 时，$\Theta = 0$；当 $r \geqslant r_0$ 时，$\Theta = 1$。

由方程(5-1)描述的转子/定子碰摩模型，考虑了转子与定子之间的运动耦合、干摩擦效应和接触处的接触刚度等重要的非线性因素，通常被认为是一般性的。此外，通过考虑定子的支承和/或接触表面的径向力的影响，可以将该模型退化为 3 类简化的转子/定子碰摩模型：①当同时满足 $k_s = \infty$ 和 $k_c = \infty$ 时，为转子/定子刚性碰摩模型[86]；②当 $k_s = \infty$ 时，为转子/定子弹性碰摩模型[18]；③当仅有 $k_c = \infty$ 时，为考虑定子动力学特性的转子/定子刚性碰摩模型[98]。这 3 类简化模型，分别突出了转子/定子碰摩系统的某一项或多项特性，具有不同的应用场景。

方程(5-1)可以组织为无量纲形式：

$$\begin{cases} X_r'' + 2\zeta_r X_r' + X_r + \Theta\beta_{cr}\left(1 - \dfrac{R_0}{R}\right)[(X_r - X_s) - \mathrm{sgn}(V_{rel})\mu(Y_r - Y_s)] = \Omega^2\cos(\Omega\tau) \\[2mm] Y_r'' + 2\zeta_r Y_r' + Y_r + \Theta\beta_{cr}\left(1 - \dfrac{R_0}{R}\right)[(Y_r - Y_s) + \mathrm{sgn}(V_{rel})\mu(X_r - X_s)] = \Omega^2\sin(\Omega\tau) \\[2mm] M_{sr}X_s'' + 2\zeta_s\sqrt{M_{sr}\beta_{sr}}\,X_s' + \beta_{sr}X_s - \Theta\beta_{cr}\left(1 - \dfrac{R_0}{R}\right)[(X_r - X_s) - \mathrm{sgn}(V_{rel})\mu(Y_r - Y_s)] = 0 \\[2mm] M_{sr}Y_s'' + 2\zeta_s\sqrt{M_{sr}\beta_{sr}}\,Y_s' + \beta_{sr}Y_s - \Theta\beta_{cr}\left(1 - \dfrac{R_0}{R}\right)[(Y_r - Y_s) + \mathrm{sgn}(V_{rel})\mu(X_r - X_s)] = 0 \\[2mm] V_{rel} = R_d\Omega + R\Omega_w, \quad R = \sqrt{(X_r - X_s)^2 + (Y_r - Y_s)^2} \\[2mm] \Theta = \begin{cases} 0, & R < R_0 \\ 1, & R \geqslant R_0 \end{cases} \end{cases}$$

$$(5\text{-}2)$$

式中,$M_{sr} = m_s/m_r$;$X_r = x_r/e$;$Y_r = y_r/e$;$X_s = x_s/e$;$Y_s = y_s/e$;$R_r = r_r/e$;$R_s = r_s/e$;$R_0 = r_0/e$;$R_d = r_d/e$;$\beta_{cr} = k_c/k_r$;$\beta_{sr} = k_s/k_r$;$2\zeta_r = c_r/\sqrt{m_r k_r}$;$2\zeta_s = c_s/\sqrt{m_s k_s}$;$\omega_0 = \sqrt{k_r/m_r}$;$\Omega = \omega/\omega_0$;$\Omega_w = \omega_w/\omega_0$;$\tau = \omega_0 t$;$\omega_0$ 为转子系统的固有频率。

一般性转子/定子碰摩模型的无量纲碰摩方程(5-2)可以重构为复数形式:

$$\begin{cases} W_r'' + 2\zeta_r W_r' + W_r + [1 + \mathrm{jsgn}(V_{rel})\mu]\beta_{cr}\left(1 - \dfrac{R_0}{|W_r - W_s|}\right)(W_r - W_s) = \Omega^2 e^{j\Omega\tau} \\[2mm] M_{sr}W_s'' + 2\zeta_s\sqrt{M_{sr}\beta_{sr}}\,W_s' + \beta_{sr}W_s - [1 + \mathrm{jsgn}(V_{rel})\mu]\beta_{cr}\left(1 - \dfrac{R_0}{|W_r - W_s|}\right)(W_r - W_s) = 0 \\[2mm] V_{rel} = R_d\Omega + |W_r - W_s|\Omega_w \end{cases}$$

$$(5\text{-}3)$$

式中,$j = \sqrt{-1}$;$W_r = X_r + jY_r$;$W_s = X_s + jY_s$。

由方程(5-2)和方程(5-3)可知,在接触点的相对速度 V_{rel} 可以为正或负,转子和定子之间的相对偏移量 $|W_r - W_s|$ 的大小是变化的。考虑到干摩擦效应和接触刚度,随着相对速度符号变化而改变方向的摩擦力会产生负阻尼效应,从而引起转子/定子碰摩模型的干摩擦自激振动,这是干摩擦效应产生的内在机理。在干摩擦自激反向涡动中,转子/定子碰摩模型中摩擦力方向交替变化,转子以负的超同步涡动频率 Ω_w 与定子完全地环形接触。同时,转子的径向振幅可能会围绕恒定值波动,相对速度可能等于零,即转子发生纯滚动。基于此,可以在纯滚动假设下对干摩擦自激反向涡动进行解析分析。

5.1.2 干摩擦反向涡动模型

为了使干摩擦自激反向涡动的解析分析可行,可以在方程(5-3)中平均地处理因

$\mathrm{sgn}(V_{\mathrm{rel}})$ 的正负变化而发生的摩擦力方向交替。假设 $V_{\mathrm{rel}}=0$，可以基于干摩擦自激振动的基本特征考虑干摩擦效应对系统响应的平均影响。

因此，转子和定子之间的相对偏移量的大小，可以通过将方程（5-3）中的第 3 个等式左右两边均设置为零来确定。从而可以得到：

$$
\begin{cases}
W''_r + 2\zeta_r W'_r + W_r + \gamma(-jW_r) + (1+j\mu)\beta_{\mathrm{cr}}\left(1 - \dfrac{R_0}{|W_r - W_s|}\right)(W_r - W_s) = \Omega^2 e^{j\Omega\tau} \\[3mm]
M_{\mathrm{sr}} W''_s + 2\zeta_s \sqrt{M_{\mathrm{sr}}\beta_{\mathrm{sr}}}\, W'_s + \beta_{\mathrm{sr}} W_s - (1+j\mu)\beta_{\mathrm{cr}}\left(1 - \dfrac{R_0}{|W_r - W_s|}\right)(W_r - W_s) = 0 \\[3mm]
|W_r - W_s| = -\dfrac{R_d \Omega}{\Omega_{\mathrm{w}}}
\end{cases}
$$

$$(5\text{-}4)$$

由于方程（5-4）的右端项为不平衡激励，因此干摩擦反向涡动不仅维持着含有负的超同步涡动频率的自激反向涡动，而且维持着含有同步涡动频率的强迫正向转动。利用 W_{bi} 和 $W_{fi}(i=r,s,$ 分别表示转子和定子）逐项表达自激超同步反向涡动解部分和同步强迫正向转动解部分，则干摩擦反向涡动的转子和定子总解 W_r 和 W_s 可以写成：

$$
\begin{cases}
W_r = W_{br} + W_{fr} \\
W_s = W_{bs} + W_{fs}
\end{cases}
\qquad (5\text{-}5)
$$

将式（5-5）表示的部分解代入方程（5-4）中，并通过谐波平衡方法，对部分解 W_{bi} 和 $W_{fi}(i=r,s)$ 进行解耦，分别得到自激反向涡动和强迫正向转动的控制方程。

$$
\begin{cases}
W''_{br} + 2\zeta_r W'_{br} + W_{br} + (1+j\mu)\beta_{\mathrm{cr}}\left(1 + \dfrac{R_0\Omega_{\mathrm{w}}}{R_d\Omega}\right)(W_{br} - W_{bs}) = 0 \\[3mm]
M_{\mathrm{sr}} W''_{bs} + 2\zeta_s \sqrt{M_{\mathrm{sr}}\beta_{\mathrm{sr}}}\, W'_{bs} + \beta_{\mathrm{sr}} W_{bs} - (1+j\mu)\beta_{\mathrm{cr}}\left(1 + \dfrac{R_0\Omega_{\mathrm{w}}}{R_d\Omega}\right)(W_{br} - W_{bs}) = 0
\end{cases}
$$

$$(5\text{-}6)$$

$$
\begin{cases}
W''_{fr} + 2\zeta_r W'_{fr} + W_{fr} + (1+j\mu)\beta_{\mathrm{cr}}\left(1 + \dfrac{R_0\Omega_{\mathrm{w}}}{R_d\Omega}\right)(W_{fr} - W_{fs}) = \Omega^2 e^{j\Omega\tau} \\[3mm]
M_{\mathrm{sr}} W''_{fs} + 2\zeta_s \sqrt{M_{\mathrm{sr}}\beta_{\mathrm{sr}}}\, W'_{fs} + \beta_{\mathrm{sr}} W_{fs} - (1+j\mu)\beta_{\mathrm{cr}}\left(1 + \dfrac{R_0\Omega_{\mathrm{w}}}{R_d\Omega}\right)(W_{fr} - W_{fs}) = 0
\end{cases}
$$

$$(5\text{-}7)$$

然后，分别设定自激反向涡动和强迫正向转动的解析解的形式为：

$$
\begin{cases}
W_{br} = H_r e^{(\alpha + j\Omega_{\mathrm{w}})\tau}, & W_{fr} = A_r e^{j\Omega\tau} \\[2mm]
W_{bs} = H_s e^{(\alpha + j\Omega_{\mathrm{w}})\tau + j\phi}, & W_{fs} = A_s e^{j\Omega\tau} \\[2mm]
|W_r - W_s| = |W_{br} + W_{fr} - W_{bs} - W_{fs}| = -\dfrac{R_d\Omega}{\Omega_{\mathrm{w}}}
\end{cases}
$$

$$(5\text{-}8)$$

式中，$H_r e^{\alpha\tau}$ 为转子自激反向涡动中的时变幅值；$H_s e^{\alpha\tau}$ 为定子自激反向涡动中的时变幅值；A_r 为转子强迫正向转动中的复常数幅值；A_s 为定子强迫正向转动中的复常数幅值；ϕ 为转子和定子之间运动的相位差。

式(5-8)中的自激反向涡动部分解 W_{br} 和 W_{bs} 是关于时间的一般形式的指数函数，其复指数的实部为正，即 $\alpha > 0$。转子和定子之间的相对偏移量随时间呈指数增加的特性反映了干摩擦自激反向涡动的不稳定特征，以及由干摩擦所产生的负阻尼效应。当转子相对于定子的相对偏移量进一步增大而达到临界值时，干摩擦将通过改变其方向产生正阻尼，并将相对偏移量减小到临界值以下。然后，干摩擦将再次通过改变方向产生使得相对偏移量增大的负阻尼效应。这种正、负阻尼效应的往复循环作用，体现了转子/定子碰摩模型中干摩擦反向涡动的自激振动特性。因此，式(5-8)中设定的自激反向涡动的复指数解，很好地反映了转子/定子碰摩模型的平均干摩擦效应，并大大地减少了计算量，使干摩擦自激反向涡动的解析分析成为可能。

5.2　干摩擦反向涡动的响应解

通过将转子和定子的部分解(5-8)分别代入自激反向涡动控制方程(5-6)和强迫正向转动的控制方程(5-7)，对转子/定子碰摩模型干摩擦反向涡动的响应逐项进行解析求解。整个计算过程按照先后次序可分为 3 个阶段：自激反向涡动解、强迫正向转动解、干摩擦反向涡动解析解。

5.2.1　自激反向涡动解

将方程(5-6)中表达的转子和定子的自激反向涡动解析解 W_{br} 和 W_{bs} 以及它们相对应的微分形式，代入自激反向涡动的控制方程(5-8)中。从而可以求解得出超同步反向涡动频率 Ω_w，时变幅值 $H_r e^{\alpha\tau}$ 和 $H_s e^{\alpha\tau}$，以及转子和定子之间运动的相位差 ϕ。从而可得：

$$\begin{cases} [(\alpha+\mathrm{j}\Omega_w)^2 + 2\zeta_r(\alpha+\mathrm{j}\Omega_w)+1]H_r + F = 0 \\ [M_{sr}(\alpha+\mathrm{j}\Omega_w)^2 + 2\zeta_s\sqrt{M_{sr}\beta_{sr}}(\alpha+\mathrm{j}\Omega_w)+\beta_{sr}]H_s e^{\mathrm{j}\phi} - F = 0 \\ F = (1+\mathrm{j}\mu)\beta_{cr}\left(1+\dfrac{R_0\Omega_w}{R_d\Omega}\right)(H_r - H_s e^{\mathrm{j}\phi}) \end{cases} \tag{5-9}$$

消除方程(5-9)中的通用项 F 后，可以得到转子幅值 H_r 和定子幅值 H_s 之间的关系式：

$$\frac{H_r}{H_s} = \frac{-M_{sr}(\alpha+j\Omega_w)^2 - 2\zeta_s\sqrt{M_{sr}\beta_{sr}}(\alpha+j\Omega_w) - \beta_{sr}}{(\alpha+j\Omega_w)^2 + 2\zeta_r(\alpha+j\Omega_w) + 1}e^{j\phi} \tag{5-10}$$

将关系式(5-10)代入方程(5-9)的前两个等式中的任何一个,并删除 $H_s e^{j\phi}$ 项,得到一个关于 Ω_w 和 α 的复数方程式。然后分离得到等式中的实部和虚部,从而得到关于未知变量 Ω_w 和 α 的两个实系数多项式方程式(5-11):

$$\begin{cases} M_{sr}(\alpha^4 + \Omega_w^4 - 6\alpha^2\Omega_w^2 + 2\zeta_r\alpha^3 - 6\zeta_r\alpha\Omega_w^2 + \alpha^2 - \Omega_w^2) - \\ 4\zeta_s\sqrt{M_{sr}\beta_{sr}}(\alpha+\zeta_r)\Omega_w^2 + \\ (2\alpha\zeta_s\sqrt{M_{sr}\beta_{sr}} + \beta_{sr})(\alpha^2 - \Omega_w^2 + 2\zeta_r\alpha + 1) + \\ \beta_{cr}\left(1+\dfrac{R_0\Omega_w}{R_d\Omega}\right)[(M_{sr}+1)(\alpha^2 - \Omega_w^2 - 2\mu\alpha\Omega_w) + \\ 2(\zeta_s\sqrt{M_{sr}\beta_{sr}} + \zeta_r)(\alpha - \mu\Omega_w) + \beta_{sr} + 1] = 0 \\ 2M_{sr}\Omega_w(2\alpha^3 - 2\alpha\Omega_w^2 + 3\zeta_r\alpha^2 - \zeta_r\Omega_w^2 + \alpha) + \\ 2\zeta_s\sqrt{M_{sr}\beta_{sr}}(\alpha^2 - \Omega_w^2 + 2\alpha\zeta_r + 1)\Omega_w + \\ 2(2\alpha\zeta_s\sqrt{M_{sr}\beta_{sr}} + \beta_{sr})(\alpha + \zeta_r)\Omega_w + \\ \beta_{cr}\left(1+\dfrac{R_0\Omega_w}{R_d\Omega}\right)[(M_{sr}+1)(\mu\alpha^2 - \mu\Omega_w^2 + 2\alpha\Omega_w) + \\ 2(\zeta_s\sqrt{M_{sr}\beta_{sr}} + \zeta_r)(\mu\alpha + \Omega_w) + \mu(\beta_{sr} + 1)] = 0 \end{cases} \tag{5-11}$$

通过求解方程组(5-11),可以同时确定干摩擦反向涡动的反向涡动频率 Ω_w 和幅值为正的实系数 α。应当注意的是,并非方程组(5-11)的所有解都能够满足干摩擦反向涡动响应的解析解(5-8)的物理条件和现实意义,只有反向涡动频率 Ω_w 为负和幅值系数 α 为正的实数对才是有意义的。在计算的过程中,我们发现,由给定的某系统参数所求解得到的方程组(5-11)的 16 对解中,始终存在着 1 对或 2 对有意义的合理解。这就意味着,一个具有反向涡动频率 Ω_w 的干摩擦反向涡动既可能单独存在,也可能与另一个具有不同反向涡动频率的干摩擦反向涡动共存,这两种现象都通过数值模拟[103]和实验测量[106]得到了证实。此外,在转子/定子碰摩模型中,基于自激反向涡动的特性,可以通过将正的实系数 α 设置为零,即 $\alpha=0$,来确定干摩擦反向涡动的存在条件[103]。

特别地,当系统中转子与定子间的接触刚度 $\beta_{cr}=\infty$ 时,转子/定子碰摩模型就退化为一种刚性定子受弹性支承的转子/定子碰摩模型。从而可以通过仅保留 β_{cr} 项,得到方程组(5-11)的一种关于 Ω_w 和 α 的极端表达式(5-12)。

$$
\begin{cases}
\mu\left(1+\dfrac{R_0\Omega_{\mathrm{w}}}{R_{\mathrm{d}}\Omega}\right)\left[(M_{\mathrm{sr}}+1)\alpha^2-(M_{\mathrm{sr}}+1)\Omega_{\mathrm{w}}^{~2}+2\alpha(\zeta_{\mathrm{s}}\sqrt{M_{\mathrm{sr}}\beta_{\mathrm{sr}}}+\zeta_{\mathrm{r}})+\beta_{\mathrm{sr}}+1\right]- \\[2mm]
2\mu^2\left(1+\dfrac{R_0\Omega_{\mathrm{w}}}{R_{\mathrm{d}}\Omega}\right)\left[\alpha(M_{\mathrm{sr}}+1)+\zeta_{\mathrm{s}}\sqrt{M_{\mathrm{sr}}\beta_{\mathrm{sr}}}+\zeta_{\mathrm{r}}\right]\Omega_{\mathrm{w}}\simeq0 \\[4mm]
\mu\left(1+\dfrac{R_0\Omega_{\mathrm{w}}}{R_{\mathrm{d}}\Omega}\right)\left[(M_{\mathrm{sr}}+1)\alpha^2-(M_{\mathrm{sr}}+1)\Omega_{\mathrm{w}}^{~2}+2\alpha(\zeta_{\mathrm{s}}\sqrt{M_{\mathrm{sr}}\beta_{\mathrm{sr}}}+\zeta_{\mathrm{r}})+\beta_{\mathrm{sr}}+1\right]+ \\[2mm]
2\left(1+\dfrac{R_0\Omega_{\mathrm{w}}}{R_{\mathrm{d}}\Omega}\right)\left[\alpha(M_{\mathrm{sr}}+1)+\zeta_{\mathrm{s}}\sqrt{M_{\mathrm{sr}}\beta_{\mathrm{sr}}}+\zeta_{\mathrm{r}}\right]\Omega_{\mathrm{w}}\simeq0
\end{cases}
\tag{5-12}
$$

通过方程(5-12)中两个等式的相减,可以得出:

$$
2(\mu^2+1)\left[\alpha(M_{\mathrm{sr}}+1)+\zeta_{\mathrm{s}}\sqrt{M_{\mathrm{sr}}\beta_{\mathrm{sr}}}+\zeta_{\mathrm{r}}\right]\left(1+\dfrac{R_0\Omega_{\mathrm{w}}}{R_{\mathrm{d}}\Omega}\right)\Omega_{\mathrm{w}}\simeq0
\tag{5-13}
$$

由于解析解(5-8)中的参数条件 $\alpha>0$,因此在方程(5-8)中确定了具有物理意义的系统参数的情况下,可以得到有关反向涡动频率 Ω_{w} 的方程(5-14)。

$$
1+\dfrac{R_0\Omega_{\mathrm{w}}}{R_{\mathrm{d}}\Omega}\simeq0
\tag{5-14}
$$

从而可以得到 $\beta_{\mathrm{cr}}=\infty$ 时的转子/定子碰摩模型的极限反向涡动频率 Ω_{w}:

$$
\Omega_{\mathrm{w}}\simeq-\dfrac{R_{\mathrm{d}}}{R_0}\Omega
\tag{5-15}
$$

将求解得到的反向涡动频率解析解(5-8)代入解析解(5-4)中的第 3 个等式所描绘的预设条件 $|W_{\mathrm{r}}-W_{\mathrm{s}}|=-R_{\mathrm{d}}\Omega/\Omega_{\mathrm{w}}$,从而可以推导出转子与定子的相对偏移量:

$$
|W_{\mathrm{r}}-W_{\mathrm{s}}|\simeq R_0
\tag{5-16}
$$

从转子/定子相对偏移量的关系式(5-16)中可以很容易认识到,针对具有相对较大甚至无限大的接触刚度的转子/定子碰摩模型,即 $\beta_{\mathrm{cr}}=\infty$,转子与定子发生碰摩时的相对偏移是严格地或大致地等于转子与定子间的间隙 R_0[13]。同时,从极端反向涡动频率的关系式(5-15)可以看出,$\beta_{\mathrm{cr}}=\infty$ 时的极限反向涡动频率 Ω_{w} 可以严格地按照转子圆盘半径与间隙之比(R_{d}/R_0),与转速 Ω 成正比或大致成正比来考虑。此时,干摩擦反向涡动通常被表征为超同步转动,其反向涡动频率等于转速 Ω 乘一个常数,即转盘半径与间隙之比 R_{d}/R_0。在干摩擦反向涡动的实验测量[106]和仿真模型[103]中都观察到与接触位置的转盘半径与间隙之比成比例的反向涡动频率。因此可以说,关于干摩擦自激反向涡动特性的设定是满足相对接触刚度较大的碰摩模型反向涡动解析解的求解的,并且进一步适用于接触刚度相对较小的转子/定子碰摩模型的解析分析。

5.2.2 强迫正向转动解

基于方程(5-8)的强迫正向转动的解析解的形式,关于复实数幅值 A_r 和 A_s 的解析解 W_{fr} 和 W_{fs},可以依据欧拉公式用指数形式重新表示:

$$\begin{cases} W_{fr} = A_r e^{j\Omega\tau} = |A_r| e^{j(\Omega\tau + \sigma_r)} \\ W_{fs} = A_s e^{j\Omega\tau} = |A_s| e^{j(\Omega\tau + \sigma_s)} \end{cases} \tag{5-17}$$

式中,$|A_r|$ 为强迫正向转动中转子的振幅;$|A_s|$ 为强迫正向转动中定子的振幅;σ_r 为强迫正向转动中转子的初始相位;σ_s 为强迫正向转动中定子的初始相位。

不同于自激反向涡动解析解中转子与定子相位差的定义,不失一般性地将转子的初始相位归一化为 0,而将定子的初始相位设为 ϕ。在强迫正向转动中,为了说明转子与定子之间,以及强迫正向转动和自激反向涡动之间的相位差,分别对强迫正向转动中转子和定子的相位进行定义。同样地,分两步计算方程(5-17)中由未知量 $|A_r|$、$|A_s|$、σ_r、σ_s 表示的强迫正向转动解析解 W_{fr} 和 W_{fs}。首先将指数形式解析解 W_{fr} 和 W_{fs} 代入强迫正向转动的控制方程(5-7),可以得到:

$$\begin{cases} |A_r|(1-\Omega^2)(\cos\sigma_r + j\sin\sigma_r) + \\ \beta_{cr}\left(1 + \dfrac{R_0\Omega_w}{R_d\Omega}\right)[|A_r|(\cos\sigma_r + j\sin\sigma_r) - |A_s|(\cos\sigma_s + j\sin\sigma_s)] - \Omega^2 + \\ j2\zeta_r\Omega|A_r|(\cos\sigma_r + j\sin\sigma_r) + \\ j\mu\beta_{cr}\left(1 + \dfrac{R_0\Omega_w}{R_d\Omega}\right)[|A_r|(\cos\sigma_r + j\sin\sigma_r) - |A_s|(\cos\sigma_s + j\sin\sigma_s)] = 0 \\ -M_{sr}\Omega^2|A_s|(\cos\sigma_s + j\sin\sigma_s) + \beta_{sr}|A_s|(\cos\sigma_s + j\sin\sigma_s) - \\ \beta_{cr}\left(1 + \dfrac{R_0\Omega_w}{R_d\Omega}\right)[|A_r|(\cos\sigma_r + j\sin\sigma_r) - |A_s|(\cos\sigma_s + j\sin\sigma_s)] + \\ j2\zeta_s\sqrt{M_{sr}\beta_{sr}}\,\Omega|A_s|(\cos\sigma_s + j\sin\sigma_s) - \\ j\mu\beta_{cr}\left(1 + \dfrac{R_0\Omega_w}{R_d\Omega}\right)[|A_r|(\cos\sigma_r + j\sin\sigma_r) - |A_s|(\cos\sigma_s + j\sin\sigma_s)] = 0 \end{cases} \tag{5-18}$$

然后,分别对方程(5-18)中的两个等式的实部和虚部进行排序,从而得到:

$$\begin{cases} A_1|A_r|\cos\sigma_r - A_2|A_r|\sin\sigma_r + A_0|A_s|(\mu\sin\sigma_s - \cos\sigma_s) = \Omega^2 \\ A_1|A_r|\sin\sigma_r + A_2|A_r|\cos\sigma_r - A_0|A_s|(\mu\cos\sigma_s + \sin\sigma_s) = 0 \\ A_3|A_s|\cos\sigma_s - A_4|A_s|\sin\sigma_s + A_0|A_r|(\mu\sin\sigma_r - \cos\sigma_r) = 0 \\ A_3|A_s|\sin\sigma_s + A_4|A_s|\cos\sigma_s - A_0|A_r|(\mu\cos\sigma_r + \sin\sigma_r) = 0 \end{cases} \tag{5-19}$$

式中，$A_0 = \beta_{cr}\left(1 + \dfrac{R_0 \Omega_w}{R_d \Omega}\right)$；$A_1 = A_0 - \Omega^2 + 1$；$A_2 = 2\zeta_r \Omega + \mu A_0$；$A_3 = A_0 - M_{sr}\Omega^2 + \beta_{sr}$；$A_4 = 2\Omega \zeta_s \sqrt{M_{sr}\beta_{sr}} + \mu A_0$。

将 5.2.1 小节中求解得到的反向涡动频率 Ω_w 代入强迫正向转动解析解的方程 (5-19)，通过解析求解就可以得到 $|A_r|$、$|A_s|$、σ_r、σ_s 的 4 对解。然而，由于转子/定子碰摩模型中的数学意义限定了 $|A_r| > 0$ 和 $|A_s| > 0$，因此实际上，方程(5-19)只有 1 对解析解对于强迫正向转动有现实意义。

5.2.3　干摩擦反向涡动解析解

干摩擦反向涡动解析解的求解是通过考虑转子/定子相位差 ϕ，叠加自激反向涡动和强迫正向转动的解析解而实现的，而对转子/定子相位差 ϕ 的解析求解是通过分析方程(5-10)得到的。对于给定的反向涡动频率 Ω_w 和幅值正实系数 α，可以通过扩展和分离方程(5-10)中 H_r 的实部和虚部，并用 H_s 表达为：

$$H_r = \frac{-H_s\left(\alpha^2 M_{sr} - \Omega_w^2 M_{sr} + j2\alpha\Omega_w M_{sr} + 2\zeta_s\sqrt{M_{sr}\beta_{sr}}\,\alpha + j2\zeta_s\sqrt{M_{sr}\beta_{sr}}\,\Omega_w + \beta_{sr}\right)(\cos\phi + j\sin\phi)}{\alpha^2 - \omega_b^2 + j2\alpha\omega_w + 2\zeta_r\alpha + j2\zeta_r\omega_w + 1}$$

$$= \frac{\begin{aligned}&H_s\sin\phi\,2\alpha\Omega_w M_{sr} + H_s\sin\phi\,2\zeta_s\sqrt{M_{sr}\beta_{sr}}\,\Omega_w - \alpha^2 M_{sr}H_s\cos\phi + \\ &H_s\cos\phi\,\Omega_w^2 M_{sr} - H_s\cos\phi\,2\zeta_s\sqrt{M_{sr}\beta_{sr}}\,\alpha - H_s\cos\phi\,\beta_{sr} + \\ &j(-H_s\cos\phi\,2\alpha\Omega_w M_{sr} - H_s\cos\phi\,2\zeta_s\sqrt{M_{sr}\beta_{sr}}\,\Omega_w - H_s\sin\phi\,\alpha^2 M_{sr} + \\ &H_s\sin\phi\,\Omega_w^2 M_{sr} - H_s\sin\phi\,2\zeta_s\sqrt{M_{sr}\beta_{sr}}\,\alpha - H_s\sin\phi\,\beta_{sr})\end{aligned}}{\alpha^2 - \Omega_w^2 + 2\zeta_r\alpha + 1 + j(2\zeta_r\Omega_w + 2\alpha\Omega_w)}$$

$$= \frac{\begin{aligned}&\left[(+H_s\sin\phi\,2\alpha\Omega_w M_{sr} + H_s\sin\phi\,2\zeta_s\sqrt{M_{sr}\beta_{sr}}\,\Omega_w - \alpha^2 M_{sr}H_s\cos\phi + \right.\\ &H_s\cos\phi\,\Omega_w^2 M_{sr} - H_s\cos\phi\,2\zeta_s\sqrt{M_{sr}\beta_{sr}}\,\alpha - H_s\cos\phi\,\beta_{sr}) + \\ &j(-H_s\cos\phi\,2\alpha\Omega_w M_{sr}) - H_s\cos\phi\,2\zeta_s\sqrt{M_{sr}\beta_{sr}}\,\Omega_w - H_s\sin\phi\,\alpha^2 M_{sr} + \\ &\left.H_s\sin\phi\,\Omega_w^2 M_{sr} - H_s\sin\phi\,2\zeta_s\sqrt{M_{sr}\beta_{sr}}\,\alpha - H_s\sin\phi\,\beta_{sr}\right]\end{aligned}}{}$$

$$= \frac{\left[(\alpha^2 - \Omega_w^2 + 2\zeta_r\alpha + 1) - j(2\zeta_r\omega_b + 2\alpha\Omega_w)\right]}{(\alpha^2 - \Omega_w^2 + 2\zeta_r\alpha + 1)^2 + (2\zeta_r\Omega_w + 2\alpha\Omega_w)^2}$$

$$H_s\big[(\sin\phi\, 2\alpha\Omega_w M_{sr}+\sin\phi\, 2\zeta_s\sqrt{M_{sr}\beta_{sr}}\,\Omega_w-\alpha^2 M_{sr}\cos\phi+\cos\phi\Omega_w^2 M_{sr}-$$

$$\cos\phi\, 2\zeta_s\sqrt{M_{sr}\beta_{sr}}\,\alpha-\cos\phi\beta_{sr})(\alpha^2-\Omega_w^2+2\zeta_r\alpha+1)+$$

$$(2\zeta_r\Omega_w+2\alpha\Omega_w)(-\cos\phi\, 2\alpha\Omega_w M_{sr}-\cos\phi\, 2\zeta_s\sqrt{M_{sr}\beta_{sr}}\,\Omega_w-\sin\phi\alpha^2 M_{sr}+$$

$$\sin\phi\Omega_w^2 M_{sr}-\sin\phi\, 2\zeta_s\alpha-\sin\phi\beta_{sr})\big]+jH_s\big[(-\cos\phi\, 2\alpha\Omega_w M_{sr}-\sin\phi\beta_{sr}-$$

$$\cos\phi\, 2\zeta_s\sqrt{M_{sr}\beta_{sr}}\,\Omega_w-\sin\phi\, 2\zeta_s\sqrt{M_{sr}\beta_{sr}}\,\alpha-\sin\phi\alpha^2 M_{sr}+\sin\phi\Omega_w^2 M_{sr})\cdot$$

$$=\frac{(\alpha^2-\Omega_w^2+2\zeta_r\alpha+1)-2(\zeta_r+\alpha)(\sin\phi\, 2\alpha\Omega_w M_{sr}+\sin\phi\, 2\zeta_s\sqrt{M_{sr}\beta_{sr}}\,\Omega_w-}{\alpha^2 M_{sr}\cos\phi+\cos\phi\Omega_w^2 M_{sr}-\cos\phi\zeta_s\sqrt{M_{sr}\beta_{sr}}\,\alpha-\beta_{sr}\cos\phi)\Omega_w\big]}{(\alpha^2-\Omega_w^2+2\zeta_r\alpha+1)^2+(2\zeta_r\Omega_w+2\alpha\Omega_w)^2}$$

$$(5-20)$$

从而进一步整理可得：

$$\begin{cases} H_r=H_{rel}H_s+jH_{imag}H_s \\[2mm] H_{rel}=\dfrac{H_2(H_3\sin\phi+H_4\cos\phi)+H_1(H_4\sin\phi-H_3\cos\phi)}{H_1^{\,2}+H_2^{\,2}} \\[3mm] H_{imag}=\dfrac{H_2(H_4\sin\phi-H_3\cos\phi)-H_1(H_3\sin\phi+H_4\cos\phi)}{H_1^{\,2}+H_2^{\,2}} \end{cases} \quad (5-21)$$

式中，$H_1=2\zeta_r\Omega_w+2\alpha\Omega_w$；$H_2=\alpha^2-\Omega_w^2+2\zeta_r\alpha+1$；$H_3=2\Omega_w(\alpha M_{sr}+\zeta_s\sqrt{M_{sr}\beta_{sr}})$；$H_4=\Omega_w^2 M_{sr}-\alpha^2 M_{sr}-2\alpha\zeta_s\sqrt{M_{sr}\beta_{sr}}-\beta_{sr}$。

然后，利用欧拉公式获得方程（5-21）的复指数形式：

$$\begin{cases} H_r=H_s\sqrt{H_{rel}^{\,2}+H_{imag}^{\,2}}\,e^{j\varphi} \\[2mm] \phi=\arctan\dfrac{H_{imag}}{H_{rel}} \end{cases} \quad (5-22)$$

式中，ϕ 为转子和定子幅值 H_r 和 H_s 之间的相位差。

从方程（5-8）的解析解形式中可以得出，转子和定子之间的响应相位差定义为 ϕ。因此，在转子/定子碰摩模型的旋转平面内，转子幅值 H_r 和定子幅值 H_s 可以认为是同步的，二者间的相位差可以理想地定义为 $\phi=0$。基于此，根据方程（5-21）和方程（5-22），可以由严格的相位关系而得到一个限定条件：

$$H_{imag}=0 \quad (5-23)$$

即得：

$$H_2(H_4\sin\phi-H_3\cos\phi)-H_1(H_3\sin\phi+H_4\cos\phi)=0 \quad (5-24)$$

根据式（5-24），可以求解得到转子和定子之间的响应相位差 ϕ 的唯一解析解。自激反向涡动的常幅值 H_r 和 H_s 与强迫正向转动的幅值波动是相互耦合作用的，因此需要同时利用强迫正向转动的响应解,以及自激反向涡动响应中的 Ω_w、α 和 ϕ,结合转子纯滚动的条件,确定解析解中的常幅值 H_r 和 H_s,并最终得到解析解 W_{br} 和 W_{bs}。

将 W_{br}、W_{fr}、W_{bs} 和 W_{fs} 依次代入方程(5-8)中的转子纯滚动条件 $|W_r-W_s|$,从而得到一个关于 H_r、H_s 和 τ 的方程式:

$$|W_r-W_s|=\left|H_r e^{\alpha\tau}e^{j\Omega_w\tau}+|A_r|e^{j(\Omega_w\tau+\sigma_r)}-H_s e^{\alpha\tau}e^{j(\Omega_w\tau+\phi)}-|A_s|e^{j(\Omega\tau+\sigma_s)}\right|=-\frac{R_d\Omega}{\Omega_w}$$

$$(5-25)$$

将方程(5-21)和限定条件 $H_{imag}=0$ 代入式(5-25)中,得到:

$$\{H_s e^{\alpha\tau}[H_{rel}\cos(\Omega_w\tau)-\cos(\Omega_w\tau+\phi)]+|A_r|\cos(\Omega\tau+\sigma_r)-|A_s|\cos(\Omega\tau+\sigma_s)\}^2+$$
$$\{H_s e^{\alpha\tau}[H_{rel}\sin(\Omega_w\tau)-\sin(\Omega_w\tau+\phi)]+|A_r|\sin(\Omega\tau+\sigma_r)-|A_s|\sin(\Omega\tau+\sigma_s)\}^2$$
$$=\left(-\frac{R_d\Omega}{\Omega_w}\right)^2$$

$$(5-26)$$

进一步地对方程(5-21)进行整理可得:

$$(H_s e^{\alpha\tau})^2(H_{rel}^2-2H_{rel}\cos\phi+1)+2H_s e^{\alpha\tau}(W_1-W_2)+|A_r|^2+|A_s|^2$$
$$-2|A_r||A_s|\cos(\sigma_r-\sigma_s)-\left(\frac{R_d\Omega}{\Omega_w}\right)^2=0$$

$$(5-27)$$

式中,$W_1=|A_r|[H_{rel}\cos(\Omega\tau-\Omega_w\tau+\sigma_r)-\cos(\Omega\tau-\Omega_w\tau+\sigma_r-\phi)]$;

$W_2=|A_s|[H_{rel}\cos(\Omega\tau-\Omega_w\tau+\sigma_s)-\cos(\Omega\tau-\Omega_w\tau+\sigma_s-\phi)]$。

解析求解有关 $H_s e^{\alpha\tau}$ 的二次方程式(5-27),可以得到:

$$\begin{cases} H_s e^{\alpha\tau}=\dfrac{W_2-W_1+\sqrt{\Delta}}{H_{rel}^2-2H_{rel}\cos\phi+1} \\[2mm] \Delta=(W_1-W_2)^2- \\[2mm] (H_{rel}^2-2H_{rel}\cos\phi+1)\left[|A_r|^2+|A_s|^2-2|A_r||A_s|\cos(\sigma_r-\sigma_s)-\left(\dfrac{R_d\Omega}{\Omega_w}\right)^2\right] \end{cases}$$

$$(5-28)$$

同时,可以基于方程(5-21)中 $H_r=H_{rel}H_s$ 的关系式可以推导出 $H_r e^{\alpha\tau}$。因此,最终获得了自激反向涡动的部分解析解 W_{br} 和 W_{bs}。然后,将转子和定子的部分解析解 W_{bi} 和 W_{fi}($i=r,s$)都代入方程(5-8)中总的干摩擦反向涡动响应解中,从而得到转子/定子碰摩模型中干摩擦反向涡动响应的解析解:

$$\begin{cases} W_r = H_r e^{(a+j\Omega_w)\tau} + |A_r| e^{j(\Omega\tau+\sigma_r)} \\ \quad = H_r e^{a\tau}(\cos\Omega_w\tau + j\sin\Omega_w\tau) + |A_r|[\cos(\Omega\tau+\sigma_r) + j\sin(\Omega\tau+\sigma_r)] \\ \quad = H_r e^{a\tau}\cos\Omega_w\tau + |A_r|\cos(\Omega\tau+\sigma_r) + j[H_r e^{a\tau}\sin\Omega_w\tau + |A_r|\sin(\Omega\tau+\sigma_r)] \\ W_s = H_s e^{(a+j\Omega_w)\tau+j\phi} + |A_s| e^{j(\Omega\tau+\sigma_s)} \\ \quad = H_s e^{a\tau}[\cos(\Omega_w\tau+\phi) + j\sin(\Omega_w\tau+\phi)] + |A_s|[\cos(\Omega\tau+\sigma_s) + j\sin(\Omega\tau+\sigma_s)] \\ \quad = H_s e^{a\tau}\cos(\Omega_w\tau+\phi) + |A_s|\cos(\Omega\tau+\sigma_s) + j[H_s e^{a\tau}\sin(\Omega_w\tau+\phi) + \\ \qquad |A_s|\sin(\Omega\tau+\sigma_s)] \end{cases}$$

$$(5\text{-}29)$$

实际应用中,可以将解析解重新整理为笛卡儿坐标系形式:

$$\begin{cases} X_r = H_r e^{a\tau}\cos(\Omega_w\tau) + |A_r|\cos(\Omega\tau+\sigma_r) \\ Y_r = H_r e^{a\tau}\sin(\Omega_w\tau) + |A_r|\sin(\Omega\tau+\sigma_r) \\ X_s = H_s e^{a\tau}\cos(\Omega_w\tau+\phi) + |A_s|\cos(\Omega\tau+\sigma_s) \\ Y_s = H_s e^{a\tau}\sin(\Omega_w\tau+\phi) + |A_s|\sin(\Omega\tau+\sigma_s) \end{cases}$$

$$(5\text{-}30)$$

5.3　解析响应的验证

在 5.2 节中,推导得到了在纯滚动 $V_{rel}=0$ 假设条件下的干摩擦自激反向涡动的响应解析解[式(5-30)]。从其他文献的研究成果[13-15]中可以得知,在干摩擦自激反向涡动的一个周期内,转子即可发生相对速度为零的纯滚动,也会发生相对速度大于或小于零的滑移运动。根据现代非光滑动力学系统的理论中对两物体在接触面上相对速度为零时的运动状态的定义,转子/定子系统中的纯滚动对应于 Filippov 系统中不连续边界上的滑动状态和平动系统中的黏滞状态[16]。因此,转子/定子碰摩模型中纯滚动和滑移运动共存并相互转换,从而产生周期性的滞滑振动。

为了更好地描述转子/定子碰摩模型中一个滞滑振动周期内转子纯滚动的时长,引入一个相对滑动时长 τ_{rel},定义为:

$$\tau_{rel} = \frac{\tau_{sliding}}{T} \tag{5-31}$$

式中,T 为滞滑振动周期;$\tau_{sliding}$ 为一个滞滑振动周期 T 内的绝对滑动时长。

很明显,相对滑动时长 τ_{rel} 越大,则转子发生相对速度为零的纯滚动的时间就越长,而滑移的时间就越短。当 $\tau_{rel}=1$ 时,转子在整个滞滑振动周期内都是进行纯滚动,也就是说转子/定子碰摩模型中干摩擦反向涡动的转子进行纯滚动。

以 Crandall[98]的转子/定子实验测试装置的系统参数作为参考,进行解析解和

数值仿真结果的对比和验证,具体的参数为:

$$\zeta_r = 0.02,\ \zeta_s = 0.01,\ M_{sr} = 2.052\ 6,\ \beta_{sr} = 15.319,$$

$$\beta_{cr} = 20,\ \mu = 0.3,\ R_0 = 1.05,\ R_d = 2.66R_0 \tag{5-32}$$

模型参数如式(5-32)所示的一般性转子/定子碰摩模型中,经研究发现响应中存在具有较低和较高反向涡动频率的两种干摩擦反向涡动[103,106,146],如图 5-2 中的关系曲线所示。图 5-2 中蓝色虚线表示模型参数为式(5-32)时的转子/定子碰摩模型的固有频率 2.24,从而得出较小的反向涡动频率始终小于系统固有频率。此外,在转子/定子刚性接触时,即 $\beta_{cr} = \infty$,从已得的关系式(5-30)可知,此时干摩擦反向涡动中转子纯滚动的反向涡动频率为 $|\Omega_w| = \Omega R_d / R_0$,在图 5-2 中在红色虚线表示。

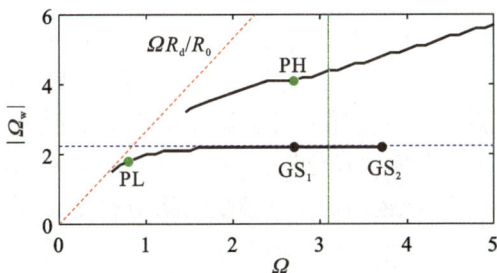

图 5-2　涡动频率的值 $|\Omega_w|$ 和转速 Ω 之间的关系

通过与数值仿真结果进行比较,验证本章对干摩擦反向涡动解析分析方法的有效性。首先针对干摩擦反向涡动的纯滚动状态进行分析,即图 5-2 中绿点 PL 和 PH。然后针对其滞滑振动状态进行分析,即图 5-2 中黑点 GS₁ 和 GS₂。

在数值仿真计算中,通过对转子/定子碰摩模型的控制方程(5-3)进行数值积分,计算出干摩擦反向涡动的响应解。选定转子和定子的初始条件和转子的固定转动频率 Ω,采用时间步长为 0.001 的四阶 Runge-Kutta 算法进行积分,直到找到系统的稳态响应解。同时,将[0,60]无量纲时间间隔内转子和定子的偏移量和速度记录下来。由于数值计算的离散积分解是对微分动力系统最为精准的仿真计算,因此在忽略计算误差的条件下,可以认为数值仿真计算的结果为转子/定子碰摩模型的真实解。

此外,为了定量评估干摩擦反向涡动响应解析解与数值解之间的差异,引入响应的相对均方根偏差(RRD)d 和峰值平均相对偏差(RPD)D,二者分别表示为:

$$\begin{cases} d_{X_i} = \dfrac{|X_{i\mathrm{rms}} - \tilde{X}_{i\mathrm{rms}}|}{X_{i\mathrm{rms}}} \\[3mm] D_{X_i} = \dfrac{1}{N}\displaystyle\sum_{n=1}^{N} \dfrac{|X_{i\mathrm{pn}} - \tilde{X}_{i\mathrm{pn}}|}{|X_{i\mathrm{pn}}|} \end{cases} \quad (i = \mathrm{r,s}) \tag{5-33}$$

式中,$X_{i\mathrm{rms}}$ 为数值解或实验值的均方根值;$X_{i\mathrm{pn}}$ 为数值解或实验值的峰值;$\tilde{X}_{i\mathrm{rms}}$ 为

解析解的均方根值；$\tilde{X}_{ipn}$ 为解析解的峰值；N 为无量纲时间间隔 $[0,60]$ 内采样的稳态数据点个数。

显然，定义式(5-33)同样适用于 Y 方向的数据处理。为了使干摩擦反向涡动响应解的对比更加全面，还需对解析解和数值解的响应轨迹和幅频曲线进行对比。响应轨迹的对比包括转子轨迹 R_r、定子轨迹 R_s 和转子/定子相对轨迹 (R_r-R_s)。此外，利用对转子 X 和 Y 方向的偏移量的快速傅里叶变换，实现干摩擦反向涡动响应的全频谱分析，从而得到综合的响应频谱曲线。然后，通过对响应涡动频谱进行比较，可以得到响应的解析解和数值解的频谱差距。

5.3.1 纯滚动情形下解析响应的验证

基于转子/定子碰摩模型中干摩擦反向涡动的纯滚动特征，对其响应解析解和数值解或实验值进行一致性对比分析。首先对低速低反向涡动频率的情形进行对比分析，即图 5-2 中的 PL 点。再对高速高反向涡动频率的情形进行对比分析，即图 5-2 中的 PH 点。通过大量的数值仿真分析，发现低速纯滚动和高速纯滚动囊括了一般性转子/定子碰摩模型中所有类型的干摩擦反向涡动的纯滚动响应类型。

(1) 低速纯滚动情形

当一般性转子/定子碰摩模型中的转子转动频率设为 $\Omega=0.8$，且模型的初始条件设为零时，干摩擦反向涡动表现为具有较低反向涡动频率的纯滚动。转子和定子分别在 X 和 Y 方向偏移量的数值解与解析解的时间历程对比，如图 5-3 所示。通过对比分析，发现黑色实线表示的响应数值解与红色虚线表示的响应解析解吻合程度很高。进一步地，利用定义式(5-33)，对系统响应的数值解与解析解之间的相对均方根偏差和峰值平均相对偏差进行计算，得到如表 5-1 所示的相对偏差值。表中解析解与数值解的相对偏差分别为 $d<2\%$ 和 $D<3\%$，从而可得其相对偏差值是很小的。不管是在实际应用中，还是对于一般数学意义而言，该解析方法对于一般性转子/定子碰摩模型中干摩擦反向涡动的低速纯滚动响应预测，达到了高精度的要求。

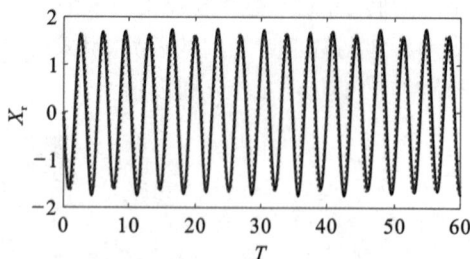

(a)转子在X方向上的响应　　　　　　　(b)转子在Y方向上的响应

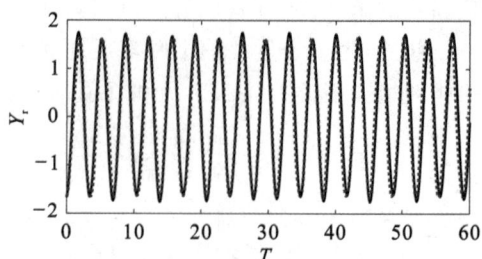

(c)定子在X方向上的响应

(d) 定子在Y方向上的响应

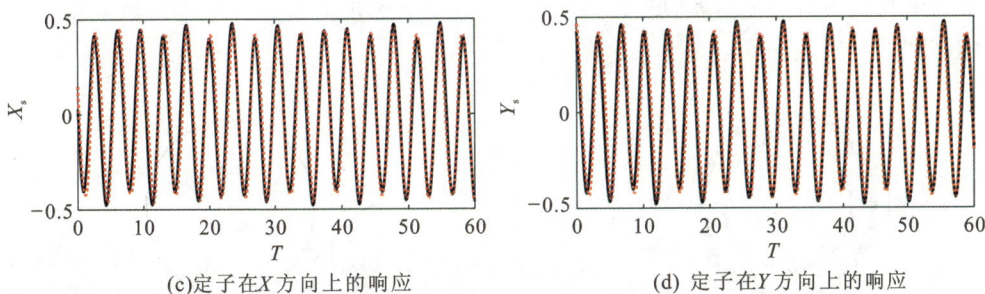

图 5-3 $\Omega=0.8$ 时干摩擦反向涡动的时间历程

注:黑色实线表示数值解,红色虚线表示解析解

表 5-1   **$\Omega=0.8$ 时解的相对均方根偏差和峰值平均相对偏差**

解	RRD/%	RPD/%
X_r	$d_{X_r}=1.82$	$D_{X_r}=2.12$
Y_r	$d_{Y_r}=1.92$	$D_{Y_r}=2.17$
X_s	$d_{X_s}=0.13$	$D_{X_s}=2.62$
Y_s	$d_{Y_s}=0.03$	$D_{Y_s}=2.56$

图 5-4 描述了干摩擦反向涡动纯滚动响应的轨迹和全频谱的数值解与解析解的对比。在图 5-4(a)中的数值解轨迹中,黑色实线表示的转子轨迹大于转子和定子间的间隙,即 $R_r>R_0$,而紫色实线表示的定子轨迹小于转子和定子间的间隙,即 $R_s<R_0$。蓝色实线表示的转子与定子之间的相对偏移量的准周期轨迹始终大于转子和定子的间隙,即 $|R_r-R_s|>R_0$,以维持转子与定子的持续接触。通过对比图 5-4(b)所示的解析解轨迹与图 5-4(a)所示的数值解轨迹,发现解析解轨迹很好地再现了干摩擦反向涡动纯滚动的响应轨迹的特性及其大小。然后,通过对比分析,发现解析解的轨迹宽度小于数值解的轨迹宽度。这主要是由于该解析方法的一个预设限定条件 $V_{rel}=0$,由此可以推导出如关系式(5-34)所示的转子与定子间的相对偏移量,其始终是一个常数。

$$|R_r-R_s|=|W_r-W_s|=-\frac{R_d\Omega}{\Omega_w} \tag{5-34}$$

如图 5-4(c)所示,通过比较全频谱的数值解和解析解,可以看出干摩擦反向涡动的响应中,既存在着表示强迫正向转动的正频率 $\Omega=0.8$,又存在着表示自激反向涡动的负频率 $\Omega_r=-1.8$,而且二者的解析解和数值解相互吻合得很好。实际上,在计算过程中,从方程(5-11)中计算得到的反向涡动频率的解析解为 -1.8129,与数值仿真结果 $\Omega_r=-1.8$ 几乎一致。最终,通过对响应时间历程、轨迹和全频谱的数值解和解析解进行对比分析,验证了在低速下的干摩擦反向涡动纯滚动时该解析方法的高精度有效性。

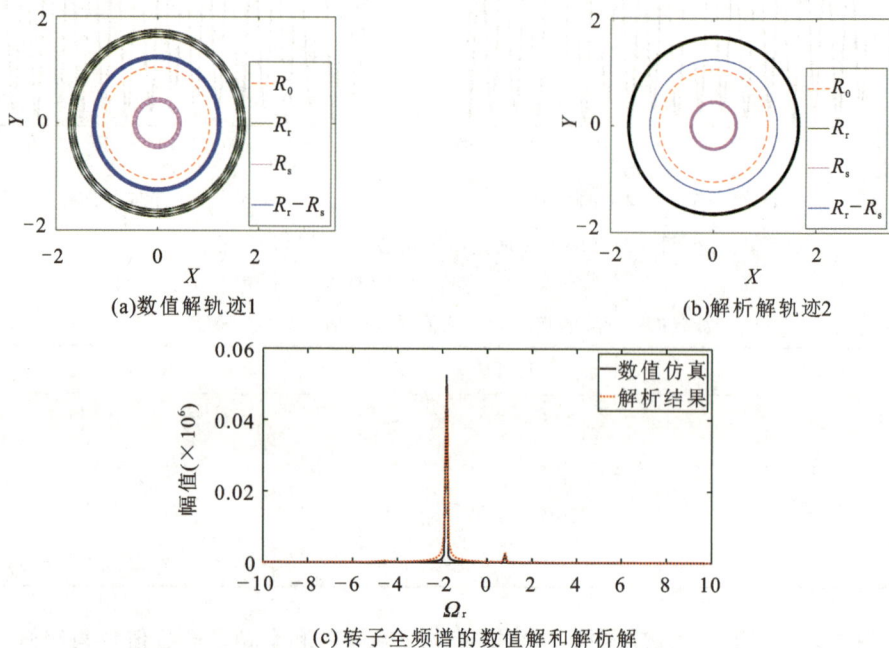

(a)数值解轨迹1

(b)解析解轨迹2

(c)转子全频谱的数值解和解析解

图 5-4 $\Omega=0.8$ 时干摩擦反向涡动的纯滚动响应的轨迹和全频谱

进一步地,基于 Watanabe 等的实验结果[147],对低速纯滚动情形的解析响应进行实验验证。在实验测试系统中,不平衡量 $e=0.1$ mm,转子固有频率 $\omega_0=20\pi$ rad/s,由此根据方程(5-2)的理论模型无量纲处理方法,确定转子/定子碰摩模型的实验结构的系统参数分别为 $\zeta_r=0.03$, $\zeta_s=0.01$, $M_{sr}=2.0$, $\beta_{sr}=128$, $\beta_{cr}=6\,300$, $\mu=0.3$, $R_0=10$, $R_d=75R_0$。在实验测试过程中,当碰摩转子以 33 r/min 的速度转动时,转子与定子间发生 42.5 Hz 的反向涡动,并分别得到了碰摩转子和定子沿 X 方向的偏移量时间历程。

首先,确定理论模型的无量纲转动频率为 $\Omega=\dfrac{\omega}{\omega_0}=\dfrac{33\cdot 2\pi}{60\cdot 20\pi}=0.055$,然后采用本章的响应预测解析方法,可以得到碰摩转子的干摩擦反向涡动频率 $\Omega_r=-4.113\,0$,即反向涡动频率为 41.13 Hz,其与实验测量得到的反向涡动频率 42.5 Hz 的相对误差仅为 3.22%,满足实际的精度要求。其次,计算得到转子和定子在 X 方向偏移量的实验测量值与解析解的时间历程对比,如图 5-5 所示。通过对比分析,发现黑色实线表示的偏移量实验测量值与红色虚线表示的偏移量解析解吻合程度很高。进一步地,利用定义式(5-33),对系统偏移量的实验测量值与解析解之间的相对均方根偏差和峰值平均相对偏差进行计算,得到转子响应在 X 方向的实验值与解析解相对均方根偏差为 $d_{X_r}=17.62\%$,峰值平均相对偏差为 $D_{X_r}=1.84\%$。同时,定子响应在 X 方向的实验值与解析解相对均方根偏差为 $d_{X_s}=9.07\%$,峰值平均相对偏差为 $D_{X_s}=1.56\%$。从而可得,转子/定子碰摩模型中干摩擦反向涡动的纯滚动响应的实验测量值与解析解的相对偏差值较小。此外,由于理论模型中被忽略的重力作用,碰摩转子在实验测量过程中会发生无法避免的重力方向偏移,因此虽然实验值与解析解的相对均方根偏差 d_{X_r} 和 d_{X_s} 较大,但是它们都在合理的范围内。从实验测量角度看,这一结果可以说明,该解析方法可以实现对一般性转子/定子碰摩模型中干摩擦反向涡动的纯滚动响应的精准预测。

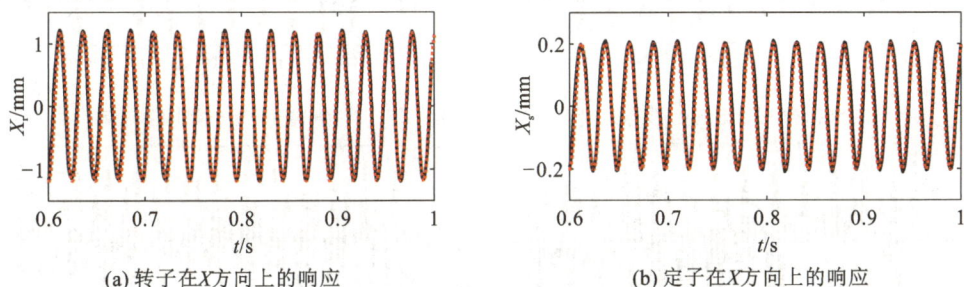

(a) 转子在X方向上的响应　　　　　(b) 定子在X方向上的响应

图 5-5　$\Omega=0.055$ 时干摩擦反向涡动的时间历程

注:黑色实线表示实验值,红色虚线表示解析解

通过解析解与数值仿真和实验测量结果的对比分析,一方面说明了该解析方法对于转子/定子碰摩模型中干摩擦反向涡动的低速纯滚动响应预测的准确性;另一方面基于数值仿真和实验测量结果的一致性,说明了理论模型数值仿真结果的合理性,利用数值仿真结果与解析解的对比分析,就可以实现对该响应解析预测结果的评价。

（2）高速纯滚动情形

当转子转动频率设为 $\Omega=2.7$,且系统的初始条件也设为零时,干摩擦反向涡动表现为具有较高反向涡动频率的纯滚动。转子和定子在 X 和 Y 方向偏移量的数值解与解析解的时间历程对比,如图 5-6 所示。图中,转子和定子在 X 和 Y 方向偏移量不仅有大幅值的波动,还有小幅值在零值附近的振荡。通过对比分析,发现黑色实线表示的响应数值解与红色虚线表示的响应解析解吻合程度很高。进一步地,利用定义式(5-33),对系统响应的数值解与解析解之间的相对均方根偏差和峰值平均相对偏差进行计算,得到如表 5-2 所示的相对偏差值。表中解析解与数值解的相对偏差分别为 $d<2\%$ 和 $D<14\%$,从而可得其相对偏差值较小。其中,根据相对偏差的定义式(5-34),在零附近小幅值振荡的极小峰值对峰值平均相对偏差的大小具有极高敏感性。也就是说,在零附近的峰值越小,则峰值平均相对偏差的值就越大。由于受到高速纯滚动中转子的转动和涡动的相对速度在零附近小幅值振荡的影响,$\Omega=$

2.7时高速纯滚动的峰值平均相对偏差几乎是 $\Omega=0.8$ 时低速纯滚动的相应值的 5 倍。对于转子/定子碰摩模型中的无量纲化小幅值振荡而言,峰值平均相对偏差 $D<14\%$ 也是一个很小的偏差值。不管是在实际应用中,还是对于一般数学意义而言,该解析方法对于一般性转子/定子碰摩模型中干摩擦反向涡动的高速纯滚动响应预测,都达到了高精度的要求。

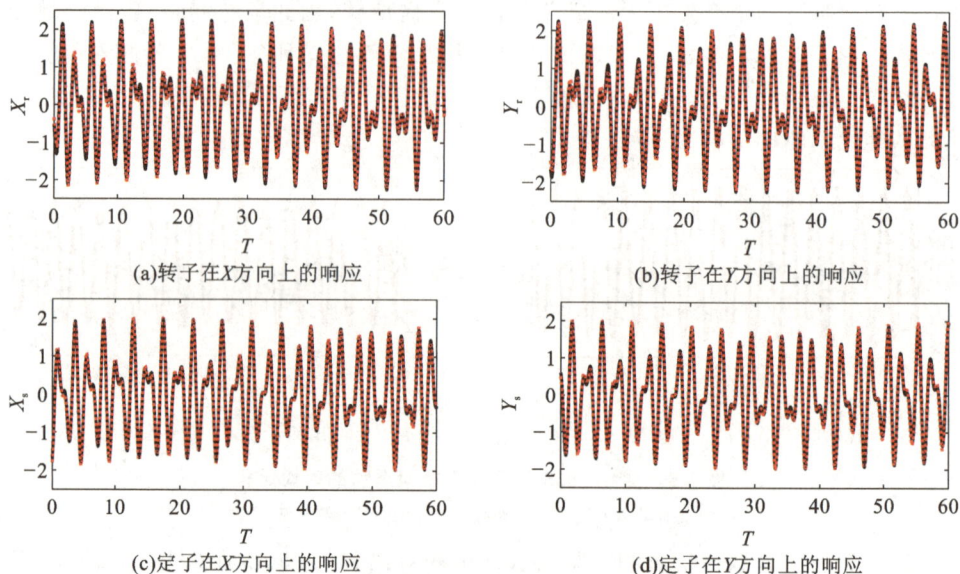

(a)转子在X方向上的响应　　　　　　　(b)转子在Y方向上的响应

(c)定子在X方向上的响应　　　　　　　(d)定子在Y方向上的响应

图 5-6　$\Omega=2.7$ 时干摩擦反向涡动的时间历程

注:黑色实线表示数值解,红色虚线表示解析解

表 5-2　　　　　　　$\Omega=2.7$ 时解的相对均方根偏差和峰值平均相对偏差

解	RRD/%	RPD/%
X_r	$d_{X_r}=0.13$	$D_{X_r}=13.29$
Y_r	$d_{Y_r}=0.02$	$D_{Y_r}=10.68$
X_s	$d_{X_s}=1.08$	$D_{X_s}=12.22$
Y_s	$d_{Y_s}=1.15$	$D_{Y_s}=8.71$

图 5-7 描述了干摩擦反向涡动纯滚动响应的轨迹和全频谱的数值解与解析解的对比。在图 5-7(a)中的数值解轨迹中,黑色实线表示的转子轨迹 R_r 和紫色实线表示的定子轨迹 R_s 都局部地大于转子和定子的间隙 R_0,并都表现出一种在极宽范围内的类弹跳现象。蓝色实线表示的转子与定子之间相对偏移量的准周期轨迹 $|R_r-R_s|$ 约为转子和定子的间隙 R_0 的 2 倍。通过对比图 5-7(b)所示的解析解轨迹与 5-7(a)所示的数值解轨迹,发现解析解轨迹很好地再现了干摩擦反向涡动纯滚

动的响应轨迹的特性及其大小,除了由限定条件 $V_{rel}=0$ 引起的解析解的轨迹宽度小于数值解的轨迹宽度。

如图 5-7(c)所示,通过对比分析转子全频谱的数值解和解析解,可以看出干摩擦反向涡动的纯滚动响应中,既存在着表示强迫正向转动的正频率 $\Omega=2.7$,又存在着表示自激反向涡动的负频率 $\Omega_r=-4.1$,而且二者的幅值和频率的解析解和数值解相互吻合得都很好。实际上,在计算过程中,基于方程(5-11)中计算得到的干摩擦反向涡动频率的解析解为 $-4.099\,9$,与数值仿真结果 $\Omega_r=-4.1$ 几乎一致。最终,通过对响应时间历程、轨迹和全频谱的数值解和解析解进行对比分析,验证了在高转速下的干摩擦反向涡动纯滚动时,该解析方法的高精度有效性。

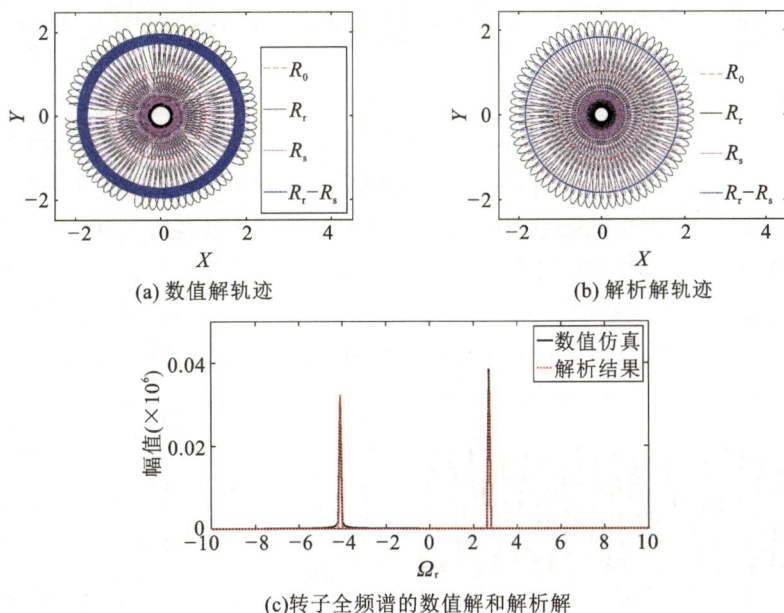

(a) 数值解轨迹　　　　　　　　　　(b) 解析解轨迹

(c)转子全频谱的数值解和解析解

图 5-7　$\Omega=2.7$ 时干摩擦反向涡动的纯滚动响应的轨迹和全频谱

通过干摩擦反向涡动纯滚动响应数值解和解析解的对比分析,发现响应数值解与解析解之间具有很好的一致性。从而可以说明,针对一般性转子/定子碰摩模型中不同转速下不同类型的干摩擦反向涡动,本书的解析方法针对纯滚动的响应预测是有效的,并且可以获得非常高的精度。同时,从图 5-4 和图 5-7 可以看出,在转子/定子碰摩模型干摩擦反向涡动特性的精准研究中,即使强迫正向转动的响应幅值可能远小于反向涡动的响应幅值,正向谐波激励强迫转动的部分解也并不能被忽略。

在一定程度上,由于方程(5-8)对解析解形式的定义中具有零相对速度和单个反向涡动频率的假设条件,因此模型响应解析解与数值解之间的小偏差是不可避免的。实际上,由于摩擦力在零相对速度附近的快速波动,干摩擦反向涡动的响应可能包含其他更高的频率分量。同时,数值仿真精度也会产生与定义式(5-33)近似结果相当的评估精度。因此可以说,方程(5-30)中解析解的精度实际上是很高的。

5.3.2 滞滑振动情形下解析响应的验证

基于方程(5-31)定义的相对滑动时长 τ_{rel} 对转子/定子碰摩模型中滞滑振动的纯滚动时长占比的描述,验证和讨论本书的解析方法对一般性转子/定子碰摩模型中干摩擦反向涡动的滞滑振动响应预测的有效性。

通过两个实例来说明干摩擦反向涡动的滞滑振动响应的解析解与数值解的偏差,一个具有较短的滑移相,即图 5-2 中的 GS_1 点,相对滑动时长为 $\tau_{rel}=0.74$;另一个具有较长的滑移相,即图 5-2 中的 GS_2 点,相对滑动时长为 $\tau_{rel}=0.49$。

(1)短滑移相的滞滑振动

当将转子/定子碰摩模型中的转子转动频率设为 $\Omega=2.7$ 时,且模型的初始条件设置为$[-10.19, 17.61, 7.17, 12.20, -7.77, 11.53, 4.87, 8.35]$时,一般性转子/定子碰摩模型发生 $\tau_{rel}=0.74$ 的干摩擦反向涡动滞滑振动。转子在 X 方向上偏移量解析解和数值解的时间历程如图 5-8(a)所示,二者的吻合程度是很高的。表 5-3 所示的响应解析解与数值解之间的相对均方根偏差和峰值平均相对偏差分别为 $d<5\%$ 和 $D<6\%$,相对偏差值是比较小的。实际上,该解析方法对于一般性转子/定子碰摩模型中干摩擦反向涡动滞滑振动中短滑移相响应预测,达到了较高精度的要求。

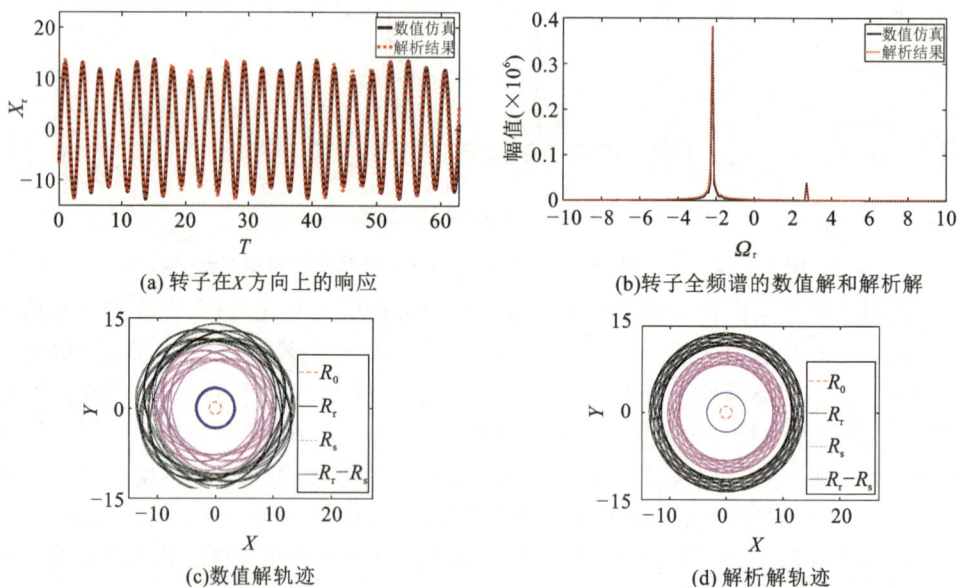

(a) 转子在X方向上的响应

(b)转子全频谱的数值解和解析解

(c)数值解轨迹

(d) 解析解轨迹

图 5-8 $\Omega=2.7$ 时干摩擦反向涡动的滞滑振动($\tau_{rel}=0.74$)

表 5-3 　　　　　　　$\tau_{rel} = 0.74$ 时解的相对均方根偏差和峰值平均相对偏差

解	RRD/%	RPD/%
X_r	$d_{X_r} = 2.87$	$D_{X_r} = 3.88$
Y_r	$d_{Y_r} = 3.04$	$D_{Y_r} = 3.96$
X_s	$d_{X_s} = 4.27$	$D_{X_s} = 4.76$
Y_s	$d_{Y_s} = 4.31$	$D_{Y_s} = 5.17$

　　如图 5-8(b)所示,通过转子偏移量数值解和解析解的全频谱,可以看出表示强迫正向转动的正频率($\Omega = 2.7$)和表示自激反向涡动的负频率($\Omega_r = -2.2$),是相互吻合的。实际上,在计算过程中,基于方程(5-11)计算得到的干摩擦反向涡动频率的解析解为 -2.2145,与数值仿真结果 $\Omega_r = -2.2$ 几乎一致。图 5-8(c)所示的数值解轨迹与图 5-8(d)所示的解析解轨迹除了轨迹宽度的差距外,其他几乎一致。黑色实线的转子轨迹 R_r 和紫色实线的定子轨迹 R_s 都约为转子和定子的间隙 R_0 的 10 倍,而蓝色实线的转子和定子间相对偏移轨迹 $|R_r - R_s|$ 约为转子和定子的间隙 R_0 的 2 倍。因此,本章解析方法对于滑移时长较短的干摩擦反向涡动滞滑振动的响应预测依然有效。

（2）长滑移相的滞滑振动

　　当将转子/定子碰摩模型中转子的转动频率设定为 $\Omega = 3.7$,且模型的初始条件设定为$[-16.66, -12.36, -7.81, 36.01, -12.40, -18.39, -6.58, 22.94]$时,一般性转子/定子碰摩模型发生 $\tau_{rel} = 0.49$ 的干摩擦反向涡动滞滑振动。转子在 X 方向上偏移量解析解和数值解的时间历程如图 5-9(a)所示,二者差距较大。表 5-4 所示的响应解析解与数值解之间的相对均方根偏差和峰值平均相对偏差分别为 $d > 23\%$ 和 $D > 28\%$,相对偏差值较大,说明该解析方法对于干摩擦反向涡动滞滑振动的长滑移相响应预测是失效的。

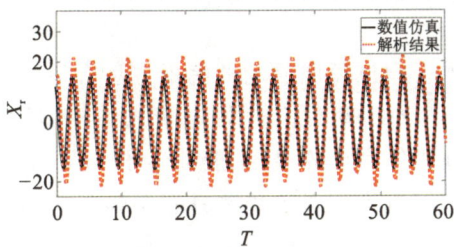

(a) 转子在X方向上的响应　　　　　　(b)转子响应全频谱的数值解和解析解

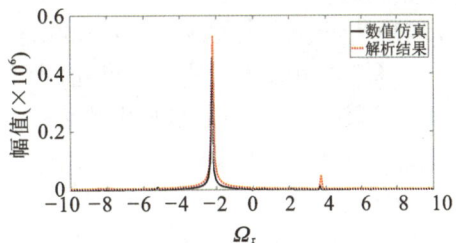

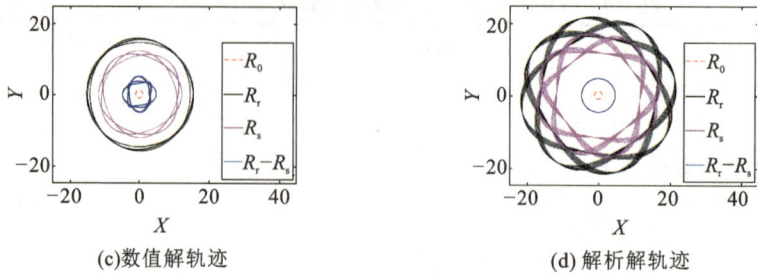

(c) 数值解轨迹   (d) 解析解轨迹

图 5-9 $\Omega = 3.7$ 时干摩擦反向涡动的滞滑振动($\tau_{rel} = 0.49$)

表 5-4 $\tau_{rel} = 0.49$ 时解的相对均方根偏差和峰值平均相对偏差

解	RRD/%	RPD/%
X_r	$d_{X_r} = 24.52$	$D_{X_r} = 28.47$
Y_r	$d_{Y_r} = 23.97$	$D_{Y_r} = 28.18$
X_s	$d_{X_s} = 27.46$	$D_{X_s} = 31.81$
Y_s	$d_{Y_s} = 27.25$	$D_{Y_s} = 32.19$

  通过如图 5-9(b)所示的转子偏移量数值解和解析解的全频谱,可以看出表示强迫正向转动的正频率 $\Omega = 3.7$ 和表示自激反向涡动的负频率 $\Omega_r = -2.2$ 基本吻合,但是二者存在着幅值上的差异。实际上,在计算过程中,基于方程(5-11)计算得到的干摩擦反向涡动频率的解析解为 $-2.225\,6$,比数值仿真结果 $\Omega_r = -2.2$ 稍大。图 5-9(c)所示的数值解轨迹与图 5-9(d)所示的解析解轨迹存在较大的差异。黑色实线的转子轨迹 R_r 和紫色实线的定子轨迹 R_s 都约为转子和定子的间隙 R_0 的 10 倍,而蓝色实线的转子和定子间相对偏移轨迹 $|R_r - R_s|$ 约为转子和定子的间隙 R_0 的 2 倍。因此,本章的解析方法对于滑移时长较大的干摩擦反向涡动滞滑振动的响应预测是失效的。同时,从图 5-9 中可以看出,系统响应解析解与数值解的主要差异是偏移量幅值,解析解的幅值总是大于数值解的幅值。这就意味着,由纯滚动限定条件得出的解析解低估了滑移产生的阻尼效应。

  由图 5-8 和图 5-9 的对比可知,本书预测干摩擦反向涡动的解析方法有限地取决于表征转子/定子碰摩模型中纯滚动占比的相对滑动时长 τ_{rel}。基于式(5-33)给定的系统参数条件,以如图 5-2 所示的绿色点画线作为分界线,一般性转子/定子碰摩模型中转速小于或等于 3.1 时,即 $\Omega \leqslant 3.1$,该解析方法对于预测具有小幅反向涡动的干摩擦反向涡动响应都是有效的。

  基于对一般性转子/定子碰摩模型干摩擦反向涡动的解析分析,可以得出:①该解析方法可以实现对高、低速纯滚动响应的精确预测;②该解析方法可以实现对短滑移相滞滑响应的近似预测,如 $\tau_{rel} \geq 0.74$ 时;③该解析方法对于大部分情形是有效的,但是对于转速超过临界值的情形,由于低估滑移的阻尼效应而失效。

5.4 本章小结

本章针对同时考虑了转子和定子的动力学特性,以及接触面的摩擦效应和变形的一般性转子/定子碰摩模型,在转子和定子相对做纯滚动的条件下,提出了一种预测非光滑干摩擦自激反向涡动响应行为的解析方法,并验证了该方法在滞滑振动响应中的有效性。首先,将干摩擦的近似平均效应考虑进响应解析解中,简化了转子/定子碰摩模型的 4 自由度动力学方程。在相对速度趋于零的纯滚动限定条件下,分两步计算干摩擦反向涡动的响应解。一是分别解析求解自激反向涡动和强迫正向转动的复指数响应部分解,二是通过考虑相对相位差的逐项叠加得到干摩擦反向涡动的总的解析解。

通过对响应解析解和数值解的时间历程、轨迹以及全频谱图进行比较,验证了该解析方法的有效性,及其受到的滞滑振动滑移特性的不同影响。借助解析解和数值解间的相对均方根偏差和峰值平均相对偏差,可以如预期的那样得出,该解析方法可以对各种不同转速下纯滚动干摩擦自激反向涡动中转子和定子的响应幅度和频率进行高精度预测。同时,该解析方法对于近似地预测滞滑振动的短滑移相的响应,仍然是一个强大的工具。因此可以说,该解析方法适用于转速在一定临界值范围内的大部分情形下的干摩擦自激反向涡动的响应预测。对于滞滑振动的长滑移相的响应,由于该解析方法的纯滚动假设条件限定,滞滑振动中滑移摩擦力产生的阻尼效应被低估,故响应的解析解的幅值偏高。但是,实际上,即使对于滞滑振动的长滑移相的响应,该方法也可以提供转子和定子之间的相对偏移量以及主要响应频率成分的合理近似值。因此,本章中的解析方法为一般性转子/定子碰摩模型中干摩擦自激反向涡动的滞滑振动分析,提供了新的有价值的见解。

6 两自由度转子/定子
碰摩模型的滞滑振动特性

　　基于其他文献的研究成果[13-15]，在转子/定子碰摩系统中，碰摩转子发生干摩擦自激反向涡动时，会产生纯滚动和滑移运动并存的滞滑振动现象。同时，通过第5章中对干摩擦自激反向涡动的响应预测分析得出，干摩擦自激反向涡动的响应特性受到滞滑振动中滑移时长的影响。这些研究结果说明了滞滑振动特性对转子/定子碰摩系统的影响。一方面，滞滑振动特性对转子和定子间摩擦特性产生影响，进而产生不同程度的磨损；另一方面，不同的滞滑振动类型还可能诱发碰摩转子产生更加复杂的动力学行为，包括非光滑分岔和混沌等。为了实现对转子/定子碰摩系统中滞滑振动特性的机理性探究，基于两自由度的简单的转子/定子碰摩模型，利用非光滑动力学系统的滑动分岔理论，包括 Filippov 的凸性方法[30] 和 Utkin 的等度控制方法[33] 等，对干摩擦自激反向涡动的纯滚动和滑移的转换特性及其参数影响进行深层次的解析分析。

　　本章针对一个两自由度的分段光滑的简单转子/定子碰摩系统，基于非光滑动力系统的滑动分岔理论，解析分析干摩擦自激反向涡动中表现出的滞滑振动特性。将转子/定子碰摩系统碰摩点相对速度为零时的超曲面确定为系统的不连续边界，即系统向量场的切换流形，从而根据其附近两个相邻的不连续向量场的法向分量特征，对切换流形上不同类型的滑动区域及其滑动边界进行讨论。进一步研究转子/定子碰摩系统参数对干摩擦自激反向涡动中滞滑切换的影响，利用解析方法揭示不同参数之间的相互作用和一些实验中观察到的现象。同时，干摩擦自激反向涡动响应特性与系统滞滑振动中滑动运动之间的联系也是关注的重点。

6.1　非光滑转子/定子碰摩模型

基于刚性支承的水平 Jeffcott 转子模型,建立了如图 6-1 所示的简单转子/定子碰摩动力学模型。本模型中不考虑定子的动力学特性,只是将定子作为转子与定子碰摩的附加刚度进行处理,因此可以说本模型十分简单。其中,无质量弹性转轴刚性支承在一对理想的轴承上,转轴的等效刚度为 k_s,转轴的等效阻尼系数为 c_s。一个半径为 r_d 的刚性圆盘固结于转轴中央,同时圆盘上带有偏心距为 e、偏心质量为 m 的不平衡质量。内表面各向同性的定子刚性固定在基底上,转子与定子的间隙为 r_0。在图 6-1 所示的极坐标系中,O 是定子的形心,也是整个转子/定子模型的几何中心,O_1 是转子圆盘的形心。如图 6-1(b)所示,当转子圆盘以角速度 ω 做顺时针方向的转动时,转子系统以角速度 $\dot{\phi}$ 做逆时针方向的涡动,涡动角度为 ϕ,转轴弯曲产生大小为 r 的动偏移量,从而引起转子圆盘与定子间的碰摩。转子与定子间的摩擦系数为 μ,等效接触刚度系数为 k_b。与之对应,在碰摩点处存在法向力 F_n 和摩擦力 μF_n。

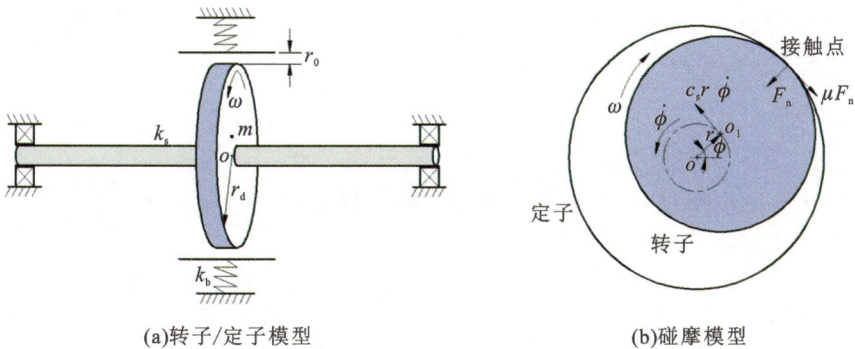

(a)转子/定子模型　　　　　　　　　(b)碰摩模型

图 6-1　两自由度转子/定子碰摩模型示意图

忽略系统的重力,考虑系统干摩擦效应和碰摩刚度,根据相对运动定理建立转子/定子碰摩系统在极坐标系中的动力学微分方程:

$$\begin{cases} m\ddot{r}+c_s\dot{r}+k_s r-mr\dot{\phi}^2+\Theta k_b(r-r_0)=me\omega^2\cos(\omega t-\phi) \\ mr\ddot{\phi}+c_s r\dot{\phi}+2m\dot{r}\dot{\phi}+\Theta\mu k_b(r-r_0)\cdot \mathrm{sgn}(v_{rel})=me\omega^2\sin(\omega t-\phi) \qquad (6\text{-}1) \\ v_{rel}=\omega r_d+\dot{\phi}r \end{cases}$$

转子/定子碰摩系统是一个分段光滑的非线性系统,转轴的动偏移量和相对速度的方向是两个关键的非线性因素。系统的动力学方程(6-1)中存在两个不连续边界,一个是 Heaviside 函数 Θ 表征的转子与定子发生碰摩的边界($r=r_0$),另一个是符号函数表征的转子与定子间摩擦力方向的转换边界。其中,研究得出,系统的向量场及其轨线并不会在 Heaviside 函数 Θ 的碰摩边界上停留,也就是说,一旦 $r \geqslant r_0$,转子与定子发生碰摩,则转子的偏移量总是会横穿转子和定子间的碰摩边界。因此,本书针对符号函数 $\mathrm{sgn}(v_{\mathrm{rel}})$ 的摩擦力方向切换边界 $v_{\mathrm{rel}}=0$ 所引起的非光滑动力学行为进行解析分析。

由于本章重点关注的是转子/定子碰摩系统中由干摩擦效应引起的干摩擦自激反向涡动,因此 $\Theta=1$ 是必须满足的条件。为了便于分析,可以将方程(6-1)转化为如下的无量纲的形式:

$$\begin{cases} R'' + 2\zeta R' + (\beta+1)R - \phi'^2 R - R_0 = \Omega^2 \cos(\Omega\tau - \phi) \\ R\phi'' + 2\zeta R\phi' + 2R'\phi' + F_\mu = \Omega^2 \sin(\Omega\tau - \phi) \\ V_{\mathrm{rel}} = \Omega R_{\mathrm{d}} + \phi' R \end{cases} \tag{6-2}$$

式中,无量纲的库仑摩擦力为:

$$F_\mu = \mu(R - R_0) \cdot \mathrm{sgn}(V_{\mathrm{rel}}) \tag{6-3}$$

式中,无量纲化参数为:$R = r/e$,$R_0 = r_0/e$,$R_{\mathrm{d}} = r_{\mathrm{d}}/e$,$\beta = k_{\mathrm{s}}/k_{\mathrm{b}}$,$2\zeta = c_{\mathrm{s}}/\sqrt{mk_{\mathrm{b}}}$,$\omega_2 = \sqrt{k_{\mathrm{b}}/m}$,$\Omega = \omega/\omega_2$,$V_{\mathrm{rel}}\omega_2 = v_{\mathrm{rel}}/e$,$\tau = \omega_0 t$。

通过设定 $x_1 = R$,$x_2 = R'$,$x_3 = \phi$,$x_4 = \phi'$ 和 $\theta = \Omega\tau$,方程(6-2)可以转化为右端具有非连续项的一阶自治常微分方程:

$$x' = \begin{cases} F_1(x), & H(x) > 0 \\ F_2(x), & H(x) < 0 \end{cases} \tag{6-4}$$

式中,$x = (x_1, x_2, x_3, x_4, \theta)^{\mathrm{T}} \in \mathbb{R}^5$ 是状态变量,$H(x) = \Omega R_{\mathrm{d}} + x_1 x_4$。

$$F_1(x) = \begin{bmatrix} x_2 \\ \Omega^2 \cos(\theta - x_3) - (\beta+1)x_1 - 2\zeta x_2 + x_4^2 x_1 + R_0 \\ x_4 \\ \dfrac{\Omega^2 \sin(\theta - x_3)}{x_1} - 2\zeta x_4 - 2x_4 \dfrac{x_2}{x_1} - \mu\left(1 - \dfrac{R_0}{x_1}\right) \\ \Omega \end{bmatrix}$$

$$F_2(x) = \begin{bmatrix} x_2 \\ \Omega^2 \cos(\theta - x_3) - (\beta+1)x_1 - 2\zeta x_2 + x_4^2 x_1 + R_0 \\ x_4 \\ \dfrac{\Omega^2 \sin(\theta - x_3)}{x_1} - 2\zeta x_4 - 2x_4 \dfrac{x_2}{x_1} + \mu\left(1 - \dfrac{R_0}{x_1}\right) \\ \Omega \end{bmatrix}$$

从方程(6-2)和方程(6-4)中可以得出,当转子以正的角速度 ϕ' 向前涡动时,碰摩点处的相对速度 V_{rel} 总是大于零的。而当转子以负的角速度 $-\phi'$ 反向涡动时,碰摩点处转子的转动与涡动之间的相对速度 V_{rel} 就有可能大于零,等于零,甚至小于零,从而诱发转子/定子碰摩系统在相对速度为零的不连续边界附近产生非光滑的复杂动力学行为。本章以五维状态空间中的超曲面 $H(x)$,即 $V_{rel}=0$ 的曲面,作为非光滑转子/定子碰摩系统的不连续边界,通过研究相邻的光滑向量场 $F_1(x)$ 和 $F_2(x)$ 与不连续边界超曲面 $H(x)$ 的相互作用,确定分段光滑的转子/定子碰摩系统的非连续动力学特性。

6.2　干摩擦反向涡动的滞滑振动

当转子/定子碰摩系统发生干摩擦反向涡动时,就有可能发生纯滚动和滑移运动相互切换的滞滑振动。不同于平动系统黏滞状态和滑移状态切换是由动、静摩擦转换引起的,转子/定子碰摩系统中碰摩点处干摩擦方向随着相对速度方向的切换而转换,激发了纯滚动和滑移运动的转换,即滑动和滑移的相互切换,从而引起干摩擦反向涡动的滞滑振动。同时,转子/定子碰摩系统中碰摩转子沿着转动方向的切向运动和法向运动是相互耦合的,这就使得滞滑振动响应的解析分析更加复杂。本章主要是对方程(6-4)描述的转子/定子碰摩系统中的滞滑振动类型及其边界条件进行解析分析,同时进一步探究系统参数对其滞滑振动特性的影响。

6.2.1　非连续向量场的滑动解

在分段光滑的转子/定子碰摩系统中,基于方程(6-4),定义系统切换流形为:

$$\Sigma := \{x \in \mathbb{R}^5 : H(x) = \Omega R_d + x_1 x_4 = 0\} \tag{6-5}$$

切换流形 Σ 将开域的状态矢量空间 S 划分为两个独立的开域空间 S_1 和 S_2,分别为:

$$\begin{cases} S_1 := \{x \in \mathbb{R}^5 : H(x) = \Omega R_d + x_1 x_4 > 0\} \\ S_2 := \{x \in \mathbb{R}^5 : H(x) = \Omega R_d + x_1 x_4 < 0\} \end{cases} \tag{6-6}$$

在空间 S_1 中,即 $x \in S_1$ 时,向量场 $F_1(x)$ 的系统轨线是光滑的,在空间 S_2 中的向量场 $F_2(x)$ 也是如此。由于 $F_1 \neq F_2$,因此如方程(6-4)描述的分段光滑转子/定子碰摩系统的光滑度为1,该模型也被称为 Filippov 系统。

根据非光滑理论,滑动区域和横穿区域的边界是通过其中一个法向分量 $\mathscr{L}_{F_1} H(x)$ 或 $\mathscr{L}_{F_2} H(x)$ 的消失而确定的。这也就意味着,在滑动区域的边界处,其中一个相对应的向量场 $F_1(x)$ 或 $F_2(x)$ 是与切换流形相切的。对于具有单一切换流形的分段光滑系统而言,滑动区域及其边界条件可以分为以下 3 种不同的情形。

① 如果 $\forall x \in \Sigma, \mathscr{L}_{F_1} H(x) \cdot \mathscr{L}_{F_2} H(x) \leqslant 0$,则滑动区域可以很明显地定义为:

$$\begin{cases} \Sigma_s = \Sigma \\ \partial \Sigma_s = \varnothing \end{cases} \tag{6-7}$$

式中,$\varnothing$ 为空集。

这种情形意味着系统的轨线一旦与切换流形接触,就会一直停留在切换流形上进行滑动。因此整个切换流形 Σ 都属于滑动区域 Σ_s,且不存在滑动区域的边界。

② 如果 $\forall x \in \Sigma, \mathscr{L}_{F_1} H(x) \geqslant 0$,则滑动区域及其边界定义为:

$$\Sigma_s = \{x \in \Sigma: \mathscr{L}_{F_2} H(x) \leqslant 0\}, \quad \partial \Sigma_s = \{x \in \Sigma: \mathscr{L}_{F_2} H(x) = 0\} \tag{6-8a}$$

如果 $\forall x \in \Sigma, \mathscr{L}_{F_1} H(x) \leqslant 0$,则滑动区域及其边界定义为:

$$\Sigma_s = \{x \in \Sigma: \mathscr{L}_{F_2} H(x) \geqslant 0\}, \quad \partial \Sigma_s = \{x \in \Sigma: \mathscr{L}_{F_2} H(x) = 0\} \tag{6-8b}$$

一般地,如果互换式(6-8a)和式(6-8b)中的 $\mathscr{L}_{F_1} H(x)$ 和 $\mathscr{L}_{F_2} H(x)$,同样可以得到另外两种同样类型的 $\mathscr{L}_{F_2} H(x) \geqslant 0$ 和 $\mathscr{L}_{F_2} H(x) \leqslant 0$ 的滑动区域 Σ_s 及其边界 $\partial \Sigma_s$ 的解析解。

③ 如果 $\forall x \in \Sigma, \mathscr{L}_{F_1} H(x)$ 和 $\mathscr{L}_{F_2} H(x)$ 可能为正和负,则滑动区域及其边界定义为:

$$\begin{cases} \Sigma_s = \{x \in \Sigma: \mathscr{L}_{F_1} H(x) \cdot \mathscr{L}_{F_2} H(x) \leqslant 0\} \\ \partial \Sigma_s^+ = \{x \in \Sigma: \mathscr{L}_{F_1} H(x) = 0\} \\ \partial \Sigma_s^- = \{x \in \Sigma: \mathscr{L}_{F_2} H(x) = 0\} \end{cases} \tag{6-9}$$

情形①到情形③中切换流形上所有的滑动区域及其边界条件的特性,统一为滑动解。因此,利用向量场 $F_1(x)$ 和 $F_2(x)$ 关于切换流形 Σ 的法向分量,通过一个向量场 $F_1(x)$ 和 $F_2(x)$ 的凸组合,确定系统(6-4)在每一个非奇异滑动点的滑动向量场 F_s 为:

$$F_s = (1-\lambda) F_1(x) + \lambda F_2(x), \quad x \in \Sigma_s \tag{6-10}$$

式中,$\lambda = \dfrac{\mathscr{L}_{F_1} H(x)}{\mathscr{L}_{F_1} H(x) - \mathscr{L}_{F_2} H(x)}$。

如果 $\mathscr{L}_{F_s} H(x) = 0$,则意味着滑动向量场 F_s 与切换流形 Σ 是相切的。反之,如果这两个向量场 $F_1(x)$ 和 $F_2(x)$ 不能在切换流形上保证满足式(6-10)中滑动向量场 F_s 的条件,那么分段光滑的转子/定子碰摩系统将发生切换流形上的横穿运动。

6.2.2 干摩擦反向涡动中的滑动区域

为了进一步地探究转子/定子碰摩系统(6-4)的滑动区域及其边界,利用李导数分别确定两个向量场 $F_1(x)$ 和 $F_2(x)$ 的法向分量,可表示为:

$$
\begin{cases}
\mathscr{L}_{F_1}H(x)=(\phi' \quad 0 \quad 0 \quad R \quad 0)\cdot
\begin{pmatrix}
R' \\
\Omega^2\cos(\theta-\phi)-(\beta+1)R-2\zeta R'+R\phi'^2+R_0 \\
\phi' \\
\dfrac{\Omega^2\sin(\theta-\phi)}{R}-2\zeta\phi'-2\dfrac{R'\phi'}{R}-\mu\left(1-\dfrac{R_0}{R}\right) \\
\Omega
\end{pmatrix} \\
\qquad =\Omega^2\sin(\theta-\phi)-2\zeta R\phi'-R'\phi'-\mu(R-R_0) \\[4mm]
\mathscr{L}_{F_2}H(x)=(\phi' \quad 0 \quad 0 \quad R \quad 0)\cdot
\begin{pmatrix}
R' \\
\Omega^2\cos(\theta-\phi)-(\beta+1)R-2\zeta R'+R\phi'^2+R_0 \\
\phi' \\
\dfrac{\Omega^2\sin(\theta-\phi)}{R}-2\zeta\phi'-2\dfrac{R'\phi'}{R}+\mu\left(1-\dfrac{R_0}{R}\right) \\
\Omega
\end{pmatrix} \\
\qquad =\Omega^2\sin(\theta-\phi)-2\zeta R\phi'-R'\phi'+\mu(R-R_0)
\end{cases}
\tag{6-11}
$$

同时,根据定义式(6-10)以及从式(6-10)中得到的向量场 $F_1(x)$ 和 $F_2(x)$ 的法向分量 $\mathscr{L}_{F_1}H(x)$ 和 $\mathscr{L}_{F_2}H(x)$,可以计算得出滑动向量场 F_s 为:

$$
F_s=
\begin{bmatrix}
R' \\
\Omega^2\cos(\theta-\phi)-(\beta+1)R-2\zeta R'+\phi'^2R+R_0 \\
\phi' \\
-\dfrac{R'\phi'}{R} \\
\Omega
\end{bmatrix}
\tag{6-12}
$$

在转子/定子碰摩系统的干摩擦反向涡动中,由于系统参数满足 $R>R_0$,$\mu>0$ 和 $\phi'<0$,因此对于 $x\in\Sigma_s$,可以得到以下的条件:

$$
\mathscr{L}_{F_2}H(x)-\mathscr{L}_{F_1}H(x)=2\mu(R-R_0)>0
\tag{6-13}
$$

不等式(6-13)可以说明,在干摩擦自激反向涡动中的切换流形上,滑动区域 Σ_s 在法向方向是吸引的和稳定的。

对应于 6.2.1 小节中 3 种不同类型的滑动解,即情形①到情形③,分别给出了 3 种相对应的干摩擦自激反向涡动滞滑振动的典型数值仿真实例。在所有的数值仿真过程中,方程(6-4)中的系统参数选定为 $\zeta=0.05$,$R_0=1.05$ 和 $R_d=20R_0$。采用积分步长为 10^{-5} 的事件驱动算法[52],以 500 个周期数据的最后结果作为初始条件,进而得到了如图 6-2~图 6-5 所示的转子轨迹、转子涡动幅频和碰摩点相对速度。

① 当 $\Omega=0.3,\beta=0.1$ 和 $\mu=0.15$ 时,方程(6-4)描述的转子/定子碰摩系统将发生纯滚动的干摩擦反向涡动。在图6-2(a)的最大半径为20的极坐标平面内,转子轨迹被表示纯滚动的绿色曲线覆盖。在图6-2(b)中,转子涡动的频率 ϕ' 在 -0.975 附近随着时间做周期性振荡,同样地,转子涡动的幅值 R 在 6.5 附近随时间周期性变化。然而,在整个涡动幅值的振荡过程中,即 $R\in[6.30,6.75]$,转子和定子间的相对速度 V_{rel} 始终为零,不随涡动幅频的变化而变动,如图6-2(c)所示。从图6-2(d)可以看出,情形①的滑动解的条件是可以得到满足的,也就是说整个相对速度为零的切换流形都是滑动区域,始终有 $\mathscr{L}_{F_1}H(x)\cdot\mathscr{L}_{F_2}H(x)\leqslant0$。显然,在该参数下的干摩擦反向涡动中不存在滑动区域的边界,同时可得相对滑动时长 $\tau_{\text{rel}}=1$。

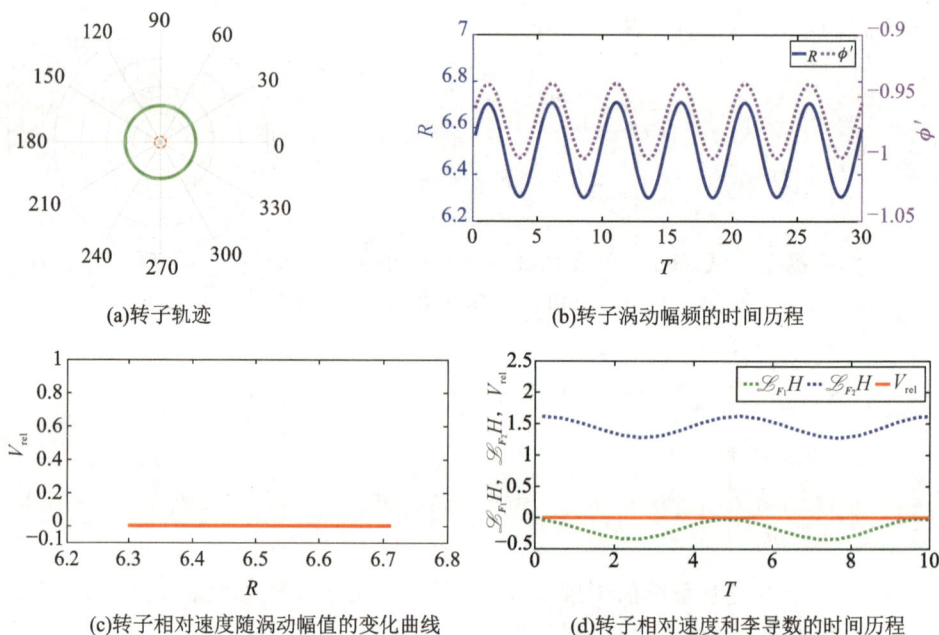

(a)转子轨迹   (b)转子涡动幅频的时间历程

(c)转子相对速度随涡动幅值的变化曲线   (d)转子相对速度和李导数的时间历程

图6-2 $\Omega=0.3,\beta=0.1$ 和 $\mu=0.15$ 时干摩擦反向涡动的纯滚动

注:转子轨迹中绿色曲线表示纯滚动,红色虚线表示转子和定子的间隙

② 当 $\Omega=0.7,\beta=0.1$ 和 $\mu=0.15$ 时,方程(6-4)描述的转子/定子碰摩系统将发生纯滚动和滑移运动相互切换的干摩擦反向涡动滞滑振动。如图6-3(d)所示,$\mathscr{L}_{F_2}H(x)>0$ 始终得到满足,对应情形②的式(6-8)的滑动解。在图6-3(a)的最大半径为20的极坐标平面内,转子轨迹由表示纯滚动的绿色曲线和表示滑移运动的蓝色曲线组成,转子轨迹半径远大于转子和定子的间隙 R_0,由绿色曲线表示的纯滚动往往发生于转子轨迹幅值变动的波谷处。在图6-3(b)中,转子反向涡动的频率 ϕ' 和幅

值 R 同相位地随时间周期性变化，ϕ' 在 -1.002 附近振荡，R 在 14.25 附近振荡。通过对情形①和情形②进行对比分析，针对碰摩转子轨迹及其涡动的幅频变化，纯滚动和滞滑振动之间的差别并不太明显，这也是干摩擦反向涡动中滞滑振动最容易被忽略的原因之一。然而，通过图 6-3(c)所示转子和定子间的相对速度 V_{rel} 随着碰摩转子涡动幅值振荡而变化的过程，可以看出相对速度 V_{rel} 既可以等于零而使得碰摩转子发生纯滚动，也可以大于零而使得碰摩转子发生滑移运动。相应地，图 6-3(d)展示了转子和定子间的相对速度 V_{rel} 周期性在纯滚动状态时的 $V_{rel}=0$ 和滑移状态时的 $V_{rel}>0$ 之间进行相互切换。同时，由于始终有 $\mathscr{L}_{F_2}H(x)>0$，因此滑动区域的边界是由周期性变化的 $F_1(x)$ 的法向分量 $\mathscr{L}_{F_1}H(x)$ 所决定的。当法向分量 $\mathscr{L}_{F_1}H(x)$ 在时间点 τ_i 和 τ_{i+1} 等处从负数变为正数时，式(6-12)表示的滑动矢量 F_s 就会完全变成 $F_1(x)$，从而使得干摩擦反向涡动的轨线脱离切换流形而进入子空间 S_1 中。在一个滞滑振动周期($\tau_{i+1}-\tau_i$)内，滑动区域位于时间点 τ_{si} 和 τ_{i+1} 之间，且始终满足情形②中式(6-8)的条件 $\mathscr{L}_{F_2}H(x)\leqslant 0$ 和 $V_{rel}=0$。因此，在该参数下的干摩擦反向涡动中的相对滑动时长 $\tau_{rel}=(\tau_{i+1}-\tau_{si})/(\tau_{i+1}-\tau_i)$。

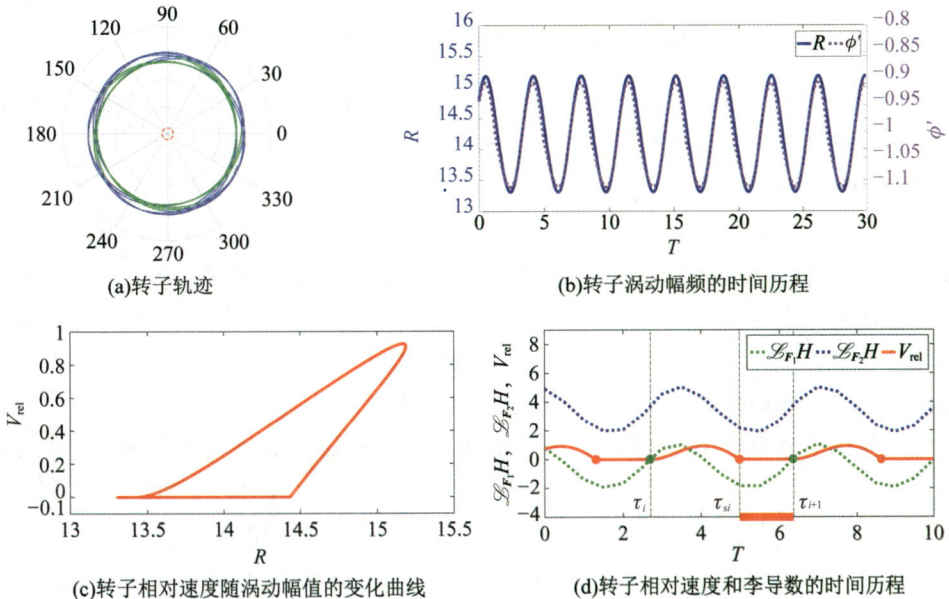

(a)转子轨迹

(b)转子涡动幅频的时间历程

(c)转子相对速度随涡动幅值的变化曲线

(d)转子相对速度和李导数的时间历程

图 6-3　$\Omega=0.7, \beta=0.1$ 和 $\mu=0.15$ 时干摩擦反向涡动中的滞滑振动

注：转子轨迹中绿色和蓝色曲线分别表示纯滚动和滑移，红色虚线表示转子和定子的间隙

在分段光滑的转子/定子碰摩系统中，干摩擦反向涡动的滞滑振动是一种典型的干摩擦自激振动。在碰摩转子的纯滚动和滑移运动的切换过程中，式(6-3)所描述

的,干摩擦力 F_μ 也会展现一种相对应的转换。如图 6-4(a)所示,在碰摩转子从滑移状态转换为纯滚动状态时,即相对速度由 $V_{rel} > 0$ 转变为 $V_{rel} = 0$,干摩擦力时间历程曲线也会从较缓的浅波形向一种剧烈振荡的超谐波波形转变。在图 6-4(b)所示的碰摩转子纯滚动状态下的干摩擦力 F_μ,通过快速改变方向而在 $F_\mu = 0$ 附近进行剧烈振荡,也体现了转子/定子碰摩系统滞滑振动的非光滑特性。因此可以说,利用典型的库仑摩擦力模型对干摩擦反向涡动的滞滑振动特性进行解析分析,是可行且有效的。

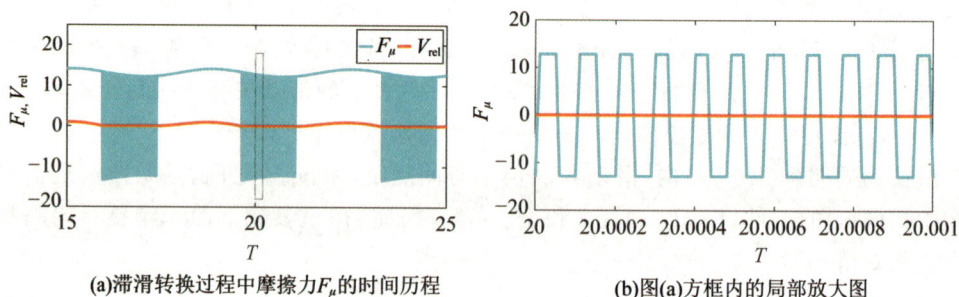

(a)滞滑转换过程中摩擦力F_μ的时间历程　　　(b)图(a)方框内的局部放大图

图 6-4　滞滑振动摩擦力 F_μ 和相对速度 V_{rel}

③ 当 $\Omega = 0.9$,$\beta = 0.04$ 和 $\mu = 0.12$ 时,方程(6-4)描述的转子/定子碰摩系统将会发生纯滚动和滑移运动相互切换的干摩擦反向涡动的滞滑振动。如图 6-5(d)所示,向量场 $F_1(x)$ 或 $F_2(x)$ 的法向分量 $\mathscr{L}_{F_1}H(x)$ 和 $\mathscr{L}_{F_2}H(x)$ 同时在正数和负数之间做相互切换的周期性波动,对应情形③的式(6-9)所表述的滑动解。在图 6-5(a)的最大半径为 20 的极坐标平面内,转子轨迹同样由表示碰摩转子纯滚动的绿色曲线和表示碰摩转子滑移的蓝色曲线组成。不同于情形②的碰摩转子轨迹,该系统参数下的碰摩转子轨迹的半径几乎是转子和定子的间隙 R_0 的 20 倍,而相同的是,由绿色曲线表示的纯滚动同样发生于碰摩转子涡动幅值的波谷处。在图 6-5(b)中,碰摩转子的反向涡动频率 ϕ' 和幅值 R 以一定的相位差随着时间做周期性变化,其中 ϕ' 在 -1.056 附近振荡,R 在 16.95 附近振荡。在图 6-5(c)所示的转子和定子间的相对速度 V_{rel} 随着转子涡动幅值 R 振荡而变化的过程中,相对速度 V_{rel} 同样既可以等于零而使得碰摩转子发生纯滚动,也可以大于零而使得碰摩转子发生滑移运动。相比干摩擦反向涡动中 $V_{rel} = 0$ 时的纯滚动阶段,相对速度 V_{rel} 大于零而使得碰摩转子发生滑移的弯曲区域明显变大了。相应地,图 6-5(d)展示了干摩擦反向涡动的轨线只在相对速度为零的切换流形上面停留了很短的一段时间,这意味着相对于纯滚动的滑动时长很短。对应情形③中的滑动解公式(6-9),在碰摩转子的一个滞滑振动周期 $(\tau_{i+1} - \tau_i)$ 内,滑动区域的边界条件是由其中一个向量场 $F_1(x)$ 或 $F_2(x)$ 在时间点

τ_{si} 或 τ_{i+1} 与切换流形 Σ 相切而得到的。因此,在该参数下的干摩擦反向涡动中的相对滑动时长为 $\tau_{rel}=(\tau_{i+1}-\tau_{si})/(\tau_{i+1}-\tau_i)$。

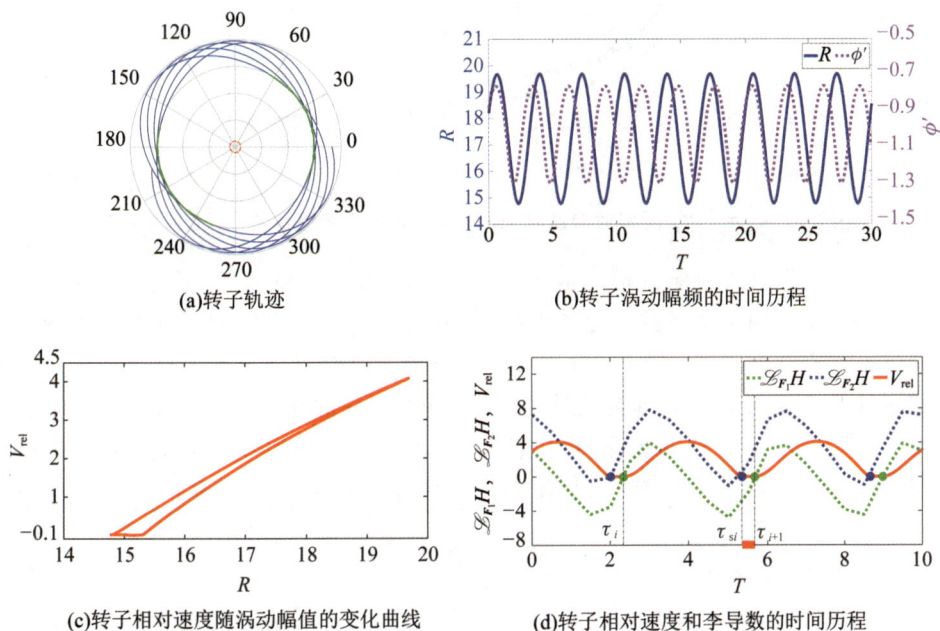

(a)转子轨迹

(b)转子涡动幅频的时间历程

(c)转子相对速度随涡动幅值的变化曲线

(d)转子相对速度和李导数的时间历程

图 6-5 $\Omega=0.9, \beta=0.04$ 和 $\mu=0.12$ 时干摩擦反向涡动的滞滑振动

注:转子轨迹中绿色和蓝色曲线分别表示纯滚动和滑移,红色虚线表示转子和定子的间隙

6.2.3 系统参数对滞滑振动特性的影响

基于 6.2.2 小节的讨论,干摩擦反向涡动中的 3 种类型的滑动区域是与转子/定子碰摩系统的特性及其参数紧密相连的。同时,对于系统轨线滑动的起始点,即滑动区域的起始边界,也是与转子/定子碰摩系统的固有特性相关联。因此,本节探讨其系统参数对干摩擦反向涡动滞滑振动特性的影响。

首先,在 $R_d=20R_0$ 条件下,通过分析转子/定子碰摩系统在不同的其他系统参数下相对滑动时长 τ_{rel} 与转子和定子间相对速度的峰值 $|V_{rel}|_{max}$ 之间的关系,得到如图 6-6 所示的 τ_{rel} 随 $|V_{rel}|_{max}$ 的变化曲线。从图 6-6 可以明显得出,随着不同系统参数的变化,相对滑动时长 τ_{rel} 与相对速度峰值 $|V_{rel}|_{max}$ 成反比例关系。也就是说,相对滑动时长越短,碰摩转子滑移相越长,转子和定子间相对速度峰值越大。实际上,这种反比例关系是与严重的滑移磨损相对应的,碰摩转子滑移时间越长,τ_{rel} 越小,相对速度就会越大,从而造成更加严重的滑移损伤。

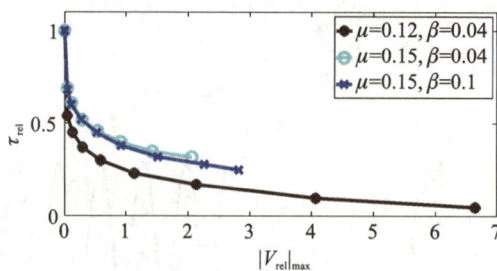

图 6-6　$R_d = 20R_0$ 时相对滑动时长 τ_{rel} 与相对速度峰值 $|V_{rel}|_{max}$ 之间的关系

基于非光滑动力系统的理论基础可以得出,分段光滑的转子/定子碰摩系统的滞滑振动特性受不同系统参数的总体影响,如滑动区域时长、滑动区域个数以及滑动区域的进入和离开方式等。通过对比分析转子/定子碰摩点处不同的碰摩面摩擦系数 μ、接触刚度系数 β 以及转子圆盘半径 R_d 与间隙 R_0 的比值条件下,不同碰摩转子转速下的相对滑动时长的变化,得出转子/定子碰摩系统中干摩擦反向涡动的纯滚动与滑移运动之间的转换特性,从而确定系统中干摩擦反向涡动的滞滑振动响应特性。

(1) 摩擦系数 μ 对相对滑动时长的影响

确定系统参数 $\zeta = 0.05$,$\beta = 0.04$,$R_0 = 1.05$ 和 $R_d = 20R_0$,得到在不同摩擦系数 μ 下的 τ_{rel}-Ω 曲线,如图 6-7 所示。从图中可以看出,当转子/定子碰摩面的摩擦系数很小,如 $\mu = 0.12$ 时,在干摩擦反向涡动的存在区域内,相对滑动时长 τ_{rel} 总是小于1,这就意味着纯滚动状态在一个滞滑振动周期内总是维持很短的一段时间。相对于整个转子轨线运行周期,纯滚动与滑移运动的状态转换总是瞬态的,使得转子/定子碰摩系统中干摩擦反向涡动的滞滑振动总是被忽略。因而,在大量的实验测量过程中,碰摩转子的状态也常常被看作一种连续滑移的运动状态[14]。此外,随着转速 Ω 的增大,在整个滞滑振动周期中纯滚动的占比逐渐变小。当 $\mu \geqslant 0.15$,$\tau_{rel} = 1$ 时的纯滚动就会出现在低速阶段的干摩擦反向涡动中。这说明,在干摩擦存在边界处的低速阶段,很容易识别到纯滚动的转子/定子碰摩响应。而当 $\mu \geqslant 0.25$ 时,转子/定子碰摩系统就会在各个转速下发生纯滚动的干摩擦反向涡动。这意味着,在该参数条件下,当摩擦系数 μ 足够大时,干摩擦反向涡动中的纯滚动不受转速 Ω 的影响。同时,当 $0.20 \leqslant \mu \leqslant 0.23$ 时,相对滑动时长 τ_{rel} 在 $\Omega \approx 0.5$ 时存在一个最低点。因此可得,当 $\mu \leqslant 0.15$ 时,相对滑动时长 τ_{rel} 并不是随着转速 Ω 单调变化的。

(2) 接触刚度系数 β 对相对滑动时长的影响

确定系统参数 $\zeta = 0.05$,$\beta = 0.15$,$R_0 = 1.05$ 和 $R_d = 20R_0$,得到在不同接触刚度系数 β 下的 τ_{rel}-Ω 曲线,如图 6-8 所示。从图中可以看出,当转子/定子碰摩面的接触

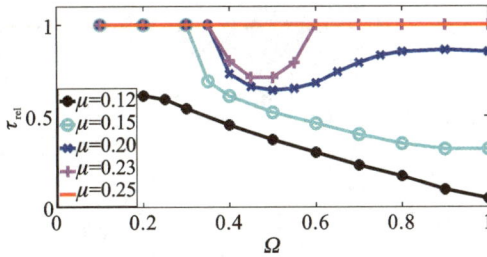

图 6-7 $\beta=0.04$ 和 $R_\mathrm{d}=20R_0$ 时不同摩擦系数 μ 下的 τ_rel-Ω 曲线

刚度系数很大,如 $\beta=0.5$ 时,在干摩擦反向涡动的存在区域内,相对滑动时长 τ_rel 总是小于1。类似于图 3-7 的摩擦系数对相对滑动时长的影响,增大接触刚度系数 β 和减小摩擦系数 μ 对相对滑动时长的作用是一致的,都是引起相对滑动时长 τ_rel 的减小。因此,当 $\beta=0.04$ 时,即使摩擦系数 μ 非常大,相对滑动时长 τ_rel 也可能为1,即发生干摩擦反向涡动的纯滚动。而当 $\beta=0.5$ 时,即使摩擦系数 μ 非常小,相对滑动时长 τ_rel 也远小于1,因而干摩擦反向涡动发生纯滚动的时长就非常小。这也从侧面说明转子/定子碰摩系统中,干摩擦反向涡动中的滞滑振动总是在实验中被当作一种连续滑移运动的原因而受到忽视[14]。然而,当 $0.04 \leqslant \beta \leqslant 0.1$ 时,随着转速 Ω 的增大,图 6-7 和图 6-8 的相对滑动时长 τ_rel 具有相似的变化趋势。

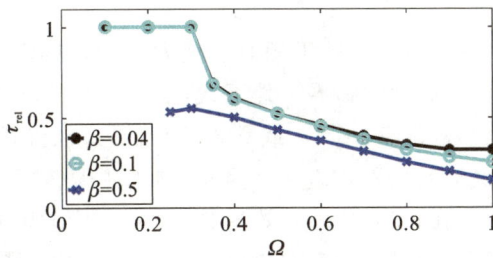

图 6-8 $\beta=0.15$ 和 $R_\mathrm{d}=20R_0$ 时不同接触刚度系数 β 下的 τ_rel-Ω 曲线

（3）转子圆盘半径 R_d 对相对滑动时长的影响

确定系统参数 $\zeta=0.05$,$\beta=0.04$,$\mu=0.15$,得到在不同转子圆盘半径 R_d 下的 τ_rel-Ω 曲线,如图 6-9 所示。对比图 6-7 所示的摩擦系数对相对滑动时长的影响,增大转子圆盘半径 R_d 和增大摩擦系数 μ 对相对滑动时长的作用是一样的,都是引起相对滑动时长 τ_rel 的增大。从图 6-9 中可以看出,当 $R_\mathrm{d} \geqslant 70R_0$ 时,相对滑动时长 τ_rel 总是为1,干摩擦反向涡动发生纯滚动,这与图 6-7 中 $\mu \geqslant 0.25$ 时的情形是一样的。

从以上的系统参数影响讨论中,可以得出如下结论:①转子与定子间的纯滚动和

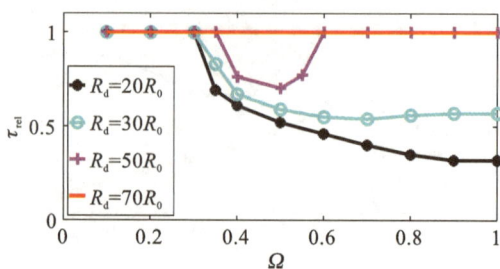

图 6-9 $\beta=0.04$ 和 $\mu=0.15$ 时不同转子圆盘半径 R_d 下的 τ_{rel}-Ω 曲线

滑移可以共存于转子/定子碰摩系统的干摩擦反向涡动的一个振动周期内;②系统参数会对转子与定子间的相对滑动时长产生影响,从而引起纯滚动和滑移状态切换时长的不同;③当转子圆盘半径 R_d 足够大,或转子/定子接触刚度系数 β 足够小,或碰摩面摩擦系数 μ 足够大时,干摩擦反向涡动会出现 $\tau_{rel}=1$ 的纯滚动;④特别的是,当转速 Ω 接近非常小的干摩擦反向涡动临界转速时,在不同系统参数的影响下,纯滚动总是存在,这也与其他文献的纯滚动合理假设相一致[18,103]。

6.3 干摩擦反向涡动的临界条件

从 6.2 节的讨论中可以得出,基于相对速度为零的切换流形,在简化转子/定子碰摩系统中的干摩擦反向涡动的临界条件下,情形①到情形③中的滑动运动始终存在,即对于所有的系统参数都有 $\tau_{rel}=1$ 或 $0<\tau_{rel}<1$。这也就意味着,纯滚动总是存在于转子干摩擦反向涡动的临界转速处。因此,利用碰摩转子干摩擦反向涡动与切换流形上的滑动运动之间的临界条件等效的关系,可以基于切换流形上滑动运动的临界条件推导出干摩擦反向涡动的存在边界。接下来,首先对碰摩转子在切换流形上的滑动运动的临界条件进行归纳总结。

① 干摩擦反向涡动的滑动运动,即碰摩转子的纯滚动,总是发生在相对速度为零所构成的切换流形上,因此可以得出:

$$H(x)=\Omega R_d+R\phi'=0 \tag{6-14}$$

②为了保证切换流形上面滑动运动的存在性,两个向量场法向分量 $\mathscr{L}_{F_1}H(x)$ 和 $\mathscr{L}_{F_2}H(x)$ 的乘积必须小于或等于零,即 $\mathscr{L}_{F_1}H(x)\cdot\mathscr{L}_{F_2}H(x)\leqslant0$。因此,基于式(6-11),可以给出滑动运动的临界条件为 $\mathscr{L}_{F_1}H(x)=0$ 或 $\mathscr{L}_{F_2}H(x)=0$,从而有:

$$\Omega^2\sin(\theta-\phi)-2\zeta R\phi'-R'\phi'\pm\mu(R-R_0)=0 \tag{6-15}$$

③ 切换流形上面的滑动轨线的动力特性是由滑动向量场 $x'=F_s(x\in\Sigma_s)$ 控制

的,而通过大量的数值仿真分析发现,当转速 Ω 趋向于干摩擦反向涡动的临界转速时,滑动向量场 F_s 的第 2 项,即 $x'_2 = R''$,总是趋向于零的。这也就意味着在涡动频率 ϕ' 的变化下,涡动幅值 R 趋向于常数,这一点也与数值仿真结果[109]和实验研究结果[14]相一致。因此,基于式(6-12),可以从条件 $R'' = 0$ 得出另一个切换流形上滑动运动的临界条件:

$$\Omega^2 \cos(\Omega\tau - \phi) - (\beta+1)R - 2\zeta R' + \phi'^2 R + R_0 = 0 \qquad (6\text{-}16)$$

基于临界条件(6-14),可以得到其微分关系式:

$$R'\phi' + R\phi'' = 0 \qquad (6\text{-}17)$$

从而由式(6-14)和式(6-17),可以得到如下的条件:

$$\begin{cases} R = -\dfrac{R_d\Omega}{\phi'} \\[3mm] R' = -R\dfrac{\phi''}{\phi'} = \dfrac{R_d\Omega\phi''}{\phi'^2} \end{cases} \qquad (6\text{-}18)$$

基于临界条件(6-15)和条件(6-16),通过三角函数变换可以得到:

$$[2\zeta R\phi' + R'\phi' \pm \mu(R - R_0)]^2 + [(\beta+1)R + 2\zeta R' - \phi'^2 R - R_0]^2 = \Omega^4 \quad (6\text{-}19)$$

大量的转子/定子碰摩实例及其研究表明,干摩擦反向涡动的临界转速 Ω 是远小于 1 的,因此式(6-19)右端的 Ω^4 项可以忽略,从而得到:

$$\begin{cases} 2\zeta R\phi' + R'\phi' \pm \mu(R - R_0) = 0 \\ (\beta+1)R + 2\zeta R' - \phi'^2 R - R_0 = 0 \end{cases} \qquad (6\text{-}20)$$

由于在干摩擦反向涡动过程中,为了保持转子和定子之间连续接触,需有 $R > R_0$,因此通过分析可得,式(6-20)中第一个式子中的摩擦项 $\pm\mu(R - R_0)$ 在干摩擦反向涡动临界条件下只能取正值。将式(6-18)和式(6-19)代入式(6-20)得:

$$\begin{cases} R_d\Omega\phi'' - (2\zeta R_d\Omega + \mu R_0)\phi' - \mu R_d\Omega = 0 \\ 2\zeta R_d\Omega\phi'' + R_d\Omega\phi'^3 - R_0\phi'^2 - (\beta+1)R_d\Omega\phi' = 0 \end{cases} \qquad (6\text{-}21)$$

消除式(6-21)中的 ϕ' 项,可以得到:

$$2\zeta R_d\Omega\phi'' + R_d\Omega \frac{R_d^3\Omega^3(\phi'' - \mu)^3}{(2\zeta R_d\Omega + \mu R_0)^3} -$$
$$R_0 \frac{R_d^2\Omega^2(\phi'' - \mu)^2}{(2\zeta R_d\Omega + \mu R_0)^2} - (\beta+1)R_d\Omega \frac{R_d\Omega(\phi'' - \mu)}{2\zeta R_d\Omega + \mu R_0} = 0 \qquad (6\text{-}22)$$

对式(6-22)进行整理,可得到一个关于 ϕ'' 的方程:

$$R_d^3\Omega^3\phi''^3 + c_2\phi''^2 + c_1\phi'' + c_0 = 0 \qquad (6\text{-}23)$$

式中,$c_0 = \mu(\beta+1)(2\zeta R_d\Omega + \mu R_0)^2 R_d\Omega - \mu^2 R_0 R_d\Omega(2\zeta R_d\Omega + \mu R_0) - \mu^3 R_d^3\Omega^3$;

$c_1 = 2\zeta(2\zeta R_d\Omega + \mu R_0)^3 - (\beta+1)R_d\Omega(2\zeta R_d\Omega + \mu R_0)^2 + 2\mu R_0 R_d\Omega(2\zeta R_d\Omega + \mu R_0) +$

$3\mu^2 R_d^3 \Omega^3$；$c_2 = -3\mu R_d^3 \Omega^3 - 2\zeta R_0 R_d^2 \Omega^2 - \mu R_0^2 R_d \Omega$。

从式(6-18)中可以得出,转子涡动幅值 R' 和涡动的切向加速度 ϕ'' 具有相同的变化趋势及方向。因此,为了保证碰摩过程中转子的切向滑动运动,系统的临界条件也应该是 $\phi''=0$,也就是说,在滑动运动的临界条件下,涡动速度 ϕ' 为定常数。

由式(6-23)可得 $c_0 = 0$,进而整理得到一个关于干摩擦反向涡动临界转速 Ω_c 的控制方程:

$$[4\zeta^2(\beta+1) - \mu^2]R_d^2 \Omega_c^2 + 2\mu\zeta(2\beta+1)R_0 R_d \Omega_c + \beta\mu^2 R_0^2 = 0 \qquad (6\text{-}24)$$

解析求解,得到干摩擦反向涡动临界转速 Ω_c:

$$\Omega_c = \frac{-\mu\zeta(2\beta+1)R_0 - \mu R_0\sqrt{\zeta^2+\beta\mu^2}}{[4\zeta^2(\beta+1)-\mu^2]R_d} \quad (\mu > 2\zeta\sqrt{\beta+1}) \qquad (6\text{-}25)$$

选定转子/定子碰摩系统参数为 $\zeta=0.05$, $\beta=0.04$, $R_0=1.05$ 和 $R_d=20R_0$ 时,通过分析基于式(6-25)的干摩擦反向涡动临界转速 Ω_c 与系统涡动的切向加速度 ϕ'' 之间的关系,得到如图 6-10 所示的参数平面 Ω-μ。图 6-10 中红色点线表示的式(6-25)的临界转速 Ω_c 几乎与涡动的零切向加速度重叠。说明在求解碰摩转子滑动运动临界条件过程中,基于解析分析得到的临界条件 $\phi''=0$ 与实际相符合,且满足要求。

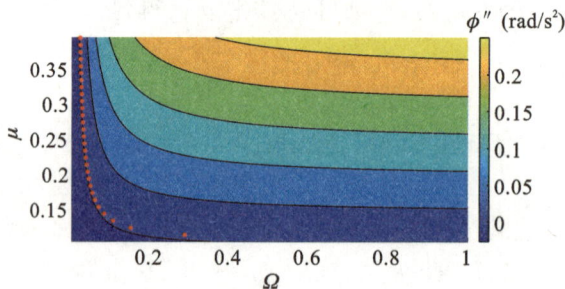

图 6-10　$\zeta=0.05$, $\beta=0.04$, $R_0=1.05$ 和 $R_d=20R_0$ 时
转子干摩擦反向涡动的临界转速 Ω 与涡动加速度 ϕ'' 间的关系
注:红色点线表示干摩擦反向涡动的临界转速

接下来,通过实例对比分析该解析方法的结果与其他文献和实验结果的一致性,验证干摩擦反向涡动临界条件[式(6-25)]的准确性。当 $\zeta=0.05$, $R_0=1.05$ 和 $R_d=20R_0$ 时,图 6-11 分别显示了转子/定子碰摩系统在 3 种不同接触刚度系数($\beta=0.04$, $\beta=0.1$ 和 $\beta=0.5$)下,系统滑动运动和干摩擦反向涡动在参数平面 Ω-μ 中的临界转速。

从图 6-11 中可以看出,基于非光滑动力系统的切换流形上滑动运动临界条件,得到的如式(6-25)所示的"干摩擦反向涡动存在边界"的结论,与其他文献中的干摩

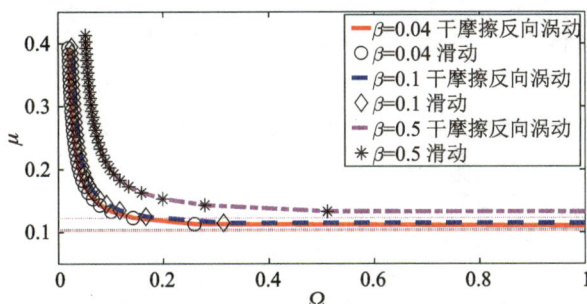

图 6-11　$\zeta = 0.05, R_0 = 1.05$ 和 $R_d = 20R_0$ 时转子纯滚动和干摩擦反向涡动的临界转速

注：摩擦系数下限由不同颜色细点画线表示，红色表示 $\beta = 0.04$，蓝色表示 $\beta = 0.1$，紫色表示 $\beta = 0.5$

擦反向涡动存在边界完全一致[18,93]。此外，图 6-11 中的细点画线部分表示干摩擦反向涡动的摩擦系数下边界，式（6-25）中补充的临界系统参数关系式 $\mu = 2\zeta\sqrt{\beta+1}$，能够准确地实现对干摩擦反向涡动存在的摩擦系数下边界条件的预测。

6.4　本章小结

本章基于非光滑动力系统的滑动分岔理论，利用 Filippov 的凸性方法，对两自由度的简单的转子/定子碰摩系统中的干摩擦自激反向涡动的滞滑振动特性进行了解析。首先，推导出了两自由度的分段光滑转子/定子碰摩模型中两个不连续向量场的切换流形的法向分量。然后，解析求解干摩擦自激反向涡动在四维状态空间中切换流形上的滑动区域及其边界的条件，确定了转子/定子碰摩系统中存在的三种类型的滑动模式的区域及其边界条件。进一步地，发现干摩擦反向涡动的临界转速处一个滞滑振动周期内总是存在碰摩转子的纯滚动，并且在一个滞滑振动周期中纯滚动占比是根据系统参数而变化的。当干摩擦反向涡动一个振动周期中同时存在纯滚动和滑移运动时，很难通过实验检测出纯滚动的存在[14]。

通过研究转子/定子碰摩系统参数对干摩擦反向涡动中滞滑振动的滑动和滑移切换的影响，发现了系统参数之间的相互作用。一方面，在给定系统摩擦系数下增大碰摩接触刚度，与在给定碰摩接触刚度下减小摩擦系数对滞滑振动特性的作用是相同的。另一方面，在转子/定子碰摩点处，在给定系统摩擦系数下增大转子圆盘半径，与在给定转子圆盘半径下增大摩擦系数对滞滑振动特性的作用是相同的。有趣的是，对于两自由度的简单转子/定子碰摩系统中的所有系统参数，干摩擦反向涡动中都存在碰摩转子的纯滚动。因此，利用干摩擦反向涡动边界处展现出的三个滑动运动模式临界关系式,可得出一种基于滞滑振动特性的干摩擦反向涡动临界条件的解析方法。通过验证得出,从非光滑动力系统现代理论得到的干摩擦反向涡动临界条件的结果与其他文献中的数值模拟[109]和实验研究[14]的发现是一致的。因此,本章提供了对于转子/定子碰摩系统中干摩擦自激反向涡动的更详细的响应特性的宝贵见解。

7　一般性转子/定子碰摩模型的滞滑振动行为

本章基于第 6 章中对分段光滑的两自由度转子/定子碰摩模型中干摩擦反向涡动的滞滑振动特性及其参数影响的研究,进一步对考虑定子动力学特性的一般性转子/定子碰摩系统中的滞滑振动特性进行解析分析。由于其分段光滑系统中考虑了转子与定子的耦合运动,因此一般性转子/定子碰摩系统的不连续边界是由相对于定子的碰摩转子的转动和涡动之间的相对速度决定的,而且是一个九维的超曲面。更加复杂的不连续边界代表着更加复杂的系统动力学行为的可能性,目前已经发现大量在非光滑动力系统中存在着的分岔和混沌行为,包括滑动分岔等[16]。因此,从非光滑动力系统的滑动分岔观点出发,对转子/定子碰摩系统的干摩擦反向涡动的滞滑振动特性和滑动分岔动力学行为进行全面的归纳总结,是非常有必要的。

本章针对一个 4 自由度的分段光滑的一般性转子/定子碰摩模型,同时考虑转子和定子的动力学特性,以及碰摩面的干摩擦效应和弹性变形,对干摩擦自激反向涡动中与滑动分岔动力学行为有关的滞滑振动特性进行解析。同时,关注转子/定子碰摩系统参数对干摩擦自激反向涡动中滑动运动模式的动力学行为的切换路径的影响。

7.1　非光滑转子/定子碰摩模型

以第 5 章中的一般性转子/定子碰摩模型为研究对象,同时考虑转子和定子的动力学特性,以及碰摩面的干摩擦效应和弹性变形,将系统的动力学微分方程转化为通用的一阶自治常微分方程组。同样地,将表征转子与定子发生碰摩的 Heaviside 函数设定为 $\Theta=1$。针对表征转子/定子碰摩系统中干摩擦力转换的符号函数 $\text{sgn}(V_{\text{rel}})$，以相对于定子的转子转动与涡动的相对速度 V_{rel} 为系统的不连续边界超曲面，即系统状态空间的切换流形，对分段光滑的滑动分岔动力学行为进行解析分析。

通过设定 $q_1=X_r$，$q_2=X'_r$，$q_3=Y_r$，$q_4=Y'_r$，$q_5=X_s$，$q_6=X'_s$，$q_7=Y_s$，$q_8=Y'_s$ 和 $\theta=\Omega\tau$，同时角度 θ 限定为 $[0,2\pi]$，一般性转子/定子碰摩系统的动力学微分方程可以整理为如下的形式：

$$q'=\begin{cases} F_1(q), & H(q)>0 \\ F_2(q), & H(q)<0 \end{cases} \tag{7-1}$$

式中，$q=(q_1,q_2,q_3,q_4,q_5,q_6,q_7,q_8,\theta)^{\mathrm{T}}\in\mathbb{R}^9$ 为转子/定子碰摩系统的状态变量；$H(q)=R_d\Omega+\dfrac{(q_4-q_8)(q_1-q_5)-(q_2-q_6)(q_3-q_7)}{\sqrt{(q_1-q_5)^2+(q_3-q_7)^2}}$ 为决定系统状态空间的标量方程；各个状态子空间的光滑向量场分别为：

$$F_1(q)=\begin{bmatrix} q_2 \\ \Omega^2\cos(\Omega\tau)-2\zeta_r q_2-q_1-\beta_{cr}\left[1-\dfrac{R_0}{\sqrt{(q_1-q_5)^2+(q_3-q_7)^2}}\right][(q_1-q_5)-\mu(q_3-q_7)] \\ q_4 \\ \Omega^2\sin(\Omega\tau)-2\zeta_r q_4-q_3-\beta_{cr}\left[1-\dfrac{R_0}{\sqrt{(q_1-q_5)^2+(q_3-q_7)^2}}\right][(q_3-q_7)+\mu(q_1-q_5)] \\ q_6 \\ -2\zeta_s\sqrt{\dfrac{\beta_{sr}}{M_{sr}}}q_6-\dfrac{\beta_{sr}}{M_{sr}}q_5+\dfrac{\beta_{cr}}{M_{sr}}\left[1-\dfrac{R_0}{\sqrt{(q_1-q_5)^2+(q_3-q_7)^2}}\right][(q_1-q_5)-\mu(q_3-q_7)] \\ q_8 \\ -2\zeta_s\sqrt{\dfrac{\beta_{sr}}{M_{sr}}}q_8-\dfrac{\beta_{sr}}{M_{sr}}q_7+\dfrac{\beta_{cr}}{M_{sr}}\left[1-\dfrac{R_0}{\sqrt{(q_1-q_5)^2+(q_3-q_7)^2}}\right][(q_3-q_7)+\mu(q_1-q_5)] \\ \Omega \end{bmatrix}$$

$$F_2(q) = \begin{bmatrix} q_2 \\ \Omega^2\cos(\Omega\tau) - 2\zeta_r q_2 - q_1 - \beta_{cr}\left[1 - \dfrac{R_0}{\sqrt{(q_1-q_5)^2+(q_3-q_7)^2}}\right][(q_1-q_5)+\mu(q_3-q_7)] \\ q_4 \\ \Omega^2\sin(\Omega\tau) - 2\zeta_r q_4 - q_3 - \beta_{cr}\left[1 - \dfrac{R_0}{\sqrt{(q_1-q_5)^2+(q_3-q_7)^2}}\right][(q_3-q_7)-\mu(q_1-q_5)] \\ q_6 \\ -2\zeta_s\sqrt{\dfrac{\beta_{sr}}{M_{sr}}}\,q_6 - \dfrac{\beta_{sr}}{M_{sr}}q_5 + \dfrac{\beta_{cr}}{M_{sr}}\left[1 - \dfrac{R_0}{\sqrt{(q_1-q_5)^2+(q_3-q_7)^2}}\right][(q_1-q_5)+\mu(q_3-q_7)] \\ q_8 \\ -2\zeta_s\sqrt{\dfrac{\beta_{sr}}{M_{sr}}}\,q_8 - \dfrac{\beta_{sr}}{M_{sr}}q_7 + \dfrac{\beta_{cr}}{M_{sr}}\left[1 - \dfrac{R_0}{\sqrt{(q_1-q_5)^2+(q_3-q_7)^2}}\right][(q_3-q_7)-\mu(q_1-q_5)] \\ \Omega \end{bmatrix}$$

转子/定子碰摩系统的足够小的状态空间 $S \subset \mathbb{R}^9$，该空间可以被划分成两个相邻的子状态空间 S_1 和 S_2，且每个子状态空间分别由光滑的向量场 $F_1(q)$ 或 $F_2(q)$ 定义。从而可得，系统的子状态空间分别定义为：

$$S_1 := \left\{ \boldsymbol{x} \in \mathbb{R}^9 : H(q) = R_d\Omega + \frac{(q_4-q_8)(q_1-q_5)-(q_2-q_6)(q_3-q_7)}{\sqrt{(q_1-q_5)^2+(q_3-q_7)^2}} > 0 \right\}$$

$$S_2 := \left\{ \boldsymbol{x} \in \mathbb{R}^9 : H(q) = R_d\Omega + \frac{(q_4-q_8)(q_1-q_5)-(q_2-q_6)(q_3-q_7)}{\sqrt{(q_1-q_5)^2+(q_3-q_7)^2}} < 0 \right\}$$

(7-2)

相对应地，系统子状态空间 S_1 和 S_2 的切换流形定义为：

$$\Sigma := \left\{ \boldsymbol{x} \in \mathbb{R}^9 : H(q) = R_d\Omega + \frac{(q_4-q_8)(q_1-q_5)-(q_2-q_6)(q_3-q_7)}{\sqrt{(q_1-q_5)^2+(q_3-q_7)^2}} = 0 \right\}$$

(7-3)

从方程(7-1)可以看出，当 $H(q)=0$ 时，$F_1(q) \neq F_2(q)$，因此一般性转子/定子碰摩系统可以归类为光滑度为 1 的 Filippov 系统。Filippov 系统的典型特征是，系统轨线可能在由 $H(q)=0$ 定义的切换流形内滑动演化，进而发生分岔行为。应该注意的是，物理意义上的黏滞状态和转子系统中的纯滚动，对应 Filippov 系统中滑动。

7.2 干摩擦反向涡动对应的滑动运动解

为了确定方程(7-1)的转子/定子碰摩系统中干摩擦自激反向涡动的滞滑类型和相应滑动区域边界条件，系统向量场 $F_1(q)$ 和 $F_2(q)$ 关于切换流形 Σ 的法向分量 $\mathscr{L}_{F_1}H(q)$ 和 $\mathscr{L}_{F_2}H(q)$，以及更高的二阶李导数 $\mathscr{L}_{F_1}^2H(q)$ 和 $\mathscr{L}_{F_2}^2H(q)$，可以分别解析计算得到。

$$\mathscr{L}_{F_1}H=\nabla H\cdot\begin{bmatrix} X_r' \\ \Omega^2\cos(\Omega\tau)-2\zeta_rX_r'-X_r-\beta_{cr}\left[1-\dfrac{R_0}{\sqrt{(X_r-X_s)^2+(Y_r-Y_s)^2}}\right][(X_r-X_s)-\mu(Y_r-Y_s)] \\ Y_r' \\ \Omega^2\sin(\Omega\tau)-2\zeta_rY_r'-Y_r-\beta_{cr}\left[1-\dfrac{R_0}{\sqrt{(X_r-X_s)^2+(Y_r-Y_s)^2}}\right][(Y_r-Y_s)+\mu(X_r-X_s)] \\ X_s' \\ -2\zeta_s\sqrt{\dfrac{\beta_{sr}}{M_{sr}}}X_s'-\dfrac{\beta_{sr}}{M_{sr}}X_s+\dfrac{\beta_{cr}}{M_{sr}}\left[1-\dfrac{R_0}{\sqrt{(X_r-X_s)^2+(Y_r-Y_s)^2}}\right][(X_r-X_s)-\mu(Y_r-Y_s)] \\ Y_s' \\ -2\zeta_s\sqrt{\dfrac{\beta_{sr}}{M_{sr}}}Y_s'-\dfrac{\beta_{sr}}{M_{sr}}Y_s+\dfrac{\beta_{cr}}{M_{sr}}\left[1-\dfrac{R_0}{\sqrt{(X_r-X_s)^2+(Y_r-Y_s)^2}}\right][(Y_r-Y_s)+\mu(X_r-X_s)] \\ \Omega \end{bmatrix}$$

$$\mathcal{L}_{F_1}H = \frac{1}{\sqrt{(X_r-X_s)^2+(Y_r-Y_s)^2}} \cdot \Bigg[(Y_s-Y_r)\Omega^2\cos(\Omega\tau) +$$

$$(X_r-X_s)\Omega^2\sin(\Omega\tau) + \frac{(X_r-X_s)(X_r'-X_s')+(Y_r-Y_s)(Y_r'-Y_s')}{(X_r-X_s)^2+(Y_r-Y_s)^2} +$$

$$\frac{(X_r'-X_s')(Y_r-Y_s)-(X_r-X_s)(Y_r'-Y_s')}{(X_r-X_s)^2+(Y_r-Y_s)^2} + 2\Big(\zeta_r X_r'-\zeta_s\sqrt{\frac{\beta_{sr}}{M_{sr}}}X_s'\Big)(Y_r-Y_s) -$$

$$2\Big(\zeta_r Y_r'-\zeta_s\sqrt{\frac{\beta_{sr}}{M_{sr}}}Y_s'\Big)(X_r-X_s) + \Big(1-\frac{\beta_{sr}}{M_{sr}}\Big)(X_s Y_r-X_r Y_s)\Bigg] -$$

$$\mu\beta_{cr}\Big(1+\frac{1}{M_{sr}}\Big)(\sqrt{(X_r-X_s)^2+(Y_r-Y_s)^2}-R_0)$$

$$(7\text{-}4)$$

和

$$\mathcal{L}_{F_2}H = \nabla H \cdot \begin{bmatrix} X_r' \\ \Omega^2\cos(\Omega\tau)-2\zeta_r X_r'-X_r- \\ \beta_{cr}\Big[1-\dfrac{R_0}{\sqrt{(X_r-X_s)^2+(Y_r-Y_s)^2}}\Big][(X_r-X_s)+\mu(Y_r-Y_s)] \\ Y_r' \\ \Omega^2\sin(\Omega\tau)-2\zeta_r Y_r'-Y_r- \\ \beta_{cr}\Big[1-\dfrac{R_0}{\sqrt{(X_r-X_s)^2+(Y_r-Y_s)^2}}\Big][(Y_r-Y_s)-\mu(X_r-X_s)] \\ X_s' \\ -2\zeta_s\sqrt{\dfrac{\beta_{sr}}{M_{sr}}}X_s'-\dfrac{\beta_{sr}}{M_{sr}}X_s+ \\ \dfrac{\beta_{cr}}{M_{sr}}\Big[1-\dfrac{R_0}{\sqrt{(X_r-X_s)^2+(Y_r-Y_s)^2}}\Big][(X_r-X_s)+\mu(Y_r-Y_s)] \\ Y_s' \\ -2\zeta_s\sqrt{\dfrac{\beta_{sr}}{M_{sr}}}Y_s'-\dfrac{\beta_{sr}}{M_{sr}}Y_s+ \\ \dfrac{\beta_{cr}}{M_{sr}}\Big[1-\dfrac{R_0}{\sqrt{(X_r-X_s)^2+(Y_r-Y_s)^2}}\Big][(Y_r-Y_s)-\mu(X_r-X_s)] \\ \Omega \end{bmatrix}$$

$$\mathscr{L}_{F_2}H = \frac{1}{\sqrt{(X_r-X_s)^2+(Y_r-Y_s)^2}} \cdot \Big[(Y_s-Y_r)\Omega^2\cos(\Omega\tau)+$$

$$(X_r-X_s)\Omega^2\sin(\Omega\tau)+\frac{(X_r-X_s)(X_r{}'-X{}'_s)+(Y_r-Y_s)(Y_r{}'-Y{}'_s)}{(X_r-X_s)^2+(Y_r-Y_s)^2}+$$

$$\frac{(X_r{}'-X{}'_s)(Y_r-Y_s)-(X_r-X_s)(Y_r{}'-Y{}'_s)}{(X_r-X_s)^2+(Y_r-Y_s)^2}+$$

$$2\Big(\zeta_r X_r{}'-\zeta_s\sqrt{\frac{\beta_{sr}}{M_{sr}}}X{}'_s\Big)(Y_r-Y_s)-$$

$$2\Big(\zeta_r Y_r{}'-\zeta_s\sqrt{\frac{\beta_{sr}}{M_{sr}}}Y{}'_s\Big)(X_r-X_s)+\Big(1-\frac{\beta_{sr}}{M_{sr}}\Big)(X_s Y_r-X_r Y_s)\Big]+$$

$$\mu\beta_{cr}\Big(1+\frac{1}{M_{sr}}\Big)(\sqrt{(X_r-X_s)^2+(Y_r-Y_s)^2}-R_0)$$

$$(7\text{-}5)$$

式中,∇H 为 $H(q)$ 的梯度,

$$\nabla H=\Big(\frac{(Y'_r-Y'_s)(Y_r-Y_s)^2+(X'_r-X'_s)(X_r-X_s)(Y_r-Y_s)}{[(X_r-X_s)^2+(Y_r-Y_s)^2]^{\frac{3}{2}}},\frac{Y_s-Y_r}{\sqrt{(X_r-X_s)^2+(Y_r-Y_s)^2}},$$

$$\frac{-(X'_r-X'_s)(X_r-X_s)^2-(Y'_r-Y'_s)(X_r-X_s)(Y_r-Y_s)}{[(X_r-X_s)^2+(Y_r-Y_s)^2]^{\frac{3}{2}}},\frac{X_r-X_s}{\sqrt{(X_r-X_s)^2+(Y_r-Y_s)^2}},$$

$$\frac{-(Y'_r-Y'_s)(Y_r-Y_s)^2-(X'_r-X'_s)(X_r-X_s)(Y_r-Y_s)}{[(X_r-X_s)^2+(Y_r-Y_s)^2]^{\frac{3}{2}}},\frac{Y_r-Y_s}{\sqrt{(X_r-X_s)^2+(Y_r-Y_s)^2}},$$

$$\frac{(X'_r-X'_s)(X_r-X_s)^2+(Y'_r-Y'_s)(X_r-X_s)(Y_r-Y_s)}{[(X_r-X_s)^2+(Y_r-Y_s)^2]^{\frac{3}{2}}},\frac{X_s-X_r}{\sqrt{(X_r-X_s)^2+(Y_r-Y_s)^2}},0\Big)$$

此外,还推导出了系统较高阶的李导数,例如,二阶李导数 $\mathscr{L}_F^2 H(q)$,但由于其表达式冗长,此处未列出。

作为转子/定子碰摩系统中干摩擦自激反向涡动发生的先决条件,转子和定子之间的相对偏移量 $R=\sqrt{(X_r-X_s)^2+(Y_r-Y_s)^2}$ 必须大于转子和定子的间隙 R_0。基于实际转子/定子系统的参数条件 $\mu>0,\beta_{cr}>0$ 且 $M_{sr}>0$,从而由式(7-4)和式(7-5)可得,在整个滑动区域 Σ_s 中始终维持着以下条件:

$$\mathscr{L}_{F_2}H-\mathscr{L}_{F_1}H=2\mu\beta_{cr}\Big(1+\frac{1}{M_{sr}}\Big)[\sqrt{(X_r-X_s)^2+(Y_r-Y_s)^2}-R_0]>0 \quad (7\text{-}6)$$

根据非光滑动力系统中滑动区域稳定性的判定式,式(7-6)确保了转子/定子碰摩系统的滑动区域是稳定的和吸引的。因此,基于式(7-4)和式(7-5)导出的系统的

滑动区域及其边界条件,可以利用滑动分岔的理论判定条件,对系统中不同类型的滑动运动模式的动力学行为进行解析分析,并识别在不同系统参数下它们之间的切换路径。

7.2.1 极端情形下的滑动运动行为

从式(7-4)和式(7-5)可以看出,系统向量场 $F_1(q)$ 和 $F_2(q)$ 的法向分量 $\mathscr{L}_{F_1}H(q)$ 和 $\mathscr{L}_{F_2}H(q)$ 非常复杂。因此,首先将某些系统参数设置为极限值,从而可以对转子/定子碰摩系统在切换流形 Σ 上的滑动运动解进行解析分析。

通过坐标转换关系,两个光滑向量场 $F_1(q)$ 和 $F_2(q)$ 的法向分量 $\mathscr{L}_{F_1}H(q)$ 和 $\mathscr{L}_{F_2}H(q)$ 可以被重写为极坐标的形式,如下所示:

$$\begin{cases} \mathscr{L}_{F_1}H = \mathscr{L}H - \mu\beta_{cr}\left(1 + \dfrac{1}{M_{sr}}\right)(|R_r - R_s| - R_0) \\ \mathscr{L}_{F_2}H = \mathscr{L}H + \mu\beta_{cr}\left(1 + \dfrac{1}{M_{sr}}\right)(|R_r - R_s| - R_0) \\ \mathscr{L}H = \Omega^2\sin(\Omega\tau - \phi) + 2\left(\zeta_s\sqrt{\dfrac{\beta_{sr}}{M_{sr}}}R_s - \zeta_r R_r\right)\cdot\phi' - (R'_r - R'_s)\cdot\phi' \end{cases} \tag{7-7}$$

式中,ϕ 为接触点转子和定子间相对偏移($R = R_r - R_s$)和水平轴之间的涡动角。

从方程(7-7)中可以看出,$\mathscr{L}_{F_1}H(q)$ 和 $\mathscr{L}_{F_2}H(q)$ 具有相同的项 $\mathscr{L}H$。$\mathscr{L}H$ 项表征了系统的谐波激励力、阻尼效应,以及转子/定子径向变形与沿圆周方向涡动之间的耦合作用。法向分量 $\mathscr{L}_{F_1}H(q)$ 和 $\mathscr{L}_{F_2}H(q)$ 之间的唯一差别就是方程(7-7)中右端第 2 项 $\mu\beta_{cr}\left(1 + \dfrac{1}{M_{sr}}\right)(|R_r - R_s| - R_0)$ 的正负符号,它表征了干摩擦效应的影响。

从而由方程(7-7)得到系统切换流形上的滑动区域的判定条件为:

$$\mathscr{L}_{F_1}H(q)\cdot\mathscr{L}_{F_2}H(q) = \left\{\mathscr{L}H^2 - \left[\mu\beta_{cr}\left(1 + \dfrac{1}{M_{sr}}\right)(|R_r - R_s| - R_0)\right]^2\right\} < 0 \tag{7-8}$$

① 当系统接触刚度 β_{cr} 趋于无穷时,即转子和定子之间的接触表面是刚性的,式(7-8)中右端第 2 项将起主导作用。因此,判定条件(7-8)可以近似表达为:

$$\mathscr{L}_{F_1}H(q)\cdot\mathscr{L}_{F_2}H(q) \simeq -\left[\mu\beta_{cr}\left(1 + \dfrac{1}{M_{sr}}\right)(|R_r - R_s| - R_0)\right]^2 < 0 \tag{7-9}$$

不等式(7-9)不受系统参数的影响,将永远在 β_{cr} 趋于无穷时得到满足,从而干摩擦反向涡动的碰摩转子在整个滑动区域中进行连续的纯滚动,滑动区域 Σ_s 覆盖整个不连续边界的超表面 Σ,即 $\Sigma_s := \Sigma$。这种极限情况表明,在忽略转子与定子间的径向弹性变形时,仅仅是干摩擦效应就可以诱发碰摩转子的纯滚动。

② 当系统接触刚度 β_{cr} 趋于零时,式(7-8)中右端第 1 项 $\mathscr{L}H$ 将在滑动区域的判

定条件中起主导作用。因此,不等式(7-8)可以近似为:

$$\mathscr{L}_{F_1} H(q) \cdot \mathscr{L}_{F_2} H(q) \simeq \mathscr{L}H^2 > 0 \tag{7-10}$$

这意味着转子/定子碰摩系统在系统接触刚度 β_{cr} 趋于零的极端情形中,无论其他系统参数条件如何,滑动条件将会始终无法满足,碰摩转子在这种极限情况下不会发生切换流形上的滑动,即纯滚动,这种行为被称为横穿。转子轨线在横穿的过程中,会从一个子状态空间 S_1 或 S_2 接触不连续超曲面 Σ,并不会在其上停留,而是发生横穿从而立即进入相邻的另一个区域。

7.2.2　极端情形下的滑动运动实例

针对一般性转子/定子碰摩系统的两种极端滑动运动解,通过两个实例对此分别加以说明。考虑转子/定子系统的实际参数要求,在数值计算过程中,将趋于无穷大的系统接触刚度 β_{cr} 设定为 $\beta_{cr} = 5 \times 10^4$,而趋于零的系统接触刚度 β_{cr} 设定为 $\beta_{cr} = 2$,以便表征转子/定子碰摩系统的两种极端情形。

在所有的一般性转子/定子碰摩系统的实例中,根据 Crandall[98] 测试设备的参数选择数值计算的系统参数,其中系统干摩擦反向涡动的存在条件及其涡动频率也已经得到了确定[103]。因此,转子/定子碰摩系统的无量纲参数设定为:

$$\zeta_r = 0.02, \zeta_s = 0.01, M_{sr} = 2.0526, \beta_{sr} = 15.319, R_0 = 1.05, R_d = 2.66R_0 \tag{7-11}$$

且 $\mu \in [0, 0.4], \Omega \in [0, 5]$。

（1）纯滚动的滑动运动实例

选定转子/定子碰摩系统中的其他参数为 $\beta_{cr} = 5 \times 10^4, \mu = 0.3, \Omega = 3$,对于坚硬的转子/定子接触表面,存在着两种类型的干摩擦反向涡动[98,142]。在系统初始条件 $q_0 = [0,0,0,0,0,0,0,0,0,0]$ 下,由方程(7-1)描述的一般性转子/定子碰摩系统,表现出具有较大的反向涡动频率的干摩擦反向涡动,且碰摩转子发生纯滚动,正如在弹性定子固定的转子/定子碰摩系统中所观察到的滞滑振动情形[13]。

图 7-1 显示了一般性转子/定子碰摩系统中,干摩擦反向涡动的纯滚动的动力学行为特性。在图 7-1(a)中,转子的偏移轨迹 R_r 由黑色曲线表示,定子的偏移轨迹 R_s 由紫色曲线表示,转子和定子间的相对偏移轨迹 R 由蓝色曲线表示,转子和定子的间隙轨迹 R_0 由红色虚线表示。转子和定子间的相对偏移量 R 总是略大于间隙 R_0,其纯滚动阶段由绿色点线覆盖。因此,如图 7-1(a)所示的纯滚动的轨迹是由绿色曲线表示。在图 7-1(b)的转子全频谱图中,可以看到出现了一个负的涡动频率 $\Omega_r = -8$,表明碰摩转子的涡动方向是反向的,与它的正向转动方向相反。图中碰摩转子的负涡动频率和正激振频率 $\Omega = 3$ 具有几乎相同的幅值,这意味着在干摩擦反向涡动的纯滚动中,谐波激励的贡献和非线性模态运动的贡献同样重要。在图 7-1(c)中,可

以看到相对于定子的碰摩转子转动和涡动的相对速度 V_{rel} 几乎不变,并且在相对偏移量为 $R \in [1.050\ 8, 1.050\ 9]$ 的间隔内等于零。相应地,从图 7-1(d) 可以看出,在这种极端情形下,转子/定子碰摩系统的系统参数始终满足滑动区域的判定条件,即在系统切换流形的整个超表面上始终满足 $\mathscr{L}_{F_1} H(q) \cdot \mathscr{L}_{F_2} H(q) < 0$,并且没有滑动区域边界。

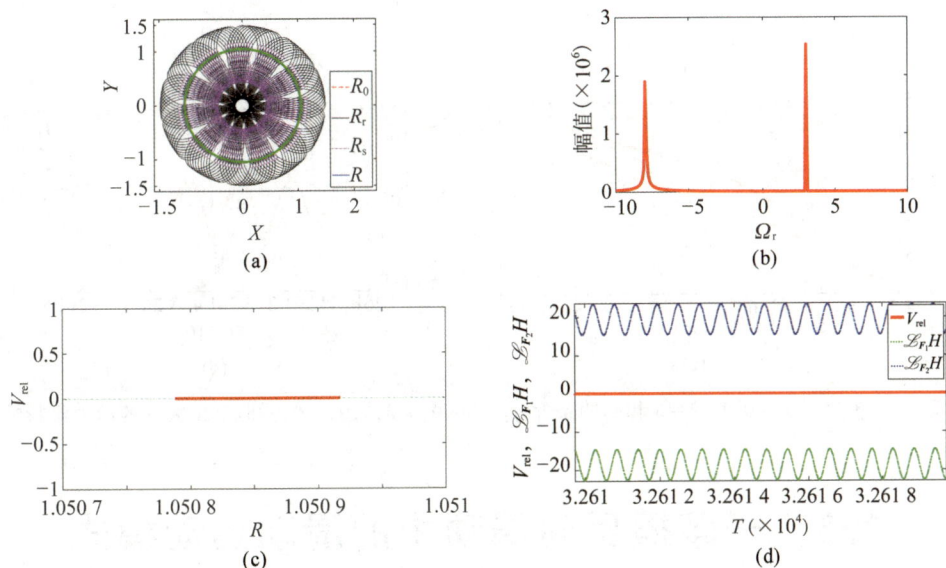

图 7-1 $\beta_{cr} = 5 \times 10^4, \mu = 0.3, \Omega = 3$ 和初始条件 $q_0 = [0, 0, 0, 0, 0, 0, 0, 0, 0]$ 时纯滚动的动力学特性

(2) 横穿的滑动运动实例

当接触刚度很小,即 $\beta_{cr} = 2$ 时,其他系统参数和初始条件设定为与纯滚动的滑动运动实例相同。如图 7-2(b) 所示,系统表现出具有较低的反向涡动频率 $\Omega_r = -1.6$ 的干摩擦反向涡动。从图 7-2(a) 和图 7-2(c) 中可以看出,干摩擦反向涡动中的碰摩转子轨线在 $V_{rel} = 0$ 切换流形上持续地横穿。在图 7-2(b) 的转子全频谱图中,负涡动频率的幅值大于谐波激励 $\Omega = 3$ 的幅值,表明干摩擦反向涡动的能量主要来自非线性模态运动。从图 7-2(d) 中可以看出,始终存在着关系 $\mathscr{L}_{F_1} H(q) \cdot \mathscr{L}_{F_2} H(q) > 0$,因此不存在切换流形上的滑动。

应当注意的是,转子/定子碰摩系统中转子的纯滚动和横穿滑动的振动这两种极端情形,与滑动分岔的四种类型的动力学行为是完全不同的。因为滑动区域边界的判定条件为 $\mathscr{L}_{F_1} H(q) \cdot \mathscr{L}_{F_2} H(q) = 0$,其在纯滚动和横穿滑动的振动情形的整个切换流形上无法满足。因此也可以说,一般性转子/定子碰摩系统中,在干摩擦反向涡动的两种极端情形下,不存在滞滑振动的纯滚动和横穿的切换行为。

(a)

(b)

(c)

(d)

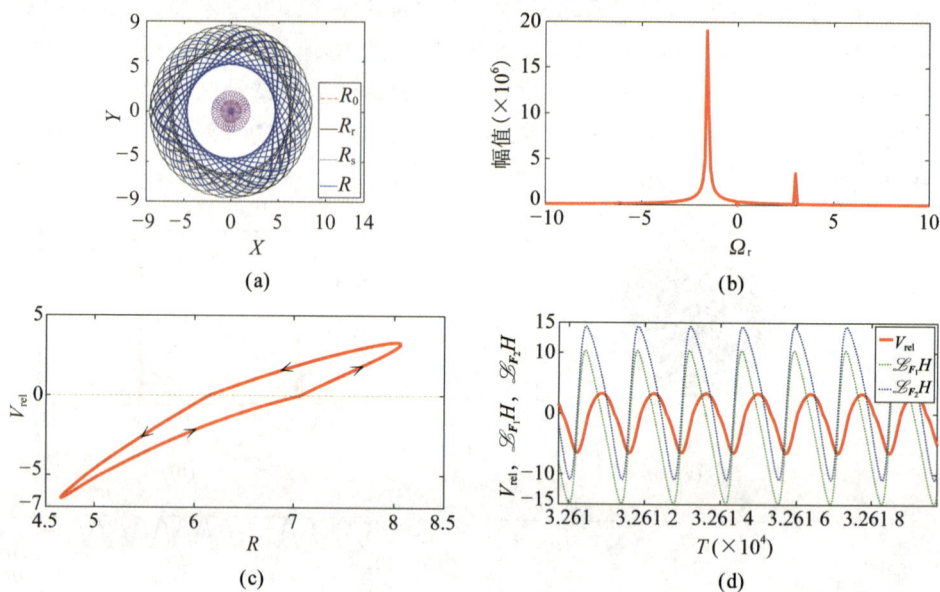

图 7-2 $\beta_{cr}=2, \mu=0.3, \Omega=3$ 和初始条件 $q_0=[0,0,0,0,0,0,0,0,0]$ 时连续横穿的动力学特性

7.3 干摩擦反向涡动中的滑动运动模式

基于九维方程(7-1)描述的一般性转子/定子碰摩系统,对系统干摩擦反向涡动的滑动分岔动力学行为进行全面的解析分析。在转子/定子弹性接触的条件下,碰摩转子可能会发生两种具有不同反向涡动频率的干摩擦反向涡动,一种具有较低的反向涡动频率,而另一种具有较高的反向涡动频率,二者可以共存于不同初始条件下的同一参数的转子/定子碰摩系统中[98,142]。为此,首先在接触刚度较小的情况下,通过在一般性转子/定子碰摩系统中设置不同的初始条件,根据系统反向涡动频率确定干摩擦反向涡动的类型。其中,系统的初始条件可以通过连续性地增大或减小系统参数,从以相同类型干摩擦反向涡动的稳态结果作为初始条件的数值仿真结果中搜寻而得到。然后,利用四阶 Runge-Kutta 算法和事件驱动方法[51-52],对转子/定子碰摩系统的滞滑振动特性和滑动分岔动力学行为进行半解析分析。计算过程中,采用恒定的系统参数(7-11),转子/定子接触刚度被设定为中间值,即 $\beta_{cr}=20$,改变系统摩擦系数 μ 和转速 Ω。由于具有不同反向涡动频率的干摩擦反向涡动是可以共存的,因此还需给出干摩擦反向涡动相对应的系统初始条件 q_0。

根据第 1 章描述的 4 种滑动分岔动力学行为特征,推导出适当的切换流形法向分量的范式,如式(7-4)和式(7-5),从而更好地对一般性转子/定子碰摩系统中干摩擦反向涡动的滑动分岔动力学行为进行深刻理解和分类。本节分为两个部分:一个部分针对单一滑动运动模式的情形展开分析,另一个部分针对滑动运动模式的混合情形展开分析。

下文将依次给出系统中干摩擦反向涡动的响应轨迹、全频谱图、相对速度随相对偏移量的变化曲线,以及相对速度和相对应李导数的时间历程等。

转子、定子和它们之间的相对偏移的轨迹如分图(a)所示,其中转子/定子碰摩系统中纯滚动阶段相对应的轨迹以绿色点线叠加在转子/定子相对偏移的轨迹图上。

碰摩转子响应的全频谱如分图(b)所示,该频谱是通过同时对系统变量 X 和 Y 进行快速傅里叶变换计算得出的,表述了转子正向转动和反向涡动分量的正、负频率成分。

转子和定子之间的相对速度随相对偏移的变化关系如分图(c)所示,部分对细节进行了放大显示,其中用水平的绿色虚线表征 $V_{rel}=0$ 定义的切换流形。

向量场的相对速度和相对应李导数的时间历程如分图(d)所示,一阶李导数表示其法向分量。此外,为清楚起见,$\mathscr{L}_{F_1}H(q)$,$\mathscr{L}_{F_2}H(q)$ 和 $\mathscr{L}_{F_1}^2H(q)$ 或 $\mathscr{L}_{F_2}^2H(q)$ 的值按比例缩小,因为滑动分岔类型的判定是通过比较这些值与零的大小来实现的。

7.3.1 单一滑动运动模式

基于第 1 章 Filippov 系统中 4 种类型的滑动分岔动力学行为的判定准则,对一般性转子/定子碰摩系统中可能出现的所有滑动运动模式的动力学行为逐一进行介绍。动力学微分方程(7-1)描述的一般性转子/定子碰摩系统的干摩擦反向涡动中,碰摩转子和定子之间的连续接触仅发生在其径向的 X-Y 平面。因此,由方程(7-2)描述的碰摩点处转子和定子间的相对速度 $V_{rel}=0$ 定义的切换流形,也是与转子和定子的圆周运动方向相切的。这也意味着,干摩擦反向涡动的响应轨线与滑动区域的交点只能在沿圆周方向上的 X-Y 平面滑动和演化。由于多滑动模式的滑动轨线完全位于滑动区域内,并可以沿着滑动区域的各个方向演化,可能与滑动区域边界的相切,因此,在转子/定子碰摩系统中排除了至少在三维空间中演化的多滑动模式的发生。

(1)横穿滑动模式

当一般性转子/定子碰摩系统参数取 $\beta_{cr}=20$,$\mu=0.1$,$\Omega=0.8$,并将系统初始条件设置为 $q_0=[-10.19,17.61,7.17,12.2,-7.77,11.53,4.87,8.35,0]$ 时,碰摩转子产生干摩擦反向涡动的横穿滑动分岔动力学行为。干摩擦反向涡动中具有较低的反向涡动频率 $\Omega_r=-1.7$ 和正的激励频率 $\Omega=0.8$,表明干摩擦效应引起的非线性模态运动和谐波激励的共同作用,如图 7-3(b)所示。在图 7-3(a)中,转子偏移量 $R_r>$

R_0,定子偏移量 $R_s < R_0$,而它们的相对偏移量 $R = |R_r - R_s| > R_0$,以维持转子和定子的连续接触。在图 7-3(c) 中,相对速度 V_{rel} 在由 $V_{rel} = 0$ 定义的切换流形附近做周期性的上下波动。在相对偏移量 $R \in [1.096, 1.246]$ 中,相对速度 V_{rel} 既可以为零而对应于碰摩转子的纯滚动,又可以大于或小于零而对应于碰摩转子的滑移运动。

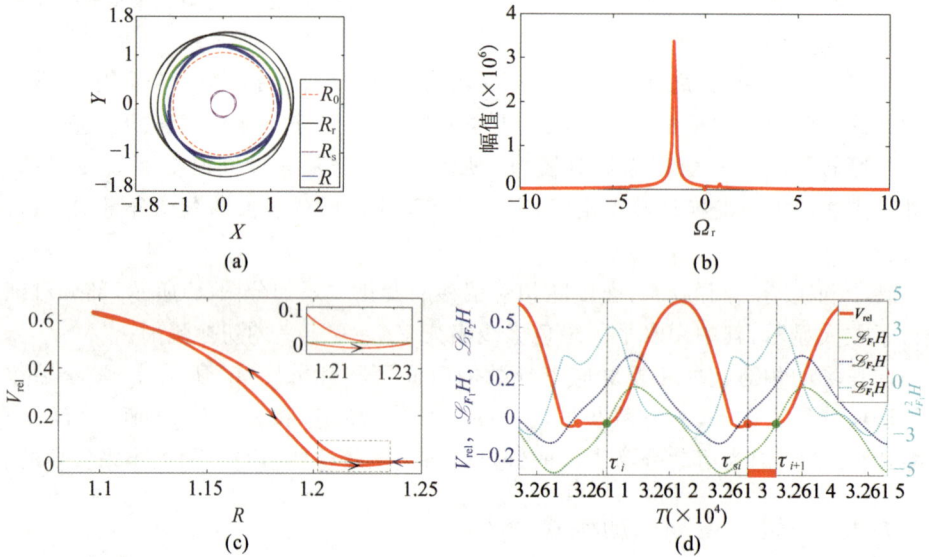

图 7-3　$\beta_{cr} = 20, \mu = 0.1, \Omega = 0.8$ 和初始条件

$q_0 = [-10.19, 17.61, 7.17, 12.2, -7.77, 11.53, 4.87, 8.35, 0]$ 时横穿滑动模式的动力学特性

注:图(c)右上角的图框表示图中虚线框部分的细节显示

图 7-3(d) 显示了相对速度 V_{rel} 和不同阶数的李导数的时间历程,从中可以很容易地识别出与碰摩转子纯滚动相对应的 $V_{rel} = 0$ 切换流形上的滑动运动。基于系统滑动区域的条件关系式,利用法向分量 $\mathcal{L}_{F_1} H(q)$ 和 $\mathcal{L}_{F_2} H(q)$ 定义滑动区域边界条件。由于在切换流形的滑动区域中总是存在 $\mathcal{L}_{F_2} H(q) > 0$,因此,滑动区域边界切点是由 $\mathcal{L}_{F_1} H(q)$ 在从负值向正值变化时的零相对速度定义的,用绿点 τ_i 和 τ_{i+1} 表示。由于系统轨线是远离切换流形的,因此根据定义该边界切线是可见的。另外,由于向量场 $F_1(q)$ 的二阶李导数 $\mathcal{L}_{F_1}^2 H(q)$ 在 τ_i 和 τ_{i+1} 处始终大于零,因此满足横穿滑动分岔的附加条件。系统轨线进入的滑动区域的位置用红点 τ_{si} 表示,因此在一个振荡周期 (τ_i, τ_{i+1}) 的横穿滑动范围在 τ_{si} 和 τ_{i+1} 之间,从而将相对滑动时长定义为 $(\tau_{i+1} - \tau_{si})/(\tau_{i+1} - \tau_i)$,在该系统参数下等于 0.167 8。

(2) 擦边滑动模式

当系统参数取 $\beta_{cr} = 20, \mu = 0.3$ 和 $\Omega = 3.3$,并设置与横穿滑动模式实例相同的初始条件时,碰摩转子产生干摩擦反向涡动的擦边滑动模式。干摩擦反向涡动中具

有较低的反向涡动频率 $\Omega_r = -2.2$ 和小幅值的正的激励频率 $\Omega = 3.3$,如图 7-4(b) 的碰摩转子全频谱图所示。在图 7-4(a) 中,转子偏移量 R_r 和定子偏移量 R_s 约为转子和定子的间隙 R_0 的 10 倍,然而转子和定子之间的相对偏移量 $R = |R_r - R_s|$ 约为 R_0 的 4 倍,绿色曲线突出显示了相对偏移轨迹 R 上的纯滚动阶段。在图 7-4(c) 中,相对速度 V_{rel} 在由 $V_{rel} = 0$ 定义的切换流形附近做周期性变化,在相对偏移量 $R \in [3.425, 4.725]$ 中,相对速度 V_{rel} 可以在 $V_{rel} > 0$ 的子状态空间和切换流形上演化,即相对速度 V_{rel} 既可以为对应于纯滚动的零,又可以为对应于滑移运动的大于零。

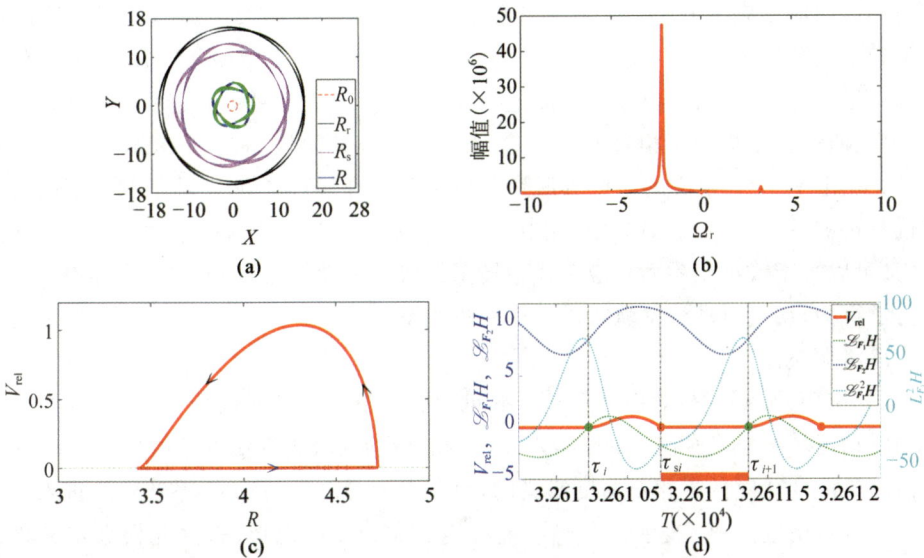

(a)   **(b)**

(c)   **(d)**

图 7-4 $\beta_{cr} = 20, \mu = 0.3, \Omega = 3.3$ 和初始条件

$q_0 = [-10.19, 17.61, 7.17, 12.2, -7.77, 11.53, 4.87, 8.35, 0]$ 时擦边滑动模式的动力学特性

图 7-4(d) 显示了相对速度 V_{rel} 和不同阶数的李导数的时间历程,从中可以很容易地识别出与碰摩转子纯滚动相对应的 $V_{rel} = 0$ 切换流形上的滑动运动。基于系统滑动区域的条件关系式,利用法向分量 $\mathscr{L}_{F_1} H(q)$ 和 $\mathscr{L}_{F_2} H(q)$ 定义滑动区域边界条件。由于切换流形的滑动区域中总是存在 $\mathscr{L}_{F_2} H(q) > 0$,因此,滑动区域边界切点是由 $\mathscr{L}_{F_1} H(q)$ 在从负值向正值变化时的零相对速度定义的,用绿点 τ_i 和 τ_{i+1} 表示。系统轨线进入滑动区域的位置用红点 τ_{si} 表示。由于系统轨线是远离切换流形的,因此根据定义该边界切线是可见的。另外,由于向量场 $F_1(q)$ 的二阶李导数 $\mathscr{L}_{F_1}^2 H(q)$ 在 τ_i 和 τ_{i+1} 处始终大于零,因此满足擦边滑动分岔的附加条件。但是,由图 7-3 可知,横穿滑动分岔的轨线从子状态空间 S_2 到达点 τ_{si},然后离开切点 τ_i 和 τ_{i+1} 而进入另一个子状态空间 S_2。相反的是,擦边滑动分岔的轨线是从子状态空间

S_1 到达点 τ_{si}，然后离开切点 τ_i 和 τ_{i+1} 并再次进入子状态空间 S_1。因此在一个振荡周期 (τ_i,τ_{i+1}) 的擦边滑动范围在 τ_{si} 和 τ_{i+1} 之间，从而将相对滑动时长定义为 $(\tau_{i+1}-\tau_{si})/(\tau_{i+1}-\tau_i)$，在该系统参数下等于 0.547 4。

同时，通过对两自由度的简单转子/定子碰摩系统中干摩擦反向涡动的滞滑振动特性的辨识，发现了擦边滑动模式广泛存在[13]。

(3) 切换滑动模式

当系统参数取为与擦边滑动模式的实例相同，初始条件为 $q_0=[0,0,0,0,0,0,0,0,0,0]$ 时，碰摩转子产生干摩擦反向涡动的切换滑动模式。干摩擦反向涡动中具有较高的反向涡动频率 $\Omega_r=-4.5$ 和小幅值的正的激励频率 $\Omega=3.3$，如图 7-5(b) 的碰摩转子全频谱图所示。在图 7-5(a) 中，转子偏移量 R_r、定子偏移量 R_s 和它们的相对偏移量 $R=|R_r-R_s|$ 都在较大的范围内波动，甚至定子偏移量显示出类弹跳的行为，绿色曲线突出显示了相对偏移轨迹 R 上的纯滚动阶段。在图 7-5(c) 中，相对速度 V_{rel} 在由 $V_{rel}=0$ 定义的切换流形附近做周期性的上下波动，在转子和定子间的相对偏移量 $R\in[1.530,2.915]$ 中，相对速度 V_{rel} 既可以为零而对应于碰摩转子的纯滚动，又可以大于或小于零而对应于碰摩转子的滑移运动。然而，不同于横穿滑动分岔动力学行为，切换滑动分岔轨线沿着图示的引导箭头，在 $V_{rel}>0$ 的滑移运动之后发生了滞滑切换。

图 7-5(d) 显示了相对速度 V_{rel} 和不同阶数的李导数的时间历程，由于在切换流形的滑动区域中总是存在 $\mathscr{L}_{F_1}H(q)<0$，因此，滑动区域边界切点是由 $\mathscr{L}_{F_2}H(q)$ 在从正值向负值变化时的零相对速度定义的，由蓝点 τ_i 和 τ_{i+1} 表示。系统轨线进入滑动区域的位置由红点 τ_{si} 表示。由于系统轨线是靠近切换流形的，因此根据定义该边界切线是不可见的。另外，由于向量场 $F_2(q)$ 的二阶李导数 $\mathscr{L}_{F_2}^2H(q)$ 始在 τ_i 和 τ_{i+1} 处始终小于零，因此满足切换滑动分岔的附加条件。因此在一个振荡周期 (τ_i,τ_{i+1}) 的擦边滑动范围在 τ_{si} 和 τ_{i+1} 之间，从而相对滑动时长定义为 $(\tau_{i+1}-\tau_{si})/(\tau_{i+1}-\tau_i)$，在该系统参数下等于 0.277 4。

从这 3 种类型的案例中，可以总结出转子/定子碰摩系统中由相对速度 $V_{rel}=0$ 定义的切换流形附近的向量场动力学行为。首先，再次强调转子/定子碰摩系统并不存在多滑动模式。其次，在横穿滑动模式和擦边滑动模式的情况下，滑动区域的边界由 $\mathscr{L}_{F_1}H(q)=0$ 决定，而切换滑动模式的滑动区域边界由 $\mathscr{L}_{F_2}H(q)=0$ 决定。然后，可以通过在给定系统初始条件下改变系统参数，或通过在给定系统参数下改变系统初始条件，使碰摩转子出现不同的滑动运动模式。系统初始条件对滑动运动模式的影响是由于在具有适中的转子/定子接触刚度的一般性转子/定子碰摩系统中，会产生两种不同反向涡动频率的干摩擦反向涡动并存的现象。

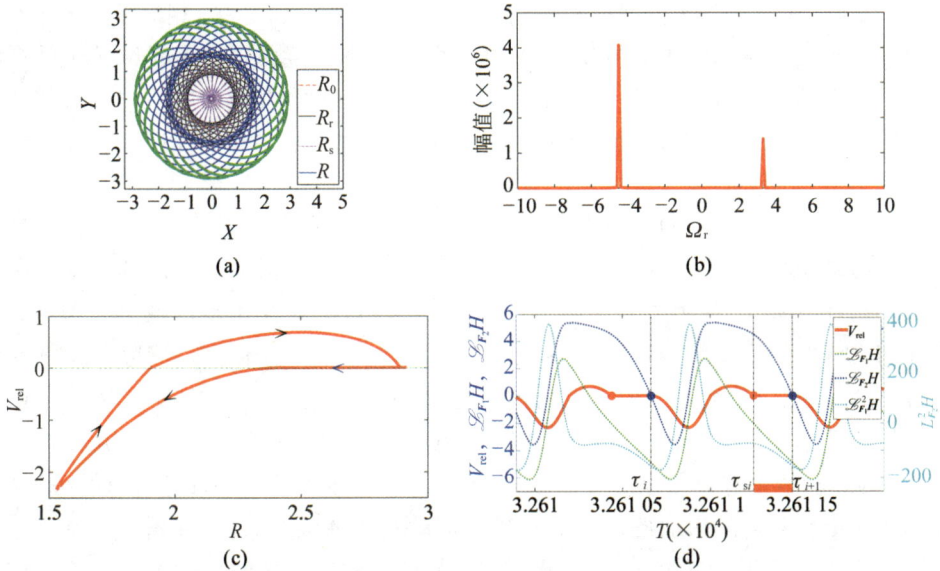

图 7-5　$\beta_{cr}=20, \mu=0.3, \Omega=3.3$ 和初始条件 $q_0=[0,0,0,0,0,0,0,0,0,0]$ 时切换滑动模式的动力学特性

7.3.2　混合滑动运动模式

除了单一类型的滑动运动模式，在弹性定子支承转子/定子摩擦模型的干摩擦反向涡动中，可以表现出不同类型的单一滑动运动模式的复杂混合模式。结合 7.3.1 小节中 3 种类型的单一滑动运动模式的动力学行为，逐项分析横穿滑动和擦边滑动模式的混合，横穿滑动和切换滑动模式的混合，擦边滑动和切换滑动模式的混合，以及横穿滑动、擦边滑动和切换滑动模式的混合这 4 类混合滑动模式的动力学行为的主要特征。

（1）横穿滑动和擦边滑动模式的混合

当转子/定子碰摩系统参数取 $\beta_{cr}=20, \mu=0.1$ 和 $\Omega=0.9$，且系统初始条件设定为 $q_0=[-10.19,17.61,7.17,12.2,-7.77,11.53,4.87,8.35,0]$ 时，碰摩转子产生干摩擦反向涡动的横穿滑动和擦边滑动模式的混合动力学行为。干摩擦反向涡动中具有较低的反向涡动频率 $\Omega_r=-1.8$ 和小幅值的正的激励频率 $\Omega=0.9$，如图 7-6（b）所示。在图 7-6（a）中，转子偏移量 $R_r>R_0$、定子偏移量 $R_s<R_0$，由蓝色曲线表示的转子和定子间的相对偏移量 $R=|R_r-R_s|$ 始终大于 R_0，以保持转子与定子间的持续接触。绿色曲线突出显示了相对偏移轨迹 R 上的纯滚动阶段，可以看出两个滑动阶段在一个圆周上大致重合，并且全部位于最大的转子和定子间的相对偏移量位置附近。在图 7-6（c）中，相对速度 V_{rel} 在由 $V_{rel}=0$ 定义的切换流形附近做周期性

的上下波动,在转子和定子间的相对偏移量 $R \in [1.134, 1.32]$ 中,相对速度 V_{rel} 既可以为零而对应于碰摩转子的纯滚动,又可以大于或小于零而对应于碰摩转子的滑移运动。沿着图示的引导箭头,在干摩擦反向涡动的一个滞滑振动周期中滞滑切换是双重的:一个发生在 $V_{rel} > 0$ 的滑移运动之后,另一个发生在 $V_{rel} < 0$ 的滑移运动之后。

图 7-6(d)显示了相对速度 V_{rel} 和不同阶数的李导数的时间历程,可以很容易地识别出与碰摩转子纯滚动相对应的 $V_{rel} = 0$ 切换流形上的滑动运动。基于系统滑动区域的条件关系式,利用法向分量 $\mathscr{L}_{F_1}H(q)$ 和 $\mathscr{L}_{F_2}H(q)$ 定义滑动区域边界条件。由于在切换流形的滑动区域中总是存在 $\mathscr{L}_{F_2}H(q) > 0$,因此,滑动区域边界切点是由 $\mathscr{L}_{F_1}H(q)$ 在正、负值变化时的零相对速度定义的,用绿点 τ_i、τ_{s2} 和 τ_{i+1} 表示。由于系统轨线是远离切换流形的,因此根据定义该边界切线是可见的。另外,由于向量场 $F_1(q)$ 的二阶李导数 $\mathscr{L}_{F_1}^2 H(q)$ 在 τ_i、τ_{s2} 和 τ_{i+1} 处始终大于零,因此满足横穿滑动分岔和擦边滑动分岔的附加条件。由于滑动运动模式的混合,一个滞滑振动周期(τ_i,τ_{i+1})内具有 2 个滑动区域,一个是横穿滑动模式的滑动区域(τ_{s1},τ_{s2}),另一个是擦边滑动模式的滑动区域(τ_{s3},τ_{i+1})。因此在一个滞滑振动周期内,相对滑动时长可以定义为$(\tau_{i+1} - \tau_{s3} + \tau_{s2} - \tau_{s1})/(\tau_{i+1} - \tau_i)$,在该系统参数下等于 0.198 5。

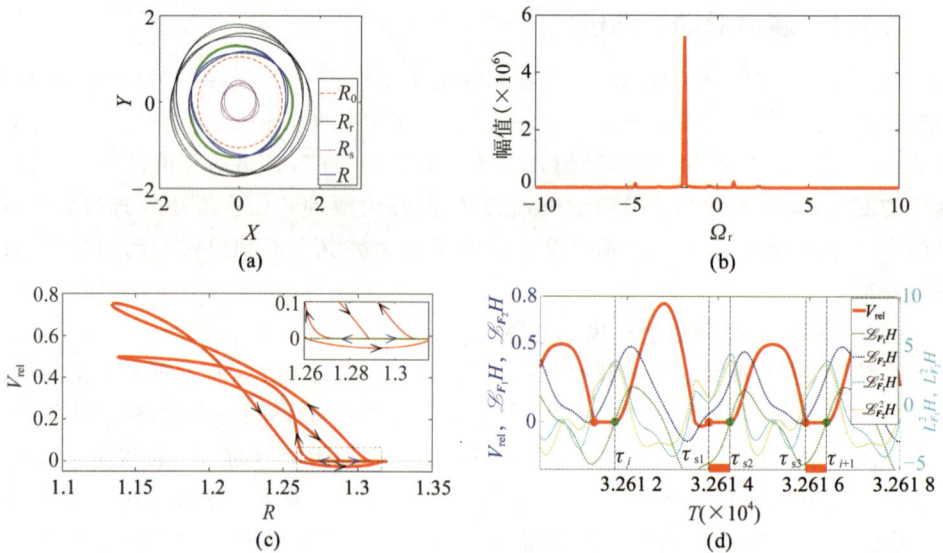

(a)

(b)

(c)

(d)

图 7-6 $\beta_{cr} = 20, \mu = 0.1, \Omega = 0.9$ 和初始条件

$q_0 = [-10.19, 17.61, 7.17, 12.2, -7.77, 11.53, 4.87, 8.35, 0]$时

横穿和擦边滑动模式的混合动力学特性

注:图(c)中右上角的图框表示图中虚线框部分的细节显示

（2）横穿滑动和切换滑动模式的混合

当转子/定子碰摩系统参数取 $\beta_{cr}=20,\mu=0.3$ 和 $\Omega=2.8$，且系统初始条件设定为 $q_0=[0,0,0,0,0,0,0,0,0,0]$ 时，碰摩转子产生干摩擦反向涡动的横穿滑动和切换滑动模式的混合动力学行为。干摩擦反向涡动中具有较高的反向涡动频率 $\Omega_r=-4.5$ 和等幅值的正的激励频率 $\Omega=2.8$，如图 7-7（b）所示。在图 7-7（a）中，由蓝色曲线表示的转子和定子间的相对偏移量 $R=|R_r-R_s|$ 始终大于 R_0，以保持转子与定子间的持续接触，转子偏移量 R_r 和定子偏移量 R_s 都部分地大于 R_0，并且类弹跳地大范围波动。绿色曲线突出显示了相对偏移轨迹 R 上的纯滚动阶段，可以看出一个圆周上存在两个分开的滑动阶段，分别位于最大和最小的转子和定子间的相对偏移量位置附近。结合图 7-7（a）和图 7-7（b）可以得出，这两种滑动区域的独立分布主要归因于 $\Omega=2.8$ 的谐波激励和 $\Omega_r=-4.5$ 的非线性模态运动的相互作用，两者在干摩擦反向涡动的横穿滑动和切换滑动的混合分岔行为中贡献了几乎相同的作用。在图 7-7（c）中，相对速度 V_{rel} 在由 $V_{rel}=0$ 定义的切换流形附近做周期性的上下波动，在转子和定子间的相对偏移量 $R\in[1.623,2.164]$ 中，相对速度 V_{rel} 既可以为零而对应于碰摩转子的纯滚动，又可以大于或小于零而对应于碰摩转子的滑移运动。沿着图示的引导箭头，在干摩擦反向涡动的一个滞滑振动周期中滞滑切换是双重的：一个发生在 $V_{rel}>0$ 的滑移运动之后，另一个发生在 $V_{rel}<0$ 的滑移运动之后。

图 7-7（d）显示了相对速度 V_{rel} 和不同阶数的李导数的时间历程，可以很容易地识别出与碰摩转子纯滚动相对应的 $V_{rel}=0$ 切换流形上的滑动运动。基于系统滑动区域的条件关系式，利用法向分量 $\mathscr{L}_{F_1}H(q)$ 和 $\mathscr{L}_{F_2}H(q)$ 定义滑动区域边界条件。在一个滞滑振动周期内，滑动区域分为具有不同滑动运动解的 (τ_{s1},τ_{s2}) 和 (τ_{s3},τ_{i+1}) 两部分。一方面，在滑动区域 (τ_{s1},τ_{s2}) 中，由于在切换流形的滑动区域中总是存在 $\mathscr{L}_{F_1}H(q)<0$，因此，滑动区域边界切点是由 $\mathscr{L}_{F_2}H(q)$ 在正值到负值变化时的零相对速度定义的，由蓝点 τ_{s2} 表示。由于系统轨线是靠近切换流形的，因此根据定义该边界切线是不可见的。同时，由于向量场 $F_2(q)$ 的二阶李导数 $\mathscr{L}_{F_2}^2H(q)$ 在 τ_{s2} 处始终小于零，因此满足切换滑动分岔的附加条件。另一方面，在滑动区域 (τ_{s3},τ_{i+1}) 中，由于在切换流形的滑动区域中总是存在 $\mathscr{L}_{F_2}H(q)>0$，因此，滑动区域边界切点是由 $\mathscr{L}_{F_1}H(q)$ 从负值到正值变化时的零相对速度定义的，用绿点 τ_i 和 τ_{i+1} 表示。由于系统轨线是远离切换流形的，因此根据定义该边界切线是可见的。同时，由于向量场 $F_1(q)$ 的二阶李导数 $\mathscr{L}_{F_1}^2H(q)$ 在 τ_i 和 τ_{i+1} 处始终大于零，因此满足横穿滑动分岔的附加条件。由于滑动运动模式的混合，一个滞滑振动周期 (τ_i,τ_{i+1}) 内具有 2 个滑动区域，因此在一个滞滑振动周期内，相对滑动时长可以定义为 $(\tau_{i+1}-\tau_{s3}+\tau_{s2}-\tau_{s1})/(\tau_{i+1}-\tau_i)$，在该系统参数下等于 0.698 3。

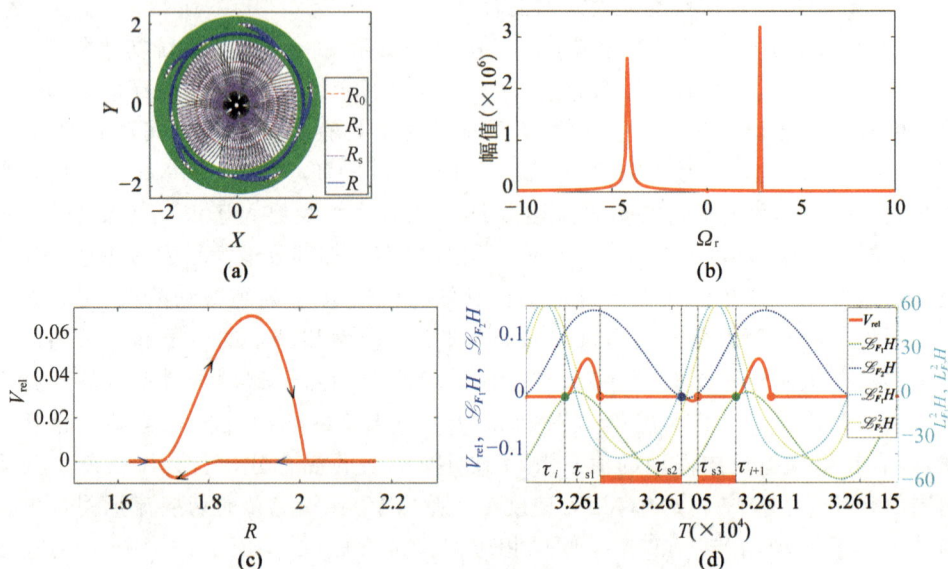

(a)

(b)

(c)

(d)

图 7-7　$\beta_{cr}=20,\mu=0.3,\Omega=2.8$ 和初始条件 $q_0=[0,0,0,0,0,0,0,0,0]$
横穿和切换滑动混合模式的动力学特性

（3）擦边滑动和切换滑动模式的混合

当转子/定子碰摩系统参数取 $\beta_{cr}=20,\mu=0.2$ 和 $\Omega=2.28$，且系统初始条件设定为 $q_0=[-15.46,-3.07,-7.11,9.52,-10.96,-1.63,-5.7,3.66,0]$ 时，碰摩转子产生干摩擦反向涡动的擦边滑动和切换滑动模式的混合动力学行为。干摩擦反向涡动中具有较低的反向涡动频率 $\Omega_r=-2.2$ 和等幅值的正的激励频率 $\Omega=2.28$，如图 7-8(b)所示。在图 7-8(a)中，由蓝色曲线表示的转子和定子间的相对偏移量 $R=|R_r-R_s|$ 始终大于 R_0，以保持转子与定子间的持续接触，$R_r>R_0$ 和 $R_s>R_0$，且二者都在大范围内波动。绿色曲线突出显示了相对偏移轨迹 R 上的纯滚动阶段，可以看出一个圆周上存在两个分开的滑动阶段，分别位于最大和最小的转子和定子间的相对偏移量位置附近，这一点有点类似横穿滑动和切换滑动模式的混合行为。在图 7-8(c)中，相对速度 V_{rel} 在由 $V_{rel}=0$ 定义的切换流形超曲面附近做周期性的上下波动，在碰摩转子和定子间的相对偏移量 $R\in[1.085,5.355]$ 中，相对速度 V_{rel} 既可以为零而对应于碰摩转子的纯滚动，又可以大于或小于零而对应于碰摩转子的滑移运动。沿着图示的引导箭头，在干摩擦反向涡动的一个滞滑振动周期中滞滑切换是双重的：一个发生在 $V_{rel}>0$ 的滑移运动之前，另一个发生在 $V_{rel}<0$ 的滑移运动之前。

图 7-8(d)显示了相对速度 V_{rel} 和不同阶数的李导数的时间历程，可以很容易地

识别出与碰摩转子纯滚动相对应的 $V_{rel}=0$ 切换流形上的滑动运动。基于系统滑动区域的条件关系式,利用法向分量 $\mathscr{L}_{F_1}H(q)$ 和 $\mathscr{L}_{F_2}H(q)$ 定义滑动区域边界条件。在一个滞滑振动周期内,滑动区域分为具有不同滑动运动解的 (τ_{s1},τ_{s2}) 和 (τ_{s3},τ_{i+1}) 两部分。一方面,在滑动区域 (τ_{s1},τ_{s2}) 中,由于在切换流形的滑动区域中总是存在 $\mathscr{L}_{F_1}H(q)<0$,因此,滑动区域边界切点是由 $\mathscr{L}_{F_2}H(q)$ 在正值到负值变化时的零相对速度定义的,由蓝点 τ_{s2} 表示。由于系统轨线是靠近切换流形的,因此根据定义该边界切线是不可见的。同时,由于向量场 $F_2(q)$ 的二阶李导数 $\mathscr{L}_{F_2}^2H(q)$ 在 τ_{s2} 处始终小于零,因此满足切换滑动分岔的附加条件。另一方面,在滑动区域 (τ_{s3},τ_{i+1}) 中,由于在切换流形的滑动区域中总是存在 $\mathscr{L}_{F_2}H(q)>0$,因此,滑动区域边界切点是由 $\mathscr{L}_{F_1}H(q)$ 从负值到正值变化时的零相对速度定义的,由绿点 τ_i 和 τ_{i+1} 表示。由于系统轨线是远离切换流形的,因此根据定义该边界切线是可见的。同时,由于向量场 $F_1(q)$ 的二阶李导数 $\mathscr{L}_{F_1}^2H(q)$ 在 τ_i 和 τ_{i+1} 处始终大于零,因此满足擦边滑动分岔的附加条件。由于滑动分岔行为的混合,一个滞滑振动周期 (τ_i,τ_{i+1}) 内具有 2 个滑动区域,因此在一个滞滑振动周期内,相对滑动时长可以定义为 $(\tau_{i+1}-\tau_{s3}+\tau_{s2}-\tau_{s1})/(\tau_{i+1}-\tau_i)$,在该系统参数下等于 0.184 8。

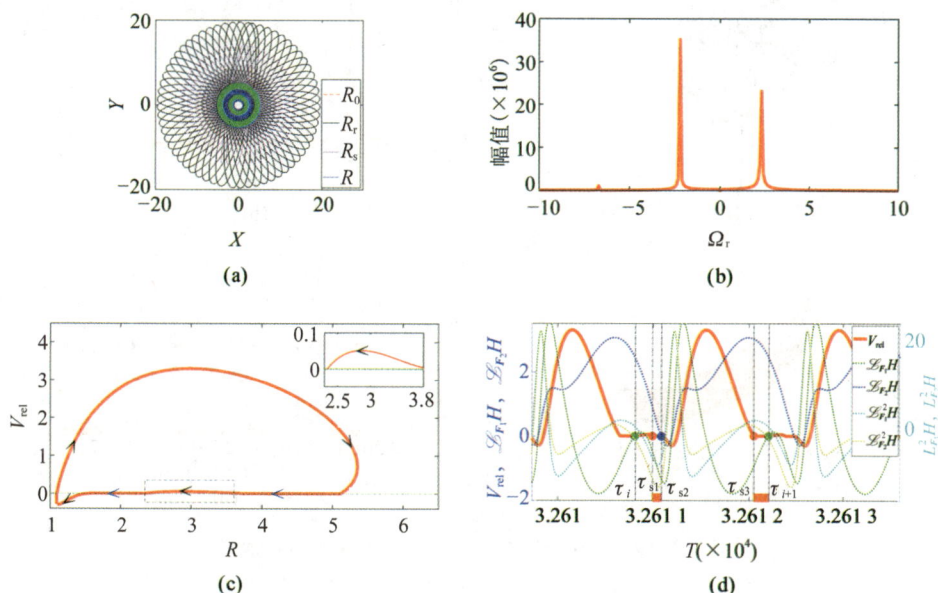

(a)

(b)

(c)

(d)

图 7-8 $\beta_{cr}=20,\mu=0.2,\Omega=2.28$ 和初始条件
$q_0=[-15.46,-3.07,-7.11,9.52,-10.96,-1.63,-5.7,3.66,0]$ 时
擦边和切换滑动混合模式的动力学特性

注:图(c)右上角的图框表示图中虚线框部分的细节显示

（4）横穿滑动、擦边滑动和切换滑动模式的混合

当转子/定子碰摩系统参数取 $\beta_{cr}=5\times10^4$，$\mu=0.29$ 和 $\Omega=1.8$，且系统初始条件设定为 $q_0=[1.06,-1.85,-0.35,-1.41,0.36,1.91,0.43,1.93,0]$ 时，碰摩转子产生干摩擦反向涡动的横穿滑动、擦边滑动和切换滑动模式的混合动力学行为。干摩擦反向涡动中具有两个反向涡动频率 $\Omega_r=-2.3$ 和 $\Omega_r=-4.7$，以及正的激励频率 $\Omega=1.8$，如图 7-9（b）所示。在图 7-9（a）中，由蓝色曲线表示的转子和定子间的相对偏移量 $R=|R_r-R_s|$ 略大于 R_0，转子偏移量 R_r 和定子偏移量 R_s 都部分地大于 R_0，并且类弹跳地大范围波动。在图 7-9（c）中，相对速度 V_{rel} 在由 $V_{rel}=0$ 定义的切换流形附近做周期性的上下波动，在碰摩转子和定子间的相对偏移量 $R\in[1.050\,1,1.050\,4]$ 中，相对速度 V_{rel} 既可以为零而对应于碰摩转子的纯滚动，又可以大于或小于零而对应于碰摩转子的滑移运动。从干摩擦反向涡动的一个振动周期中密集分布的滞滑切换可以看出，滑动运动解不再是唯一的，且不再具有明显的周期性。这主要是因为在紧随 $V_{rel}>0$ 或 $V_{rel}<0$ 的滑移运动之后，切换流形上的滑动运动，即碰摩转子的纯滚动，会相互重叠，而使得滑动区域铺满整个系统的切换流形。

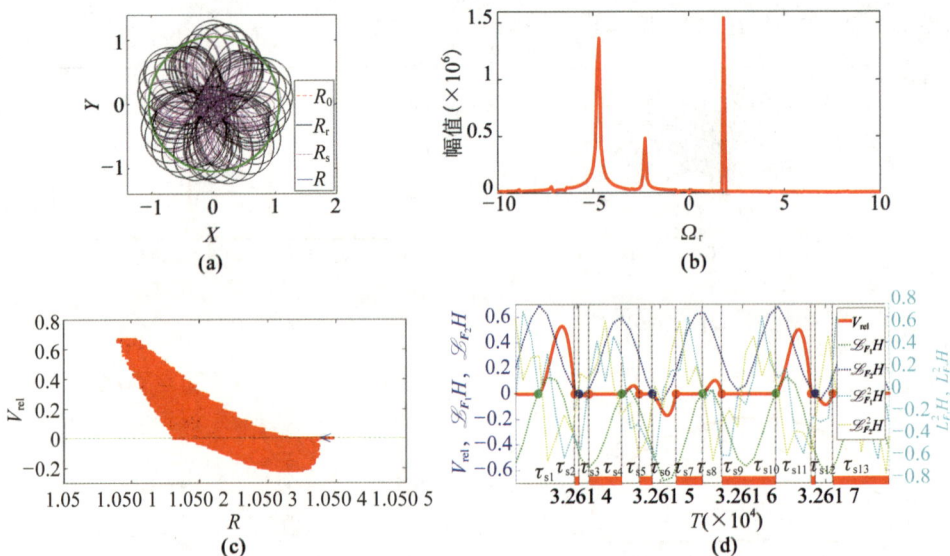

图 7-9 $\beta_{cr}=5\times10^4$，$\mu=0.29$，$\Omega=1.8$ 和初始条件

$q_0=[1.06,-1.85,-0.35,-1.41,0.36,1.91,0.43,1.93,0]$ 时

横穿、擦边和切换滑动混合模式的动力学特性

图 7-9（d）显示了相对速度 V_{rel} 和不同阶数的李导数的时间历程，可以很容易地识别出与碰摩转子纯滚动相对应的 $V_{rel}=0$ 切换流形上的滑动运动。基于系统滑动区域的条件关系式，利用法向分量 $\mathscr{L}_{F_1}H(q)$ 和 $\mathscr{L}_{F_2}H(q)$ 定义滑动区域边界条件。在

一个滞滑振动周期内,滑动区域分为具有不同滑动运动解的诸如(τ_{s5},τ_{s6})、(τ_{s7},τ_{s8})和(τ_{s9},τ_{s10})的 3 种类型。一方面,在滑动区域(τ_{s7},τ_{s8})和(τ_{s9},τ_{s10})中,由于在切换流形的滑动区域中总是存在$\mathscr{L}_{F_2}H(q)>0$,因此,滑动区域边界切点是由$\mathscr{L}_{F_1}H(q)$从负值到正值变化时的零相对速度定义的,由绿点τ_{s8}和τ_{s10}表示。由于系统轨线是远离切换流形的,因此根据定义该边界切线是可见的。同时,由于向量场$F_1(q)$的二阶李导数$\mathscr{L}_{F_1}^2H(q)$在τ_{s8}和τ_{s10}处始终大于零,因此滑动区域(τ_{s7},τ_{s8})满足横穿滑动分岔的附加条件,而滑动区域(τ_{s9},τ_{s10})满足擦边滑动分岔的附加条件。另一方面,在滑动区域(τ_{s5},τ_{s6})中,由于在切换流形的滑动区域中总是存在$\mathscr{L}_{F_1}H(q)<0$,因此,滑动区域边界切点是由$\mathscr{L}_{F_2}H(q)$从正值到负值变化时的零相对速度定义的,由蓝点τ_{s6}表示。由于系统轨线是靠近切换流形的,因此根据定义该边界切线是不可见的。同时,由于向量场$F_2(q)$的二阶李导数$\mathscr{L}_{F_2}^2H(q)$在τ_{s6}处始终小于零,因此满足切换滑动分岔的附加条件。同样地,基于系统滑动区域的条件关系式,利用法向分量$\mathscr{L}_{F_1}H(q)$和$\mathscr{L}_{F_2}H(q)$定义滑动区域边界条件,还可以得到,滞滑振动过程中的滑动区域(τ_{s1},τ_{s2})和(τ_{s11},τ_{s12})中的动力学行为满足切换滑动分岔的附加条件,而滑动区域(τ_{s3},τ_{s4})中的动力学行为满足横穿滑动分岔的附加条件。

与 7.3.1 小节中描述的单一滑动运动模式的动力学行为相比,混合滑动运动模式表现出更加复杂动力学行为,并且在转子/定子碰摩系统的一个滞滑振动周期中至少包含两个不同位置的滑动区域。由于转子/定子碰摩系统中谐波激励运动和非线性模态运动在干摩擦反向涡动中的相互作用,碰摩转子的滑动区域通常位于转子和定子间的相对偏移量 R 的最小或最大位置附近。除了对一般性转子/定子碰摩系统中干摩擦反向涡动的不同类型的单一和混合的滑动分岔动力学行为进行辨识和分析外,还通过大量而广泛的数值仿真计算,得到了包括转子转速 Ω、转子/定子接触刚度 β_{cr} 和摩擦系数 μ 的系统参数对滞滑振动中不同类型滑动运动模式的动力学行为切换的影响。

例如,在刚性接触表面,即 $\beta_{cr}=5\times10^4$ 的情况下,当转子与定子间具有较大的摩擦系数,即 $\mu>0.25$ 时,随着转速 Ω 增大的滑动运动模式的切换路径主要为:纯滚动→单一滑动或混合滑动模式→纯滚动。而当刚性接触表面的转子与定子间具有较小的摩擦系数,即 $\mu\leqslant0.25$ 时,随着转速 Ω 增大的滑动运动模式的切换路径主要为:单一滑动模式→单一滑动或混合滑动模式→混合滑动模式或极端情形。在柔性接触表面,即 $\beta_{cr}=20$ 的情况下,当转子与定子间具有较大的摩擦系数,即 $\mu\geqslant0.2$ 时,随着转速 Ω 增大的滑动运动模式的切换路径主要为:纯滚动→单一滑动或混合滑动模式→横穿滑动模式。而当柔性接触表面的转子与定子间具有较小的摩擦系数,即 $\mu\leqslant0.025$ 时,由于横穿的极限方程(7-10)被近似满足,因此只会出现横穿振动。同样地,当 $\beta_{cr}=2$ 且 $\Omega>2$ 或 W_{fr} 时,碰摩转子也只发生连续横穿运动。而当 $\beta_{cr}=2$ 且

$\mu \geqslant 0.25$ 时,随着转速 Ω 增大的滑动运动运动模式的切换路径主要为:纯滚动→单一滑动或混合滑动模式→横穿。

通过对分段光滑的一般性转子/定子碰摩系统中干摩擦反向涡动的滑动运动模式的动力学行为进行深入分析,一方面,揭示了系统参数对干摩擦自激反向涡动中不同类型滑动运动模式的动力学行为的影响。另一方面,探讨了转子/定子碰摩系统的滞滑振动特性及不同滑动运动模式的主要切换路径。对于如图 7-4 所示的干摩擦反向涡动的擦边滑动运动模式,转子和定子都是做大幅值的横向振动,这很容易造成转子系统失稳而产生严重后果。对于如图 7-7 所示的横穿滑动和切换滑动模式的混合动力学行为,虽然转子和定子的偏移量都很小,但是却都是以非常高的频率做超同步振动,这会很快导致转子系统发生疲劳损坏。

7.4　本章小结

基于具有不连续向量场的分段光滑理论及其在 Filippov 系统中滑动分岔的相空间拓扑结构,深入分析了一般性转子/定子碰摩系统中干摩擦自激反向涡动的滞滑振动特性和滑动分岔所涉及的复杂动力学行为。同时考虑转子和定子的动力学特性、干摩擦和接触表面的弹性,建立 4 自由度的分段光滑转子/定子碰摩模型,并分析系统参数和初始条件对干摩擦反向涡动的影响。然后,以转子和定子接触点处的零相对速度超曲面,作为两个不连续向量场在九维状态空间中的切换流形。推导分段光滑转子/定子碰摩系统的切换流形上的滑动区域及其边界的解析式,理论分析并讨论了刚性和柔性接触表面两种极端情形下的滞滑振动特性,并确认分别对应在切换流形上具有整个滑动区域的纯滚动,以及无滑动区域的横穿。同时还发现,引起周期性滞滑振动的主要因素是转子/定子碰摩系统的干摩擦效应和阻尼效应。

通过对一般性转子/定子碰摩系统中滑动运动模式的大量而广泛的数值分析,发现滞滑振动在系统中广泛存在,并且出现了不同类型的单一和混合滑动运动模式。根据非光滑动力系统中滑动分岔行为的分类[16],在一般性转子/定子碰摩系统的干摩擦反向涡动中,发现了 3 种类型的滑动运动模式,即横穿滑动模式、擦边滑动模式和切换滑动模式。此外,在一个滞滑振动周期内,通过改变系统参数和/或初始条件,还发现了这 3 种单一滑动运动模式的混合类型,包括横穿滑动和擦边滑动模式的混合,横穿滑动和切换滑动模式的混合,擦边滑动和切换滑动模式的混合,以及横穿滑动、擦边滑动和切换滑动模式的混合。与单一滑动运动模式的动力学行为相比,由于转子/定子碰摩系统同时受到谐波激励运动和非线性模态运动的相互作用,在碰摩转子的干摩擦反向涡动中,混合滑动区域可能同时位于转子和定子间相对偏移量的最大和最小位置附近。此外,还总结了在碰摩转子转速增大的过程中,一般性转子/定子碰摩系统的干摩擦自激反向涡动中滑动运动模式,随着系统参数的变化而出现的主要切换路径。一般地,混合滑动运动模式易于在单一滑动运动模式和/或两种极端情形之一的相互切换阶段出现。因此,本章为分段光滑的一般性转子/定子碰摩系统中干摩擦自激反向涡动的滑动分岔动力学行为提供了有价值的探究。

8 含交叉耦合效应的转子/定子碰摩模型的降阶分析

非线性动力学系统降阶模型的方法学一直是动力学界关注的焦点。考虑到实际转子/定子系统中存在诸多非线性因素,其动力学微分方程组的维数和复杂度很高,对其特性的解析分析和数值计算提出了更高的要求。根据非线性模态的现代理论,可以将高维复杂系统的动力方程降阶为一个低维不变流形,从而使高维系统的解析分析成为可能[118]。一般地,转子受到的与转子径向位移成比例的切向力,被称为交叉耦合刚度力,其所产生的影响被称为交叉耦合效应[108]。陈艳华基于非线性模态理论,分析了含交叉耦合效应的转子/定子碰摩系统的稳定非线性模态与碰摩转子的响应之间的关系[129]。实际上,干摩擦自激振动是由谐波激励运动和非线性模态运动的共同作用产生的,因此,基于非线性模态理论及谱子空间的流形理论,对转子/定子碰摩系统自激正向涡动的降阶分析,同样具有重要的意义。

本章基于非线性模态理论,利用周期谱子流形的模型降阶方法,对转子/定子碰摩系统中由交叉耦合效应引发的自激正向涡动来进行降阶分析。对于含交叉耦合效应的转子/定子碰摩系统中稳定的正向涡动非线性模态,在非线性模态存在的系统参数条件下,提出一种构建对应于非线性模态的周期谱子流形的改进方法,使得求解系统中周期谱子流形构建方程的时间周期系数成为可能。同时,通过对二维不变谱子流形控制的降阶模型与相应的全阶模型的自激正向涡动响应对比分析,评估了系统周期性强迫激励对降阶模型响应精度的影响。

8.1 含交叉耦合效应的转子/定子碰摩模型

8.1.1 系统的动力学模型

本章研究的非线性转子/定子碰摩模型如图 8-1 所示,以简单转子/定子碰摩系统模型为基础,转子系统的交叉耦合刚度系数用 Q_s 表示。

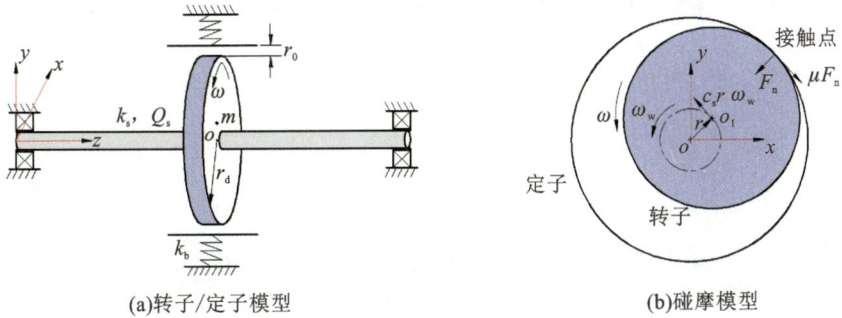

(a)转子/定子模型   (b)碰摩模型

图 8-1 含交叉耦合效应的转子/定子碰摩模型

含交叉耦合效应的转子/定子碰摩系统的动力方程组在直角坐标下可写为:

$$\begin{cases} m\ddot{x}+c_s\dot{x}+k_sx+Q_sy+\Theta k_b\left(1-\dfrac{r_0}{r}\right)\left[x-\mu y\cdot\mathrm{sgn}(v_{\mathrm{rel}})\right]=me\omega^2\cos(\omega t) \\[2mm] m\ddot{y}+c_s\dot{y}+k_sy-Q_sx+\Theta k_b\left(1-\dfrac{r_0}{r}\right)\left[\mu x\cdot\mathrm{sgn}(v_{\mathrm{rel}})+y\right]=me\omega^2\sin(\omega t) \\[2mm] v_{\mathrm{rel}}=\omega r_d+\omega_w r \end{cases}$$

$$(8\text{-}1)$$

方程(8-1)包含阻尼项、交叉耦合刚度和摩擦项,转子质心涡动的非线性模态响应具有两个可能的涡动方向,即顺时针(方向)或逆时针(方向)。如图 8-1(b)所示,转子的转动和涡动速度均为逆时针方向,这意味着碰摩转子的法向接触力和切向干摩擦力方向是与其转动方向相反的。在转子/定子碰摩系统的模态分析中,由于系统模型及其受力和运动方向的对称性,不失一般性地,将转子与定子之间的干摩擦力方向设置为正方向进行计算。同样地,当干摩擦力方向为负方向时具有与其相同的模态响应结果。

设定 $\Theta=1$ 和 $\mathrm{sgn}(v_{\mathrm{rel}})=1$,则由转子/定子碰摩系统平面运动的动力微分方程(8-1),得出其正向涡动的无量纲方程:

$$\begin{cases} X''+2\zeta X'+\beta X+\gamma Y+\left(1-\dfrac{R_0}{R}\right)(X-\mu Y)=\Omega^2\cos\Omega\tau \\[2mm] Y''+2\zeta Y'+\beta Y-\gamma X+\left(1-\dfrac{R_0}{R}\right)(\mu X+Y)=\Omega^2\sin\Omega\tau \\[2mm] V_{\mathrm{rel}}=\Omega R_d+\Omega_w R \end{cases}$$

$$(8\text{-}2)$$

式中,$\gamma=Q/k_b$。

基于一般性的设置 $q_1=X$,$q_2=X'$,$q_3=Y$ 和 $q_4=Y'$,将方程式中的线性部分与非线性部分按照矩阵形式进行分离,可以将方程(8-2)重构为一阶常微分方程。

$$q' = L \cdot q + NL + F(\tau) \tag{8-3}$$

式中,$q = (q_1, q_2, q_3, q_4)^{\mathrm{T}} \in \mathbb{R}^4$ 为含交叉耦合效应的转子/定子碰摩系统状态变量;

$$L = \begin{bmatrix} 0 & 1 & 0 & 0 \\ -\beta-1 & -2\zeta & \mu-\gamma & 0 \\ 0 & 0 & 0 & 1 \\ \gamma-\mu & 0 & -\beta-1 & -2\zeta \end{bmatrix}; NL = \begin{bmatrix} 0 \\ \dfrac{R_0}{\sqrt{q_1^2+q_3^2}}(q_1-\mu q_3) \\ 0 \\ \dfrac{R_0}{\sqrt{q_1^2+q_3^2}}(\mu q_1+q_3) \end{bmatrix};$$

$$F(\tau) = \begin{bmatrix} 0 \\ \Omega^2 \cos(\Omega\tau) \\ 0 \\ \Omega^2 \sin(\Omega\tau) \end{bmatrix}$$

在方程(8-3)中,$L \cdot q$ 项、NL 项和 $F(\tau)$ 项分别对应转子/定子碰摩系统中的线性部分、非线性自治部分和周期激励部分。首先,通过消除周期激励项 $F(\tau)$,微分方程(8-3)可以还原为自由振动形式:

$$q' = L \cdot q + NL \tag{8-4}$$

此外,系统(8-3)的线性化方程为:

$$q' = L \cdot q \tag{8-5}$$

8.1.2 系统非线性模态分析

通过将稳态解 $X = R_n \cos(\Omega_n \tau)$ 和 $Y = R_n \sin(\Omega_n \tau)$ 代入转子/定子碰摩系统的自由振动方程(8-4),求解得到系统的非线性周期模态。从而可得转子/定子碰摩系统非线性模态的振幅 H_n 和角频率 Ω_n 分别为:

$$\Omega_{n1} = \frac{-\zeta+\sqrt{\zeta^2+\mu^2\beta+\mu\gamma}}{\mu}, \ H_{n1} = \frac{R_0}{1-\dfrac{\gamma}{\mu}+2\dfrac{\zeta}{\mu^2}(-\zeta+\sqrt{\zeta^2+\mu^2\beta+\mu\gamma})} \tag{8-6}$$

$$\Omega_{n2} = \frac{-\zeta-\sqrt{\zeta^2+\mu^2\beta+\mu\gamma}}{\mu}, \ H_{n2} = \frac{R_0}{1-\dfrac{\gamma}{\mu}-2\dfrac{\zeta}{\mu^2}(\zeta+\sqrt{\zeta^2+\mu^2\beta+\mu\gamma})} \tag{8-7}$$

实际上,只有系统的转子与定子接触时,即满足 $H_{n1} \geqslant R_0$ 和 $H_{n2} \geqslant R_0$ 时,方程(8-6)和方程(8-7)中给出的两个周期解才有意义,而被称为非线性模态。

经过谐波平衡计算,很容易得到 Ω_{n1} 和 Ω_{n2} 的非线性模态参数条件[143]:

$$\begin{cases} 0 \leqslant \max(2\zeta\sqrt{\beta}, \ \mu - 2\zeta\sqrt{\beta+1}) \leqslant \gamma \leqslant \mu + 2\zeta\sqrt{\beta+1}, & \text{对应于 } \Omega_{n1} \\ 0 \leqslant \gamma \leqslant \mu - 2\zeta\sqrt{\beta+1}, & \text{对应于 } \Omega_{n2} \end{cases} \quad (8-8)$$

一般地,由于只有系统的稳定解可以在实际的旋转机构中实现,因此转子/定子碰摩系统中的稳定解才有实际的意义。在式(8-8)的非线性模态存在的参数条件下,通过对式(8-6)和式(8-7)的非线性模态进行稳定性分析,发现模态频率为正的 Ω_{n1} 的非线性模态在转子/定子碰摩系统中总是稳定的,而模态频率为负的 Ω_{n2} 的非线性模态总是不稳定的[143]。即使在外部激励很小的情形下,含交叉耦合效应的转子/定子碰摩系统(8-2)也会发生对应于其非线性模态的稳定周期解(Ω_{n1},H_{n1})的正向涡动,其涡动频率就等于模态频率。实际上,该正向涡动是由转子系统的交叉耦合效应引起的自激运动,是与干摩擦效应相反的作用力[108]。

在式(8-8)的非线性模态存在的参数条件下,很容易得出转子/定子碰摩系统(8-2)线性无碰摩部分的周期稳态解是不稳定的,这意味着转子响应的幅度将随着时间连续增加。但是,由于系统中定子的存在,当碰摩转子的振幅超过间隙时,转子将与定子发生碰摩,从而引发转子/定子碰摩系统的自激正向涡动,其涡动频率等于稳定的模态频率 Ω_{n1}。图 8-2 显示了在 $\beta = 0.11, \zeta = 0.05, \mu = 0.1, R_0 = 1.05$ 和 $\gamma = 0.05$ 的条件下,随着转速的增加,碰摩转子的轨迹和涡动频率的变化。

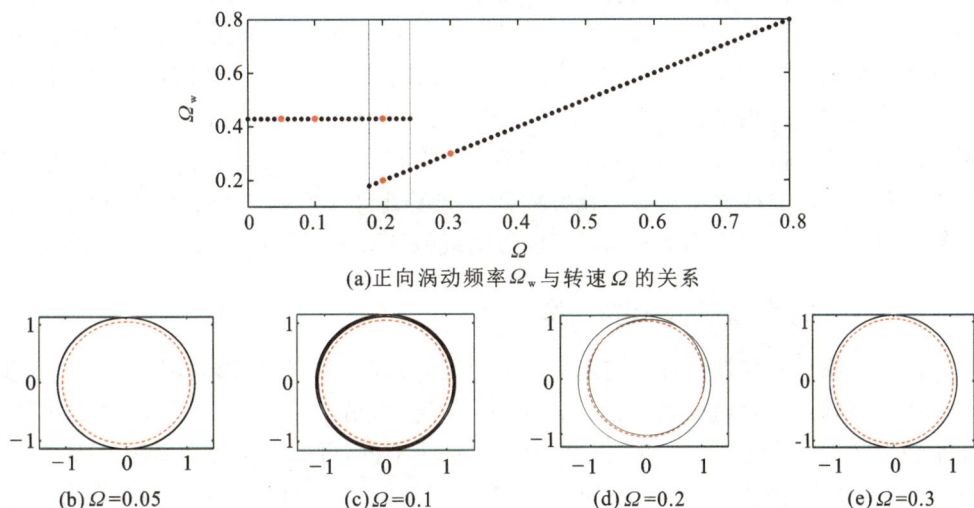

(a)正向涡动频率 Ω_w 与转速 Ω 的关系

(b) $\Omega = 0.05$　　(c) $\Omega = 0.1$　　(d) $\Omega = 0.2$　　(e) $\Omega = 0.3$

图 8-2　$\beta = 0.11, \zeta = 0.05, \mu = 0.1, R_0 = 1.05$ 和 $\gamma = 0.05$ 时
自激正向涡动和同频全周碰摩之间的过渡行为特性
注:图(b)~图(e)中黑色曲线表示转子轨迹,红色虚线表示转子/定子间隙圆

从图 8-2(a)中可以看出,对于小幅值激励,即在 $0 < \Omega < 0.18$ 的转速范围内,存在着具有低涡动频率 $\Omega_w = \Omega_{n1} = 0.43$ 的自激正向涡动。然而,对于相对较大幅值的

激励,即 $\Omega>0.24$,碰摩转子的涡动频率将被完全转换为强迫激励频率,即 $\Omega_w=\Omega$,其响应实际上也已经从自激正向涡动转换为了同频全周碰摩。而对于中间范围的转速而言,即 $0.18<\Omega<0.24$,碰摩转子响应将同时包含激励频率 Ω 和模态频率 Ω_{n1} 这两个分量。

因此可以得出,当满足系统参数条件(8-8)时,相较于转子/定子碰摩系统的干摩擦效应,转子系统的交叉耦合效应将会起主要作用。但是,随着外部激励的转速增大,干摩擦效应会逐渐增强。因此,随着转子转速的增加,转子/定子碰摩系统[方程(8-2)]的响应会由于这两种作用的相互竞争,而从自激正向涡动向着准周期性涡动转变,最终干摩擦效应将会起主导作用而发生同频全周碰摩。由于自激正向涡动与方程(8-2)的稳定非线性模态紧密相关,因此通过研究转子/定子碰摩系统基于非线性模态的周期谱子流形的简化模型,可以较大程度保留系统自激正向涡动的动力学特性。

8.2　基于非线性模态的谱子流形法

本节介绍基于含有交叉耦合效应的转子/定子碰摩系统的稳定非线性周期模态,得到碰摩降阶模型的推导过程。由于系统的非线性模态是一个稳定的周期轨迹,其涡动频率和幅值由式(8-6)预先给出,因此可以采用基于周期谱子流形的模型降阶方法。在作为非线性模态法丛(normal bundle)的所有不变流形中,对应于稳定非线性模态的谱子流形被定义为最光滑的不变流形[120]。利用含交叉耦合效应的转子/定子碰摩系统中的非线性项对线性化方程(8-5)的稳定谱子空间的平稳扰动,可以通过求解其超曲面的束线方程来构建谱子流形的近似流形方程。

8.2.1　周期谱子流形的结构

对应于稳定非线性模态的周期谱子流形是多维稳定不变流形,并且将始终与稳定非线性模态的双曲周期轨迹相切。如图 8-3 所示,谱子流形(黄色曲面)的多维双曲正切束线 L_t 靠近系统线性化方程的稳定谱子空间,并且与非线性模态的周期轨迹(红色轨迹线)相切。双曲正切束线 L_t 在系统的模态子空间上,可以构建出周期谱子流形的两种类型的空间结构:如图 8-3(a)所示的常见的封闭管状结构,以及如图 8-3(b)所示的转子/定子碰摩系统中出现的开放曲面结构。

图 8-3 中的谱子流形是稳定流形的子流形,它们是在稳定子空间内由谱子空间的平稳扰动形成的。因此,稳定非线性模态的周期轨迹将所有附近的轨线吸引到谱子流形的曲面上。图 8-3(a)中,在谱子空间内,系统轨线从谱子流形上或附近的一点

开始逐渐向着非线性模态接近,最后沿着封闭的管状结构停留在非线性模态的周期轨迹上。类似地,谱子流形也可以如图 8-3(b)所示分为具有开放曲面结构的上部和下部,该结构与高跟鞋的形状非常相似,轨线沿其收缩或延伸到周期轨迹的非线性模态。

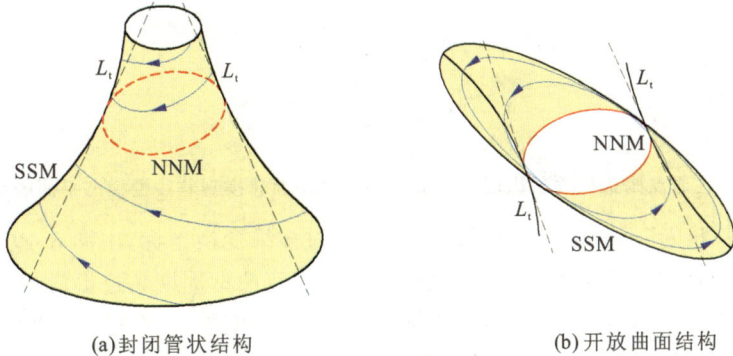

(a)封闭管状结构　　　　　　　　　(b)开放曲面结构

图 8-3　非线性模态与其相对应的谱子流形的两种主要类型结构的示意图

注:NNM 是非线性模态,SSM 是谱子流形,带箭头的蓝线代表吸引到非线性模态的系统轨线

　　作为谱子空间的最平滑的非线性延拓,对于构建稳定非线性模态的周期谱子流形是非线性模态分析的任务之一,尤其是对于强非线性的转子/定子碰摩系统而言。对于自治的转子/定子碰摩系统,从线性化方程(8-5)可以推导出线性模态解为 $q=0$。因此可知,平衡点 $q=0$ 的谱子流形是关于原点的线性模态的不变平面,然而如图 8-3 所示的稳定非线性模态的周期谱子流形,是由周期轨迹上流形方程控制的谱束线构建的。周期谱子流形的流形公式是由具有时间周期系数的泰勒展开式近似得到的,但是由于转子/定子碰摩系统(8-4)中非线性项 NL 的极度复杂性,泰勒展开式中的时间周期系数无法求解得到。然而,系统平衡点的流形方程泰勒展开式的系数是时不变的常数项,尽管求解非常困难,但仍可以求解。因此,为了构建含交叉耦合效应的转子/定子碰摩系统的谱子流形,可以利用如图 8-4 所示的稳定的非线性周期模态与平衡点之间的牢固关系,延伸出复杂非线性系统中的谱子流形构建的新方法。

　　图 8-4 很好地反映了在原点附近的局部空间内,原点不变平面与稳定非线性周期模态平面的转换,原点的不动平面与非线性模态的局部平面相交于原点,因此可以说,位于原点不动平面上的原点,可以沿着非线性模态平面平移至非线性模态周期轨迹。基于模态子空间的不变性,可以将流形方程的求解分为两步:首先求解原点附近带有常系数的流形方程,然后利用转换关系等效地推导出带有时间周期系数的流形公式。因此,首先利用 $q=0$ 处的泰勒展开式,近似得出平衡原点处的谱子流形的流形方程。然后,通过离散时间段的"频闪",将稳定的非线性模态的周期轨迹离散成有限多个点。其后,基于非线性模态的离散周期解,将平衡点 $q=0$ 处谱子流形的流形

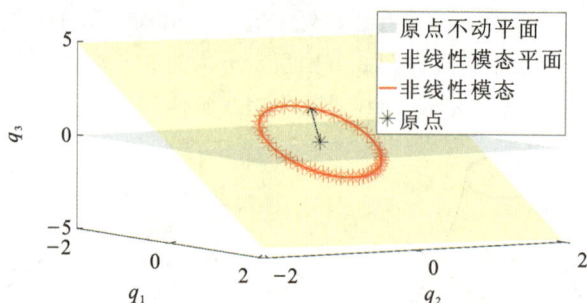

图 8-4　在原点附近的局部区域中从原点的不动平面转换到非线性模态平面的示意图

方程转换到"频闪"部位的每个离散点,从而通过多维变换坐标,由图 8-4 中的黑色箭头指示,形成周期谱子流形束线。最后,束线沿着双曲型周期轨迹形成了带有时间周期系数的周期谱子流形。这种构建周期谱子流形的思路,将周期谱子流形的流形方程求解,将该方程简化为多个离散平衡点处的流形方程求解,非常适合谱子流形的降阶模型范式的数值积分,完全解决了复杂非线性系统的周期谱子流形难以计算的问题。

应当注意的是,非线性系统的模态子空间不是平坦的,而是弯曲的,并且它们与稳定非线性模态的不变平面相切。因此,周期谱子流形的流形方程的泰勒展开式的阶数必须为 3 或更高,以确保非线性系统降阶模型的准确性。

8.2.2　转子/定子碰摩系统周期谱子流形的构建

自治转子/定子碰摩系统的稳定非线性模态的谱子流形是不变流形,是系统线性化方程(8-5)的谱子空间沿非线性模态的最平滑非线性延续。谱子流形的参数条件可以从线性化方程(8-5)的频谱计算中得出,并且方程(8-5)的本征空间的任何组合所延展的子空间也是不变的。因此,构建周期谱子流形的基本条件是,在没有外部激励的完全自治的系统(8-4)中,对方程(8-5)中的不变流形进行适当持续延拓。

由于系统(8-4)中常数系数矩阵 L 是实数,因此线性化方程(8-5)的复数特征值都是共轭成对出现的,如下所示:

$$
\begin{cases}
\lambda_1 = -\zeta + \sqrt{\zeta^2 - \beta - 1 + (\mu - \gamma)j}, & \overline{\lambda_1} = -\zeta - \overline{\sqrt{\zeta^2 - \beta - 1 + (\mu - \gamma)j}} \\
\lambda_2 = -\zeta + \sqrt{\zeta^2 - \beta - 1 - (\mu - \gamma)j}, & \overline{\lambda_2} = -\zeta - \overline{\sqrt{\zeta^2 - \beta - 1 - (\mu - \gamma)j}}
\end{cases}
\tag{8-9}
$$

根据非线性模态及其对应的谱子流形的定义,必须保证平衡点线性渐近稳定,因此所得的方程(8-5)中每个特征值的实部,即 λ_1、$\overline{\lambda_1}$、λ_2 和 $\overline{\lambda_2}$ 的实部,必须小于零。利用 De Moivre 定理处理虚数 $\sqrt{\zeta^2 - \beta - 1 + (\mu - \gamma)j}$ 和 $\overline{\sqrt{\zeta^2 - \beta - 1 - (\mu - \gamma)j}}$ 的平方根,可以得到:

$$\sqrt{\zeta^2-\beta-1+(\mu-\gamma)\mathrm{j}}=\sqrt{\frac{\sqrt{(\zeta^2-\beta-1)^2+(\mu-\gamma)^2}+(\zeta^2-\beta-1)}{2}}\pm \tag{8-10}$$

$$\sqrt{\frac{\sqrt{(\zeta^2-\beta-1)^2+(\mu-\gamma)^2}-(\zeta^2-\beta-1)}{2}}\mathrm{j}$$

通过确定系数方将特征值 λ_1 和 λ_2 的实部分别表示为：

$$\begin{cases} \mathrm{Re}\lambda_1=-\zeta+\sqrt{\dfrac{\sqrt{(\zeta^2-\beta-1)^2+(\mu-\gamma)^2}+(\zeta^2-\beta-1)}{2}} \\[4mm] \mathrm{Re}\lambda_2=-\zeta-\sqrt{\dfrac{\sqrt{(\zeta^2-\beta-1)^2+(\mu-\gamma)^2}+(\zeta^2-\beta-1)}{2}} \end{cases} \tag{8-11}$$

由于 $\mathrm{Re}\lambda_1 \geqslant \mathrm{Re}\lambda_2$，因此可以利用不等式 $\mathrm{Re}\lambda_1<0$ 得到方程（8-5）中每个特征值具有负实部的条件，从而可得：

$$-\zeta\pm\sqrt{\frac{\sqrt{(\zeta^2-\beta-1)^2+(\mu-\gamma)^2}+(\zeta^2-\beta-1)}{2}}<0 \tag{8-12}$$

因此，可以推导出构建转子/定子碰摩系统谱子流形的参数条件：

$$|\mu-\gamma|<2\zeta\sqrt{\beta+1} \tag{8-13}$$

当转子/定子碰摩系统的参数为 $\beta=0.11$ 和 $\zeta=0.05$ 时，结合非线性模态存在条件（8-8）和谱子流形存在条件（8-13），得到每个特征值具有负实部的存在区域和转子/定子碰摩系统的稳定非线性模态的存在区域，在参数平面 μ-γ 中相互重叠，如图8-5中的绿色部分所示。线性化方程（8-5）的所有特征值均在有负实部的绿色区域中，非线性模态及其相应的谱子流形是有意义的。具有负实部的特征值的存在区域，是沿着关系式 $\mu=\gamma$ 向两侧扩展的，这反映了摩擦系数 μ 和交叉耦合刚度 γ 之间的相互作用。此外，在转子/定子碰摩系统中，具有负实部特征值的存在条件（8-13）与稳定非线性模态的存在条件（8-8）相吻合，说明了存在条件对于谱子流形的不变性是必要而充分的。因此，稳定子空间中的周期谱子流形，可以基于具有负实部特征值的特征向量所扩展的特征空间进行构建，其中非线性模态的周期轨迹始终都是稳定的。

通过方程（8-4）和方程（8-5）中线性算子 $\boldsymbol{L}$ 的稳定谱子空间的低阶非共振条件，来表达线性化方程（8-5）不变流形的非线性延续的存在性和唯一性。也就是说，只要不发生低阶共振，就存在并持续存在着转子/定子碰摩系统的谱子流形。为了表征在转子/定子碰摩系统中参数为 $\beta=0.11$ 和 $\zeta=0.05$ 时，具有负实部特征值的存在区域内非共振条件的最低阶次，将最快与最慢衰减指数相比后的正整数定义为相对谱商 σ：

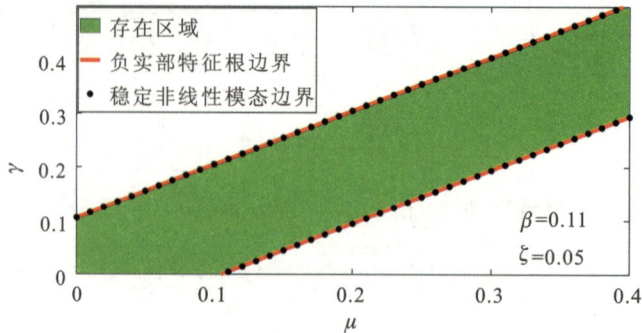

图 8-5　$\beta=0.11$ 和 $\zeta=0.05$ 时参数平面 μ-γ 上负实部特征值的存在区域

$$\sigma = \max\{2,\ \mathrm{Int}\left[\mathrm{Re}\lambda_2/\mathrm{Re}\lambda_1\right]\}$$

$$= \max\left\{2,\ \mathrm{Int}\left[\frac{-\zeta-\sqrt{\dfrac{\sqrt{(\zeta^2-\beta-1)^2+(\mu-\gamma)^2}+(\zeta^2-\beta-1)}{2}}}{-\zeta+\sqrt{\dfrac{\sqrt{(\zeta^2-\beta-1)^2+(\mu-\gamma)^2}+(\zeta^2-\beta-1)}{2}}}\right]\right\} \quad (8\text{-}14)$$

式中,Int 为将值舍到最接近整数的函数。

等式(8-14)表示,只有流形方程的泰勒展开式的阶数为$(\sigma+1)$或更高时,唯一的谱子流形才是有效的。含交叉耦合效应的转子/定子碰摩系统中,参数平面 μ-γ 中的最小要求阶数$(\sigma+1)$值如图 8-6 所示。在图 8-5 所示的带有负实部特征值的存在区域 μ-γ 中,浅蓝色区域表示流形方程泰勒展开式的要求阶数最低为 3。但随着摩擦系数 μ 和交叉耦合刚度 γ 渐近地接近,红色区域的稳定非线性模态存在区域边界,最小要求阶数$(\sigma+1)$急剧增加至数百。结果表明,在转子/定子碰摩系统的稳定非线性模态存在区域的大部分区域中,三阶泰勒展开式就可以保证系统谱子流形的唯一性。此外,必须指出的是,数值计算的难度通常在很大程度上取决于泰勒展开式阶数和系统非线性项的复杂性。针对含交叉耦合效应的转子/定子碰摩系统,由阶数为 10 或更高阶泰勒展开式描述的谱子流形的流形方程是无法求解的。

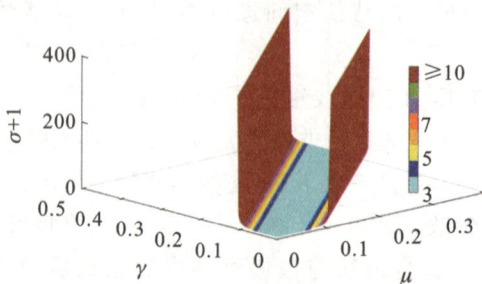

图 8-6　$\beta=0.11$ 和 $\zeta=0.05$ 时参数平面 μ-γ 上的最小要求阶数$(\sigma+1)$

在适当的非共振条件下,通过分析相对谱商 σ 确定转子/定子碰摩系统参数为 $\beta=0.11,\zeta=0.05,\gamma=0.05$ 和 $\mu=0.1$,从而得到线性化方程的复特征值为:

$$\begin{cases} \lambda_1=-0.026\ 3+1.052\ 6j, & \bar{\lambda}_1=-0.026\ 3-1.052\ 6j \\ \lambda_2=-0.073\ 7+1.052\ 6j, & \bar{\lambda}_2=-0.073\ 7-1.052\ 6j \end{cases} \tag{8-15}$$

因此,该转子/定子碰摩系统落入相对谱商 $\sigma=2$ 的二维不变谱子空间,将复特征值 λ_1 和 λ_2 的特征空间选择为不变流形的二维模态子空间,选择由矩阵 L 的特征向量组成的坐标变换矩阵 $\boldsymbol{\Phi}$,构建相应的谱子空间不变流形。

$$\boldsymbol{\Phi}=\begin{bmatrix} -0.486\ 8 & 0.012\ 1 & 0.485\ 2 & -0.034\ 0 \\ 0 & -0.512\ 7 & 0 & 0.513\ 3 \\ -0.012\ 1 & -0.486\ 8 & -0.034\ 0 & -0.485\ 2 \\ 0.512\ 7 & 0 & 0.513\ 3 & 0 \end{bmatrix}$$

$\boldsymbol{\Phi}$ 的逆矩阵是

$$\boldsymbol{\Phi}^{-1}=\begin{bmatrix} -1.028\ 8 & -0.046\ 3 & 0.023\ 1 & 0.974\ 1 \\ -0.023\ 1 & -0.974\ 1 & -1.028\ 8 & -0.046\ 3 \\ 1.027\ 8 & 0.046\ 2 & -0.023\ 1 & 0.975\ 2 \\ -0.023\ 1 & 0.975\ 2 & -1.027\ 8 & -0.046\ 2 \end{bmatrix}$$

通过关系 $q=\boldsymbol{\Phi}\cdot\boldsymbol{\eta}=\boldsymbol{\Phi}\cdot(\eta_1,\eta_2,\eta_3,\eta_4)^T$,引入新坐标 $\boldsymbol{\eta}\in\mathbb{R}^4$,将方程(8-4)转换为:

$$\boldsymbol{\eta}'=\boldsymbol{L}_{\boldsymbol{\eta}}\cdot\boldsymbol{\eta}+\boldsymbol{\Phi}^{-1}\cdot NL \tag{8-16}$$

式中,$\boldsymbol{L}_{\boldsymbol{\eta}}=\begin{bmatrix} \mathrm{Re}\lambda_1 & \mathrm{Im}\lambda_1 & 0 & 0 \\ -\mathrm{Im}\lambda_1 & \mathrm{Re}\lambda_1 & 0 & 0 \\ 0 & 0 & \mathrm{Re}\lambda_2 & \mathrm{Im}\lambda_2 \\ 0 & 0 & -\mathrm{Im}\lambda_2 & \mathrm{Re}\lambda_2 \end{bmatrix}$;$\mathrm{Im}\lambda$ 为 λ 的虚部。

η_3 和 η_4 的 3 阶泰勒展开式分别设为:

$$\begin{cases} \eta_3=g(\eta_1,\eta_2) \\ \quad=g_1\eta_1+g_2\eta_2+g_3\eta_1^2+g_4\eta_2^2+g_5\eta_1\eta_2+g_6\eta_1^3+g_7\eta_2^3+g_8\eta_1\eta_2^2+g_9\eta_1^2\eta_2 \\ \eta_4=h(\eta_1,\eta_2) \\ \quad=h_1\eta_1+h_2\eta_2+h_3\eta_1^2+h_4\eta_2^2+h_5\eta_1\eta_2+h_6\eta_1^3+h_7\eta_2^3+h_8\eta_1\eta_2^2+h_9\eta_1^2\eta_2 \end{cases}$$

$$\tag{8-17}$$

η_3 和 η_4 在模态坐标中的唯一参数化不变流形分别对应无量纲物理坐标的 Y 和 Y',系数 $g_1,g_2,\cdots,g_9$ 和 $h_1,h_2,\cdots,h_9$ 是待求的。对方程(8-17)中的 η_3 和 η_4 分别关于无量纲时间 τ 求导,并将其导数 η_3' 和 η_4' 代入方程(8-16)得:

$$\begin{bmatrix} \dfrac{\partial g(\eta_1,\eta_2)}{\partial \eta_1} & \dfrac{\partial g(\eta_1,\eta_2)}{\partial \eta_2} \\[3mm] \dfrac{\partial h(\eta_1,\eta_2)}{\partial \eta_1} & \dfrac{\partial h(\eta_1,\eta_2)}{\partial \eta_2} \end{bmatrix} \begin{pmatrix} \eta'_1 \\ \eta'_2 \end{pmatrix} = \begin{pmatrix} \eta'_3 \\ \eta'_4 \end{pmatrix} \tag{8-18}$$

由于方程(8-4)中 NL 项存在 $R_0/\sqrt{q_1{}^2+q_3{}^2}$，需要利用平方原理将方程(8-18)变成：

$$(T_1 \cdot \eta_1 - T_2 \cdot \eta_3)^2(q_1{}^2 + q_3{}^2) = [T_3 \cdot (q_1 - \mu q_3) + T_4 \cdot (\mu q_1 + q_3)]^2 R_0{}^2 \tag{8-19}$$

式中，$T_1 = \begin{bmatrix} \dfrac{\partial g(\eta_1,\eta_2)}{\partial \eta_1} & \dfrac{\partial g(\eta_1,\eta_2)}{\partial \eta_2} \\[3mm] \dfrac{\partial h(\eta_1,\eta_2)}{\partial \eta_1} & \dfrac{\partial h(\eta_1,\eta_2)}{\partial \eta_2} \end{bmatrix} \cdot \begin{bmatrix} \mathrm{Re}\lambda_1 & \mathrm{Im}\lambda_1 \\ -\mathrm{Im}\lambda_1 & \mathrm{Re}\lambda_1 \end{bmatrix}$；$T_2 = \begin{bmatrix} \mathrm{Re}\lambda_2 & \mathrm{Im}\lambda_2 \\ -\mathrm{Im}\lambda_2 & \mathrm{Re}\lambda_2 \end{bmatrix}$；

$$T_3 = \begin{bmatrix} \dfrac{\partial g(\eta_1,\eta_2)}{\partial \eta_1} & \dfrac{\partial g(\eta_1,\eta_2)}{\partial \eta_2} \\[3mm] \dfrac{\partial h(\eta_1,\eta_2)}{\partial \eta_1} & \dfrac{\partial h(\eta_1,\eta_2)}{\partial \eta_2} \end{bmatrix} \cdot \begin{bmatrix} -0.046\,3 \\ -0.974\,1 \end{bmatrix} - \begin{bmatrix} 0.046\,2 \\ 0.975\,2 \end{bmatrix};$$

$$T_4 = \begin{bmatrix} \dfrac{\partial g(\eta_1,\eta_2)}{\partial \eta_1} & \dfrac{\partial g(\eta_1,\eta_2)}{\partial \eta_2} \\[3mm] \dfrac{\partial h(\eta_1,\eta_2)}{\partial \eta_1} & \dfrac{\partial h(\eta_1,\eta_2)}{\partial \eta_2} \end{bmatrix} \cdot \begin{bmatrix} 0.974\,1 \\ -0.046\,3 \end{bmatrix} - \begin{bmatrix} 0.975\,2 \\ -0.046\,2 \end{bmatrix}$$

利用坐标转换关系式 $\boldsymbol{q} = \boldsymbol{\Phi} \cdot \boldsymbol{\eta}$，求解出方程(8-17)的待定系数，其方程为：

$$\begin{cases} \eta_3 = 0.995\,7\eta_1 - 0.094\,8\eta_2 + 563.540\,4\eta_1{}^3 - \\ \qquad 16\,271.114\,3\eta_2{}^3 + 1\,437.634\,0\eta_1\eta_2{}^2 - 16\,469.478\,2\eta_1{}^2\eta_2 \\ \eta_4 = -0.094\,8\eta_1 - 0.995\,7\eta_2 + 16\,871.553\,1\eta_1{}^3 + \\ \qquad 1\,079.326\,9\eta_2{}^3 + 16\,420.468\,8\eta_1\eta_2{}^2 - 1\,574.040\,9\eta_1{}^2\eta_2 \end{cases} \tag{8-20}$$

然后将式(8-6)中稳定非线性模态的周期解(Ω_{n1}，H_{n1})按时间顺序离散为：

$$\boldsymbol{\eta}_n = (\eta_{n1}, \eta_{n2}, \eta_{n3}, \eta_{n4})^T$$
$$= \boldsymbol{\Phi}^{-1} \cdot [H_{n1}\cos(\Omega_{n1}\tau), -H_{n1}\Omega_{n1}\sin(\Omega_{n1}\tau), H_{n1}\sin(\Omega_{n1}\tau), H_{n1}\Omega_{n1}\cos(\Omega_{n1}\tau)]^T \tag{8-21}$$

再将式(8-21)的迭代参数 $\boldsymbol{\eta}_n$ 代入方程(8-20)，可以得到自治转子/定子碰摩系统中稳定非线性模态对应的周期谱子流形的流形方程。

$$
\begin{cases}
\eta_3 = \eta_{n3} + 0.995\,7(\eta_1 - \eta_{n1}) - 0.094\,8(\eta_2 - \eta_{n2}) + 563.540\,4(\eta_1 - \eta_{n1})^3 - \\
\quad 16\,271.114\,3(\eta_2 - \eta_{n2})^3 + 1\,437.634\,0(\eta_1 - \eta_{n1})(\eta_2 - \eta_{n2})^2 - \\
\quad 16\,469.478\,2(\eta_1 - \eta_{n1})^2(\eta_2 - \eta_{n2}) \\
\eta_4 = \eta_{n4} - 0.094\,8(\eta_1 - \eta_{n1}) - 0.995\,7(\eta_2 - \eta_{n2}) + 16\,871.553\,1(\eta_1 - \eta_{n1})^3 + \\
\quad 1\,079.326\,9(\eta_2 - \eta_{n2})^3 + 16\,420.468\,8(\eta_1 - \eta_{n1})(\eta_2 - \eta_{n2})^2 - \\
\quad 1\,574.040\,9(\eta_1 - \eta_{n1})^2(\eta_2 - \eta_{n2})
\end{cases}
$$

$$(8\text{-}22)$$

通过展开和整理流形方程(8-22)的 η_3 和 η_4，得到时间周期系数 g_{0t}，g_{1t}，$\cdots$，g_{9t} 和 h_{0t}，h_{1t}，$\cdots$，h_{9t} 的数值解，其中 g_{0t} 和 h_{0t} 分别表示 η_3 和 η_4 的常数项。如图 8-7 所示，系数 g_{0t}，g_{1t}，$\cdots$，g_{5t} 和 h_{0t}，h_{1t}，$\cdots$，h_{5t} 分别对应 η_3 和 η_4 的零次幂、一次幂和二次幂，随稳定非线性周期模态的角度 θ 在 $[0,2\pi]$ 范围内周期性变化。然而，对应 η_3 和 η_4 三次幂的系数 g_{6t}，g_{7t}，g_{8t}，g_{9t} 和 h_{6t}，h_{7t}，h_{8t}，h_{9t}，在三阶流形方程中是恒定的。

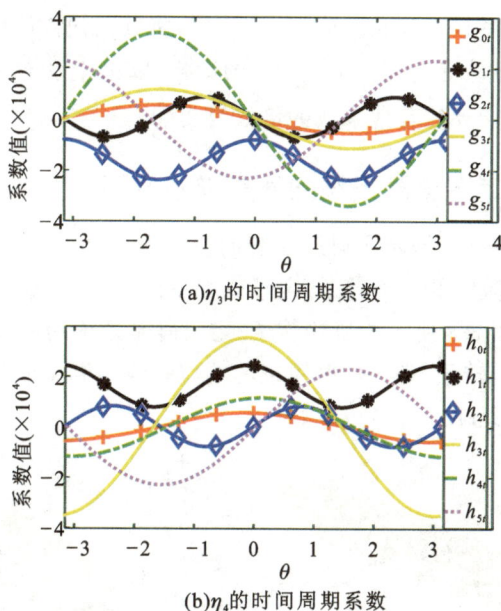

(a)η_3的时间周期系数

(b)η_4的时间周期系数

图 8-7 流形方程系数的拟合结果

基于大于 99% 的拟合精度，利用关于无量纲时间 τ 的周期正弦函数，对时间周期系数 g_{0t}，g_{1t}，$\cdots$，g_{5t} 和 h_{0t}，h_{1t}，$\cdots$，h_{5t} 进行精准拟合，得到方程(8-17)的时间周期系数。毫无疑问，直接使用时间 τ 的正弦或余弦函数来计算时间周期系数，会增加 η_3 和 η_4 的阶数，从而使计算量呈指数级增加。通过将具有时间 τ 周期系数的流形方程化为常系数形式，可以等效地获得转子/定子碰摩系统的周期谱子流形。

$$\begin{cases} g_{0t} = 5\ 490\sin(0.795\tau + 3.132) \\ g_{1t} = 7\ 960\sin(1.589\tau - 3.072) \\ g_{2t} = 7\ 847\sin(1.589\tau + 1.559) \\ g_{3t} = 11\ 510\sin(0.795\tau + 3.078) \\ g_{4t} = 33\ 950\sin(0.795\tau - 3.132) \\ g_{5t} = 22\ 990\sin(0.795\tau - 1.445) \\ g_{6t} = g_6 = 563.540 \\ g_{7t} = g_7 = -16\ 271.114 \\ g_{8t} = g_8 = 1\ 437.634 \\ g_{9t} = g_9 = -16\ 469.478 \end{cases} ; \begin{cases} h_{0t} = 5\ 634\sin(0.795\tau + 1.585) \\ h_{1t} = 8\ 299\sin(1.589\tau + 1.74) \\ h_{2t} = 8\ 021\sin(1.589\tau - 0.068\ 5) \\ h_{3t} = 35\ 210\sin(0.795\tau + 1.64) \\ h_{4t} = 11\ 640\sin(0.795\tau + 1.415) \\ h_{5t} = 22\ 940\sin(0.795\tau - 0.057\ 1) \\ h_{6t} = h_6 = 16\ 871.553 \\ h_{7t} = h_7 = 1\ 079.327 \\ h_{8t} = h_8 = 16\ 420.429 \\ h_{9t} = h_9 = -1\ 574.040\ 9 \end{cases}$$

$$(8\text{-}23)$$

应当注意的是，由于转子/定子碰摩系统非线性项的复杂性，即使是常系数流形公式也是难以求解的，需要结合数值和解析方法的技巧。例如，首先利用方程(8-19)的二次幂等式求解出系数 g_1，g_2，h_1，h_2。然后，将其回代方程(8-19)而求解其他系数。此外，其他系数极易受 g_1，g_2，h_1，h_2 的影响，以至于系数 g_1，g_2，h_1，h_2 的小于 10^{-3} 的变化，也可能导致其他系数的倍数级变动。

8.2.3　转子/定子碰摩系统的周期谱子流形

含交叉耦合效应的转子/定子碰摩系统的参数取 $\beta = 0.11$，$\zeta = 0.05$，$\gamma = 0.05$ 和 $\mu = 0.1$ 时，以无外部激励的自治转子/定子碰摩系统(8-4)中稳定非线性模态的周期性运动为例，得到如图 8-8 所示的自治转子/定子碰摩系统周期谱子流形及相应的稳定非线性模态。图中，转子/定子碰摩系统的响应轨线是利用四阶 Runge-Kutta 算法得到的系统数值仿真结果。

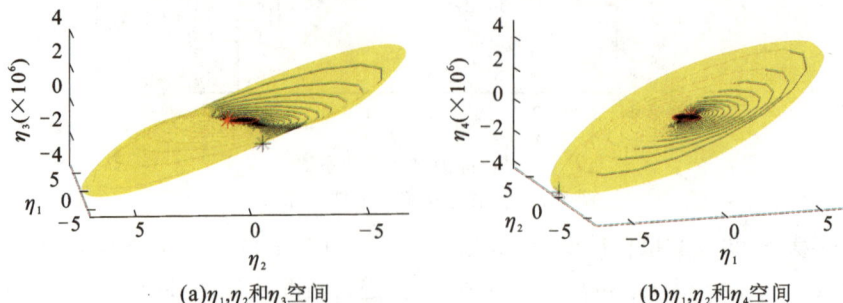

(a)η_1,η_2和η_3空间　　　　　　　　　(b)η_1,η_2和η_4空间

图 8-8　自治转子/定子碰摩系统(8-4)的谱子流形及其对应的非线性模态周期轨迹

注：黄色区域代表谱子流形，红色曲线代表非线性模态周期轨迹。谱子流形中由黑点
开始的黑色系统轨线，保持靠近谱子流形，并在红色终点收敛到非线性模态周期轨迹

图 8-8 展示了从方程(8-22)得出的谱子流形的三阶近似的三维投影,以及相应的非线性模态在模态坐标中的周期性轨道,谱子流形表现为图 8-3(b)所描述的开放曲面结构。从谱子流形上的黑色起点开始,整个系统轨迹始终保持在谱子流形附近,最终收敛到稳定的非线性模态周期轨迹,从而显示出系统谱子流形的不变性。即使计算出的 η_3 和 η_4 只是谱子流形的三阶泰勒展开式的近似方程,但是从图中可以看出,距离非线性模态足够远的初始条件的位置仍然保持在此近似超表面附近。实际上,对于距离非线性模态较远的初始条件,可能需要更高阶的流形近似方程,以数值验证转子/定子系统谱子流形的不变性。需要特别注意的是,由于指数级的 η_3 和 η_4 与小数级 η_1 和 η_2 的数值差距也是指数级的,因此需要非常高的计算精度。

8.3 转子/定子碰摩系统的降阶模型

基于 8.2 节计算周期谱子流形的方法和流形公式,可以独立地解析求解系统的降阶模型。通过求解三阶泰勒级数展开式 η_3 和 η_4 的系数 g_1, g_2, $\cdots$, g_9 和 h_1, h_2, $\cdots$, h_9,可以构建转子/定子碰摩系统中自激正向涡动的周期谱子流形的不变流形,即降阶模型,其最小维数等于系统线性化方程的代数重数。由于转子/定子碰摩系统的线性化方程(8-5)的特征值 λ_1 和 $\bar{\lambda}_1$,λ_2 和 $\bar{\lambda}_2$ 都是共轭复数,因此其代数重数为 2,即降阶模型可以为二维。通过对模态坐标下方程(8-5)的分解,并利用坐标转换关系式 $\boldsymbol{q} = \boldsymbol{V} \cdot \boldsymbol{\eta}$,得到分别对应于无量纲状态变量 X 和 X' 的谱变量 η_1 和 η_2 在物理坐标下的表达式。

$$\begin{cases} \begin{pmatrix} \eta'_1 \\ \eta'_2 \end{pmatrix} = \begin{bmatrix} \text{Re}\lambda_1 & \text{Im}\lambda_1 \\ -\text{Im}\lambda_1 & \text{Re}\lambda_1 \end{bmatrix} \cdot \begin{pmatrix} \eta_1 \\ \eta_2 \end{pmatrix} + \begin{bmatrix} -0.046\,3 \\ -0.974\,1 \end{bmatrix} \cdot NL_X + \begin{bmatrix} 0.974\,1 \\ -0.046\,3 \end{bmatrix} \cdot NL_Y \\[3mm] NL_X = \dfrac{R_0}{\sqrt{q_1^2 + q_3^2}}(q_1 - \mu q_3) + \Omega^2 \cos(\Omega\tau) \\[3mm] NL_Y = \dfrac{R_0}{\sqrt{q_1^2 + q_3^2}}(\mu q_1 + q_3) + \Omega^2 \sin(\Omega\tau) \end{cases}$$

$$(8\text{-}24)$$

将关系表达式 $\boldsymbol{q} = \boldsymbol{\Phi} \cdot \boldsymbol{\eta}$ 和 η_3、η_4 公式代入式(8-24),可以得到由状态变量 η_1 和 η_2 表示的转子/定子碰摩系统的二维降阶模型。

针对 8.2.3 小节中无外部激励的自治转子/定子碰摩系统(8-4)的实例,在 $\Omega = 0$ 条件下,分别对全阶模型方程(8-3)和降阶模型方程(8-24)进行数值仿真,得到如图 8-9 所示的变量 η_1 和 η_2 在全阶模型和降阶模型中的收敛趋势。

在图 8-9 中,通过对比转子/定子碰摩系统的全阶模型和降阶模型轨线,可以得到基于周期谱子流形降阶模型的渐近稳定的动力学行为。如图 8-9(a)和图 8-9(b)所示,变量 η_1 和 η_2 趋向稳定周期解的时间历程中,全阶模型轨线几乎与降阶模型轨线同步,并最终都收敛到对应稳定非线性模态的周期解。如预期的那样,在图 8-9(c)的相空间(η_1,η_2)中,降阶模型的轨线被二维非线性模态吸引,其在不变流形内的收敛速度大于全阶模型轨线,从相同的绿色起点收敛到与黑色终点重合。

值得注意的是,在趋向稳定非线性模态的短时间内,全阶模型轨线与降阶模型轨线之间存在一定的差异。但是,这些差异性只存在于系统非线性模态的附近,而且会随着远离非线性模态消失,因此无法通过增加 η_3 和 η_4 近似公式的阶数来消除。因此可以说,含交叉耦合效应的转子/定子碰摩系统(8-3)的一些动力学行为,在基于周期谱子流形的泰勒展开式的近似简化过程中没有体现出来。这主要是由于转子/定子碰摩系统内在的复杂非线性使得系统参数非常敏感,故降阶模型的某些瞬态解的精度低于全阶模型的精度,从而引起包括局部内共振等瞬态动力学行为的丢失[120,144]。即使这样,基于谱子流形的模型降阶中,含交叉耦合效应的转子/定子碰摩系统的主要响应特性,是可以被单自由度的 η_3 获得的,即无量纲物理坐标下的 Y 方向振动。

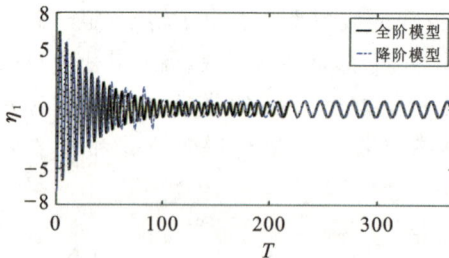

(a)η_1的时间历程

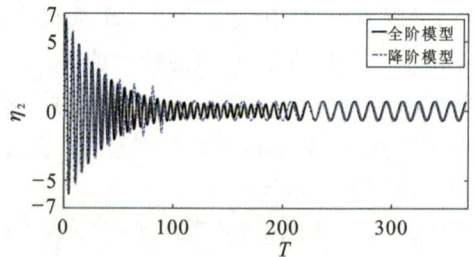

(b)η_2的时间历程

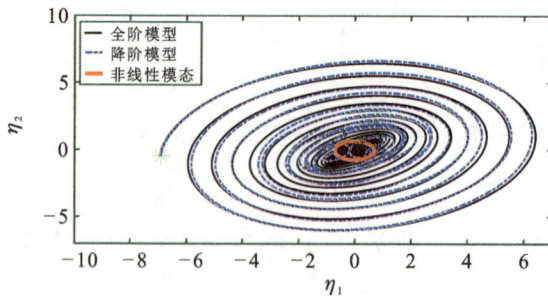

(c)η_2-η_1的平面轨迹

图 8-9　自治转子/定子碰摩系统(8-4)中 η_1 和 η_2 的轨线

8.4 降阶模型的可行性评价

为了进一步说明转子/定子碰摩系统在更一般的情况下基于谱子流形的降阶模型的响应特性，针对具有小激励项 $F(\tau)$ 的周期强迫的转子/定子碰摩系统(8-3)，当 Ω 分别为 0.05 和 0.1 时，对其自激正向涡动的降阶模型的动力学特性进行对比分析。采用与自治转子/定子碰摩系统相同的系统参数，添加不同的微弱激励频率的外部激励，针对相同的非线性模态解及其周期谱子流形，得到降阶模型的数值仿真轨迹。

当 $\Omega=0.05$ 时，最大振幅为 $\Omega^2=0.0025$ 的激励扰动对转子/定子碰摩系统的自激正向涡动几乎没有影响，如图 8-10 所示。与图 8-9 的自治转子/定子碰摩系统相比，激励频率为 $\Omega=0.05$ 的全阶模型和降阶模型的系统轨线呈现出相同的趋势。

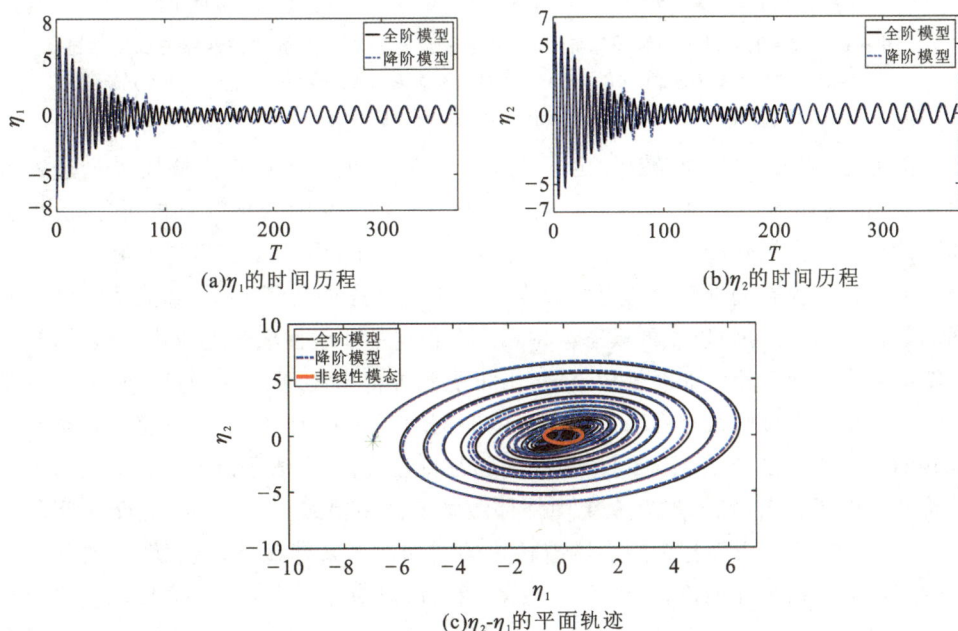

(a)η_1的时间历程

(b)η_2的时间历程

(c)η_2-η_1的平面轨迹

图 8-10　$\Omega=0.05$ 时周期强迫系统(8-3)中 η_1 和 η_2 的轨线

当转子转速增加到 0.1，即 $\Omega=0.1$ 时，系统具有最大振幅 $\Omega^2=0.01$ 的时间周期强迫激励，唯一的谱子流形仍保持着对系统轨线的吸引，如图 8-11 所示。在与图 8-8 中的自治转子/定子碰摩系统(8-4)相同的初始条件下，$\Omega=0.1$ 的转子/定子碰摩系统轨线足够接近计算出的谱子流形，并逐渐收敛到相同的非线性模态的周期轨迹上。不同的是,强迫系统和自治系统的轨线收敛速度存在差异。综上所述,在适当的非共振特征值条件下,针对转子/定子碰摩系统中自治系统或具有足够小幅值的外部激励强迫系统的谱子流形,可以通过在谱坐标下相对谱商 $\sigma=2$ 时的流形方程的近似泰勒展开式求解得出。当然,前提条件是,必须解析获得系统自激正向涡动的稳定非线性模态。

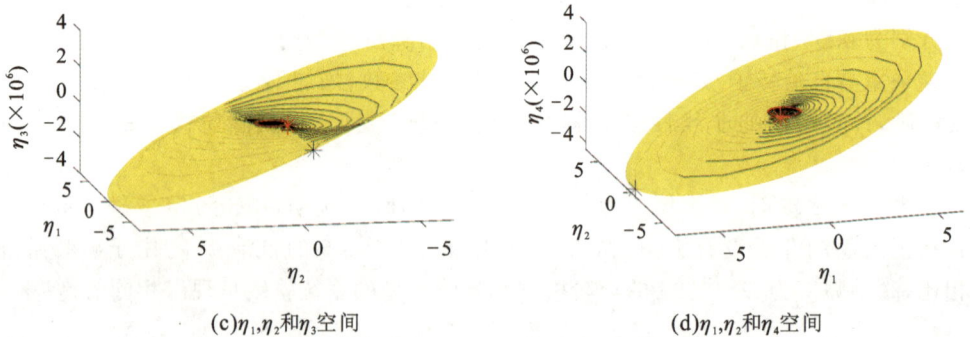

(c)η_1,η_2和η_3空间　　　　　　　　　　(d)η_1,η_2和η_4空间

图 8-11　$\Omega=0.1$ 时周期强迫系统(8-3)的谱子流形及其对应的非线性模态周期轨迹

注:黄色区域代表谱子流形,红色曲线代表非线性模态周期轨迹。谱子流形中由黑点开始的黑色系统轨线,保持靠近谱子流形,并在红色终点收敛到非线性模态周期轨迹

　　类似地,对 $\Omega=0.1$ 时转子/定子碰摩系统(8-3)的全阶模型和降阶模型进行数值仿真,得到如图 8-12 所示的响应轨线变化。与图 8-9 的变化趋势相同,全阶模型和降阶模型的系统轨线都在图 8-12 的坐标(η_1,η_2)中,沿着几乎相同的流形收敛到稳定的非线性模态周期解。这意味着含交叉耦合效应的转子/定子摩擦系统的正向涡动是自激的,并且将以正的模态频率 Ω_{n1} 在稳定的非线性模态上演化。但是,当系统轨线渐进趋向于稳定非线性模态时,由于受到外部激励项 $F(\tau)$ 的扰动,全阶模型和降阶模型的系统轨线存在瞬态解差异的时间段具有扩展趋势,这也意味着瞬态解差异的主要成因是转子/定子碰摩系统的固有特性,而不是谱子流形的近似流形方程的阶数。由于转子/定子碰摩系统中外部激励最大振幅 Ω^2 与转子转速 Ω 之间的平方关系,转子/定子干摩擦效应会随着转速的增加而越来越显著,碰摩转子的强迫激励响应逐渐占据主导地位,如图 8-2 所示。然后,对应于转子/定子碰摩系统的稳定非线性模态的自激正向涡动,就被锁定为强迫激励频率的同频全周碰摩。因此,频率增大的激励扰动使得全阶模型和降阶模型的瞬态解收敛时间变得越来越长。值得注意的是,当碰摩转子转速增加到干摩擦效应起主要作用,即 $\Omega>0.18$ 时,基于谱子流形的降阶模型将会失效。

　　针对含交叉耦合效应的转子/定子碰摩系统的自激正向涡动,基于周期谱子流形的降阶模型是由平衡点谱子流形转换得到的,而不是通过直接求解得到的。这种改

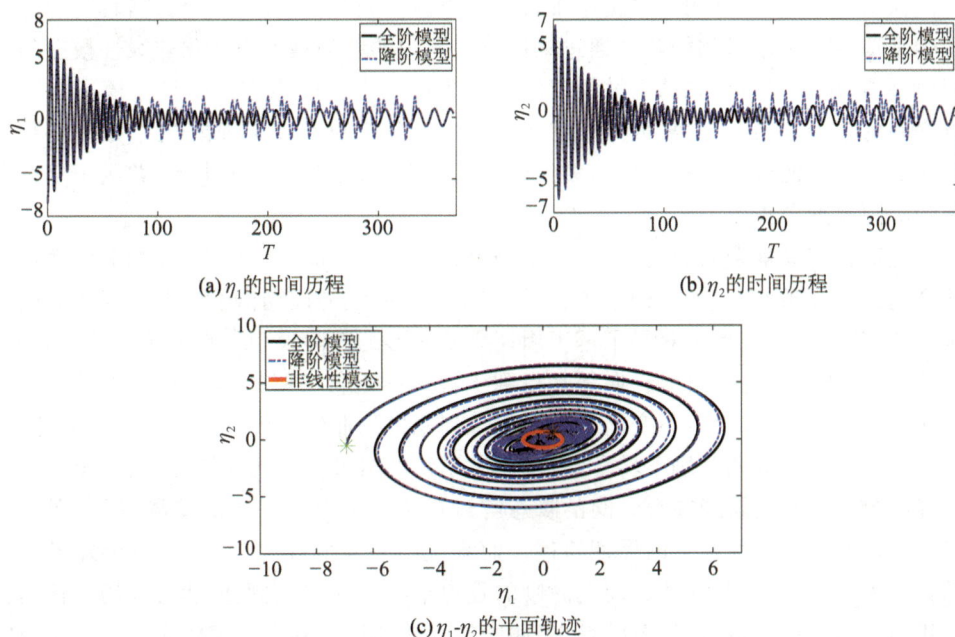

(a) η_1 的时间历程

(b) η_2 的时间历程

(c) η_1-η_2 的平面轨迹

图 8-12 $\Omega=0.1$ 时周期强迫系统 (8-3) 中 η_1 和 η_2 的轨线

进的方法将多个未知量耦合的多个方程组的求解,转化为多个未知量的一个方程组的求解,大大减少了流形方程的计算量,使得复杂非线性系统的谱子流形求解成为可能。但是,该方法也有一定的局限性。一方面,谱子流形的流形方程无法处理具有内共振特性的非线性系统。如果每个特征值的实部之间的谱子空间差距很小,则基于谱子流形的最低维数降阶模型只能得到系统在大尺度范围内的准确动力学行为。另一方面,只有对于幅值足够小的激励项,系统的非线性模态与平衡点之间的牢固联系才能维持。而对于大幅值的激励项,由于平衡点附近的局部相空间结构会因较大的扰动而发生显著变化,因此这种连接不再存在。一般而言,构建系统的谱子流形需要权衡取舍,维数足够小的降阶模型,其模型方程往往十分复杂。

8.5 本章小结

基于含交叉耦合效应的转子/定子碰摩系统稳定非线性模态,利用离散化思维构建系统的周期谱子流形,得到其降阶模型以分析转子/定子碰摩系统的自激正向涡动。首先,根据对应于非线性周期模态的周期谱子流形的构建理论,利用与模态周期轨迹和线性化方程不动平面同时相切的双曲型流形方程,提出了一种谱子流形的开放曲面结构。然后,利用离散化思维将模态坐标中周期谱子流形的构建,转化为有限多个平衡点谱子流形的构建。通过离散时间段内的频闪截面离散化非线性模态的周期轨迹,获得非线性模态的离散周期解。基于谱子空间内稳定的非线性模态与平衡点之间的牢固联系,求解离散周期解各点的流形公式的近似泰勒展开式,从而将带有时间周期系数的流形方程转化为多组的常系数形式,使其更易于求解,并用于复杂系统的降阶模型分析。

针对含交叉耦合效应的转子/定子碰摩系统的稳定非线性模态,在相对谱商定义的合理非共振条件下,准确构建了转子/定子碰摩系统的周期谱子流形的开放曲面结构,并在二维不变流形上获得了基于周期谱子流形的降阶模型。数值仿真结果表明,转子/定子碰摩系统的自激正向涡动得到了很好的近似。降阶模型和全阶模型的系统轨线几乎同步,并沿着不变谱子流形收敛到稳定的非线性模态周期解上。此外,通过研究在小幅值周期激励下转子/定子碰摩系统的自激正向涡动特性,发现全阶模型和降阶模型的系统轨线在短时间的瞬态解过程中可能会有一定的差异,但二者最终将重合地趋近非线性模态的周期轨迹。而系统中差异的存在时长,取决于外界激励的幅值大小。这表明,即使在周期激励的强迫干扰下,降阶模型依然可以用于预测自激正向涡动。但是,值得注意的是,当碰摩转子转速增加到干摩擦效应开始在响应中起主导作用时,基于谱子流形的降阶模型将会失效,主要原因是转子/定子碰摩系统的响应特性和非线性模态特性发生了质的变化。最终,本章提出了一种计算周期谱子流形及其降阶模型的有效方法,使对转子/定子碰摩系统的复杂模态分析变得更加可行和直观。

9 转子/定子碰摩系统的模拟仿真和实验研究

动力学模拟仿真和实验研究是综合分析非线性动力学问题的重要手段。搭建转子/定子碰摩实验台,结合动力学模拟仿真和实验测量进行全面的实验研究,对碰摩转子的非线性动力学特性研究至关重要。考虑转子/定子碰摩系统中转子与定子间的冲击作用和干摩擦效应,Jiang 等基于 Black 的转子/定子接触通用结构模型[85]和库仑摩擦力模型,得到了不同响应行为的全局特性[103]。虽然,各个响应类型都得到了 Yu 等的验证[99],但是有必要对系统全局响应特性进行模拟仿真和实验验证。一方面,通过理论计算、模拟仿真和实验测量结果的对比,验证转子/定子碰摩系统中动力学响应理论预测方法及其结果的准确性。另一方面,通过实验数据处理,探索碰摩转子的滞滑振动现象。

本章以分段光滑非线性的复杂转子/定子碰摩系统为研究对象,首先考虑转子/定子碰摩系统转轴的柔性大变形,以及其与刚性转盘的刚柔耦合特性,利用商业仿真软件 RecurDyn 建立转子/定子动力学模型并进行模拟仿真分析。然后基于 Bently 转子实验台,设计和搭建满足转子/定子碰摩系统测量精度的实验台架和测试系统,分析不同碰摩间隙、碰摩刚度和转速下的动力学特性。

9.1 转子/定子碰摩的实验台架

美国 Bently Nevada 公司的 RK-4 转子实验台广泛应用于各种转子实验研究中,基于此实验台设计如图 9-1 所示的转子/定子碰摩实验台系统。该转子/定子碰摩实验台系统由 1 部置于隔振平台上的实验台架和 1 个高性能的反馈电路组成。通过计算机和信号处理器,实现速度控制器对转速的控制,以及前置器组件对电涡流传感器测试数据的采集。

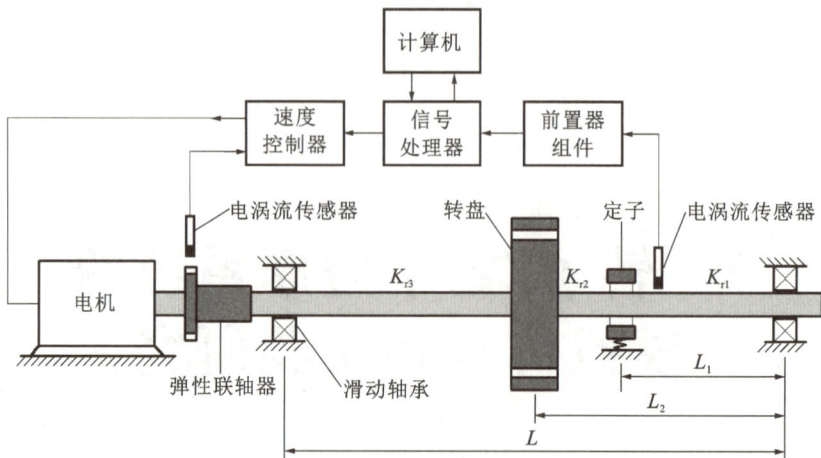

图 9-1　实验台系统结构图

　　转子/定子碰摩系统的实验台架结构图如图 9-2 所示,刚性转盘紧固于两端由滑动轴承支承的钢质转轴的中央位置。驱动电机通过弹性联轴器与转轴的右端相对连接,从而带动整个系统的转动,最高转速为 10 000 r/min,同时可以最高 ±15 000 r/min² 的速率进行无级调速。参考其他文献[1,98],为了避免实验台架中转子圆盘的剧烈碰撞,采用在转子圆盘附近的转轴与定子圆环的接触,来等效转子与定子间的碰摩,如图 9-2(b)所示。图 9-2(c)的转子圆盘的边缘位置均匀分布 16 个 M5 的螺纹孔,以便安装和拆卸充作不平衡量的螺栓。如图 9-2(d)所示的定子圆环可以实现对不同半径和材质的圆环的更换。整个测试过程中采用电涡流传感器对转轴的偏移量和转速进行测试。一方面,通过电涡流传感器对弹性联轴器的分度盘进行测量,可以得到系统的实际转速,并反馈给速度控制器,从而达到对速度的理想控制。另一方面,可以通过前置器组件和信号处理器,将电涡流传感器测得的转轴位移变化按照时间历程输出至计算机,从而获得精确的转轴偏移量数据。

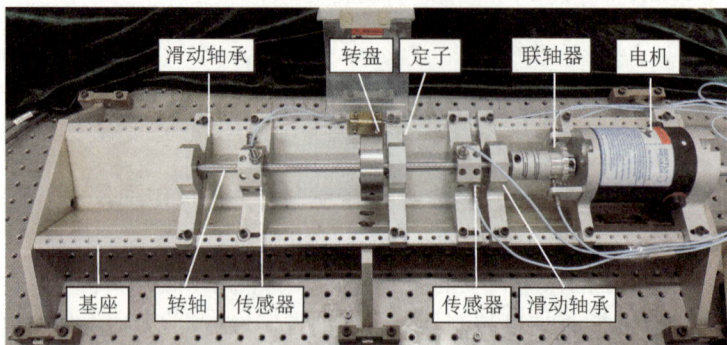

(a) 实验台架

(b)转子圆盘附近转轴碰摩装置   (c)转子圆盘   (d)定子圆环

图 9-2 实验台架结构图

选定 Jiang 等的文献[103]中的一组转子/定子碰摩系统实例的控制方程无量纲参量,作为模拟仿真和实验测量的结构参数对照。从而可以反向推导出实验台架的主要结构参数,如表 9-1 所示。其中,定子圆环与钢质转轴之间的摩擦系数是根据转轴和定子的加工精度和误差等,查询工程手册所得。相对应地,通过更换不同材质、内孔直径和加工精度的定子圆环,可以实现对多组不同摩擦系数和转速的转子/定子碰摩系统进行动力学模拟仿真分析和实验测量。

表 9-1   **实验台架的主要结构参数**

名称	参数	名称	参数
转轴长度 L/m	0.340	转轴质量 $m_{\text{shaft}}/\text{kg}$	0.210
定子位置 L_1/m	0.130	转盘质量 m_{d}/kg	0.800
转盘位置 L_2/m	0.170	定子质量 m_{s}/kg	0.010
转轴直径 $r_{\text{shaft}}/\text{m}$	0.010	转轴弹性模量 $E_{\text{shaft}}/\text{N}\cdot\text{m}^{-2}$	2×10^{11}
转盘直径 r_{d}/m	0.075	转轴截面惯性矩 $I_{\text{shaft}}/\text{m}^4$	49.1×10^{-11}

首先,可以由瑞利法估算转子系统的等效质量为:

$$m_{\text{r}} = m_{\text{d}} + \frac{17}{35}m_{\text{shaft}} = 0.898 \text{ kg} \tag{9-1}$$

图 9-1 所示的实验台系统结构中的等效刚度 K_{r1}、K_{r2}、K_{r3} 分别对应各个轴段的静态刚度,可以依据图 9-1 的结构中各个轴段的约束关系和表 9-1 的结构尺寸,按照式(9-2)简单载荷下的悬臂梁偏移量进行等效计算。

$$\begin{cases} K_{\text{r1}} = \dfrac{3E_{\text{shaft}}I_{\text{shaft}}}{L_2^3 - (L_2 - L_1)^3} \\[3mm] K_{\text{r2}} = \dfrac{3E_{\text{shaft}}I_{\text{shaft}}}{(L_2 - L_1)^3} \\[3mm] K_{\text{r3}} = \dfrac{3E_{\text{shaft}}I_{\text{shaft}}}{(L - L_2)^3} \end{cases} \tag{9-2}$$

转子测试实验的前提条件是转子系统的动平衡需要满足实验要求,因此需要在每次的实验测试之前对整个系统做一个现场的动平衡校正。利用基于快速算法的多点现场动平衡技术[146],考虑了包括滑动轴承、基座和弹性联轴等整个转子系统的综合现场振动因素,实现快速的动平衡校正。该动平衡技术能够在避免转子系统"过平衡"的条件下,利用计算机程序自动而快速地得出不平衡量及其位置。整个操作流程如图 9-3 所示,在转子的多点位置加载理论计算的试重后,对转子系统进行转动测试,以不同点处试重引发的振动量为半径作圆而得到多个振动圆,对其中心位置进行分析计算,得到合理的校正配重质量和"轻点"的位置。

图 9-3　快速现场动平衡流程示意图

最终得到如图 9-4 所示的转子系统动平衡校正效果。通过对比图 9-4(a)转轴校正前偏移量 σ_0 和校正后偏移量 σ_e,得出转子系统的动平衡校正效果十分良好。

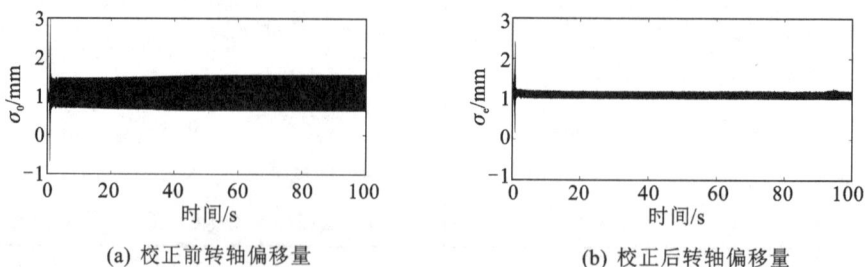

(a) 校正前转轴偏移量　　　　　　(b) 校正后转轴偏移量

图 9-4　快速现场动平衡校正效果

通过逐渐增速的方式实验测试转子系统在无碰摩情况下的固有频率 ω_{n0},一方面将其与一阶固有频率的理论值作对比,从而检测实验装置的安装是否满足要求。另一方面可以利用其固有频率计算转子的等效刚度 K_r。如图 9-5 所示,无碰摩转子的转速在到达 3 200 r/min 附近时,转子横向振动的偏移量幅值最大,从而可得转子系统固有频率 $\omega_{n0} = \dfrac{3\,200 \cdot 2\pi}{60} = 335$ rad/s,并求得转子系统的等效刚度为

$$K_r = m_r \omega_{n0}{}^2 = 85\,742 \text{ N/m} \tag{9-3}$$

同样地,在定子支座内换上与转轴直径同样的内径为 10 mm 铜质碰摩环,实验测得在转子转速为 5 500 r/min 时振幅达到最大值,如图 9-6 所示。从而可得转子与定子固结为一体时的固有频率为 $\omega_{ncp} = \dfrac{5\,500 \cdot 2\pi}{60} = 576$ rad/s。转子与定子固结时

的固有频率 ω_{ncp} 要远大于转子系统的固有频率 ω_{n0}，也说明了转子与定子碰摩后相当于增大了整个转子系统的支承刚度。

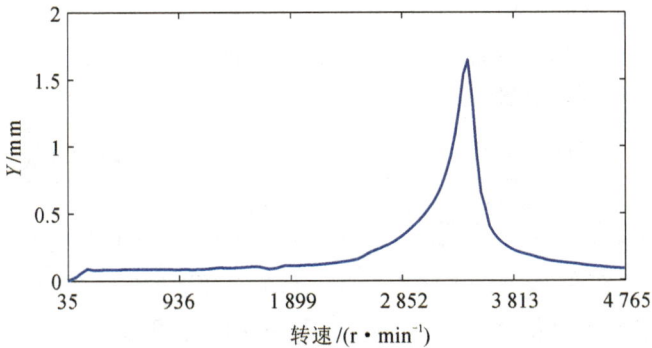

图 9-5　无碰摩转子系统的幅频曲线

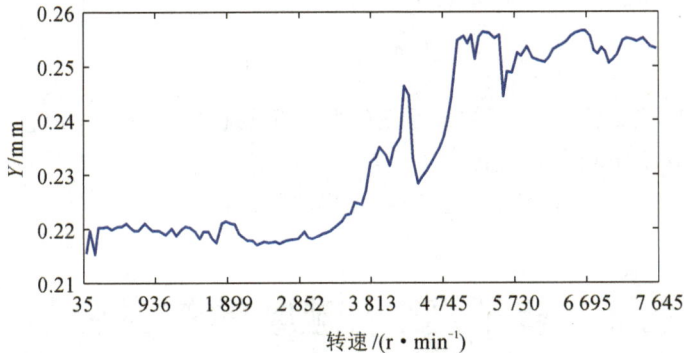

图 9-6　转子与定子固结的幅频曲线

考虑转轴两端轴承及基座的弹性刚度 K_e，需要对式(9-2)中各轴段的刚度进行修正，从而得到考虑轴承及基座弹性刚度的转轴各段等效刚度为

$$\begin{cases} K'_1 = (1/K_1 + 1/K_e)^{-1} \\ K'_2 = K_2 \\ K'_3 = (1/K_3 + 1/K_e)^{-1} \end{cases} \tag{9-4}$$

式中，K'_1 为 K_1 的等效刚度；K'_2 为 K_2 的等效刚度；K'_3 为 K_3 的等效刚度。

将式(9-4)中包含轴承及基座弹性刚度 K_e 的等效刚度代入有关无碰摩转子固有频率的式(9-5)中，得：

$$\omega_{n0} = \sqrt{\left(K'_3 + \frac{K'_1 K'_2}{K'_1 + K'_2} \right) / m_r} \tag{9-5}$$

从而可以得到一个有关轴承及基座弹性刚度 K_e 的方程：

$$[(K_1+K_2) \cdot (m_r\omega_{n0}^2 - K_3) - K_1K_2]K_e^2 + \tag{9-6}$$

$$[m_r\omega_{n0}^2(K_1K_3 + K_1K_2 + K_2K_3) - 2K_1K_2K_3]K_e + m_r\omega_{n0}^2K_1K_2K_3 = 0$$

对方程(9-6)进行求解,即可得到唯一有效的正值 K_e。随后,将求解得出的 K_e 进行回代,从而可以确定各个轴段刚度的有效值 K'_1、K'_2 和 K'_3。然后,利用有关转子和定子固结的固有频率 ω_{ncp} 的公式:

$$\omega_{ncp} = \left[\frac{K'_2 + K'_3}{2m_r} + \frac{K'_1 + K'_2 + K_s}{2m_s} - \sqrt{\left(\frac{K'_2 + K'_3}{2m_r} - \frac{K'_1 + K'_2 + K_s}{2m_s}\right)^2 + \frac{K_2^{'2}}{m_rm_s}}\right]^{\frac{1}{2}}$$

$$\tag{9-7}$$

对式(9-5)进行求解,从而可以得到考虑轴承和基座弹性的定子等效刚度 K_s。

通过多组实验的对比分析,选定铜质定子与转轴之间的单侧间隙 $r_c = 0.1$ mm,不平衡质量 $m_e = 0.2$ g,其中由于受到转子圆盘结构的限制,其偏心距只能为一个恒定值 $L_e = 30$ mm。因此,可以确定不平衡参量:

$$e = \frac{m_eL_e}{m_s} = 0.066\ 8\ \text{mm} \tag{9-8}$$

因而,可以依据转子/定子碰摩系统实验台架的机构尺寸和文献[103]中的无量纲参量关系,确定实验台架的其他各个参数。确定转子/定子碰摩系统参数以后,就可以对其进行相应的模拟仿真分析和实验测量研究。

9.2 转子/定子碰摩的仿真分析

9.2.1 柔性多体仿真模型

转子/定子碰摩系统模型是由固支于两个理想滑动轴承的一个柔性的大变形转轴和刚性转盘的转子部分,以及固定的定子部分组成的,如图9-7所示。对应符合实际的实验测量模型,由于要考虑定量分析、转速控制,以及电机负载和安全等现场因素,因此动力学模拟仿真模型需要进一步简化。

在如图9-7所示的理想轴承支承的转子/定子碰摩系统中,通过添加转子不平衡量,使转子系统的柔性转轴发生偏移,从而可能诱发转子部分与定子部分在图示紫色部位的碰摩面发生碰撞和摩擦。利用多体动力学分析软件 RecurDyn,可以实现转子与定子间的刚柔耦合动力学仿真。其中,最关键的就是在正确辨识定子部分刚度和转子系统刚柔耦合连接参数的基础上,对转子与定子间的力和摩擦力进行瞬时计算。基于9.1节中实验台的台架结构及其相对应的物理参数,建立了如图9-8所示的转

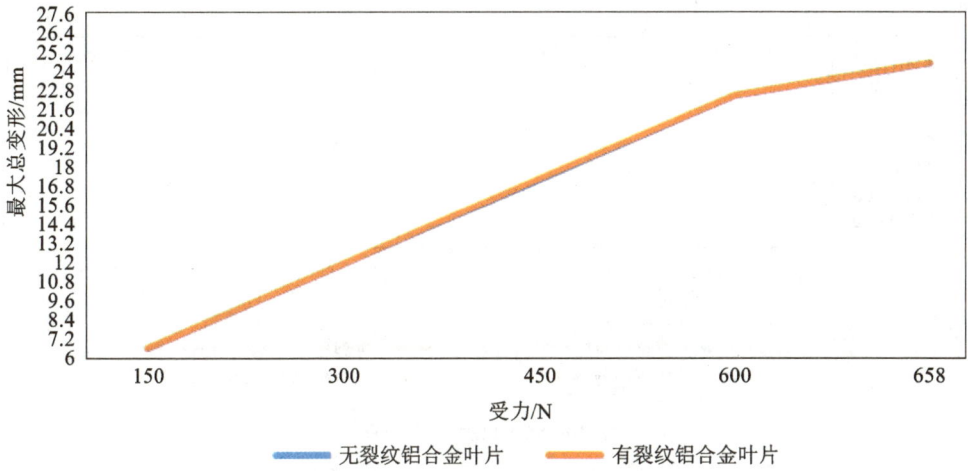

图 10-183 铝合金叶片最大总变形

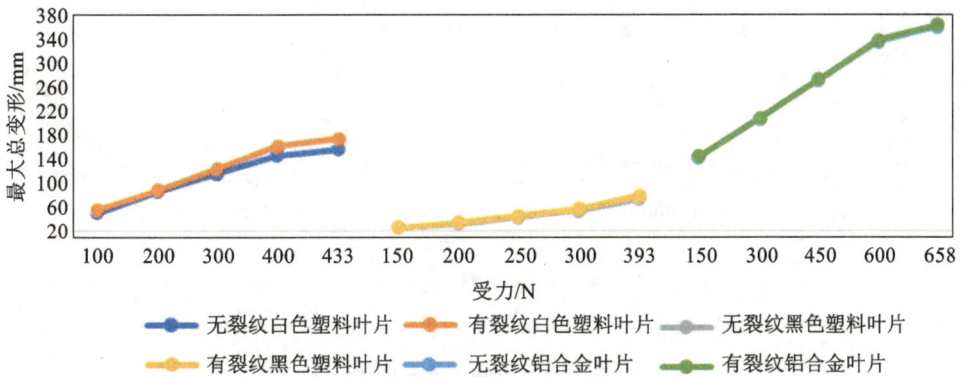

图 10-184 叶片最大等效应力

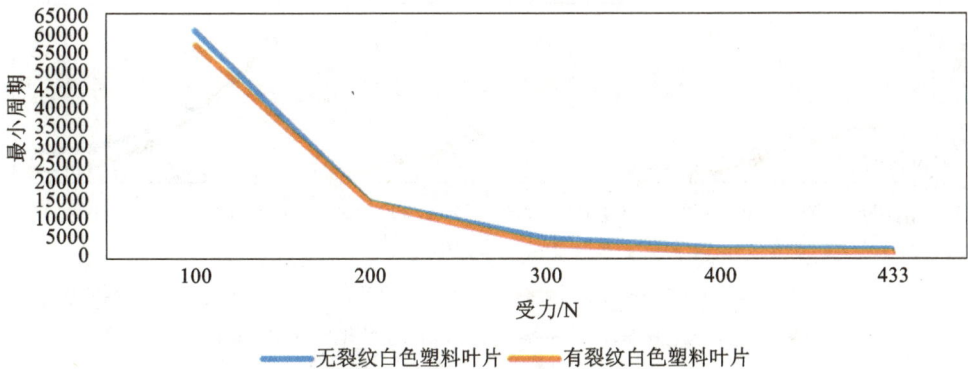

图 10-185 白色塑料叶片最小寿命

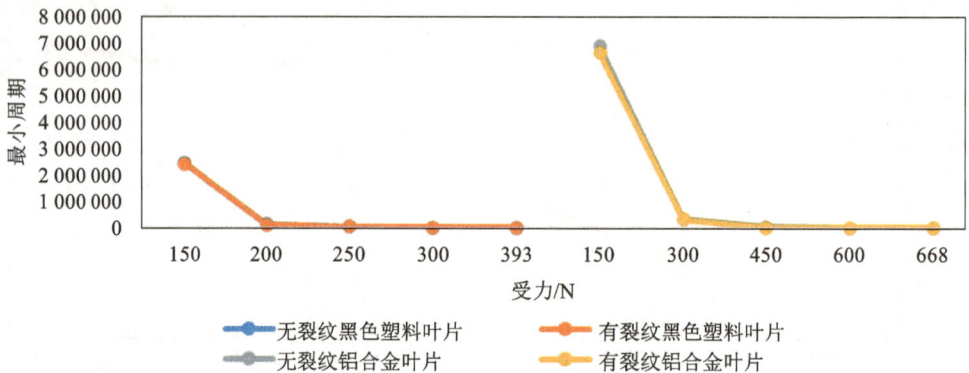

图 10-186　叶片最小寿命

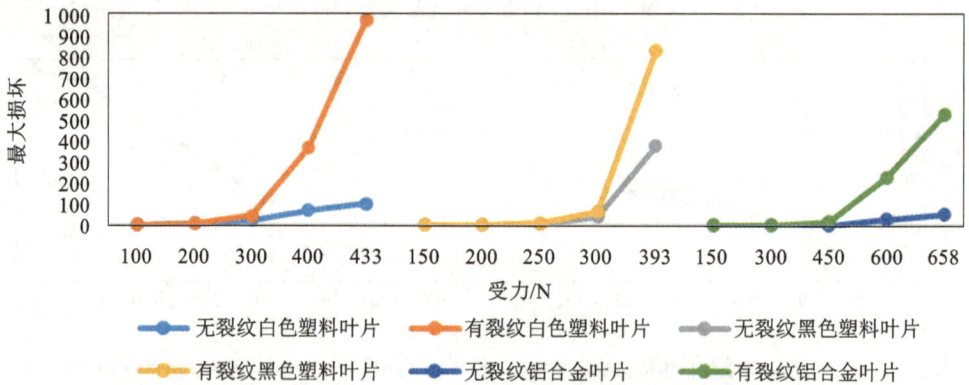

图 10-187　叶片最大损坏

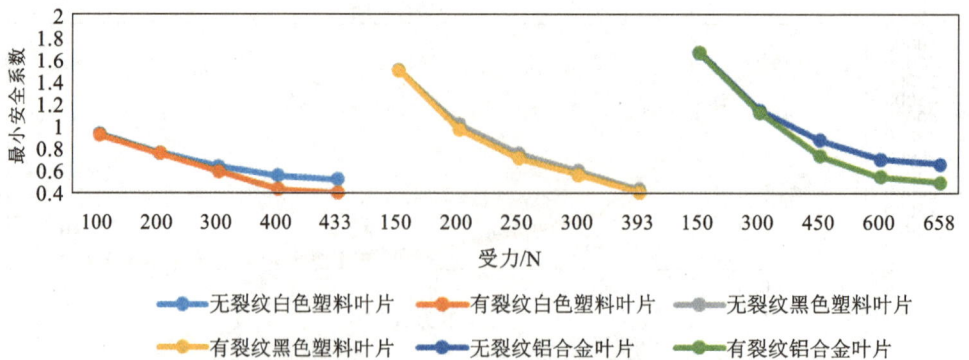

图 10-188　叶片最小安全系数

极限，此时叶片总变形较大；当力在 658 N 左右时，铝合金叶片寿命几乎为零，658 N 左右的力已达到铝合金叶片的受力极限，此时总变形较大。在叶片使用过程中，需定期检测叶片受力情况，如果叶片受力过大，需对叶片进行结构优化，以提高叶片的使用寿命。

（4）随机振动模块分析结果

不同叶片受不同频率段加速度时的最小寿命，如表 10-38 所示。

表 10-38 不同频率段下叶片的最小寿命

白叶片频率段/Hz	无裂纹白叶片最小寿命/s	有裂纹白叶片最小寿命/s	黑叶片频率段/Hz	无裂纹黑叶片最小寿命/s	有裂纹黑叶片最小寿命/s	铝合金叶片频率段/Hz	无裂纹铝合金叶片最小寿命/s	有裂纹铝合金叶片最小寿命/s
0～100	71 526	19 427	0～100	5.1×10^5	2.8×10^5	0～100	47 010	2 020
100～200	6.9×10^{10}	6.7×10^9	100～200	1.0×10^8	2.3×10^7	100～200	3.0×10^5	2.0×10^5
200～300	1.2×10^8	5.6×10^7	200～300	1.8×10^{14}	1.3×10^{13}	200～300	4.8×10^9	4.9×10^9
300～400	3.1×10^9	3.4×10^8	300～400	1.4×10^{15}	1.1×10^{15}	300～400	1.3×10^{16}	1.1×10^{16}
400～500	1.4×10^{13}	8.6×10^{12}	400～500	3.8×10^{17}	2.5×10^{17}	400～500	8.0×10^{16}	6.0×10^{16}

根据表 10-38 的最小寿命，确定在该周期区间同频率段（0～100 Hz）内，不同叶片在不同曝光时间下的最大损坏，如图 10-189 所示。

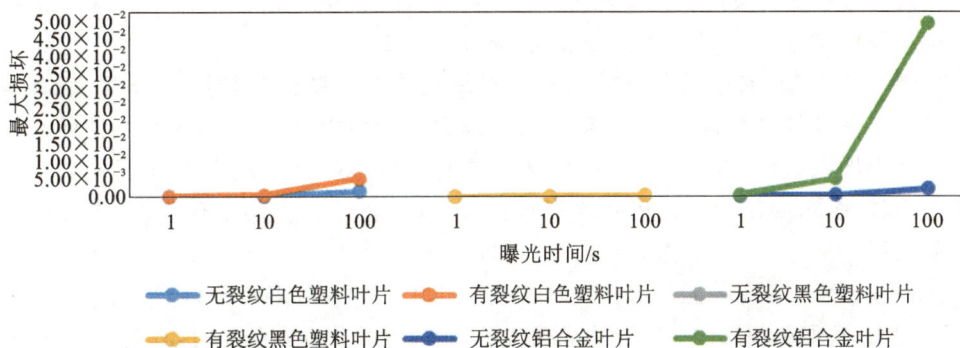

图 10-189 不同曝光时间下最大损坏

由表 10-38 可知，同一叶片受不同频率段加速度时，有裂纹叶片寿命比无裂纹叶片寿命短，相比于其他频率段，叶片受频率段（0～100 Hz）的加速度时，其寿命较短，说明在此频率段内叶片振动比较厉害，使其寿命缩短，在叶片使用中需尽量减少此频率段的力。由图 10-187～图 10-189 可知，延长暴露在加载环境中的时间，叶片的疲劳寿命不会发生改变,但叶片的疲劳损坏会随着曝光时间的增加而增加,如果长时间暴露在加载环境中,叶片的疲劳损坏会累积增加。

10.7　本章小结

疲劳寿命分析是风机叶片可靠性分析的重要方面,本书以常用的风机叶片为研究对象,对叶片进行了疲劳寿命分析。首先通过 3D 扫描仪对风机叶片进行逆向扫描和验证,确定初始参数,运用 Geomagic Design X 软件,将 3D 扫描仪获取的风机叶片的物理模型数据转换为基于特征、高质量的 CAD 模型,然后使用 LMS 测试系统对风机叶片进行数据采集及模态分析实验,使用 ANSYS 模态分析软件进行模态分析,计算风机叶片结构的固有频率和振型,之后对上述两种模态分析结果进行对比和分析,找出两者差异所在。对仿真模型进行适当的调整,再进行分析,得出其振型,提取其前 15 阶固有频率以及相关的模态参数,并得出材料的杨氏模量和泊松比以及边界条件,根据所得数据建立风机叶片有限元模型,利用 ANSYS 有限元分析软件对叶片的结构进行疲劳寿命分析,最后利用 SolidWorks 软件建模出有裂纹的风机叶片,利用 ANSYS 软件分析裂纹对整体结构和寿命的影响,为风机叶片可靠性研究及结构优化提供可靠依据。

通过 ANSYS 有限元分析软件对叶片结构进行疲劳寿命分析,发现在叶片根部会出现应力集中现象,使其损坏值较大,导致叶片根部寿命较短。需要定期对风机叶片进行检查,以防止叶片根部出现裂纹,导致叶片断裂。

通过 ANSYS 有限元分析软件对有裂纹叶片进行整体结构影响分析,将有裂纹叶片与无裂纹叶片进行对比,得到在相同的载荷和边界条件下,裂纹会使叶片的最大变形增大,最大等效应力增大,损坏增大,叶片寿命缩短,由于叶片尖端所受离心力较大,需要定期对风机叶片进行检查,以防止叶片尖端出现裂纹,导致叶片断裂。

通过 ANSYS 有限元分析软件对有裂纹叶片进行疲劳寿命分析,与无裂纹叶片进行对比,发现在相同的载荷和边界条件下,当风机叶片存在裂纹时,其耐久性、抗疲劳性会下降,使用寿命会缩短,说明裂纹会缩短整体叶片的疲劳寿命。需要定期对风机叶片进行检测,确保叶片表面平整,无隆起、凹陷或裂纹。对于小裂纹,可以进行维护,对于有严重裂纹或无法修补的叶片,应更换新叶片。

通过 ANSYS 有限元分析软件在随机振动模块对叶片进行疲劳寿命分析后,发现有裂纹叶片寿命比无裂纹叶片寿命短,当同一叶片受不同频率段加速度时,相比于其他频率段,叶片受频率段 0～100 Hz 的加速度时,其寿命较短,说明在此频率段内叶片振动比较厉害,使其寿命缩短。延长暴露在加载环境中的时间,叶片的疲劳寿命不会发生改变,但叶片的疲劳损坏会随着曝光时间的增加而累积。在使用过程中应尽量减少 0~100 Hz 频率段的力,对叶片进行结构优化,并定期检查叶片,防止疲劳损坏累积过大,影响叶片的正常使用,以提高风机叶片的可靠性。

11 结论与展望

11.1 研究总结

本书以分段光滑的转子/定子碰摩系统为研究对象,根据非光滑干摩擦自激振动的主要影响因素,分别建立并分析了3种转子/定子碰摩模型:两自由度的简单转子/定子碰摩模型、考虑定子动力学特性的一般性转子/定子碰摩模型,以及考虑交叉耦合效应的转子/定子碰摩模型。各个模型分别针对转子/定子碰摩系统的一个或多个非光滑因素,并显示出不同的响应特征和滞滑振动特性。

(1)主要研究和结论

干摩擦自激反向涡动的响应预测。通过研究同时考虑了转子和定子的动力学特性,以及接触面的摩擦效应和变形的一般性转子/定子碰摩模型,在碰摩转子纯滚动的假设条件下,发展了一种解析方法实现对干摩擦反向涡动的响应预测。结果显示,该解析方法不仅可以实现对低转速纯滚动碰摩转子和定子的响应幅值和频率的高精度预测,还可以实现对同时含有大幅值和小幅值振荡的高转速纯滚动碰摩转子和定子的精准预测。此外,该解析方法还可以用于对具有短滑移相的干摩擦自激反向涡动滞滑振动响应的近似预测。纯滚动响应的精准预测说明了干摩擦反向涡动是自激反向涡动和强迫正向转动的复合作用,即使强迫激励部分的响应幅值很小,也不能忽略其对总响应的影响。短滑移相的滞滑振动响应的近似预测说明了碰摩转子纯滚动和滑移运动对干摩擦反向涡动的影响主要体现在其阻尼效应上,碰摩转子纯滚动对系统的等效阻尼小于滑移运动的等效阻尼,这也是长滑移相的滞滑振动响应的解析幅值偏高的原因。

干摩擦反向涡动的滞滑振动特性及滑动分岔行为。首先,通过研究两自由度的简单转子/定子碰摩模型,借助非光滑动力系统的滑动分岔理论,揭示分段光滑转子/

定子碰摩系统中干摩擦自激反向涡动的滞滑振动特性。以碰摩转子转动和涡动间的相对速度为零时的超曲面作为切换流形，得到了分别由相邻子空间向量场的法向分量控制的 3 种类型滑动区域及其边界条件。同时，说明了摩擦力从较缓的浅波形向剧烈振荡的超谐波波形转变，对应碰摩转子纯滚动和滑移运动的切换。然后，通过研究考虑定子动力学特性的一般性转子/定子碰摩系统，基于 Filippov 系统中滑动分岔的相空间拓扑结构，深入分析了分段光滑转子/定子碰摩系统中干摩擦自激反向涡动的滑动分岔动力学行为。理论确认了转子和定子间刚接触的纯滚动和柔性接触的横穿滞滑振动，并说明引起周期性滞滑振动的主要因素是转子/定子碰摩系统的干摩擦效应和阻尼效应。此外，发现了横穿滑动模式、擦边滑动模式和切换滑动模式的单一滑动运动模式，以及它们之间相互混合的滑动运动模式。由于转子/定子碰摩系统中谐波激励运动和非线性模态运动的相互作用，混合滑动区域可能同时位于转子和定子间相对偏移量的最大和最小位置附近。最后，通过分析转子/定子碰摩系统参数对滑动分岔动力学行为的影响，确定了转速增大的过程中滑动运动模式的主要切换路径。一般而言，混合滑动运动模式易于在单一滑动模式和/或两种极端情形之一的相互切换阶段出现。

滞滑振动特性与干摩擦反向涡动的关系。通过研究简化转子/定子碰摩系统，发现了转子/定子碰摩系统参数对干摩擦反向涡动中滞滑振动特性的作用。一方面，在给定系统摩擦系数的情形下，增大碰摩接触刚度，与在给定碰摩接触刚度下减小摩擦系数对滞滑振动特性的作用是相同的。另一方面，在转子/定子碰摩点处，在给定系统摩擦系数的情形下增大转子圆盘半径，与在给定转子圆盘半径下增大摩擦系数对滞滑振动特性的作用是相同的。同时，对于简化转子/定子碰摩系统的所有参数，干摩擦反向涡动的临界转速处的一个滞滑振动周期内总是存在着碰摩转子的纯滚动。基于干摩擦反向涡动存在边界处的切换流形上滑动的临界条件，提出了一种新的计算干摩擦反向涡动临界条件的解析方法。通过验证得出，从非光滑动力系统理论得到的干摩擦反向涡动临界条件的结果与其他文献是一致的。

自激正向涡动的降阶分析。通过研究含交叉耦合效应的转子/定子碰摩系统，利用离散化思维构建系统非线性周期模态的周期谱子流形，得到系统自激正向涡动的二维降阶模型。根据谱子空间的流形理论，给出了一种谱子流形的开放曲面结构。基于谱子空间内稳定的非线性模态与平衡点之间的牢固联系，将带有时间周期系数的流形方程的求解问题，转化为多组易于求解的常系数方程组求解问题。仿真结果表明，自治降阶模型和全阶模型的自激正向涡动轨线几乎同步，并沿着不变谱子流形渐进地收敛到稳定的非线性模态周期解上。转子/定子碰摩系统的自激正向涡动是系统交叉耦合效应和干摩擦效应相互作用的结果，随着系统外激励幅值的增大，即碰摩转子转速的增加,交叉耦合效应逐渐弱化,干摩擦效应逐渐开始在响应中起主导作用,并最终系统由交叉耦合效应引起的自激正向涡动转化为强迫的同频全周碰摩。在周期激励的强迫干扰下,降阶模型依然可以用于预测小幅值激励转子/定子碰摩系统的自激正向涡动,但是由于大幅值激励引起的响应特性和非线性模态特性发生了质的变化,降阶模型将会失效。本书的解析方法可以推广到其他碰摩系统的研究中,相应的理论结果为非光滑转子/定子碰摩的干摩擦自激振动及其滞滑振动特性的检测和分析,提供了新的思路。

转子/定子碰摩模型及其理论方法的定性验证。基于转子/定子碰摩系统的不同类型响应的理论边界条件,考虑转子/定子碰摩系统中柔性大变形转轴和刚性转盘的刚柔耦合特性,对碰摩转子的不同响应类型进行模拟仿真和实验研究。结果显示,理论计算、模拟仿真和实验测量结果具有良好的一致性。一方面,说明了转子/定子碰摩系统的理论分析方法的有效性。另一方面,说明了 Jeffcott 转子/定子碰摩模型和库仑摩擦力模型的合理性。由此,转子/定子碰摩模型及其理论方法为系统的干摩擦自激振动解析分析及滞滑振动特性研究提供了理论基础。同时,发现了碰摩转子的纯滚动和滑移运动共存的现象,这也是转子/定子碰摩系统滞滑振动特性研究的实际基础。

(2) 特色及创新点

由于非光滑问题的复杂性,本书着重对非光滑转子/定子碰摩系统干摩擦自激振动以及滞滑振动特性进行研究。

① 针对考虑干摩擦效应和碰摩面弹性变形的多自由非光滑转子/定子碰摩模型,发展了预测系统干摩擦自激反向涡动中转子和定子的响应的解析方法。

② 基于非光滑动力学理论解析,确定了切换流形上不同类型滑动运动模式的区域及其边界条件,揭示了转子/定子碰摩系统中干摩擦自激反向涡动的滞滑振动特性及其对应的多种单一滑动运动模式和混合滑动运动模式。

③ 基于系统干摩擦反向涡动存在边界处展现出的滑动模式临界条件,提出了一种基于滞滑振动特性的干摩擦反向涡动临界条件的解析方法。

④ 基于非线性模态理论,构建了转子/定子碰摩系统中稳定正向涡动非线性模态所对应的谱子流形,并由此得到转子/定子碰摩系统的降阶模型。

本书涉及转子动力学、非线性动力学、非光滑动力学等多个交叉学科。其分析结果为这类非光滑转子系统的动力学设计、参数优化以及振动控制等提供了理论依据。

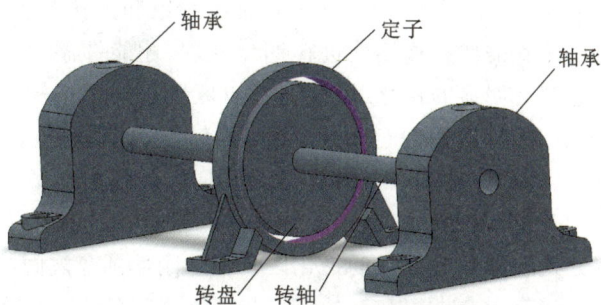

图 9-7 转子/定子碰摩系统模型

子/定子仿真模型及其各部件的连接关系。转轴为钢质的纯弹性柔性轴,具有各向同性的材料参数,选用三维的 Solid4 单元类型对其进行有限元网格划分,生成 1 056 个节点、3 242 个单元。由于需要对定子部分的弹性刚度进行精确控制,因此采用 4 个沿圆周方向均匀分布的虚拟弹簧来定量模拟定子受到冲击后的弹性变形。对于大部分实际旋转设备中的转子/定子系统而言,与转轴和定子的弹性相比,转子圆盘是几乎不发生变形的,可以认为是刚性的,如图 9-8(a)所示。刚性转子圆盘、滑动轴承和定子圆环部件,都需要建立刚柔耦合的连接参数和接触关系。

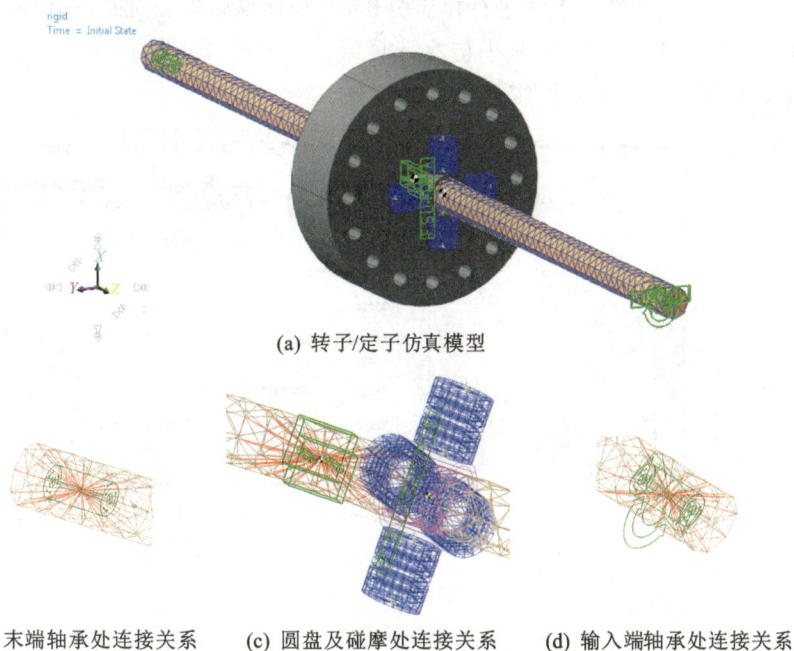

(a) 转子/定子仿真模型

(b) 末端轴承处连接关系　　(c) 圆盘及碰摩处连接关系　　(d) 输入端轴承处连接关系

图 9-8 转子/定子仿真模型及其各部件的连接关系

同时，在图 9-8(b)～(d)中，详细表征了转轴的约束和连接关系。由于连接部位有力或位置的约束，因此需要在连接处进行钢化处理，才能够添加约束或连接关系。图中，钢化区的位置都有明显的钢化纤维结构，以区别于柔性结构。图中，钢化区用明显的红色射线表示，连接副用绿色符号表示，接触面用紫色表示。图 9-8(b)显示了转轴左端与基底之间的连接关系，在钢化区范围内，只是添加了一个转动副，以模拟左端轴承的约束作用。图 9-8(c)显现了转轴中间部分的连接关系，其包括两部分的约束关系，一部分是转轴中心位置的钢化区转轴与刚性圆盘之间的固定约束，另一部分是碰摩位置处，带有 4 个虚拟弹簧的定子与转轴之间的面-面接触关系。根据参数的确定关系，虚拟弹簧刚度系数为 2 275 550 N/m，虚拟弹簧阻尼系数为 139。其接触关系涉及众多的接触参数设置，包括摩擦系数、阻尼系数和弹性系数等。图 9-8(d)显现了转轴右端与基底之间的转动约束关系。不同于图 9-8(b)中的纯粹的转动副，转轴的右端除了转动副外，还需要添加一个运动函数来模拟外部输入激励的作用，可以通过选用不同的运动函数来实现对整个转子/定子系统的升速过程、恒速过程或降速过程等的研究。

此外，需要特别注意的是转轴钢化区与柔性有限元单元的耦合参数，其对整个有限元系统的分析至关重要，但却只能通过经验获得。因此，在仿真计算初始阶段，首先应该对一个单纯的转子系统进行模态分析，并和计算结果相对照，从而确定转轴中刚柔耦合连接的参数设置，以减小仿真计算误差。如图 9-9 所示的一组结构参数是转子/定子碰摩系统的转轴刚柔耦合连接参数。

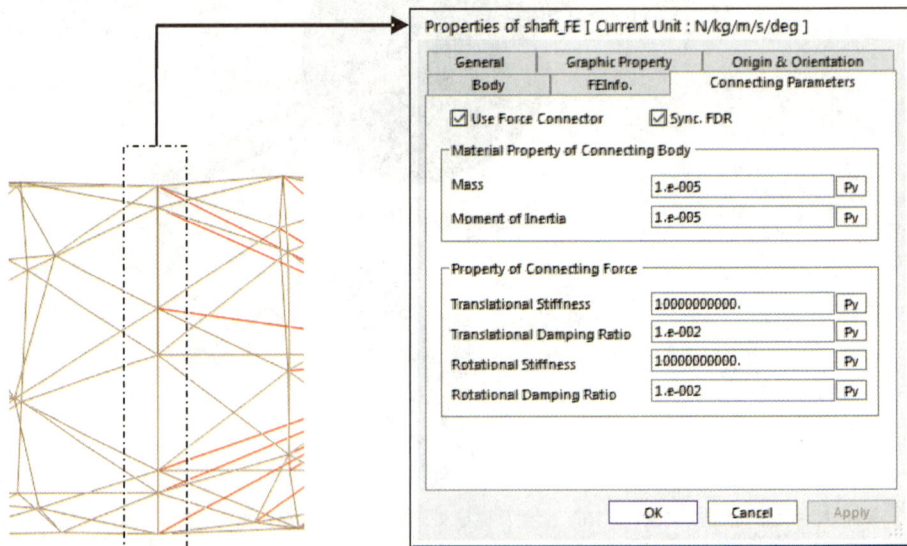

图 9-9　转轴刚柔耦合连接参数

9.2.2 数值仿真结果及分析

通过对转子轴心的轨线图形、响应的幅频曲线和接触力曲线的分析,对碰摩转子系统的稳态响应进行研究。按照无量纲参数 $R_0=1.05$、$\beta=0.04$、$\zeta=0.05$ 的条件设定转子质量偏心距 $e=0.136$ mm,转子和定子的间隙 $r_0=0.143$ mm,转子等效刚度 $k_s=91\ 022$ N/m,定子等效刚度 $k_b=2\ 275\ 550$ N/m,系统阻尼系数 $c=139$,转子系统的一阶固有频率 $\omega_2=1\ 638$ rad/s。将其他系统参数设置为如表 9-1 所示的数值。

基于 Jiang 等给出的转子/定子碰摩系统响应的理论计算数学模型及其方法,可以得到转子/定子碰摩系统在转子转速-接触面摩擦系数的参数区域内的稳态动力学响应的边界条件[103]。据此,通过对多组不同转速和摩擦系数的转子/定子系统进行模拟仿真,得出碰摩转子在一阶临界转速附近的稳态响应,如图 9-10 所示。图 9-10 中的每一个点都代表了一组系统参数条件下,模拟仿真得到的稳态响应。图中绿点表示模拟仿真得到的稳态响应类型恰好落在了转子/定子碰摩系统全局特性的理论结果区域内,而红点表示模拟仿真得到的稳态响应类型与理论结果出现了偏差。模拟仿真结果表明,理论方法和模拟仿真的动力学响应吻合良好。在图 9-10 的转子/定子碰摩系统参数平面中,不同位置参数具体的响应类型如图 9-11 所示。

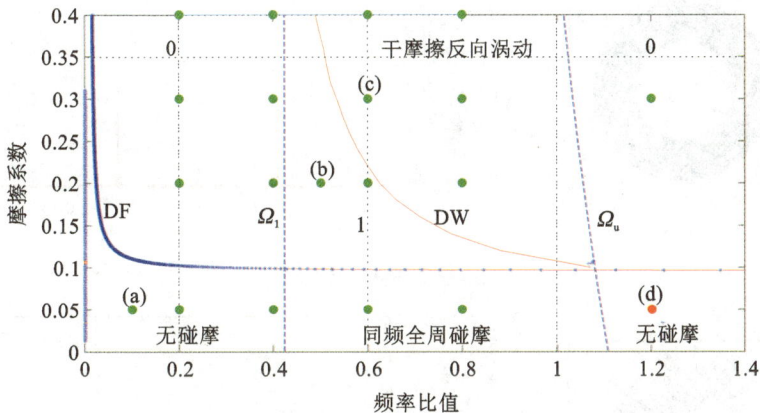

图 9-10 转子/定子碰摩系统稳态响应仿真结果

图 9-11 中 4 个分图所示的响应类型分别对应图 9-10 中(a)、(b)、(c)、(d)这 4 个点的系统参数下碰摩转子的响应结果。图 9-11 中左列图表示碰摩转子的轨迹,蓝色实线表示转子质心的运行轨线,红色虚线表示转子与定子的间隙圆。图 9-11 中右列图表示碰摩转子的全频图,是由同时考虑转子在径向平面内的两个相互垂直方向(即图 9-8 中的 X 和 Y 方向)的偏移量的频谱分析得到。图 9-11(a)表示的是在小于碰

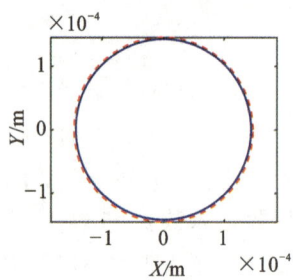

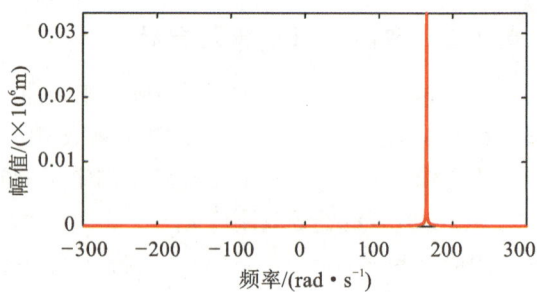

(a) 无碰摩响应

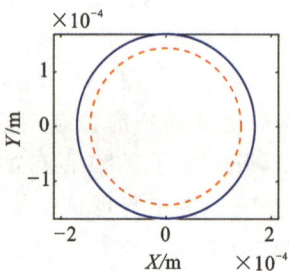

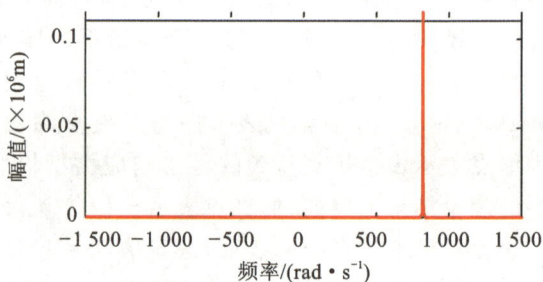

(b) 同频全周碰摩响应

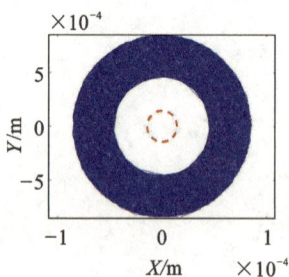

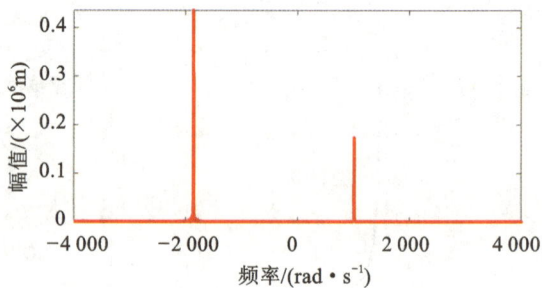

(c) 干摩擦反向涡动响应

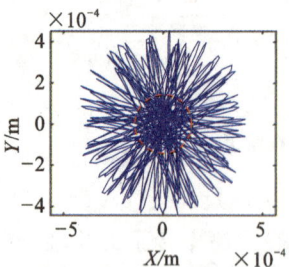

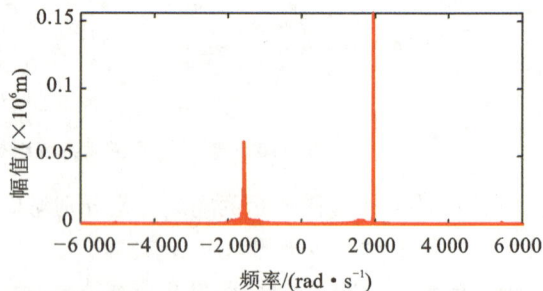

(d) 剧烈局部碰摩响应

图 9-11　转子/定子碰摩系统仿真响应类型

摩临界转速 Ω_l 的无碰摩区域范围内,转速为 164 rad/s,频率比值为 0.1,摩擦系数为 0.05 时发生的无碰摩响应。图 9-11(b)表示的是在临界转速 Ω_l 和 DW 组成的同频全周碰摩和干摩擦反向涡动共存的区域"1"范围内,转速为 820 rad/s,频率比值为 0.5,摩擦系数为 0.2 时发生的同频全周碰摩响应。通过对比分析发现,无碰摩和同频全周碰摩都只有一个与转子转动频率相同的正向涡动频率。图 9-11(c)表示的是在临界转速 Ω_u 和 DW 组成的干摩擦反向涡动区域范围内,转速为 983 rad/s,频率比值为 0.6,摩擦系数为 0.3 时发生的干摩擦反向涡动响应。图中,转子运动轨迹是一个远大于转子/定子间隙圆的准周期圆。同时转子响应的全频谱中不仅有一个正的转子转动频率,还有一个大幅值的负的频率成分,该负的频率就是转子反向涡动的频率。图 9-11(d)表示的是在大于临界转速 Ω_u 的无碰摩区域范围内,转速为 1 966 rad/s,频率比值为 1.2,摩擦系数为 0.05 时发生的不同于任何一种理论结果的剧烈局部碰摩响应。图中,转子运动轨迹显现为超谐波的剧烈碰撞,全频谱中包含一个正转动频率和一个极大的负的反向涡动频率。该类型响应主要体现了转子在极高速条件下与定子之间的极大冲击作用。

9.3 转子/定子碰摩的实验研究

9.3.1 碰摩实验系统

基于 Bently Nevada 转子单盘单跨实验台架,研发了配套实验测试系统,以完成速度调控、数据采集和分析等。转子/定子碰摩实验台的控制测试系统如图 9-12 所示。

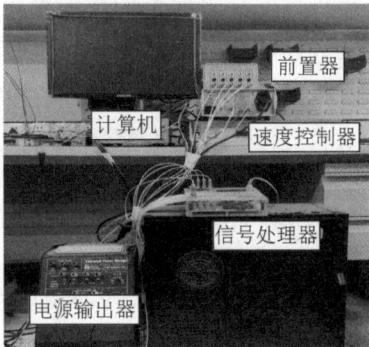

图 9-12 实验台控制测试系统

电源输出器给驱动电机等各种需要供电的元器件提供符合要求的不同电压和电流的电源。速度控制器通过输入外部的电压信号或速度控制器自带的开关旋钮装置,对电涡流传感器与分度盘组成的速度测量装置实现速度信号反馈,从而达到控制转子系统中转子转速的目的。它可以实现转子系统的顺时针或逆时针转向和不同斜率的增减速。其对应的各个主要元器件的参数如表 9-2 所示。

表 9-2 主要元器件参数

名称	型号	主要参数及说明
转子实验台	Bently Nevada：RK4-4721	尺寸为 780 mm×340 mm×165 mm，包含不平衡量为 3 g 以内的转子不平衡和不对中、碰摩振动故障状态
电源输出器	Quanser：UPM2405	包含±22 V 电源电压，电源放大器的模拟输出
前置器组件	Bently Nevada：RK4-125886-01	供电电压−17.1 V，高频信号调制，保持线性，具有 4 个高频采集信号通道和 1 个相位信号通道
速度控制器	Bently Nevada：RK4-125885-01	最小转速为 16 r/min，最大转速为 10 000 r/min，最大速度变化率为±15 000 r/min，外部输入±5 V 以内模拟信号
信号处理器	Quanser：Q8-076474	8 通道输入和输出模拟信号，分辨率为 16bit，范围±10 V，最大数据传输速率为 10 MHz
电涡流传感器	Bently Nevada：3300 XL NSv	灵敏度是 7.87 mV/μm，线性范围为 0.25～1.75 mm，电压测量范围为−13～−1 V，感应靶面直径小于 15 mm
传感器校验仪	Bently Nevada：TK-3e	适用非接触趋近电涡流轴振动和轴位移检测探头的校验
隔振光学平台	卓立汉光：OTR15-09	阻尼式隔振平台

计算机和信号处理器通过实时控制软件 QUARC 联系为一体，通过前置器对反馈回来的响应信号进行处理而完成信号的采集，并通过对速度控制器发出操作指令从而控制转子系统的运行。在 MATLAB 环境下实现信号的处理，利用完全兼容于 MATLAB/Simulink 的实时控制软件 QUARC 进行数据读取和保存程序，图形化编辑程序如图 9-13 所示。图 9-13(a)中的数据保存程序可以实现多通道的数据采集，图 9-13(b)中的数据读取程序可以导入常数、斜率变化和弦式变化的数据，以实现对实验台转子系统的控制和信号采集。由于实际中采集到的信号中往往含有许多噪声成分，因此在数据分析之前还需要进行滤波处理。

实验测量过程中，由两个电涡流传感器在转轴统一位置构成一组，分别对该位置处水平方向（X 方向）和垂直方向（Y 方向）的振动偏移量进行测量。由于转轴为直径为 10 mm 的细长轴，为了避免传感器探头的电磁涡流干扰，两个电涡流传感器安装位置应有一个轴向的错位。经过测量验证，该错位布置并不会产生额外的测量误差。实验过程采用外部输入模拟电压信号控制转子速度的方式，因此考虑电路中的阻抗因素，需要对搭建好的电涡流传感器转速控制线路进行灵敏度标定，以实现对转子转速的精准校正。其中，输入电压信号的正、负分别对应转子顺时针和逆时针的转动方向。通过多组测量得到如图 9-14 所示的转速与输入电压之间的正比例直线，从而可以得出，输入电压与转子转速之间的比例是 1 892 r/(min·V)。

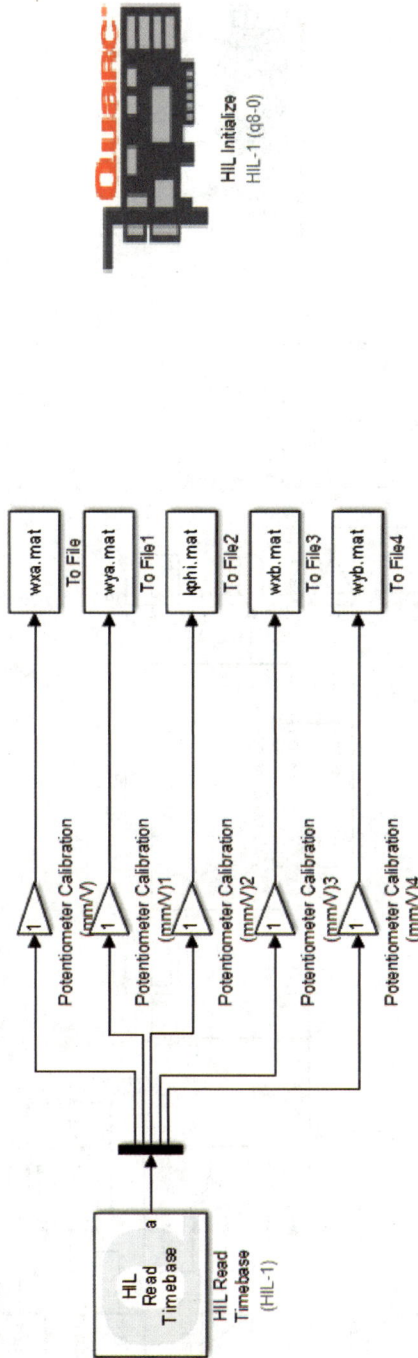

(a)数据保存程序

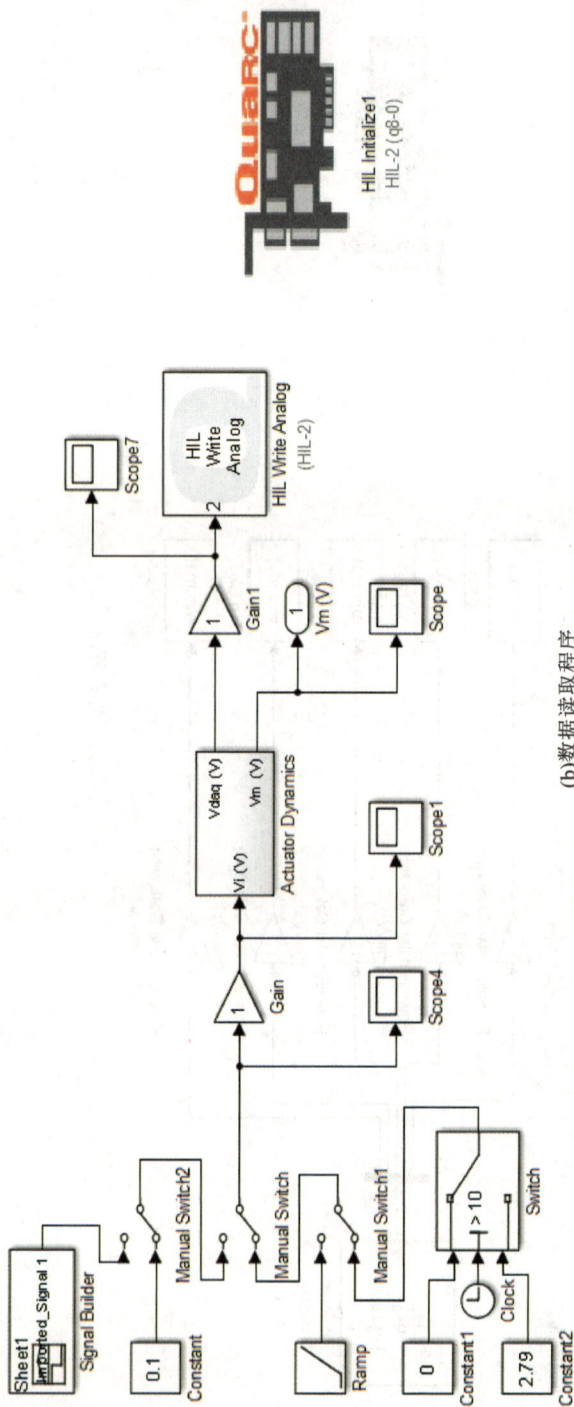

(b)数据读取程序

图9-13 数据读取和保存程序

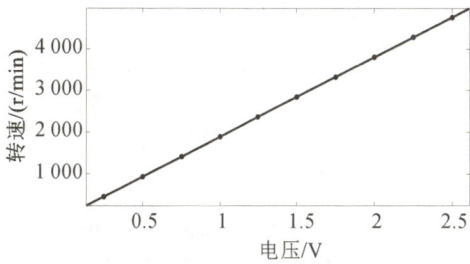

图 9-14 转速与输入电压的关系

此外,为了满足转子/定子碰摩系统柔性大变形转轴大偏移量的测量要求,需要对电涡流传感器进行漂移校正。电涡流传感器的输出电压最高可达 15 V,超过了信号采集卡±10 V 的量程,而测量中输出的信号经过集成前置器处理,无法进行信号压缩。因此,我们基于电阻分压原理,考虑线路阻抗,利用如图 9-15 所示的电涡流传感器的布局及其校验设备,设计了一种由合适电阻单元组成的电压信号分压板。在如图 9-15(a)所示的一组传感器布局中,利用如图 9-15(b)所示的电涡流传感器专用的校验仪,把电涡流传感器置于整个线路中,考虑整个线路的阻抗等效应的影响,得到如图 9-15(c)所示的电压信号分压板。

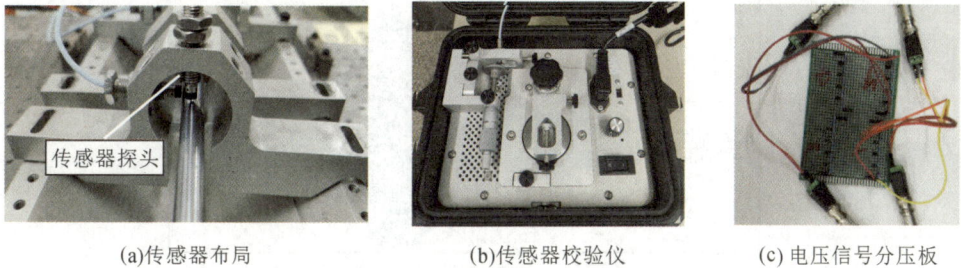

(a)传感器布局　　　　　　(b)传感器校验仪　　　　　　(c)电压信号分压板

图 9-15 电涡流传感器进行漂移校正

利用该分压板,使电涡流传感器信号的电压-偏移量直线斜率下降,且依然保持了很好的电压-偏移量线性关系,如图 9-16 所示。因此,经过电压信号分压板的改动后,电涡流传感器的灵敏度由改动前的 7.87 V/mm 变为 5.38 V/mm,使传感器的测量范围适用于转轴大偏移量的测量。

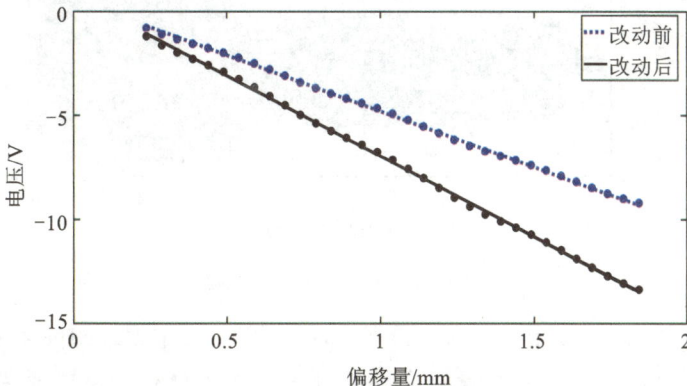

图 9-16 电涡流传感器灵敏度的变化

9.3.2 碰摩实验结果及分析

通过转盘附近转轴与定子的碰摩测量,观测到碰摩转子响应的动力学行为。在图 9-17 的碰摩转子增速过程中,碰摩转子的响应随转速的增大出现了第 2 个波峰,这是单独转子系统不具备的。同时,第一个波峰 P_1 约位于无碰摩转子的固有频率处,第 2 个波峰 P_2 位于转子与定子固结时的固有频率处。这种现象也说明,转子/定子碰摩相当于增加了系统的一个支承点,使得刚度增加,从而可能引起转子/定子系统的参数激变。在图 9-18 的碰摩转子减速过程中,转子转速在 10 s 内快速从 0 增速至 10 000 r/min,并维持该转速 5 s 后逐渐减速至 82 r/min。从图中可以看出,当转子转速达到 5 260 r/min 时,转子与定子激起干摩擦反向涡动,而且进一步减速并不能使反向涡动的转子和定子脱离。

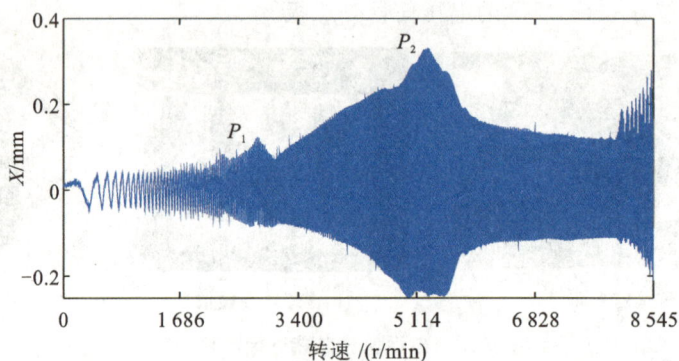

图 9-17 碰摩转子增速过程

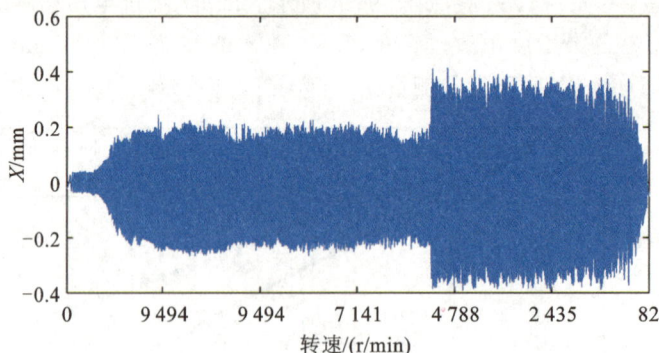

图 9-18 碰摩转子减速过程

在不平衡参量 $e = m_e L_e / m = 0.066\ 8$ mm 和转子/定子系统刚度比 $\beta = K_s / K_b = 0.29$ 的系统参数条件下,考虑到转子/定子碰摩过程中转轴与定子圆环的剧烈碰撞和摩擦,参考机械加工工艺手册,转轴与黄铜间的摩擦系数 $\mu = 0.12$,阻尼系数 $\zeta = 0.42$。基于碰摩转子系统的全局响应特性,得到如图 9-19 所示的实验测量的全局响应结果。

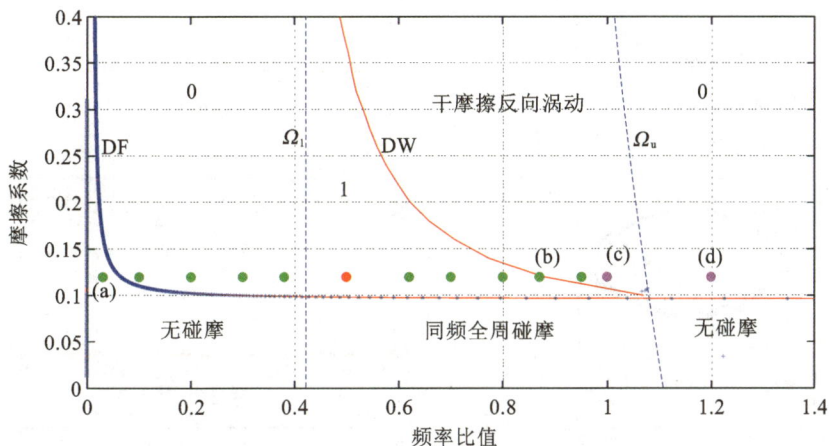

图 9-19　转子/定子碰摩系统的实验全局响应结果

在图 9-19 的全局响应结果中,每一个点代表不同转速和摩擦系数条件下,实验测量得到的碰摩转子稳态响应。其中,绿点表示实验的稳态响应类型恰好落在了系统全局特性的理论区域内,红点表示实验的稳态类型与理论结果出现了偏差,紫点则表示在该参数下发现了不同类型的响应行为。基于文献[148]的研究结论,红点参数条件下的碰摩转子响应类型的偏差,主要是由理论模型中被忽略的重力作用的扰动引起的。通过对比分析,得出理论结果和实验结果基本吻合,实验验证了转子/定子碰摩系统全局特性理论分析方法及其模型的准确性。图 9-20 中 4 个分图所示的响应类型分别对应图 9-19 中(a)、(b)、(c)、(d)4 点位置的系统参数。通过左列的轴心轨线和右列的全频谱图,图 9-20(a)、(b)分别表示转子/定子碰摩系统中的无碰摩响应和同频全周碰摩响应类型,其中两者的转子涡动频率都是以正的转子转动频率为主。

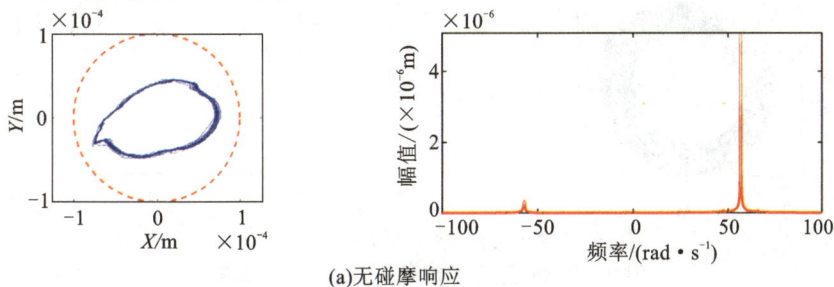

(a)无碰摩响应

(b)同频全周碰摩响应

(c)同频全周碰摩响应和剧烈局部碰摩响应

(d)无碰摩响应和干摩擦反向涡动响应

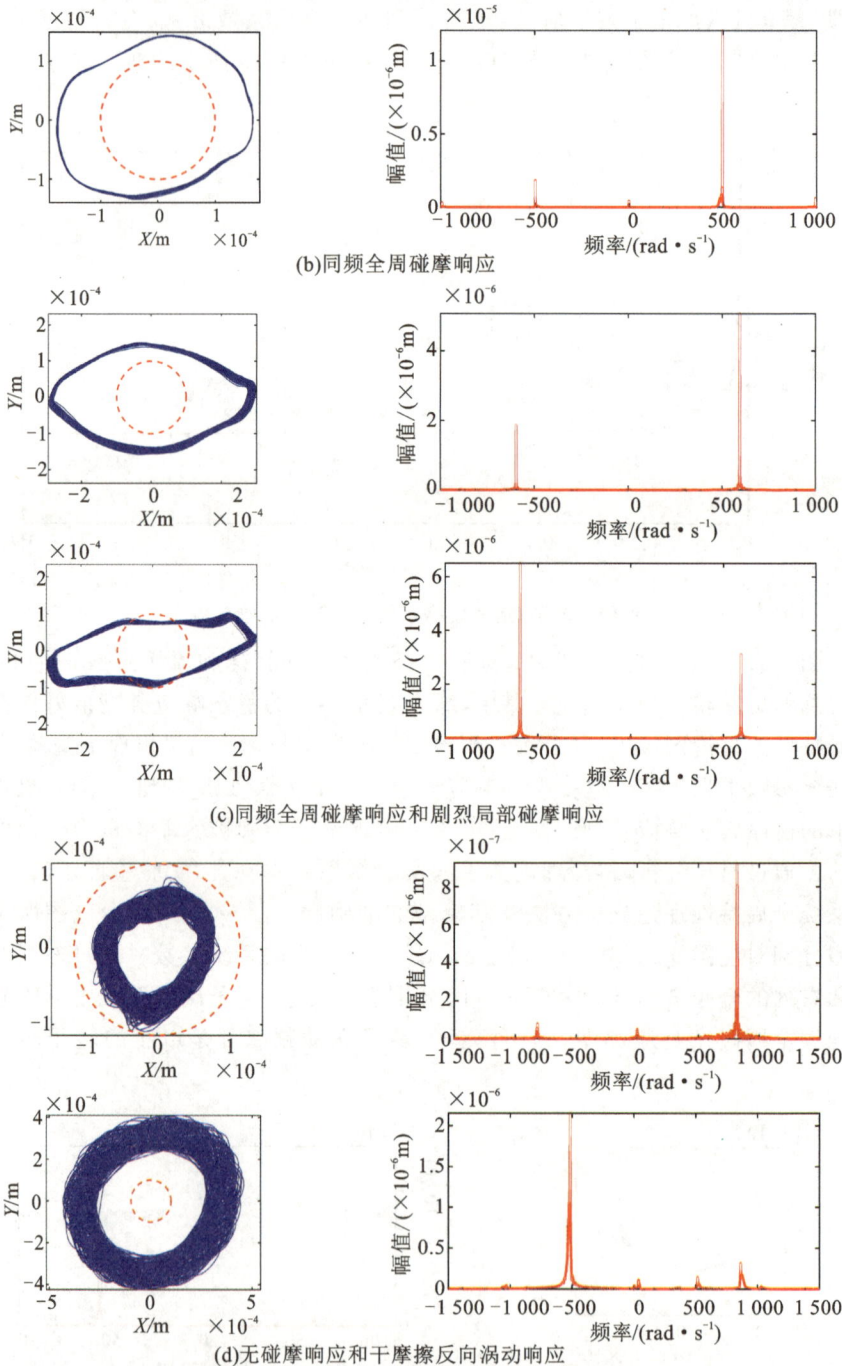

图 9-20　转子/定子碰摩系统的实验响应类型

图 9-20(c)的系统参数处于交叉区域,在转速为 595 rad/s 时,中间定子磨损造成的磨损和发热产生了同频全周碰摩和剧烈局部碰摩两种不同类型的响应,其中剧烈局部碰摩响应的涡动频率是负的转子转动频率。图 9-19(d)的系统参数处于无碰摩和干摩擦反向涡动共存的"0"区域,在转速为 820 rad/s 时得到了这两种类型的响应。

基于图 9-20(d)中干摩擦反向涡动响应的实验结果,对碰摩转子的水平方向(X 方向)和垂直方向(Y 方向)的偏移量进行求导,以其粗略代表转子涡动在 X 和 Y 方向的速度。然后,利用偏移量及其对应的速度值,可以求解得出如图 9-21 所示的碰摩转子转动与涡动相对速度 V_{rel} 的时间历程。从图 9-21 可以看出,碰摩转子相对速度基本在零附近振荡,说明碰摩转子在定子表面做纯滚动。然而,在干摩擦反向涡动起始的 11~14 s 内,出现了碰摩转子相对速度大于零的情况,说明碰摩转子在定子表面做滑移运动。这种现象与 Bently 等的观测实验结果一致[14]。

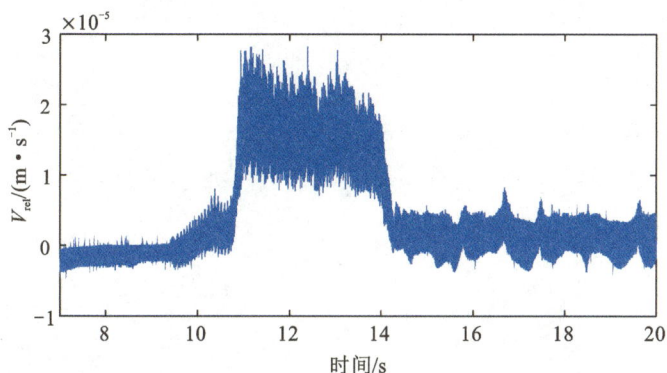

图 9-21 碰摩转子转动与涡动之间相对速度的时间历程

9.4 本章小结

本章主要基于转子/定子碰摩系统中的响应全局特性的理论分析结果,针对碰摩系统中转子柔性大变形转轴和刚性转盘的刚柔耦合特性,通过动力学模拟仿真和实验研究,探讨了转子/定子碰摩系统的动力学分析方法和结果的合理性和有效性。首先,建立了与实验台架参数对应的刚柔耦合转子/定子碰摩仿真模型,对不同参量的碰摩转子开展了系统响应的模拟仿真计算。然后,基于转子实验台架,开展转子/定子碰摩响应的实验测量,研究了不同碰摩间隙、碰摩刚度和转速等状态下的碰摩响应的动力学行为。通过对不同系统参数下不同碰摩响应结果的对比分析,证实了理论分析、模拟仿真和实验测量结果的良好一致性，从而验证了预测转子/定子碰摩系统响应行为的理论方法的有效性，及其对于系统干摩擦自激振动分析的合理性。

同时，经过对实验数据的粗略处理，间接发现了转子/定子碰摩系统中碰摩转子与定子之间不仅存在纯滚动，还存在滑移运动。这种纯滚动和滑移运动的共存现象，也是转子/定子碰摩系统响应复杂的原因之一。

10　轴流风机的动力学特性分析

　　轴流风机是一种利用旋转叶片来推动气体流动的流体机械,因其结构简单、制造成本低、运行效率高等特点,被广泛应用于工业、农业、建筑、交通运输等领域,其实物图与原理图见图10-1。随着现代工业和科技的迅速发展,轴流风机的应用范围不断扩大,性能要求不断提高,使得对其动力学特性的研究显得尤为重要和迫切。在工业生产中,轴流风机主要用于通风、排气、冷却和物料输送等。例如,在工厂车间内,通过轴流风机可以将有害气体排出,提供新鲜空气,改善工作环境的空气质量。在冶金、化工等高温高污染行业,轴流风机更是不可或缺的重要设备。通过对轴流风机的动力学特性进行深入分析,可以优化其设计,提高通风效率和排气能力,减少能耗,提升工业生产的整体效益。在农业领域,轴流风机主要用于农田和温室大棚的通风、降温和除湿。适宜的温度和湿度条件是作物生长的关键,通过合理使用轴流风机,可以改善农田和温室内的气候环境,促进作物的健康生长。研究轴流风机的动力学特性有助于开发出更加高效、节能的农业通风设备,提高农业生产的现代化水平和经济效益。在现代建筑和环境控制系统中,轴流风机被广泛应用于空调系统、通风系统和排烟系统等。大型建筑物如商场、剧院、机场等场所,需要强大的通风和空调系统来维持舒适的室内环境。地下车库和隧道则需要通过轴流风机来排除废气,保障空气质量和安全。通过研究轴流风机的动力学特性,可以优化其性能,降低噪声和能耗,提升环境质量和居住舒适度。在交通运输领域,轴流风机在地铁、隧道、船舶和车辆等方面具有广泛应用。地铁和隧道内需要通风设备来排除废气,保持空气流通,以确保乘客和工作人员的安全和舒适。船舶和大型车辆的发动机冷却系统也离不开轴流风机。通过对轴流风机的动力学特性进行研究,可以提高其在不同工况下的运行效率和稳定性,增强交通运输工具的安全性等性能。新型材料的应用、先进制造工艺的发展以及计算机仿真技术的进步,都为轴流风机的设计和优化提供了新的可能。例如,计算流体力学(CFD)技术的应用使得对轴流风机气动性能的研究更加精细和准确,通过仿真可以更好地理解气流在风机内的复杂流动特性,指导实际设计和改进。

　　轴流风机属于典型的转子/定子系统,如图 10-1(a)所示,风机叶片通过轴承与转轴相连,转轴由电机驱动。风机叶片可能与风筒发生碰撞和摩擦,即碰摩,从而造成轴流风机的损伤和破坏。此外,图 10-1(b)展示了轴流风机的工作原理,风机叶片在风筒中同时受到负压气流、温度和风筒结构的影响,形成了一种相互耦合作用的机制。因此,借助转子/定子系统动力学特性的分析方法,同时考虑转子的多物理场耦合和转子/定子碰摩等特性,对轴流风机的动力学特性进行全面、深入的分析具有重要的理论和实际意义,也为轴流风机的优化设计和智能运维等方面提供了一定的理论和实践参考。

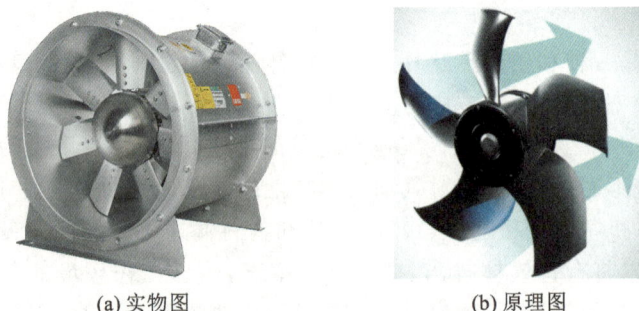

(a) 实物图　　　　　　　　　　　　　　　(b) 原理图

图 10-1　轴流风机

　　深入了解轴流风机的动力学特性有助于优化其设计,提高风机的性能和效率。通过动力学分析,可以揭示风机内部气流的流动规律和影响因素,找到减少能量损失和提高气流输送效率的方法。例如,通过优化风机叶片的几何形状和材料,可以显著降低气流阻力,提高风机的运行效率。同时,改进风机的结构设计和制造工艺,可以进一步提升可靠性等性能。风机是工业和建筑系统中的主要耗能设备之一,其能耗在整体能源消耗中占据重要比例。通过对轴流风机动力学特性的研究,可以找到降低能耗的方法,设计出更加节能的风机系统。例如,通过优化风机叶片设计和风机结构,可以减少气流阻力和能量损失,提高风机的工作效率,从而降低运行能耗。这不仅有助于降低能源成本,还有助于实现节能减排目标,促进可持续发展。风机在运行过程中会产生噪声,干扰环境和影响工作人员的健康。噪声问题在现代工业和建筑中尤为突出,是需要重点解决的问题之一。通过研究轴流风机的动力学特性,可以找出噪声产生的原因,并采取有效措施降低噪声。例如,通过优化风机叶片形状和布局,减少气流的涡流和紊流,可以显著降低风机运行时的噪声水平。同时,采用隔声材料和降噪技术,可以进一步降低风机的噪声水平。风机在长期运行中会受到各种动力负荷的影响,因而可能产生磨损和故障。通过动力学分析,可以预测风机的运行状态和故障模式,采取预防性维护措施,延长风机的使用寿命,提高其可靠性。例如,通过分析风机叶片和其他关键部件的应力和疲劳特性,可以改进其设计和材料选择,增强其抗疲劳性能,延缓部件的磨损和失效。同时,利用现代监测和诊断技术,可以实现对风机运行状态的实时监控和故障预警,提高风机的维护效率和可靠性。不同应用领域对风机的工况,如高温、高湿、腐蚀性环境等要求不同。通过动力学特性分析,可以针对不同工况进行专门设计,确保风机在各种环境下都能稳定运行。例如,在高温环境下,通过采用耐高温材料和优化散热设计,可以提高风机的耐热性能。在腐蚀性环境下,通过采用耐腐蚀材料和涂层,可以增强风机的抗腐蚀能力,延长其使用寿命。动力学特性分析不仅有助于现有风机技术的改进,还可以推动新型风机技术的发展。利用计算流体力学技术和现代仿真工具,可以进行更精细的风机设计和优化,开发出高性能的新型风机。例如,通过数值仿真可以模拟风机内部气流的复杂流动,分析不同设计参数对风机性能的影响,指导实际设计和改进。通过将实验研究和数值仿真相结合,可以深入理解风机的动力学特性,为新型风机技术的开发提供理论支持和技术指导。轴流风机的动力学特性分析涉及流体力学、固体力学、机械设计、控制工程等多个学科领域,是一个复杂的跨学科研究课题。通过这一研究,可以促进不同学科之间的交叉和融合,推动学术研究和工程应用的结合。学术研究可以为工程应用提供理论支持和技术指导,而工程应用中的实际问题和需求也可以推动学术研究的深入和发展。例如,通过研究轴流风机的气动性能和结构强度,可以丰富流体力学和固体力学的理论体系,推动机械设计和控制工程的技术进步。

总之,轴流风机动力学特性分析的研究不仅具有重要的学术价值,还有着广泛的应用前景和实际意义。通过深入研究,可以为轴流风机的设计、优化和应用提供理论支持和技术保障,推动相关产业的技术进步和可持续发展。未来,随着研究的不断深入和技术的不断进步,轴流风机将在更多领域发挥重要作用,为人类社会的发展和进步作出更大贡献。针对轴流风机的动力学特性分析,需要着重解决以下两方面的关键问题:①气动性能分析,气动性能是轴流风机最重要的性能指标之一,直接影响风机的工作效率和能耗。气动性能分析主要包括流场分析、压力分布分析、流量特性分析等。通过对风机内部气流的流动规律和压力分布进行分析,可以找到影响风机气动性能的关键因素,为优化设计提供指导。例如,风机叶片的形状、角度和布局对气流的流动特性有重要影响,通过气动性能分析可以优化风机叶片设计,提高风机的气动效率。②噪声分析,噪声是风机运行中产生的一个重要问题,不仅干扰环境,还影响人们的健康。

10.1 轴流风机动力学特性的研究现状

10.1.1 风机振动稳定性研究

近年来,随着全球制造业的加速发展,叶片作为航空发动机、风力发电机以及其他旋转机械的重要组成部分,其相关研究已经成为一个重要研究领域。它涉及机械工程、流体力学、材料科学和计算力学等多个学科,研究叶片的振动特性对于提升风力发电系统中叶片的振动性能以及确保风力发电系统的正常运行具有重要的研究意义。

叶片与常规的机械产品相比具有更为复杂的结构参数,一般的测量方法对于叶片的逆向建模难以发挥作用,而三维扫描逆向建模凭借非接触方式、快速、高效等特点,可以轻松完成叶片的逆向建模。赵娜阐述了曲率变化大的曲面逆向建模案例,采用 Geomagic Design X 软件中的面片拟合、放样向导、放样和面填补命令分别进行逆向建模,为曲面逆向建模选取适当的方法提供参考。郭章针对复杂叶片曲面类零件的测量、建模和检测困难等难题,提出了一种基于 Geomagic Design X 和 Geomagic Control X 等逆向软件的快速逆向建模和误差检测分析方法。夏亚涛选取了一典型组合体对其逆向建模,通过对组合体对齐、分割领域、创建面片草图、创建实体和扫掠完成实体建模,最后进行偏差检测,验证其是否符合要求,为后续相似零件的逆向建模提供参考。焦丹丹提出了基于 Geomagic 的点云处理与关键数据的提取方法。

叶片的结构参数与真实环境的物理条件作为有限元分析的前提条件,是必须获取的。因此,有必要对叶片进行振动测试,获取其振动响应数据。利用振动测试仪器,测量叶片自由状态下的振动信号,对测试数据进行处理和分析,从而提取叶片振动的特征参数,如固有频率、阻尼比等。刘万锋介绍了实验模态分析的基本理论和实验建模的基本方法,并通过一个具体的实例说明了锤击法在结构实验模态分析中的具体应用及其特点。杨炜程利用 HyperView 软件分别在自由模态和约束模态两种条件下对某型轿车排气系统进行有限元数值模态和锤击法实验模态分析,介绍了实验模态分析的实验设备以及流程。黄礼彬对锤击法和随机锤击法的理论基础、力谱特性、相互关系及实验技术等方面进行了讨论。李京京采用了倒谱,以消除锤击法过程中双击对测试结果的影响。

分析叶片振动特性,有限元软件是必不可少的工具。采用有限元软件 ANSYS 可对叶片进行建模和仿真分析,建立叶片的有限元模型,并可利用软件求解器进行振动分析与谐响应分析,得到叶片的振动模态、频率响应函数,应力云图等。王素慧以矿用轴流风机叶片为研究对象,通过 SolidWorks 建立叶片的三维模型,在 ANSYS 中对轴流风机的叶片进行模态和动力学响应分析。周勃利用计算流体力学和模态分析理论,通过建立优化设计叶片的有限元模型进行仿真和模态分析,得到 3 种类型叶片在额定转速下的流量-静压曲线和叶片的各阶固有频率及相应振型图,分析了进行叶片优化后风机性能有所改善的原因。杨金军通过建立叶片有限元模型进行模态分析,得到叶片的各阶固有频率及相应振型,分析了可能产生共振的频率,为轴流风机的结构改进、结构优化以及动力修改提供了理论依据。孙涛以国产某型号轴流式风机叶片为研究对象,采用有限元分析方法对该叶片的强度、固有频率和振型进行了研究。周俊杰对 R40 轴流风机的动叶片进行了有限元建模,并运用 ANSYS 12.0 软件对其进行了动力学分析,得到了叶片在气流激振力下的谐波响应。孙衍全针对矿用轴流式风机叶片的断裂现象,依据模态分析的基本原理,提出了叶片模态参数的测试方法和叶片的调频方法。范雪锋将碳纤维复合材料应用于轴流叶轮当中,采用计算流体力学及其相关技术对轴流叶轮进行了气动设计和叶轮各部件铺层参数的设计与优化,并对碳纤维增强复合材料(CFRP)轴流叶轮振动特性进行了分析。汤湘杰采用函数生成叶片后缘厚度,调整叶片后缘末端厚度,对不同叶片后缘厚度的风机进行流体仿真,分析气动性能与静力结构特性。

基于理论和实验结果,可对叶片的结构进行优化设计。可通过改变叶片的形状、尺寸、材料等,提高叶片的振动稳定性。利用优化参数进行迭代设计,找到最佳的叶片结构参数。Podgaietsky Gabriel 提出了一种第一性原理轴流风机模型,基于 1 350 r/min 的 8 in 5 叶片冷凝机组风扇的数值结果表明,该模型很好地再现了实验中观察到的压力头和轴功率趋势。Kong Chuang 构建了一种替代辅助多目标优化流程,结合计算流体力学方法,探索了两种典型工况下的最佳叶片形状。Liu Wei 提出了混合 Voronoi-Latin 超立方采样(Voronoi-LHS)方法,用于轴流式压缩机叶片的替代辅助优化,通过点云数据拟合,通过逆向工程得到 3 种不同表面精度(分别有 4 个、6 个和 10 个剖面)的航空发动机压气机叶片三维模型,建立了叶片的有限元模型和流场模型,并进行了验证。Fu Xi 通过点云数据拟合,通过逆向工程得到三种不同表面精度(分别有 4 个、6 个和 10 个剖面)的航空发动机压气机叶片三维模型,建立了叶片的有限元模型和流场模型,并进行了验证。考虑到气流气动载荷与叶片旋转离心载荷的相互作用,分析了典型工况下叶片的振动特性。叶学民基于 Fluent 数值模拟软件,以 OB-84 型动叶可调式轴流风机为研究对象,模拟了风机在原叶顶及三种不同开槽深度的双凹槽叶顶下的性能,探讨了间隙内部及其附近泄漏流场变化及损失分布特征;并利用 ANSYS 有限元动态分析模块校核原叶顶及双凹槽叶顶下叶片的振动特性。孙丽慧以双级动叶可调轴流风机为研究对象,选取 5 个高效运行的动叶安装角工况,研究了变动叶安装角工况下风机内流特性,开展了变动叶安装角工况下风机气动噪声特性的研究,通过模态分析研究了动叶片的振动特性,具有较大的工程应用价值。

随着信息时代的来临与计算力学和实验技术的发展,叶片振动的研究正在不断深入,针对叶片特性而产生的新型模型和预测方法也在不断被提出和验证。未来对于叶片的相关研究将更加完善与高效,叶片结构参数的优化,叶片材料性能的提升,叶片的维护与保养以及如何将这些研究成果应用于实际工程中,提高旋转机械的可靠性等将成为未来叶片研究的重中之重。

10.1.2 风机多物理场耦合特性研究

在风机叶片多物理场耦合特性研究方面,国内外学者们通过深入的理论分析和实验验证,研究了叶片在复杂工况下的多物理场耦合效应,为叶片的优化设计提供了理论支持,从而优化叶片的性能。学者们在研究中重点关注风机叶片的气动性能、流场特点以及叶片与流场之间的相互作用。他们通过数值模拟和风洞实验等方法,深入研究了叶片的气动性能以及流场特点。这些研究不仅对提高风机的风能转换效率有巨大帮助,还为风机的稳定性和安全性设计提供了理论依据。

其中流固耦合的研究对于了解叶片的规律具有重要意义,它不仅可以帮助我们更深入地理解叶片运行过程中的工程问题的机理,还可以为设计性能优越的叶片提供数值依据。流固耦合分析在工程中的应用十分广泛,可帮助我们深入分析实际生活与工作中的多种问题,Mishnaevsky 和 Kuthe 等学者基于多物理场与随机效应建模理论,研究叶片表面冲蚀受多种多物理场和随机因素的影响。Virk 和 Mughal 等对全尺寸水平轴风机叶片上的大气积冰速率和形状进行数值模拟分析,研究了叶片型面尺寸与大气冰沿前缘的生长速率之间的关系,为寒冷地区的风力发电设施特定化设计与提高风力资源的利用率提供了理论依据。

陶勇和郭铁虎通过使用 ANSYS Workbench 软件对多路阀的流体域和固体域进行耦合计算,得出多路阀体的最大变形位置与最大变形量和开口量之间的联系。夏斌与金雷等利用 ANSYS Workbench 软件对叶轮内流场与转子进行了流固耦合分析,研究其受力与变形情况,校核工作轴的临界转速,对本书所进行的以叶片为研究对象的流固耦合分析有很大启发。张航对复合材料螺旋桨在 3 种工况下进行双向流固耦合计算,分析了其在不同工况下的变形特性、动态响应以及不同铺层的变形受力情况,为本书设置流固耦合变量条件提供参考。徐永祥和宋嘉涛等的研究表明在离心压气机不确定性量化分析中,流固耦合分析具有必要性;对实际工况中的不确定性因素进行量化处理时,流固耦合分析有很大意义。Ageze 和 Hu 等对风机叶片的单向与双向流固耦合进行了对比研究,展示了它们在分析过程中的相似与不同之处以及在分析结果上的差异以及影响。

热流固耦合相对于流固耦合要更为复杂,它能更真实地反映实际环境下物体的相关性能以及流场的实际变化。汤松臻和王向阳等对叶片的等熵效率进行了研究,分析了在不同叶高位置的表面压力、表面温度和马赫数的分布情况,同时对动、静两种叶片的应力和变形情况进行了探究,结果展示了叶片特定方向变形与总变形之间的关系,并表明出现最大应力位置为叶根,为本书结果的验证提供了依据。杨杰和张姝等基于数值模拟的方法,以涡轮叶片为研究对象,对其在离心载荷、热载荷以及气动载荷作用下的叶片结构强度分别进行分析,通过 3 种不同载荷条件下的模拟计算得出,对应力结果影响较大的是离心载荷,对位移结果影响较大的是热载荷,经对比,其 3 种不同工况下的应力值沿叶身节点的变化趋势几乎一致。

王洪利和董博等为了研究制冷剂的温度和压力对活塞变形造成的影响,通过热流固耦合分析的结果为活塞受力变形的研究提供了理论数据。但经查阅大量文献得知,在热流固耦合分析的方式中,单向热流固耦合占比较大,宋勇和于博等也在其研究中指出,多数人的研究没有进行双向耦合分析,因此在一些结构的动态特性方面研究仍有缺陷,所以其在研究结论中展示经过双向热流固耦合分析后动态特性系数与转速、介质压力等因素的变化关系。但双向耦合所需进行的计算设置、数据处理比较复杂,对计算机的要求也比较高,因此本书仍采用单向热流固耦合的方法进行分析。王一勋和徐强仁等采用热流固耦合计算方法研究了不同载荷作用下的叶片变形趋势,探索了变形后转子的气动性能变化规律。

除了进行多物理场研究外,本研究为了获取叶片的模型、材料参数等相关数据,使用了 Geomagic Design X 软件、HandySCAN 激光扫描仪等比较先进的软、硬件。正是由于有很多类似的精确的测量仪器和软件,才使得更多的研究变得方便、结果变得精确。孔艳艳以轴流式风机叶片为研究对象,说明了逆向建模的思路和流程,并利用逆向工程软件 Geomagic Design X 对扫描得来的点云进行处理,得到了目标模型,为本书的叶片重构过程提供了参考资料。雷庆和薛齐文等因其研究对象有多个子机构,通过直接折叠方法建立比较完善的模型比较困难,因此使用了逆向建模的方法进行建模。张晶利用激光扫描仪对发动机叶轮原件进行扫描,利用逆向建模软件进行模型重建,并基于 3D 打印技术加工出高精度的叶轮,为解决叶轮加工复杂问题提供了一种新思路。

郭章和邓海峰针对复杂叶片曲面类零件的测量、建模和检测困难等难题提出了一种利用逆向软件的快速逆向建模和误差检测分析方法,实现了高质量的产品逆向建模,提高了叶片这种曲面类零件建模效率与精度。赖喜德和李广府为了在已有涡轮叶片实物基础上进行再创新设计,采用激光扫描仪对涡轮叶片进行数字化扫描,提出了在三维测量得到涡轮叶片点云数据的基础上,准确进行逆向建模。汝春波和郑景景以汽车转向节为研究对象,对其逆向建模的过程进行研究。赖啸和刘勇等针对自由曲面类零件造型及误差评估困难等问题,提出了一种基于 Geomagic 软件的快速建模与偏差分析方法。这些学者在逆向建模方面的研究为本书获得优质模型提供了巨大帮助。

随着国家的快速发展,风机在各个领域的应用越来越广泛,其运行过程的稳定性和高效性对于工业生产、环境保护以及能源消耗等都具有重要意义。本书所研究的风机叶片作为轴流风机的核心部件,其性能直接影响整个风机的运行效果。风机叶片在运行过程中受到多种物理场的耦合作用,包括流场、力场、温度场等,这些物理场之间的相互作用使得叶片的设计和优化变得十分复杂。因此,进行风机叶片多物理耦合分析的研究,对于深入理解叶片的运行机制、优化叶片设计、提高风机性能具有重要意义。

10.1.3 风机可靠性研究

近年来,风能以其储量丰富、可以再生和环境友好等优点受到人们的高度关注,风能的开发和利用被视为解决全球能源短缺问题与减轻环境污染的有效途径。风力发电在过去几十年中得到了长足发展,是风能利用的最有效形式。风机是风电场和风力发电系统的核心组成部分,其可靠性直接影响风电场的可用度,关系风电系统的运行和经济收益。统计表明,在导致风电场产能减少及经济损失的事件中,风机故障所占的比例已达 97%。故在风机全生命周期中保证其具有较高可靠性始终是风电领域的重要课题。风机及其零部件可靠性评估、风电场维护与管理等问题受到企业和学术界的高度关注,并开展了广泛的研究。苏梦星等认为,液压系统、电气控制系统和偏航系统故障是造成风机故障率高的主要原因,其故障率占比达 67.91%,发电机和传动系统虽然故障率较低,但其维修成本更高,平均故障时间更长,故障率与风速、温度和湿度有一定的关系。其中故障率与风速存在负相关关系,与温度和环境湿度存在正相关性。单光坤等以 5 MW 复合材料叶片为例,阐述了复合材料风机叶片疲劳寿命的分析方法。根据叶片翼型数据建立复合材料叶片几何模型,参照良好实验室规范(GL 规范)采用 GH-Bladed 定义风机及其风况、工况参数,进行数据筛选并处理叶片的疲劳载荷,在有限元分析软件中对叶片进行静力分析,在疲劳分析软件中导入应力计算结果,基于复合材料疲劳损伤理论设定材料属性、载荷时间历程与定义求解算法,从而完成叶片疲劳分析。依据 Miner 理论计算叶片寿命,吴胜胜等设计了一种应用于小型风机的新型主动统一变桨调节装置,介绍了该装置的基本结构和工作原理,采用熔融沉积 3D 打印技术制作小比例模型验证了该装置的可行性,并通过数值模拟方法对风轮载荷与功率输出性能进行了模拟分析。模拟结果表明,适当调整桨距角的大小,可以有效控制风机输出功率保持在额定功率附近,在高转速条件下增大桨距角会降低功率输出性能,叶片应力集中区域主要在叶片中部靠近前缘和叶根部位。在功率调控过程中,随着桨距角与风速的增加,应力集中区域从叶中向叶根转移。最大应力值总体呈下降趋势。

大量学者对风机叶片进行了研究,Yan 等以某 1.5 MW 风机叶片为例,对 DLC1.5g-2 的极端运行阵风风况下的载荷进行了计算,以此建立了有限元模型。结合工程实际,确定了铺层参数的考察范围,通过混合水平均匀实验方法设计了实验方案,并分析了叶片强度。基于多项式回归分析方法与仿真结果,构建了 Tsai-Wu 失效因素和铺层参数之间的二次数学模型,通过交互作用分析法与均值分析法优化了铺层参数的取值范围。在此基础上,将铺层参数视作随机变量,建立叶片失效的结构性能函数。通过一阶、二阶矩法预测叶片的可靠性。结果表明,在优化的铺层参数范围内叶片是可靠的。Zhang 等提出了一种结合迁移学习(TL)与直接概率积分法(DPIM)的海上风机叶片高可用性与高性价比可靠性评估框架。海上风机叶片的广泛性能模拟是一项必要且复杂的任务,研究者发展了一种新的自适应采样策略来提高设计空间内样本选择的有效性,在此基础上,通过迁移学习方法对两种多物理场耦合分析数据进行融合,提出了一种故障物理模型代理模型建模方法,可以提前有效预测所有关键载荷的性能,为设计提供了可靠依据。接着结合代理模型与直接概率积分法,为海上风机叶片提供了一种高效的可靠性评估方法。最终基于数值算例及海上风机叶片可靠性评估验证了所提方法的有效性。其所提出的框架为安全系数的选择提供了一个具有成本效益的替代方案。

10.2　轴流风机叶片逆向建模

逆向建模(reverse modeling)是通过从现有物体或系统中提取几何形状、结构或其他特性,来重建其数字模型或数学表示的过程。逆向建模通常使用三维扫描技术或其他数据捕获方法,生成精准的 CAD 模型,用于设计改进、分析或复制。逆向工程(reverse engineering)是通过解构现有的物体、系统或产品,以了解其设计原理、功能或构造的过程。逆向工程可能涉及分析硬件、软件或其他产品,以实现修复、优化、改进或复制的目的,甚至用于开发兼容的替代产品。两者的核心区别在于,逆向建模主要聚焦于重建数字模型,而逆向工程更关注解读和理解整个设计与功能。

HandySCAN 激光扫描仪是一种基于角度测量和激光测距的手持式三维激光扫描仪设备,其发射激光束照射到物体的表面,并接收反射回来的激光束,从而计算出物体表面点到扫描仪的距离和角度,进而生成物体表面的三维数据。这种手持式三维激光扫描仪具有高精度、高速度、高效率等特点,它可以对各种物体进行快速扫描,并数据获取。

Geomagic Design X 是一种可以将三维扫描数据转换为基于特征且高质量的 CAD 模型的逆向工程软件。它拥有提取导向性的和自动的实体模型、将精确的曲面拟合至有机三维扫描、编辑面片和点云数据处理等功能。

下面使用 HandySCAN 激光扫描仪对市场上常用的风机叶片以及轮毂进行逆向扫描,并运用 Geomagic Design X 逆向工程软件,将三维扫描仪获取的风机叶片和轮毂的物理模型数据转换为高质量、基于特征的 CAD 模型。

10.2.1 叶片逆向扫描

由于叶片结构比较复杂,直接用测量工具较难测量,所以可以利用 Handy-SCAN 激光扫描仪对市场上常用的风机叶片进行逆向扫描,由于扫描结果包含的是叶片的主要参数,故还需用逆向建模软件完成风机叶片的建模。风机叶片如图 10-2 所示。

图 10-2 风机叶片

将定位标点粘贴到待扫描模型和实验台上,然后将待扫描模型摆放在实验台上,并确保没有杂物或障碍物干扰扫描过程,同时保证待扫描模型尽可能多地显露出来,从而方便扫描到更多实体来提高模型的精准度。模型摆放如图 10-3 所示。

打开激光扫描仪设备箱,对激光扫描仪设备进行组装,首先将电源线插入插座,将电源连接 USB 电缆,将 USB 电缆连接到 USB 3.0 端口,然后将 USB 电缆的其他末端连接到扫描仪,将电源线连接到扫描仪,之后将支座连接到以太网端口,将 USB 电缆绕成一个环,插上 USB,最后启动 VXelements,利用 VXelements 3D 软件平台辅助扫描三个风机叶片。激光扫描仪设备如图 10-4 所示。

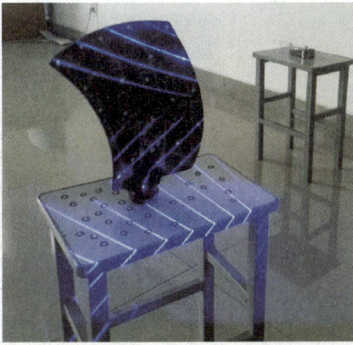

图 10-3　模型摆放

图 10-4　激光扫描仪设备

　　利用扫描仪主体开始对待扫描模型进行扫描,其间要保持适当的距离,保证扫描仪指示灯为绿色,以确保扫描精准度,并确保激光线平铺在待扫描模型的表面上。同时观察计算机屏幕,及时掌握扫描的实时状况,扫描界面如图 10-5 所示。发现难以捕获的位置时,应调整配置参数以优化摄像头对激光线的检测。根据待扫描模型的表面类型配置传感器快门时间,可通过延长曝光时间等方式来提高模型的完整度。

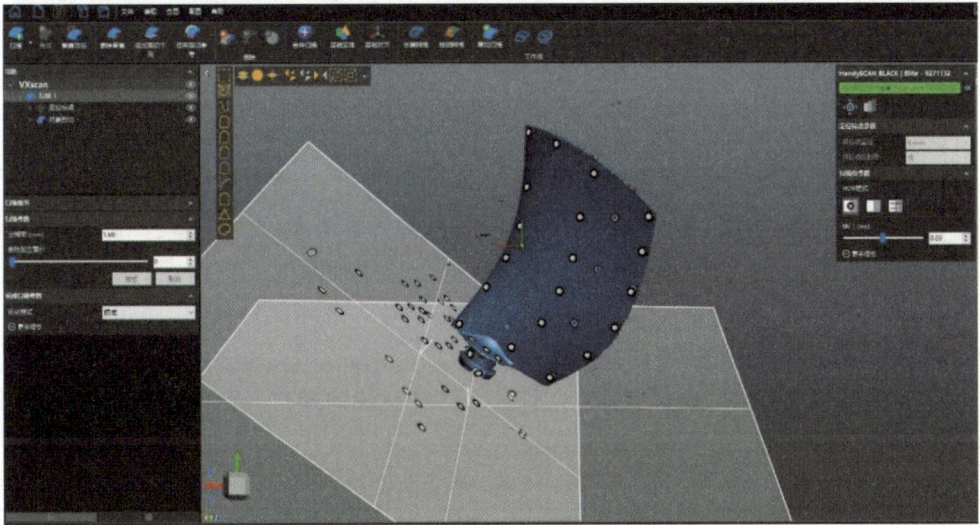

图 10-5　扫描界面

　　分别对 3 个叶片进行扫描,扫描完毕后,剪切去除多余的部分,删除多余的背景,然后保存 VXelements 会话,保存扫描文件为 stl 格式,具体扫描过程如图 10-6 所示,轮毂扫描过程与叶片扫描过程类似。最后确认扫描无误后,整理实验器材,归放回原位,关闭软件、计算机。

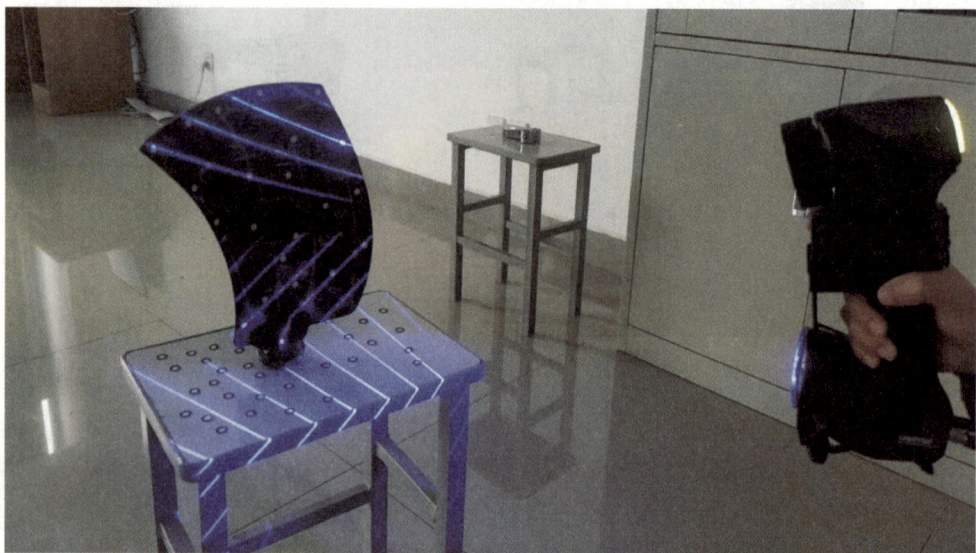

图 10-6　具体扫描过程

10.2.2　基于 Geomagic Design X 的叶片逆向建模

导入叶片的 stl 文件,在软件的多边形工具栏中选择修补精灵,将模型中小的单位面去掉,对模型进行平滑处理,在领域中选自动分割,平滑度选 1 格,敏感度选 20,进行自动分割,按"Shift"键添加风机叶片,进行合并圆锥轴,在对齐中选择手动对齐,平面选择叶片轴底面,线选择圆锥的走位线,设置参考平面。

选择特征多的面进行面片草图的绘制,拟合叶片轴部的草图曲线,调整草图曲线,测量所画尺寸,再根据尺寸对草图曲线进行调整。选择回转操作,回转出叶片的轴部,完成叶片的轴部建模。

按住"Ctrl"键,拖动鼠标,对基本平面进行复制移动操作,选择复制的平面进行面片草图的绘制,进行样条曲线拟合,拟合完成后进行调整,选择曲线进行曲线放样,再完成下曲面放样,将上、下曲面两面延长,完成曲面的放样。

在前视基准面上绘制草图,沿着叶片两端点画斜直线,对斜直线进行拉伸得到曲面,以拉伸曲面绘制面片草图,调整轮廓的投影范围,进入面片草图,通过拟合曲线,拟合三点圆弧,对其进行调整。将封闭曲线拉伸得到曲面,剪切放样 1、放样 2 和曲面,剪切出扇形,再对叶片轴部和叶片进行布尔运算,将两者进行合并,完成叶片逆向建模。

白色塑料叶片三维模型如图 10-7 所示。

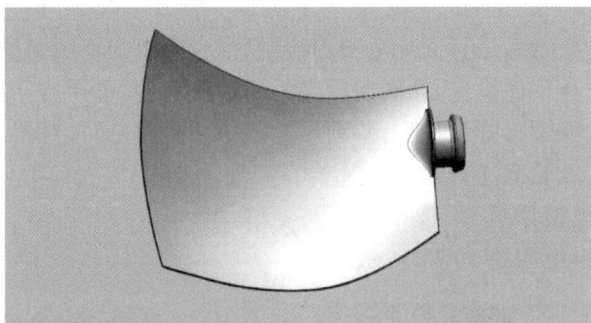

图 10-7　白色塑料叶片三维模型

黑色塑料叶片三维模型如图 10-8 所示。

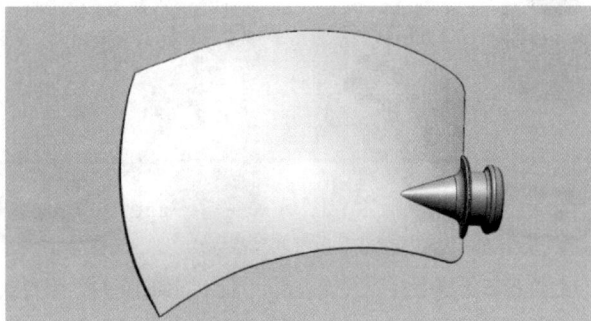

图 10-8　黑色塑料叶片三维模型

铝合金叶片三维模型如图 10-9 所示。

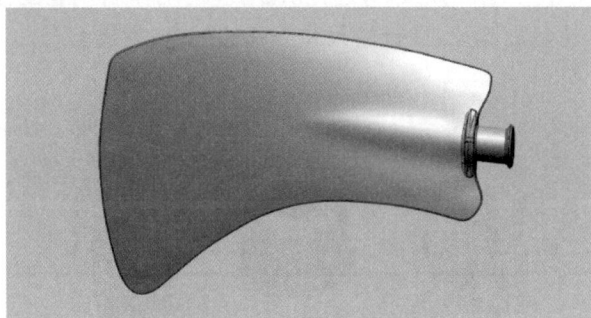

图 10-9　铝合金叶片三维模型

　　导入轮毂的 stl 文件,在软件的多边形工具栏中选择修补精灵,将模型中小的单位面去掉,对模型进行平滑处理,在领域中选自动分割,平滑度选 1 格,敏感度选 20,进行自动分割,在对齐中选择手动对齐,平面选择轮毂底面,建立以轮毂中心为坐标系原点的参考平面。

选择合适的参考面,进行面片草图的绘制,拟合轮毂的草图曲线,调整草图曲线,测量所画尺寸,选择回转操作,回转出轮毂的回转体部分,选择拉伸操作,拉伸出轮毂的拉伸体部分,选择圆形阵列操作,阵列出轮毂中相同部分,再对轮毂进行布尔运算,最后进行合并,完成轮毂逆向建模。

上轮毂三维模型如图 10-10 所示。

下轮毂三维模型如图 10-11 所示。

图 10-10　上轮毂三维模型　　　　　图 10-11　下轮毂三维模型

将上、下轮毂导入 SolidWorks,选择从零件/装配体制作装配体,转换轮毂文件格式,导入轮毂,进行上、下轮毂配合,配合后如图 10-12 所示。

将轮毂和叶片导入 SolidWorks,选择从零件/装配体制作装配体,转换轮毂和叶片文件格式,导入轮毂和叶片,进行轮毂和叶片的配合,完成配合。

图 10-12　轮毂三维模型

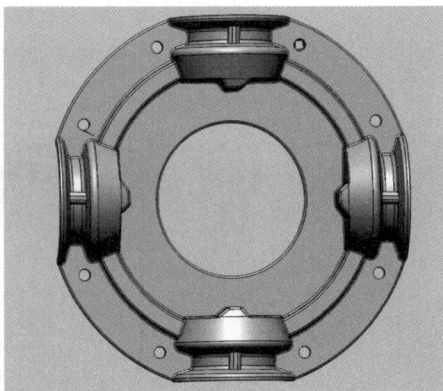

加轮毂的白色塑料叶片三维模型如图 10-13 所示。

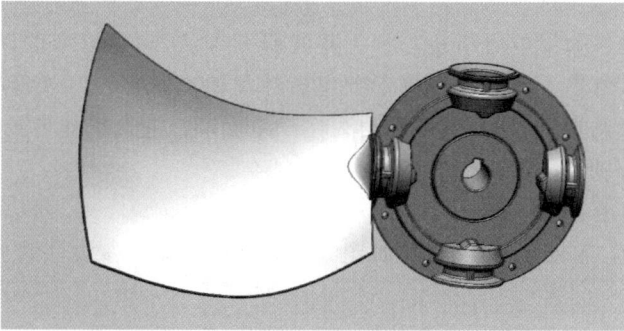

图 10-13　加轮毂的白色塑料叶片三维模型

加轮毂的黑色塑料叶片三维模型如图 10-14 所示。

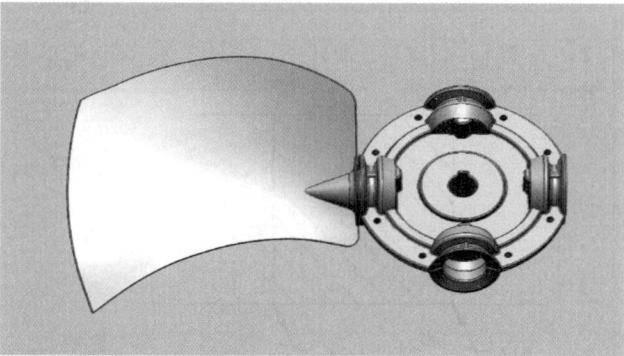

图 10-14　加轮毂的黑色塑料叶片三维模型

加轮毂的铝合金叶片三维模型如图 10-15 所示。

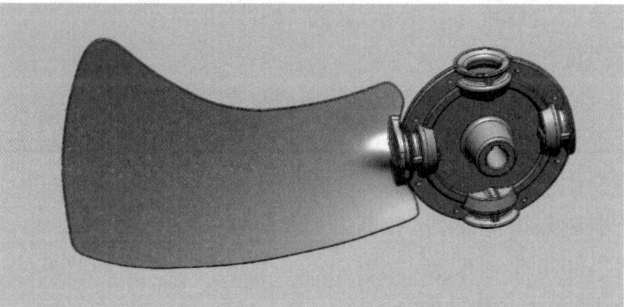

图 10-15　加轮毂的铝合金叶片三维模型

10.2.3 叶片再设计

叶片的结构参数影响分析是一种关键的研究方法,它可以帮助理解叶片的结构参数如何影响其性能。研究的结构参数包括叶片的形状、尺寸、材料等,这些结构参数都可能对叶片的振动特性、强度和耐久性产生影响。通过结构参数分析,可以优化叶片的设计,提高叶片的性能和稳定性。

(1)设置初始参数

选择类型为"Normal Axial",如图 10-16 所示,指定参数注意选择"Mode"为"Ang/Thk"。

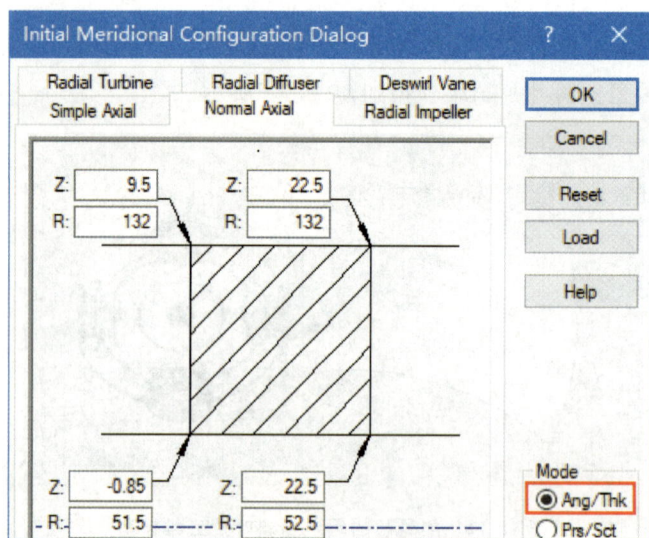

图 10-16　设置初始参数

指定标称包角 35°,厚度 2.5 mm,如图 10-17 所示。

(2)修改子午面

可以在 BladeGen 界面中重新修改子午面参数。

鼠标双击左上角控制点,在图 10-18 所示的参数对话框中修改坐标参数。

修改左下角控制点坐标参数,如图 10-19 所示。

修改右下角控制点坐标参数,如图 10-20 所示。

修改右上角控制点坐标参数,如图 10-21 所示。

修改完毕后,子午面如图 10-22 所示。

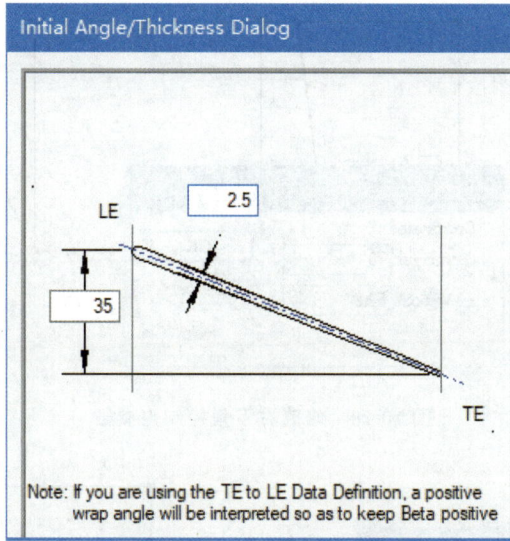

图 10-17　设置包角与厚度

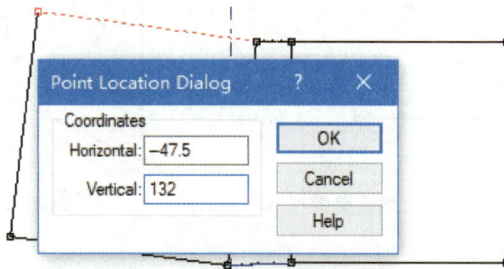

图 10-18　修改左上角控制点参数

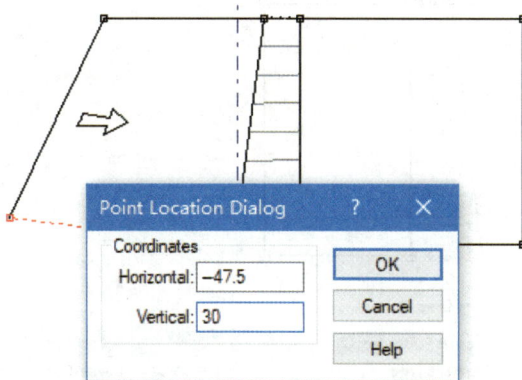

图 10-19　修改左下角控制点参数

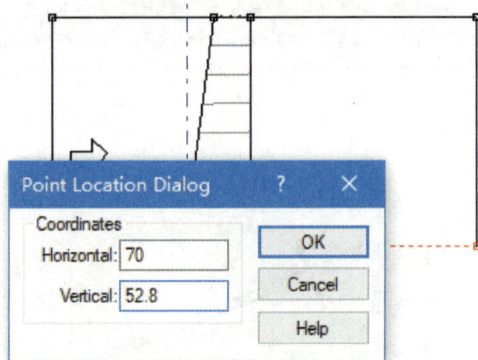

图 10-20　修改右下角控制点参数

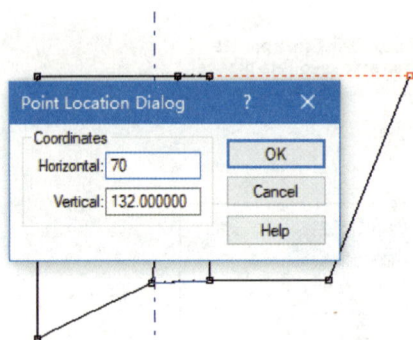

图 10-21　修改右上角控制点参数

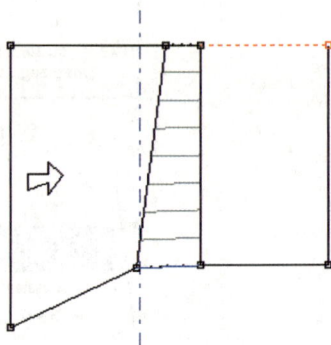

图 10-22　子午面

（3）调整 Hub 曲线

如图 10-23 所示，选择要调整的线，将线型转换为 Spline Curve。

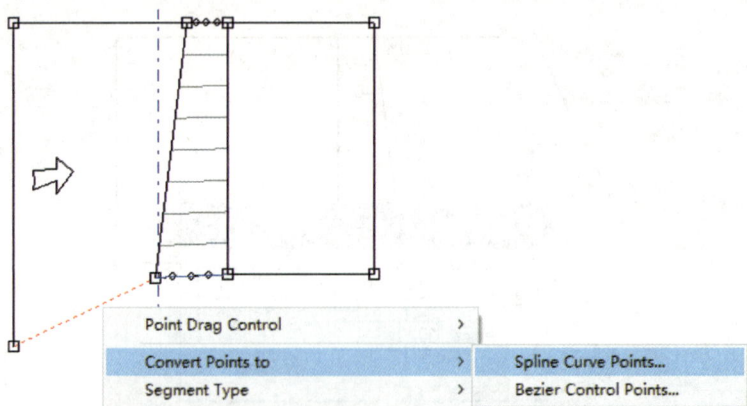

图 10-23　转换线型

设置控制点数量为 3,如图 10-24 所示。

鼠标拖动控制点调整线型,如图 10-25 所示。

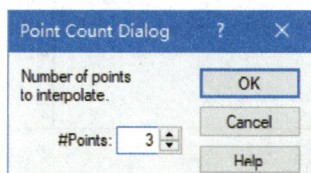

图 10-24 设置控制点数量为 3

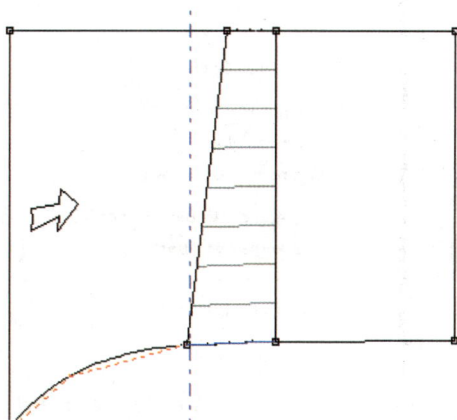

图 10-25 调整线型

(4) 调整叶片角

单击角度视图(左下角窗口),弹出菜单项,选择 Beta Definition,如图 10-26 所示。

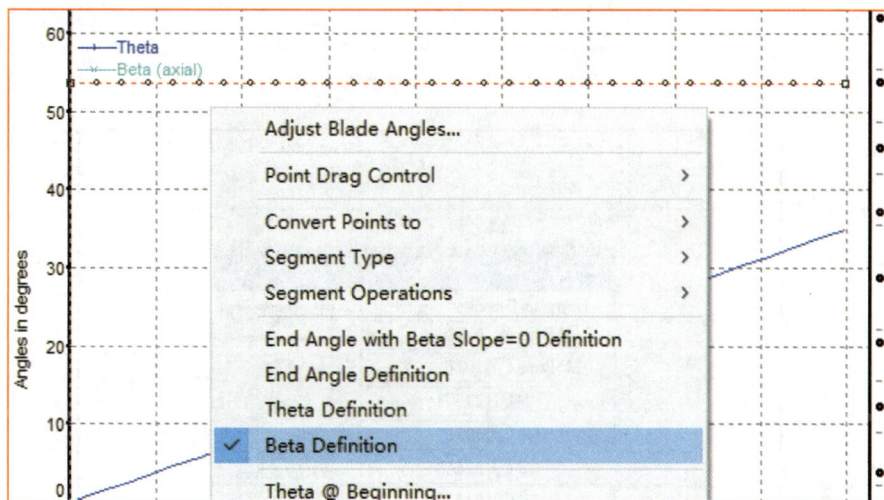

图 10-26 角度视图选项

选择窗口中空白处,选择 Convert Points to→Spline Curve Points,如图 10-27 所示。

在弹出对话框中设置控制点数量为 2,如图 10-28 所示。

鼠标双击 Beta 线的左端点,设置角度为 50°,如图 10-29 所示。

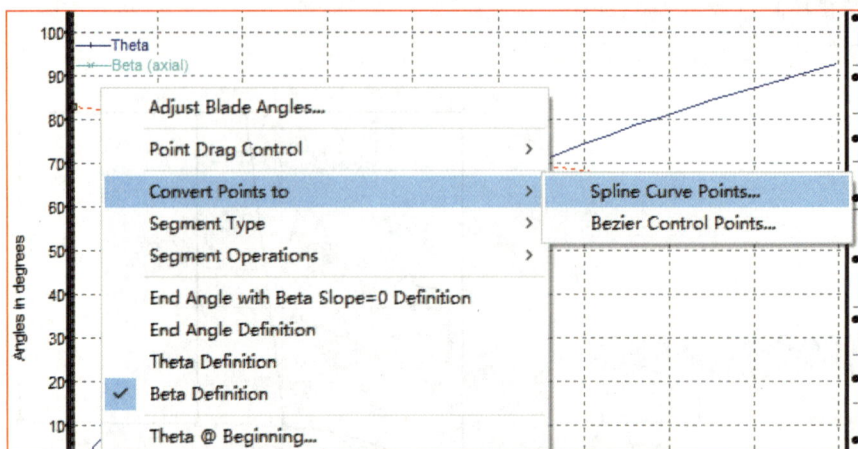

图 10-27　转换线型为 Spline Curve

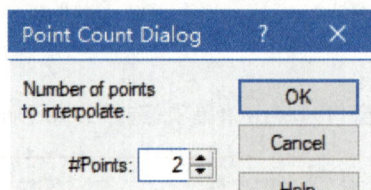

图 10-28　设置控制点数量为 2

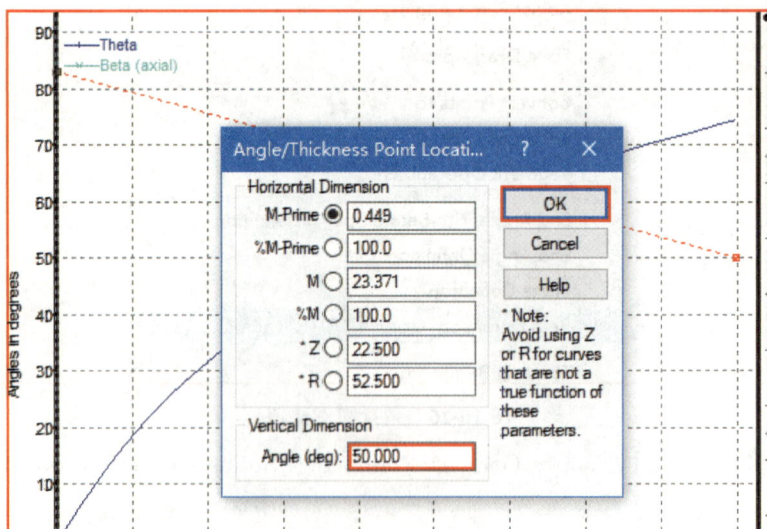

图 10-29　设置左端点角度

设置右端点角度为 83°,如图 10-30 所示。

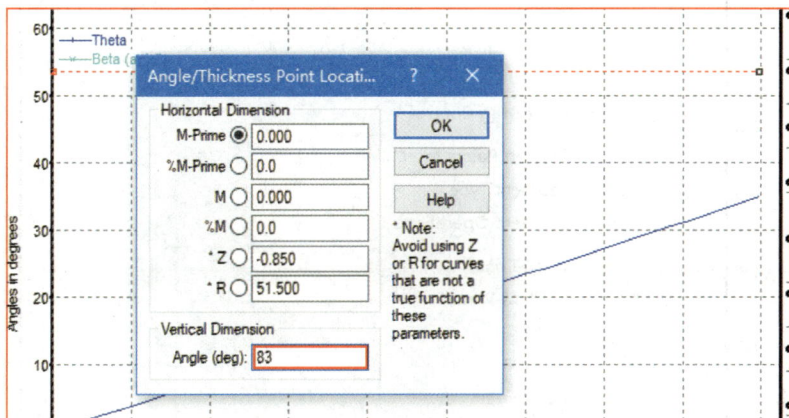

图 10-30　设置右端点角度

设置完毕后的角度分布曲线如图 10-31 所示。

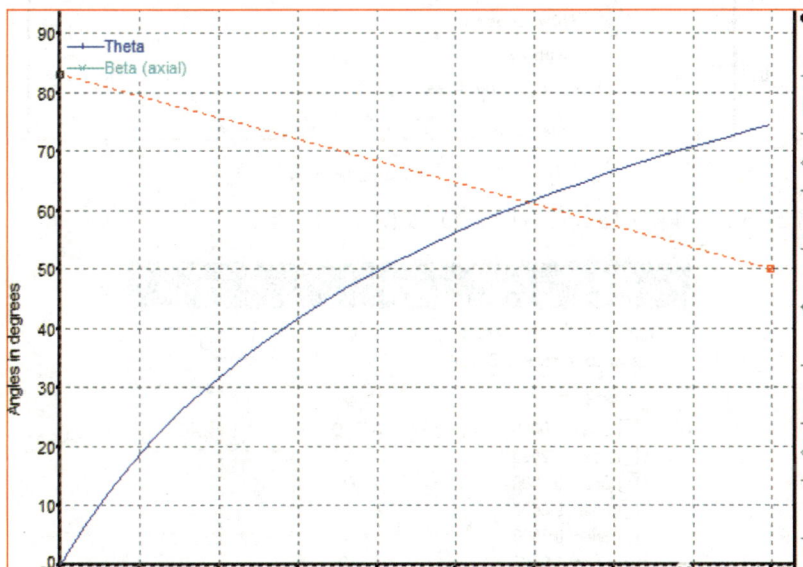

图 10-31　角度分布曲线

（5）定义叶片厚度

默认情况下叶片厚度采用前面初始定义的均匀厚度,这里可以指定不同的厚度分布。在厚度窗口中选择 Layer Control,如图 10-32 所示。

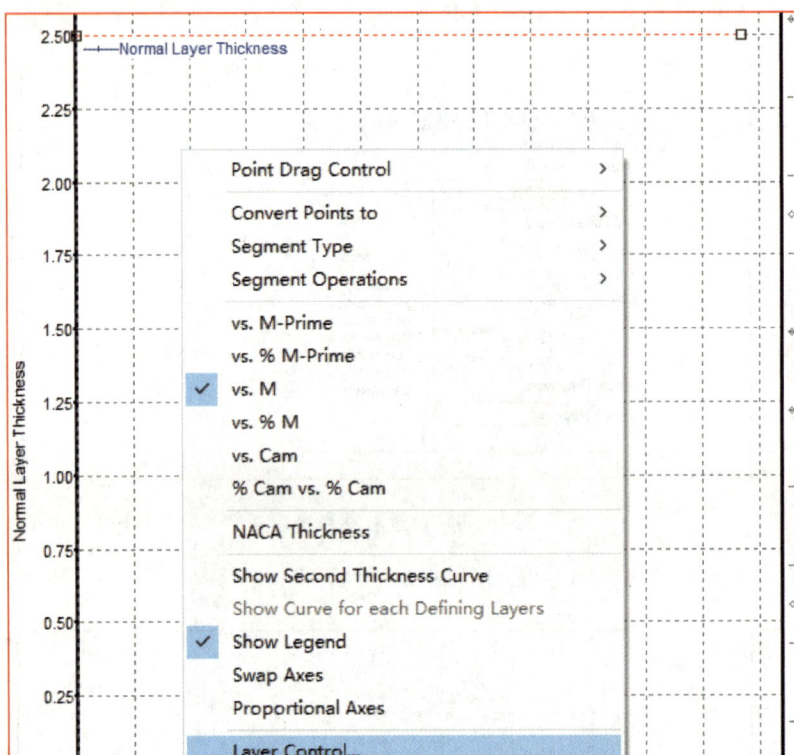

图 10-32　厚度控制选项

勾选 Span:0.6000 及 Span:1.0000,如图 10-33 所示。

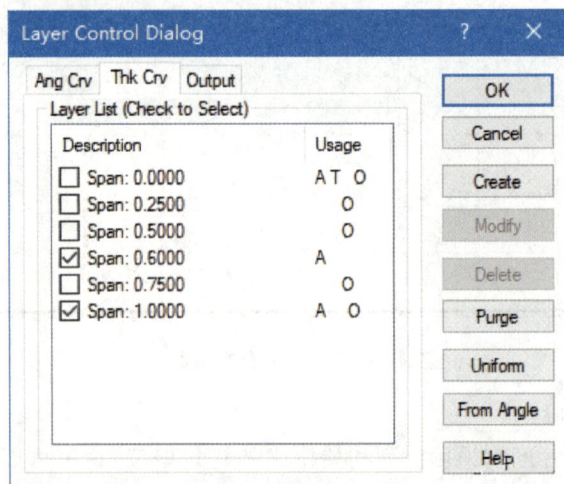

图 10-33　不同的厚度分布

将控制线线型转换为 Spline Curve,如图 10-34 所示。

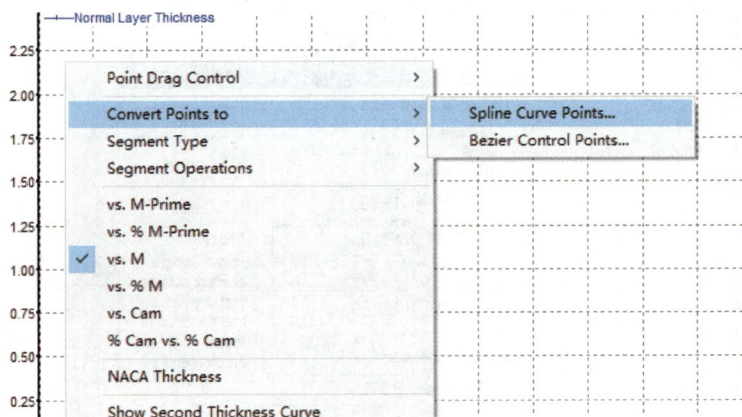

图 10-34　控制线转换线型

再次设置控制点数量为 3,如图 10-35 所示。

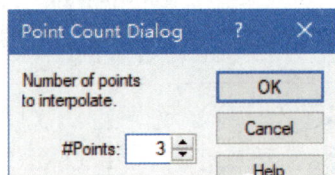

图 10-35　再次设置控制点数量为 3

设置前缘厚度为 2 mm,如图 10-36 所示。

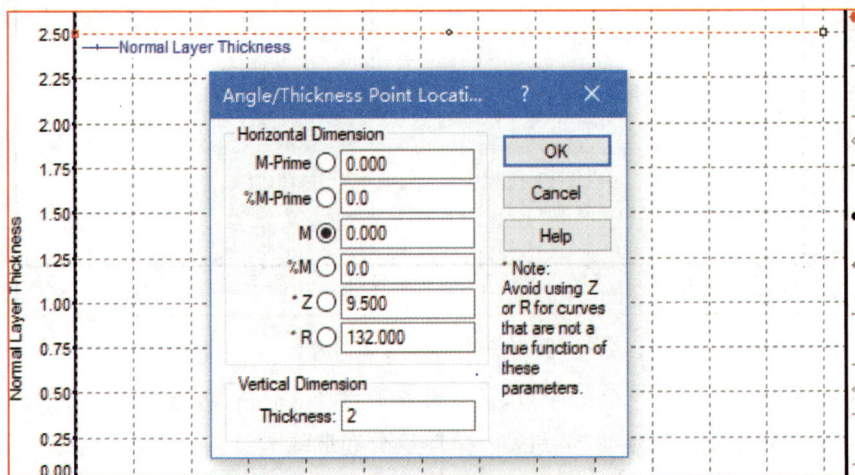

图 10-36　设置前缘厚度

设置后缘厚度为 0.875 mm,如图 10-37 所示。

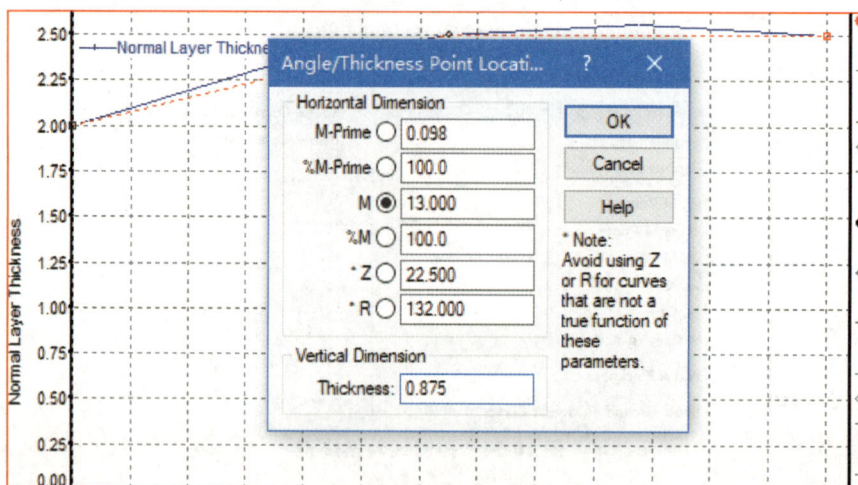

图 10-37　设置后缘厚度

调整完毕后的厚度分布曲线如图 10-38 所示。

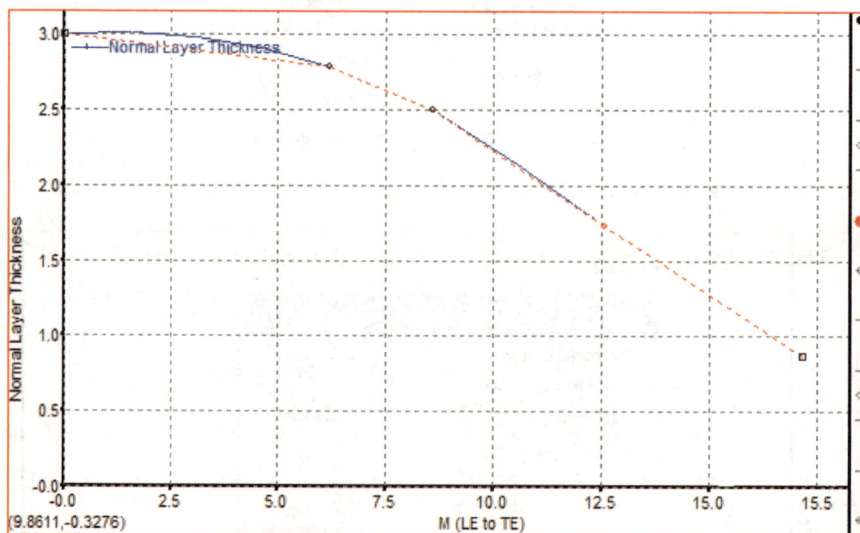

图 10-38　厚度分布曲线

定义 Span:0.6000 上为 5 个点,设置前缘厚度为 3 mm,后缘厚度为 0.875 mm,调整中间点位置,调整完毕后得到另一条厚度分布曲线。

(6)指定前缘后缘形状

指定叶片前缘和后缘均为椭圆,并指定尺寸,如图 10-39 所示。

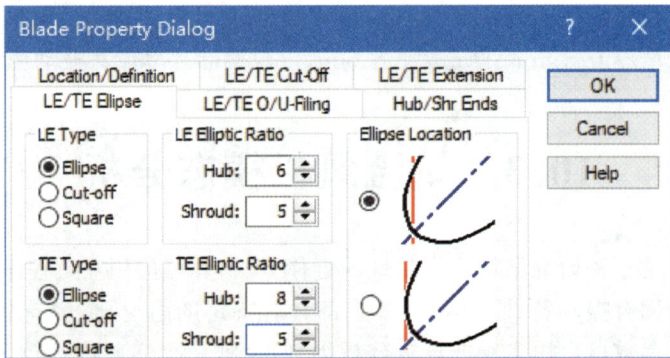

图 10-39　指定前缘和后缘形状

（7）查看几何模型

选择 A2 单元格，选择菜单项 Create New→Geometry，创建几何模型，如图 10-40 所示。

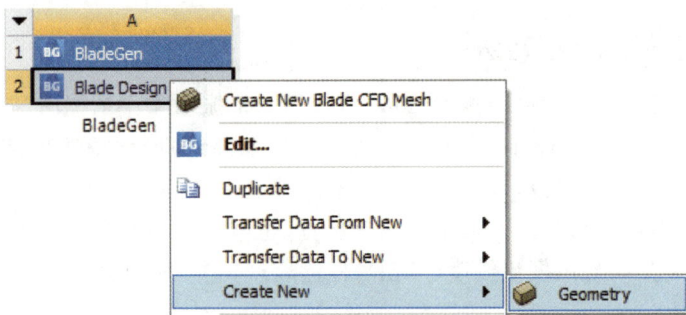

图 10-40　创建模型

系统自动添加了设计模块（DM），双击 B2 单元格进入 DM，几何模型如图 10-41 所示。

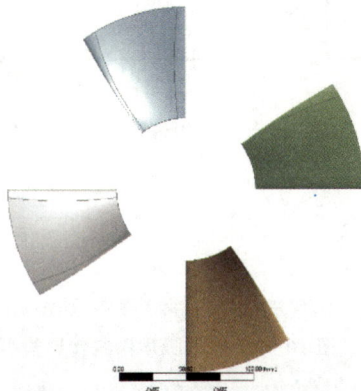

图 10-41　参数化建模叶片模型

考虑到叶片厚度对振动稳定分析的显著影响,对叶片厚度进行修改,在原有叶片的基础上依次增厚 0.5 mm、1 mm、1.5 mm,以观察叶片厚度对振动稳定性的影响。

10.3 轴流风机模态分析

模态分析是一种研究结构动力特性的近代方法,其可应用在工程振动领域,模态是机械结构的固有振动特性,每一个模态都具有特定的阻尼比、固有频率与模态振型。这些模态参数可以由实验或计算分析得到,这样一个实验或计算分析的过程称作模态分析。在这个分析过程中,如果是通过实验对采集到的系统输入和输出信号进行参数识别得到模态参数,则称作实验模态分析;如果是由有限元计算的方法获得参数,则称作计算模态分析。通过模态分析,可以深入了解产品的系统动力学特性,也可以检测产品的变化或者损坏,以便及时采取优化措施。

10.3.1 模态分析方法

分析与控制结构的噪声与振动,可以将任何一个振动噪声系统用"源—路径—接收者"模型来表示,如图 10-42 所示。在这个模型中,结构振动特性是结构的固有属性,也就是结构的模态参数。因此,模态分析主要是针对这个模型中的第二部分,即要获得结构动态特征参数。而模型的第三部分,也就是基本的振动噪声分析,用于分析结构的噪声、振动与声振粗糙度(NVH)性能表现,它与模态分析不同。

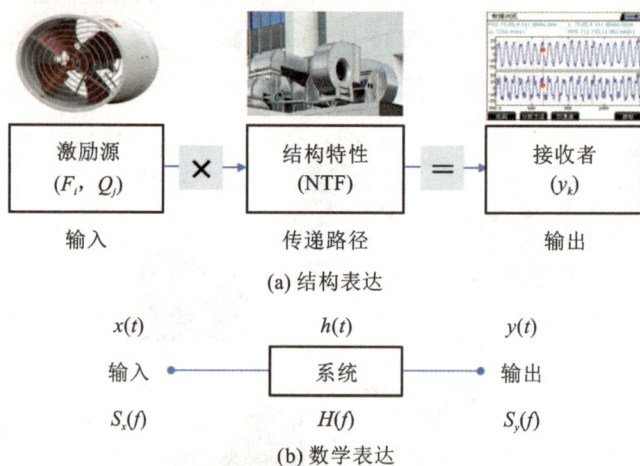

图 10-42 振动噪声系统传递模型

结构的响应(输出)等于激励(输入)乘频响函数,如果频响函数在激励频率处刚好有峰值,那么结构将产生严重的振动噪声问题。因而,在结构设计的初始阶段就应该考虑周到,避免出现这样的共振问题。

另外,为了减振降噪,应从三个方面采取措施:首先要减少激励源的振动与噪声;其次应切断激励源与接收者之间的噪声和振动的传递路径;最后是对接收者进行保护。但相对而言,第一和第三方面的工作要困难些,而第二方面,即通过修改激励源与接收者之间的结构特性来避免振动噪声问题似乎相对容易些。例如,对车身的结构声进行控制,主要是通过模态变化来实现。因此,获得结构的模态参数是至关重要的。而要获得结构的模态参数,就必须要进行模态分析。

在结构设计的初始阶段,为了保证产品成型后的 NVH 性能满足设计要求,需要进行模态分析;当样件生产出来之后,为了验证产品是否满足设计目标,也需要进行模态分析;后期如果产品出现故障,要排除故障,也需要进行模态分析。

简单地说,模态分析是一种分析方法,是根据结构的固有特性,包括固有频率、阻尼比和模态振型这些动力学属性来描述结构的过程。严格从数学意义上定义,模态分析是将线性定常系统振动微分方程中的物理坐标变换为模态坐标,对方程解耦,使之成为一组以模态坐标及模态参数描述的独立方程,以便求出系统的模态参数。坐标变换的变换矩阵为模态矩阵,其每列为模态振型。因此,模态变换是通过模态变换方程将方程从物理空间变换到模态空间的过程,是将一组复杂的、耦合的物理方程变换成一组单自由度系统的、解耦的方程的过程。

模态分析的最终目标是识别出系统的模态参数,为结构系统的振动特性分析、振动故障诊断和预报,以及结构动力特性的优化设计提供依据。因此,模态分析主要研究结构的固有特征,理解固有频率和模态振型,有助于设计出符合要求的噪声和振动应用方面的系统。模态分析主要用于实现以下功能:

(1)评价现有结构的动态特性

通过模态分析可以求得结构的各阶模态参数,同时考虑结构所受的载荷,可得到结构的响应,从而评价结构的动态特性是否符合要求。

(2)振动故障诊断和预报

随着结构故障诊断技术的迅速发展,模态分析已成为故障诊断的一个重要方法。利用结构模态参数的变化来诊断故障是一种有效方法。例如,根据模态频率的变化可以判断裂纹的出现,通过振型的分析可以确定断裂的位置,根据转子支承系统阻尼的改变可以诊断与预报转子系统的失稳等。

(3)控制结构的辐射噪声

结构声是源激励结构振动,通过结构振动传递到接收者附近,再向外辐射到达接收者位置的噪声,像这类结构辐射噪声主要通过模态匹配进行控制。例如,车顶棚奇数阶模态对车内噪声贡献较大,而偶数阶模态贡献较小。为了减小结构声的辐射,就必须抑制或调整奇数阶模态。

(4)深入洞察振动发生的根本原因

根据"源—路径—接收者"模型,可以深入洞察振动发生的根本原因,确定到底是源的问题,还是结构特性问题,或者二者都有问题,从而确定到底是通过修改源还是修改结构特性来改善问题。

(5)有助于识别出设计中的薄弱环节

产品设计中出现了薄弱部分,其刚度必然降低。因此,薄弱区域必然影响模态参数,导致出现明显的局部模态。另外,薄弱部分辐射的噪声也必然增大。

(6)结构动力学修改(SDM)

当获得了结构的模态参数之后,可在不修改实际结构的情况下,基于模态数据进行动力学修改(如加减质量、弹簧-阻尼参数、修改动力吸振器结构等),验证修改之后的动力学行为,为实际结构的动力学修改提供指导。

(7)结构健康监测(SHM)

很多时候需要对运行中的结构进行健康监测,如机械设备、桥梁等大型结构的模态参数也是健康监测中非常重要的参数,可以根据参数的渐变预报故障,防止发生重大安全事故。

(8)检验产品质量

当产品质量出现问题时,其模态参数与正常产品的必然不同。例如,在制动盘生产流水线上,就有通过检测产品的频响函数来区分残次产品的装置。

(9)获得合理的安装位置

当需要在结构上安装一些别的结构时,应考虑合理的安装位置。例如,排气系统需要吊挂在车身上,但排气系统到底吊挂在车身的什么位置应由排气系统的模态参数决定。通过合理选取模态阶数,综合考虑这几阶的模态节点,可以确定最终的吊挂位置。

(10)验证有限元模型的准确性

在实验模态前期阶段,有限元模态分析可以帮助确定实验中的测点分布和参考点位置。而在后期阶段,实验模态的结果可以用于校准有限元模型,提高模型的准确性,因为有限元模型在装配与接触等方面是做了很多简化处理的。

(11)其他方面

目前,模态分析作为一种分析手段,广泛应用于航天航空、国防军工、船舶、汽车、土木、桥梁、机械等领域。

模态测试时,需要给被测对象施加激励,通过传感器测量结构的响应,然后计算结构的频响函数,再进行参数识别,最后得到模态参数。因而,模态测试可以用"输入—结构—输出"模型来表示,类似于"源—路径—接收者"模型。输入看作源,路径是结构特性,接收者是输出响应。当然,模态测试时,结构多半是处于静止状态的。

基本的振动噪声测试时,结构通常处于某种工作状态,以测量其在这种工作状态下的响应。此时,处于工作状态下的结构受到工作载荷的激励,通过各种传递路径,在测量位置体现出相应的振动噪声响应。

受工作载荷的激励,结构通常会被激起一些模态(注意不是全部模态,而只是被工作载荷激起来的那些模态),激励起来的每一阶模态都会在测量位置产生相应的响应,这些激励起来的模态在测量位置的响应的叠加,就是基本振动噪声测量获得的响应。因而,这个响应是结构在当前工作激励下的总响应。也就是说,当前测量获得的响应是结构被工作载荷激起的所有模态在测量位置产生的响应的总和。

工作变形分析(ODS 分析)实质上是各阶模态的线性叠加。在进行 ODS 分析时,不像模态分析,需要进行参数识别,获得各阶模态参数,而是直接使用各个测量数据在当前时刻的实际响应来查看结构的变形,不进行任何分析。当然,这是指时域ODS 分析;如果是频域,ODS 分析则是将各个测量数据转换到频域之后,用频域的数据直接查看在当前频率处的实际变形,也即总变形或总响应。

模态分析帮助人们获得各阶模态参数,得到的模态振型是矢量、相对量,非绝对量,因而可对模态振型进行任一缩放。有时,缩放比例较大,模态振型可能表现得极大,当然,这仅仅是从缩放的角度来考虑的。因为一个向量可乘一个无限大或无限小的比例因子,而只有当模态参数乘输入,产生的相应响应才是绝对量。这个绝对量正是基本振动噪声要测量的响应。也就是说,受工作载荷激励的结构所产生的响应是激起的各阶模态乘当前工作载荷在测量位置所产生的各阶响应的总和。有时,人们也把工作状态下的这个响应数据称为工作数据。进行工作模态分析时,需要测量工作数据,然后进行模态分析。

工作数据是激起的各阶模态在测量位置产生的响应的线性叠加,各阶模态在叠加时,每阶模态都存在一个加权系数,如图 10-43 所示,实际工作状态下的振动响应等于各阶模态乘相应的加权系数后再求和。各个加权系数的大小取决于输入力的大小、个数、位置与频率成分等因素。这个加权系数其实就是模态参与系数,也被称为模态坐标。

因此,工作状态下的振动噪声测量是激起的各阶模态的线性叠加,是结构在当前载荷下的总变形或总响应。既然已有工作数据,而模态数据采集和参数提取过程似乎更烦琐。那为什么还要这么麻烦去采集模态数据呢?这是因为工作数据是工作条件下结构行为的真实描述,这是非常有用的信息。然而,许多时候工作数据让人迷惑不解,未必能为解决或改正工作状态中出现的问题提供明确的指导。同时结合工作数据和模态数据去解决动力学问题,才是最理想的情况。

工作数据：工作状态下的振动响应

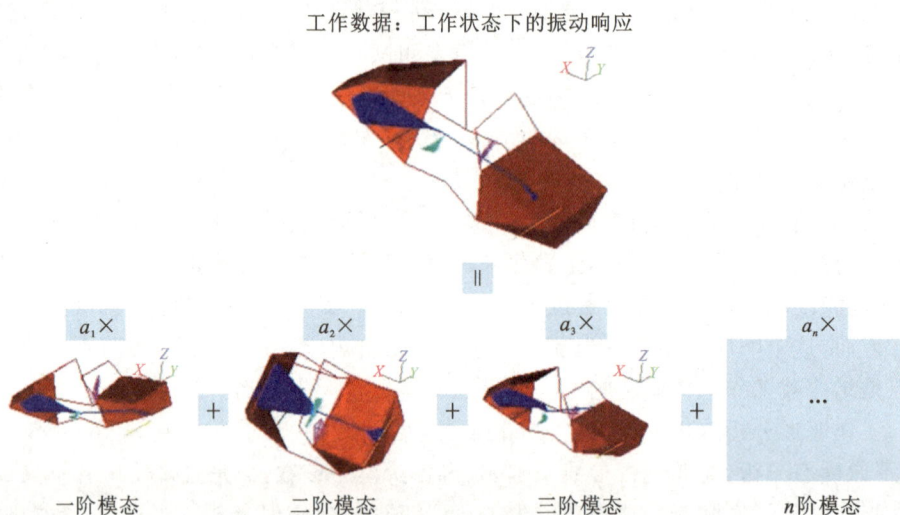

一阶模态　　　　　二阶模态　　　　　三阶模态　　　　　　n阶模态

图 10-43　工作数据与模态之间的联系

总的说来，模态分析是分析"源—路径—接收者"模型中的路径，获得结构的动态特性的过程。振动分析是分析"源—路径—接收者"模型中的接收者（某个测量位置）的响应（NVH 表现）的过程。这些位置的响应是结构被激起的各阶模态在当前测量位置产生的响应的线性叠加。因此，这是模态分析与振动分析最本质的区别和联系。

我们通常所说的频响函数（frequency response function，FRF），是指结构的输出响应和输入激励力之比。我们同时测量激励力和由该激励力引起的结构响应（这个响应可能是位移、速度或加速度），将测量的时域数据通过快速傅里叶变换从时域变换到频域，经过变换，频响函数最终呈现为复数形式，包括实部与虚部，或幅值与相位。很多时候，为方便起见，将频响函数写成部分分式的形式：

$$H(j\omega) = \sum_{k=1}^{m} \left[\frac{A_k}{(j\omega - p_k)} + \frac{A_k^*}{(j\omega - p_k^*)} \right] \tag{10-1}$$

我们常用矩阵形式来处理频响函数，所以用下标可以方便地确定某个输入—输出位置的频响函数。例如，由 j 点输入激励力引起 i 点的输出响应，那么频响函数中的元素为 h_{ij}，定义为 j 点单位激励力在 i 点引起的响应。第一个下标表示输出响应位置，第二个下标表示输入激励力位置。

频响函数元素的分子中包含留数，而留数与模态振型直接相关，分母包含系统极点信息，也就是系统的频率和阻尼信息。因此，从频响函数矩阵可以得到系统全部的模态信息。频响函数矩阵中的单个元素可以写为（下标 k 表示阶数）：

$$h_{ij}(j\omega) = \sum_{k=1}^{m} \left[\frac{a_{ijk}}{(j\omega - p_k)} + \frac{a_{ijk}^*}{(j\omega - p_k^*)} \right] \tag{10-2}$$

该方程主要由系统每一阶模态的留数(分子)和极点(分母)来描述。将频响函数用模态振型表示为：

$$h_{ij}(j\omega) = \sum_{k=1}^{m} \left[\frac{q_k u_{ik} u_{jk}}{(j\omega - p_k)} + \frac{q_k^* u_{ik}^* u_{jk}^*}{(j\omega - p_k^*)} \right] \tag{10-3}$$

从这个方程可以清楚地看出,频响函数的幅值受输出响应位置的模态振型值乘输入激励位置模态振型值的控制。这个频响函数可以用任何一个需要的输入—输出组合来表示。

这个方程中,让我们感兴趣的部分是留数和极点,虽然留数的改变依赖特定的输入—输出组合,但是极点保持不变,这暗示着系统极点是全局特性,它们独立于特定的输入—输出位置。也就是说,从一个输入—输出位置就能测量到系统的所有极点(频率和阻尼)信息。因此,固有频率测量,从理论上讲,只需要一个测量位置即可测量出所有的模态频率(实际测量时要避开节点位置)。

然而,留数却依赖特定的输入—输出位置,随输入—输出位置的变化而变化。也就是说,不同输入—输出位置的留数是不相同的,这就说明了为什么测试模态振型时,需要大量的测点。这是因为不同测点的留数是不同的,留数是局部特征,留数不同也就意味着模态振型值不同,因此,模态振型依赖不同的测量位置。为了将模态振型唯一地描述出来,要求测点数目尽量多,通过这些测点位置的模态振型值能唯一地表征这些模态的振型。

当我们用模态振型写出这个方程时,可以清晰地看到,结构的模态振型对特定 ij 位置的频响函数幅值有强烈的影响。留数本质上由振型缩放系数 q、响应输出位置的模态振型值与输入激励位置的模态振型值三者的乘积表示。这意味着,如果输出位置或者输入位置的模态振型值为 0(也就是位于模态节点上),那么这阶模态就没有幅值。因此,模态参考点要避开节点。

10.3.2 实验模态分析

本书使用 Simcenter Testlab 数字化仿真平台和 ANSYS Workbench 软件这两个工具,分别进行实物的实验测试和模型的仿真实验。通过比较相近频率的振型,能够更精确地确定叶片的杨氏模量、泊松比和边界条件。模态参数包括结构的固有频率、阻尼比和模态振型等信息,对结构动力学分析和设计优化具有重要意义。

锤击法实验是一种结构动力学实验方法,通过在结构上施加激励,观察其结构的振动响应,从而获取结构的模态参数。在锤击法实验中,我们需要选择适当的锤击位置和锤击力度,以及合适的传感器布置方案,以获取准确良好的振动响应信号。事后对锤击法实验收集到的数据进行处理和分析,得出所测物体的振动特性。具体来说,需要对信号进行滤波和降噪处理,以消除噪声干扰。通过谱分析和模态识别算法,可以提取出结构的固有频率和阻尼比等重要参数。另外,还可以通过模态曲线拟合等方法获取结构的模态振型,并进行模态动力学分析。

在模态分析过程中,我们还可以对结构进行模态参数的灵敏度分析。通过灵敏度分析,可以了解不同参数对结构响应的影响程度,并进一步优化结构的动力性能。例如,可以通过调整结构的材料参数、几何形态或支撑条件等来改变结构的模态参数,以满足设计要求。

总之,LMS Test.Lab 的锤击法模态分析实验是进行模态分析的重要方法。通过锤击实验采集到的振动信号,结合模态识别技术,可以准确获取结构的模态参数,并对结构的动力性能进行分析和优化。模态分析在工程设计和结构分析中具有广泛的应用前景,可以为工程师提供重要的参考和指导。

锤击法实验包括固定敲击点、移动响应点和固定响应点、移动敲击点两种方法,可以方便又准确地进行锤击法频响函数测量。模态实验的几何模型可以根据坐标节点来建立,也可以通过导入有限元模型来建立。

通过固定响应点、移动敲击点来进行此次锤击法测试。首先需要建立几何模型,之后根据测点坐标建立坐标信息,并连接线和面,接着进行通道设置,选择激活的通道与量程,然后进入 Impact setup 界面进行触发、带宽和加窗的设置,最后根据测试需要选择合适的锤头及带宽。

实验所需设备有橡皮筋、笔记本电脑、待测风机叶片、信号线、敲击锤、振动检测传感器和 LMS Test.Lab 频率分析仪等。相关装置、设置及工具如图 10-44～图 10-46 所示。在进行实验前,需提前在叶片上规划好待敲击点的位置,并规划好点位顺序。叶片测试点布局如图 10-45 所示。建立坐标系并测量出点的坐标,将其记入 Excel 表格中,以尽可能地反映真实模型的具体形状,确保实验能够准确进行,建立锤击过程如图 10-47 所示。

图 10-44　LMS Test.Lab 测试装置及布线

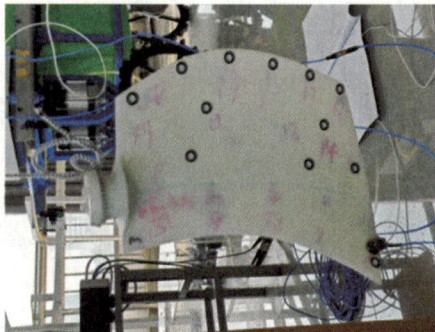

图 10-45　叶片测试点布局

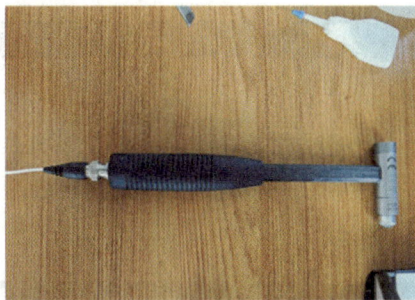

图 10-46　测试用敲击锤

图 10-47　建立锤击过程

实验设备连接完成后,检查各个指示灯,确保显示正常,之后在笔记本电脑上进行相关参数的设置。建立完成的几何模型如图 10-48 所示。对其进行通道设置,1、2、3 号通道分别与传感器的 x、y、z 信号线连接,4 号通道连接敲击锤,经与叶片敲击表面坐标比对后,在软件界面设置相应通道所对应的坐标轴方向,如图 10-49 所示。

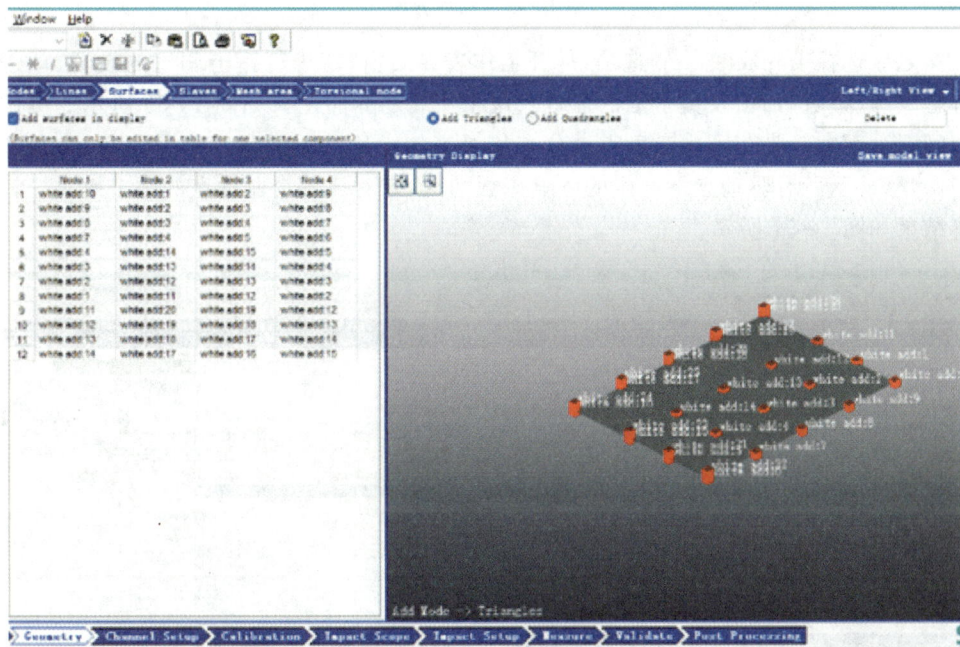

图 10-48　几何模型

选择 Impact scope 选项,进行测试量程范围的设置,以此得到更加精确的测试结果。可以通过多次锤击来进行测试,尽量保持敲击力的大小基本相同,以保证系统能稳定在一个合适的量程范围。

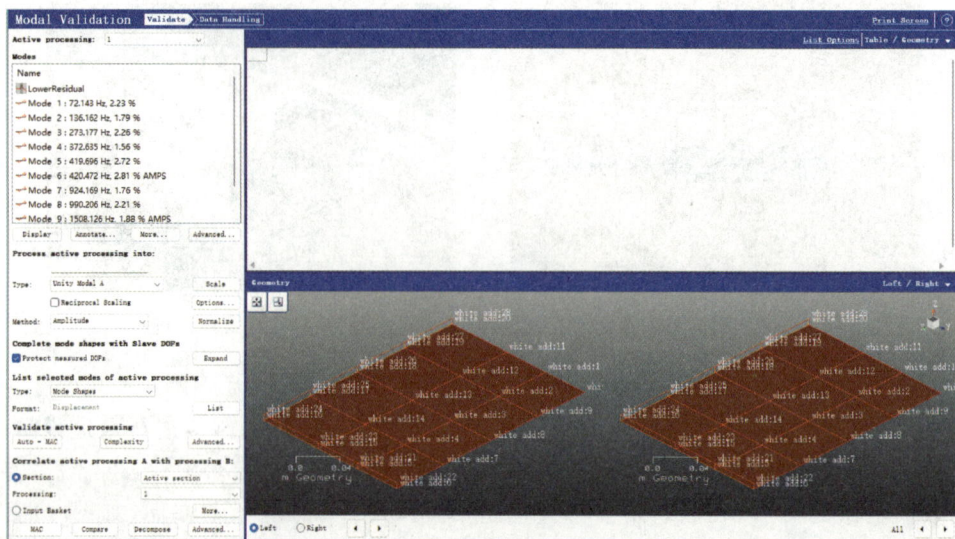

图 10-49　软件界面

　　之后选择 Impact setup 选项，打开工作表界面窗口，进行锤击测试的设置，即进行触发级、带宽、加窗及锤击点的设置。该工作表的界面窗口如图 10-50 所示。测试期间通过观察频带范围内激励点谱分布趋势来确定所选取的带宽是否合适，进行适当调整，显示所有驱动点下产生的频响函数曲线，来对比各个驱动点的锤击效果。最终结果如图 10-51 所示。

图 10-50　工作表界面窗口

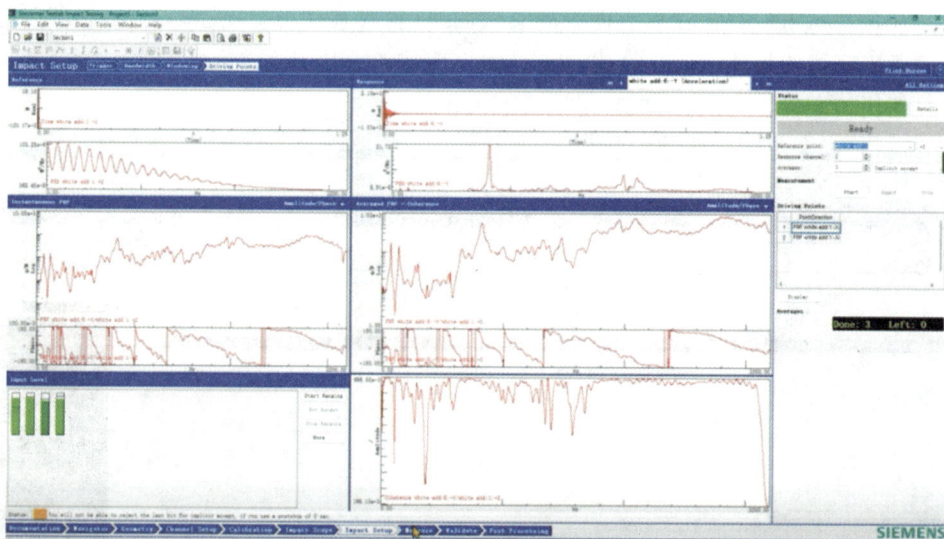

图 10-51　最终结果

　　上述所有的项目设置完成之后，便可以进行锤击法模态测试，打开测量窗口，在如图 10-52 所示测量窗口进行锤击实验，按照之前设置的顺序依次进行锤击，每次锤击后需等待测试曲线出现后用手将叶片稳定下来，才能进行下一次锤击。依据坐标设定前 20 个点的连续锤击无须改变锤击方向，均为 +Z 方向。第 21～24 个点更改成 -X 方向，第 25～28 个点设置为 +Y 方向。

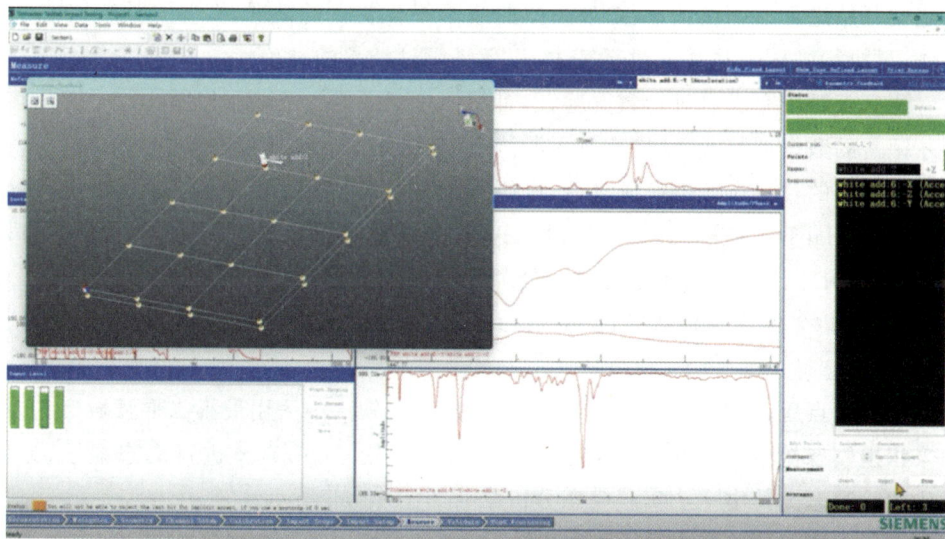

图 10-52　测量窗口

在每次锤击后都需观察界面中的衰减曲线,观察其是否呈现逐渐衰减,最终稳定为一条平直线的趋势,如图 10-53 所示,如果比较符合上述标准,则表明本次锤击所得数据比较准确,可作为结果数据记录下来。

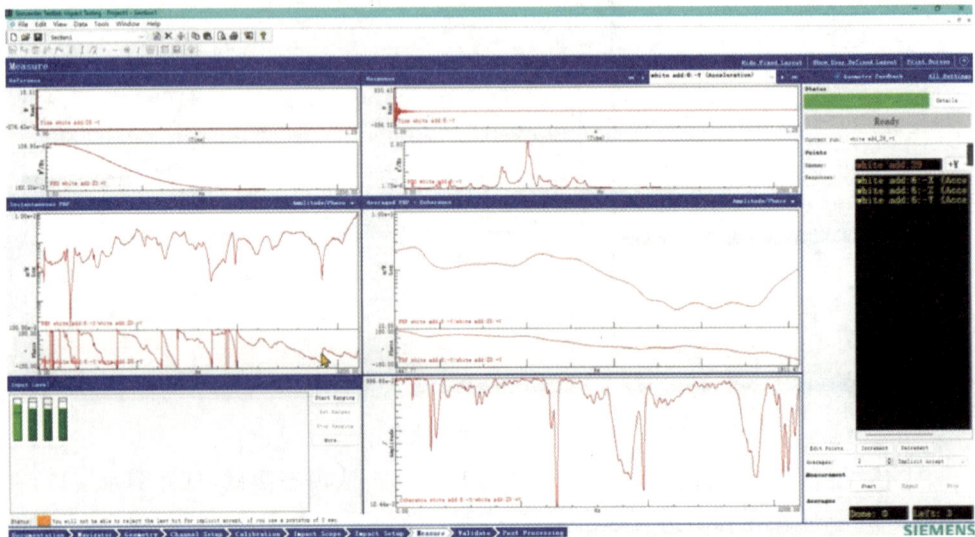

图 10-53　衰减曲线

在锤击过程中,若由于锤击角度有误、锤击力度不在量程范围内或者上次锤击未稳定便开始进行下一次锤击,出现衰减曲线不符合要求的情况,需要先执行"Reject"操作,再执行"Start"操作并重新锤击,以保证测试结果的准确性。

所有点锤击完成后进行数据验证,即进入 Validate 工作表,如图 10-54 所示,对刚才锤击的数据进行验证,检查有无漏测点,确认无误后进入模态分析。

当所有的目标点锤击完成之后,进行数据处理,首先将重复记录的锤击点删除,再打开 Modal Data Selection 板块,根据锤击方向对测量数据进行分类,利用多自由度(Time MDOF)法对测量数据进行处理并选择极点。通过极点来计算实验模态振型,极点总共会出现 5 种状态:pole、frequency、damp、vector、stable。故在选择极点时,一般要选择 s 点。

选择极点后,通过 Shapes 来计算模态振型,在软件中采用最小二乘频域(LSFD)法来识别模态振型。计算出来的各阶模态可以利用 Geometry 进行动态显示,方便对比各阶模态。其中一个实验模态分析结果如图 10-55 所示。

基于上述的实验模态测试过程,分别针对 3 种不同类型轴流风机叶片(白色塑料叶片、黑色塑料叶片和铝合金叶片),按相同步骤进行实验模态测试。由于白色塑料

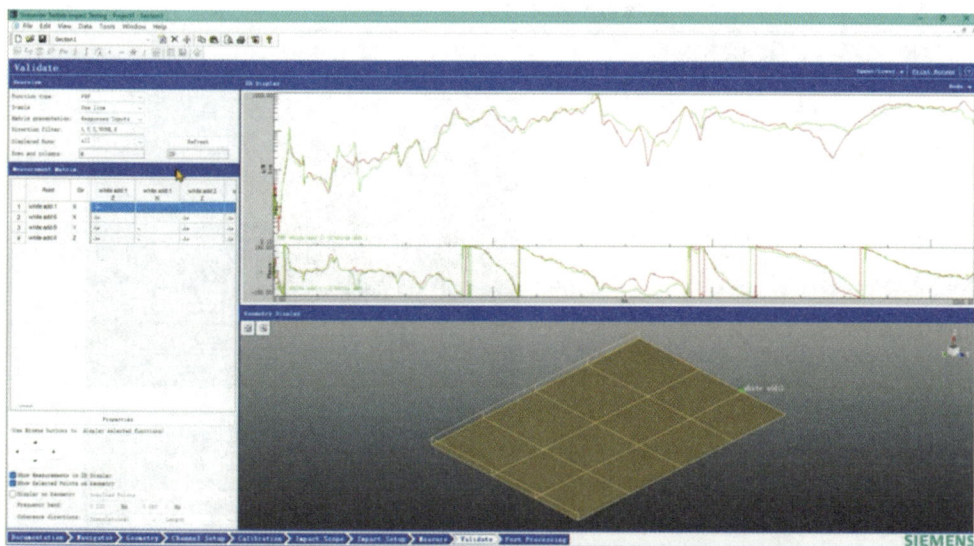

图 10-54   工作表

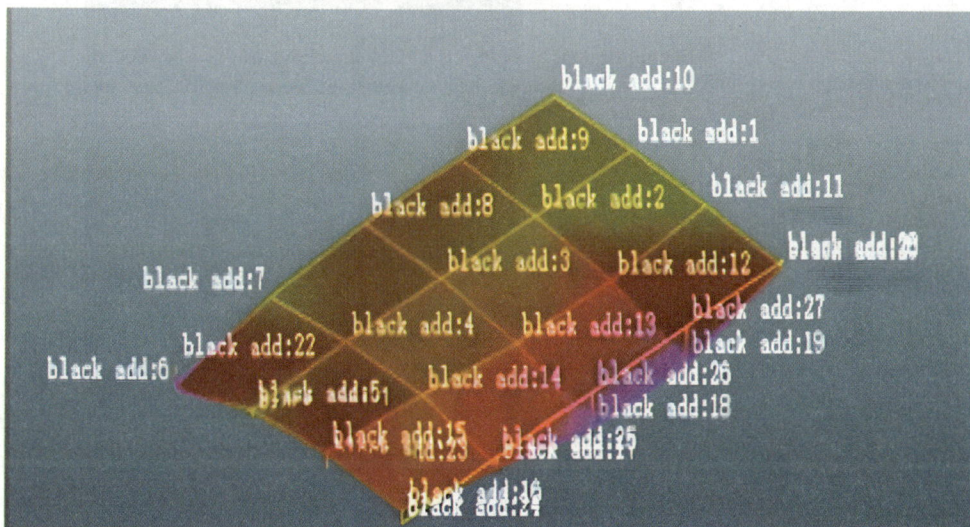

图 10-55   分析结果

叶片、黑色塑料叶片和铝合金叶片具有不同的材质和力学属性,因此分别得出风机叶片实验模态参数,以及轮毂约束下的风机叶片实验模态参数。

(1)风机叶片实验模态参数

白色塑料叶片的固有频率及其振型如表 10-1 所示。

表 10-1　　　　　　　　　　　　白色塑料叶片的固有频率及其振型

序号	频率/Hz	振型
1	185.323	
2	298.341	
3	420.485	
4	546.484	

续表10-1

序号	频率/Hz	振型
5	616.425	

黑色塑料叶片的固有频率及其振型如表 10-2 所示。

表 10-2 　　　　　　　　黑色塑料叶片的固有频率及其振型

序号	频率/Hz	振型
1	142.476	
2	329.576	

续表10-2

序号	频率/Hz	振型
3	418.877	
4	507.326	
5	775.615	

铝合金叶片的固有频率及其振型如表 10-3 所示。

表 10-3		铝合金叶片的固有频率及其振型
序号	频率/Hz	振型
1	172.970	
2	361.574	
3	503.084	
4	607.663	

（2）轮毂约束下的风机叶片实验模态参数

轮毂约束下白色塑料叶片的固有频率及其振型如表 10-4 所示。

表 10-4　　　　　　　轮毂约束下白色塑料叶片的固有频率及其振型

序号	频率/Hz	振型
1	136.266	
2	296.645	
3	371.875	
4	648.750	

续表10-4

序号	频率/Hz	振型
5	990.840	

轮毂约束下黑色塑料叶片的固有频率及其振型如表 10-5 所示。

表 10-5 　　　　　轮毂约束下黑色塑料叶片的固有频率及其振型

序号	频率/Hz	振型
1	115.303	
2	221.411	
3	290.965	

续表10-5

序号	频率/Hz	振型
4	361.247	
5	459.548	

轮毂约束下铝合金叶片的固有频率及其振型如表 10-6 所示。

表 10-6　　　　　　　轮毂约束下铝合金叶片的固有频率及其振型

序号	频率/Hz	振型
1	139.23	
2	232.42	

续表10-6

序号	频率/Hz	振型
3	330.52	
4	455.36	

10.3.3　计算模态分析

　　实验模拟的是一个物体自由状态下的模态测定,意味着实验中这个风机叶片与大地之间不存在任何约束,而是完全自由地悬浮在空中。但在真实世界里,无法使系统完全悬浮在空中。因此,需要借助一些巧妙方法来实现自由边界,如气囊支承、空气弹簧支承、海绵垫支承、橡胶垫支承、软弹性支承或悬挂。在实验过程中,需要选取适当的悬挂点和激励点,以确保零部件尽可能地接近自由状态,并获取准确的响应信号。本研究中模拟自由边界的方法是使用弹力足以承载叶片模型重力的橡皮绳进行悬挂,并且橡皮绳足够柔、足够长。学术史上 Peter Avitabile 教授甚至用棉花糖、马桶吸盘来支承待测结构以模拟自由边界条件。

　　ANSYS 软件是美国 ANSYS 公司研制的大型通用有限元分析(FEA)软件,是世界范围内发展最快的计算机辅助工程(CAE)软件,能与多数计算机辅助设计(CAD)软件接口,实现数据的共享和交换。它也是融结构、流体、电场、磁场、声场分析于一体的大型通用有限元分析软件,在核工业、铁道、石油化工、航空航天、机械制造、能源、汽车交通、电子、土木工程、造船、生物医学、轻工、地矿、水利、日用家电等领域有着广泛的应用。ANSYS 软件功能强大,操作简单方便,现在已成为国际最流行的有限元分析软件。

该软件主要包括 3 个部分:前处理模块、分析计算模块和后处理模块。

前处理模块提供了一个强大的实体建模及网格划分工具,利用该模块用户可以方便地构造有限元模型。

分析计算模块的功能包括结构分析(可进行线性分析、非线性分析和高度非线性分析)、流体动力学分析、电磁场分析、声场分析、压电分析以及多物理场的耦合分析,可模拟多种物理介质的相互作用,具有灵敏度分析及优化分析能力。

后处理模块可将计算结果以彩色等值线显示、梯度显示、矢量显示、粒子流迹显示、立体切片显示、透明及半透明显示(可看到结构内部)等方式显示出来,也可将计算结果以图表、曲线形式显示或输出。

本书仿真计算使用 ANSYS Workbench 仿真平台。Workbench 是 ANSYS 公司提出的协同仿真环境,解决企业产品研发过程中 CAE 软件的异构问题。相对于传统仿真环境有以下 3 点不同。

① 客户化:Workbench 像产品数据管理(PDM)那样,利用与仿真相关的应用程序编程接口(API),根据用户的产品研发流程特点开发实施,形成仿真环境,而且用户自主开发的 API 与 ANSYS 已有的 API 平等。这一特点也称为实施性。

② 集成性:Workbench 把求解器看作一个组件,不论由哪一个 CAE 公司提供的求解器都是平等的,在 Workbench 中经过简单开发都可直接调用。

③ 参数化:Workbench 与 CAD 系统的关系不同寻常,它不仅直接使用异构 CAD 系统的模型,而且与 CAD 系统建立灵活的双向参数互动关系。

本书仿真计算使用的 ANSYS 18.0 在结构领域有重大的进展,创新性地开发了全新的求解器,使得计算性能大大提高,如子空间特征值求解器,可以加速计算结构分析中的特征模态和特征频率,计算速度可加大至 2.5 倍,可以将多个有限元模型装配在一起,同时保留各个模型的设置细节。ANSYS 18.0 在前处理自动化和稳健性方面作了更多改进,可提供增强功能分部件网格并行生成引擎,大幅缩短了大型装配体的网格划分时间,最佳可缩短到原网格划分时间的 1/27。

实验模态测定完成后,需在 ANSYS 软件中仿真计算出其自由状态下的模态,与实验中所测得结果进行对比分析。理论上来说,物体有无穷阶模态,但在 ANSYS 软件中我们只能得到其有限阶模态。因此,本书中我们取仿真所得的前 15 阶模态。通过在 ANSYS 软件中调整所选材料的杨氏模量、泊松比等参数,使仿真出的模态与实验得出的模态近乎一致,以确定材料的具体参数。所以,得益于 LMS Test. Lab 实验设备的精准性以及 ANSYS 软件的强大分析功能,本研究参数确认顺利完成。

自由模态,是系统在没有外界约束,即自由的状态下自由振动的固有特性。简言之,就是当物质结构处于自由状态时,其振动的固有频率、阻尼比和模态振型等参数。通过测定物体的自由模态,可以了解物体结构的固有振动特性,进而对物体的结构特性、稳定性和性能进行分析以及优化、创新设计。另外,自由模态也可用于检测物体被外力扰动后的振动响应特性,从而对物体结构强度等性能进行评估。因此,测定物体的自由模态对于结构分析与设计都具有重要意义。自由模态分析也是模态分析的重要组成部分,它能够帮助设计人员更好地掌握零部件的材料以及确认结构设计是否合乎情理,为进一步设计、大规模制造提供参考依据。

另外,自由模态分析在有限元分析中也有广泛应用。在有限元模态分析中,通过对模型划分网格进行离散化,建立相应的微分振动方程并求解,可以得到结构的自由模态参数。这种方法可以帮助我们更好地理解和预测结构的动态响应特性。

为了确保后续多物理场耦合结果准确,需要确认 3 个不同叶片的具体材料参数,如杨氏模量、泊松比等。下文介绍在 ANSYS 软件中进行风机叶片自由模态仿真分析的过程、结果以及与实验模态的对比分析。

(1) 建立模态分析项目

首先在 ANSYS Workbench 中建立模态分析项目,将 A 项目与 B 项目连接在一起并导入叶片模型,如图 10-56 所示。

图 10-56　建立模态分析项目

模型导入完成后,进入材料参数的设置界面,如图 10-57 所示,通过不断修改材料的密度(Density)、杨氏模量和泊松比,使得模态分析结果与实验结果逐渐接近。其中密度可通过测量质量、体积(叶片质量可通过电子秤称量获得,体积可通过将模型导入模态后在几何体属性栏查看获得)间接获取。

(2) 划分网格

划分网格是为了使用有限元法在节点处建立方程,将求解域划分成有限个离散的单元。在保证划分效率的同时应尽量提高求解精度,并在模型应力集中处和几何特征细节处进行网格细化。有限元网格划分是进行数值模拟分析至关重要的一步,它直接影响着后续数值计算分析结果的精确性。网格划分涉及单元的形状及其拓扑

	A	B	C	D	E
1	属性	值	单位		
2	材料场变量	表格			
3	Density	2713	kg m^-3		
4	Isotropic Secant Coefficient of Thermal Expansion				
5	热膨胀系数	2.278E-05	C^-1		
6	Isotropic Elasticity				
7	衍生于	杨氏模量与泊松比			
8	杨氏模量	6.904E+10	Pa		
9	泊松比	0.33			
10	体积模量	6.7686E+10	Pa		
11	剪切模量	2.5955E+10	Pa		
12	S-N Curve	表格			
16	Tensile Yield Strength	表格			
17	Tensile Ultimate Strength	表格			

图 10-57　材料参数

类型、单元类型、网格生成器的选择、网格的密度、单元的编号、几何体素等六大类因素的控制。ANSYS Workbench 仿真模拟平台中,Mechanical 软件进行的网格划分有以下几个特点。

①参数化:参数驱动系统,可以基于优化设计模块,研究网格对求解精度影响。

②稳定性:模型通过系统参数进行更新。

③高度自动化:仅需有限的输入信息即可完成基本的类型分析。

④灵活性:能够对结构网格添加控制和影响(完全控制建模/分析)。

⑤物理相关:根据物理环境的不同,完成系统自动建模和物理系统分析。

⑥自适应结果:适应用户程序的开发系统。

Mechanical 软件中的 Meshing 应用程序可以根据不同的分析类型提供相应的最优网格划分策略,智能地进行网格划分,可针对结构动力学分析、显示动力学分析、电磁分析、计算流体力学等多种分析环境进行适应网格划分。

Meshing 应用程序中针对三维几何提供了多种划分网格的方法和方式,以下是对各种方法的特点和方式的介绍。

①Sweep:扫掠的网格划分方法适用于规则的几何体(源面和目标面拓扑结构一致,可生成高质量的六面体单元或六面体与棱柱体组合单元)。

②Multi zone:多域扫掠法是一种自动几何分解方法,是 Sweep 方法用于处理复杂的几何体的一种改进方法,将几何体按明显分界线分成多个体,以获得纯六面体网格。

③Tetrahedrons:以四面体为主的网格划分方法,针对几何形状复杂的结构,直接使用 Sweep 或者 Multi Zone 方法进行多域扫掠型网格划分常不能生成质量合格的六面体网格,而以四面体网格为主的网格划分方法适用于较复杂的结构。这种方法包括 Patch conforming 划分法和 Patch independent 划分法。

④Hex dominant：六面体主导法，首先生成四边形主导的面网格，然后得到六面体，最后根据需要填充棱锥和四面体单元。该方法适用于不可扫掠的体或内部容积大的体，而对体积和表面积比较小的薄复杂体、计算流体力学无边界层的识别无用。

网格形状有多种（图 10-58），下面介绍两种典型网格形状及其特点。

①四面体网格：可以快速、自动地生成，并适用于复杂几何结构，常用于 Automatic 和 Tetrahedrons 两种方法。有等向细化特点，如为捕捉一个方向的梯度，网格将在所有的 3 个方向细化，这会导致网格数量迅速上升。将四面体网格用于边界层有利于面法向网格的细化，但在二维中仍是等向的。

②六面体网格：大多计算流体力学程序中，使用六面体网格可以使用数量较少的单元来进行求解。例如，流体分析中，同样的求解精度下，六面体网格所用节点数少于四面体网格的一半。对任意几何体，由于其外形通常不是很规整，难以被扫掠，因此常需以较为复杂烦琐的方式进行几何体切分，来划分六面体网格。

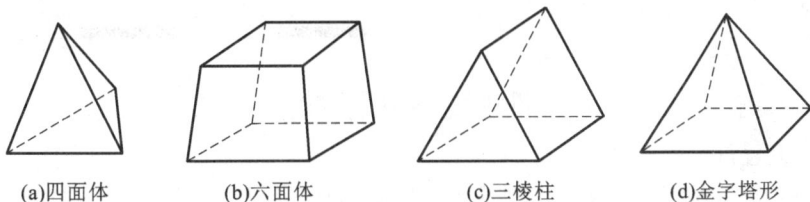

(a)四面体　　　　(b)六面体　　　　(c)三棱柱　　　　(d)金字塔形

图 10-58　网格形状示意图

网格划分中，第一步是进行网格尺寸的设置，在 ANSYS Workbench 中，划分网格尺寸控制分为两个模块：全局尺寸控制和局部尺寸控制。

全局尺寸控制：Element Size（单元尺寸）用来设置整个模型使用的单元尺寸。该尺寸将应用到所有的边、面和体的划分中。Initial Size Seed（初始尺寸种子）用来控制每一部件的初始网格种子，此时已定义单元的尺寸会被忽略，它包含 Active Assembly、Full Assembly、Part 三个选项。Smoothing（平滑）是通过移动周围节点和单元的节点位置来改进网格质量，包含 Low、Medium、High 三个选项。Transition（过渡）用于控制邻近单元增长比，包含 Fast、Slow 两个选项。通常情况下，计算流体力学、Explicit 分析需要缓慢产生网格过渡，Mechanical、Electromagnetics 需要快速产生网格过渡。Span Angle Center（跨度中心角）用来设定基于边细化的曲度目标，控制网格在弯曲区域细分，直到单独单元跨越这个角，包含 Coarse（粗糙，60°～91°）、Medium（中等，24°～75°）、Fine（细化，12°～36°）三个选项。

局部尺寸控制：根据所使用的网格划分方法，可用到的局部网格控制的尺寸包括 Method（方法）、Sizing（尺寸）、Contact Sizing（接触尺寸）、Refinement（细化）、Mapped Face Meshing（映射面划分）、Match Control（匹配控制）、Pinch（收缩）及 Inflation（膨胀）等。

进入模态分析设置界面后,首先设置导入模型的材料属性,然后在"网格"的详细信息界面下修改网格尺寸,将其修改为 5.0 mm,其余设置(如网格形状等参数)皆保持默认设置不变,以获得更精细的网格,如图 10-59 所示。

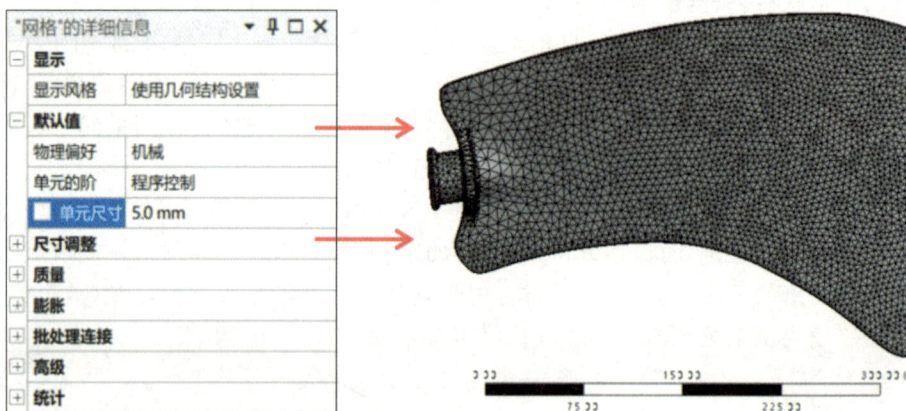

图 10-59　设置网格大小

（3）设置待求解阶数

网格划分完成后需要设置待求解阶数,基于模态截断,本书取前几阶进行有限阶模态分析,即在分析设置的详细信息界面将"最大模态阶数"设置为 15,如图 10-60所示。

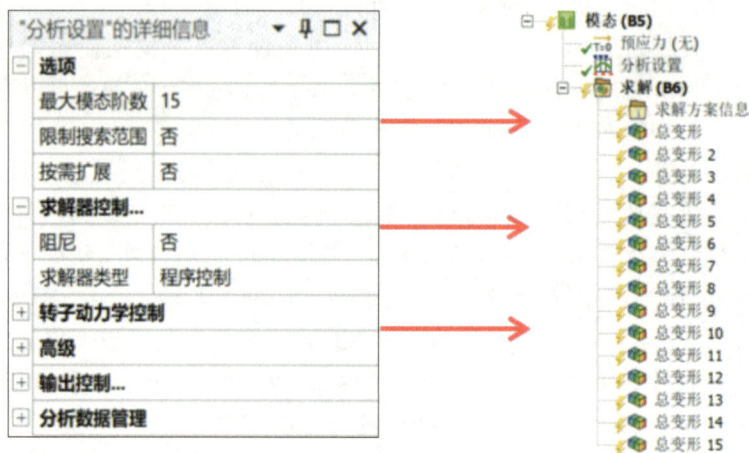

图 10-60　设置阶数

（4）求解各阶模态

求解完阶数后得出各阶模态频率,如图 10-61 所示。选中所有项后创建模型形状结果。依次对白色塑料叶片、黑色塑料叶片、铝合金叶片、白色塑料叶片连接轮毂、黑色塑料叶片连接轮毂、铝合金叶片连接轮毂计算模态进行求解。

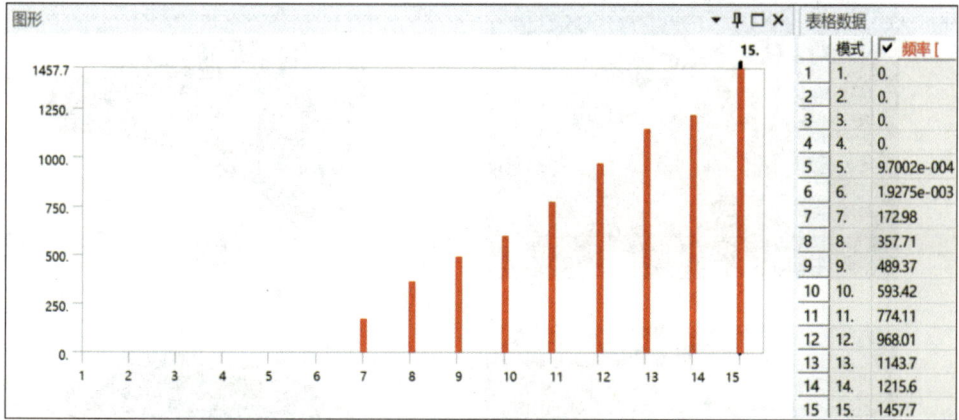

模式	✔ 频率[
1	1. 0.
2	2. 0.
3	3. 0.
4	4. 0.
5	5. 9.7002e-004
6	6. 1.9275e-003
7	7. 172.98
8	8. 357.71
9	9. 489.37
10	10. 593.42
11	11. 774.11
12	12. 968.01
13	13. 1143.7
14	14. 1215.6
15	15. 1457.7

图 10-61　前 15 阶模态频率分布

当结构系统在外界瞬态激励下产生响应时,将按特定频率发生自然振动,这个特定频率被称作结构的固有频率,通常一个结构有许多个固有频率。固有频率和外界激励之间没有关系,其是结构的一种固有属性。

通过固有频率计算公式[式(10-4)]可知,结构的固有频率只受质量分布与刚度分布的影响,而阻尼对固有频率的影响非常小。材质不同,其材料属性(密度、杨氏模量及泊松比等)不同,影响的最终参数还是刚度与质量。

固有频率计算公式:

$$\omega = \sqrt{\frac{k}{m}} \tag{10-4}$$

式中,ω 为固有频率,Hz;k 为刚度系数;m 为质量,kg。

由于叶片的密度几乎不变,影响固有频率的材料属性主要有杨氏模量和泊松比,可以根据控制变量法先固定其中一个参数,更改另一个参数来进行模态计算分析,当分析出的模态参数和实验模态分析得出的模态参数误差不大时,所添加的材料参数可近似替代叶片材料属性。

基于有限元模态分析计算获得的前六阶模态的固有频率非常小,为叶片的刚体模态。第七阶模态的固有频率是第一阶弹性模态的固有频率,杨氏模量的变化对有限元模态分析计算出的固有频率影响较大,泊松比的变化对有限元模态分析计算出的固有频率影响较小。

白色塑料叶片的固有频率及其振型的实验结果与仿真计算结果对比,如表 10-7所示。

表 10-7　白色塑料叶片的固有频率及其振型的实验结果与仿真计算结果对比

实验测试结果	仿真计算结果

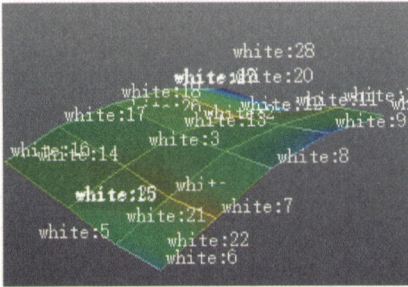

185.323 Hz

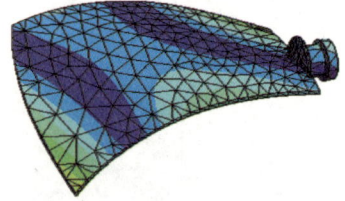

185.31 Hz

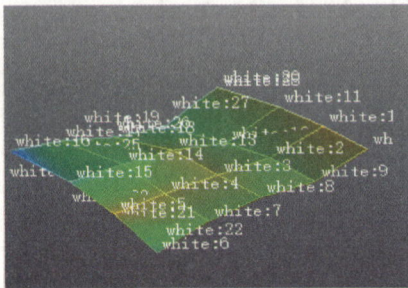

298.341 Hz

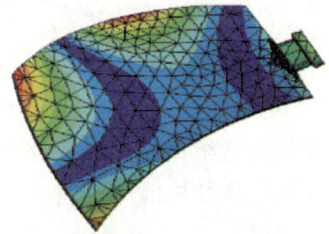

297.58 Hz

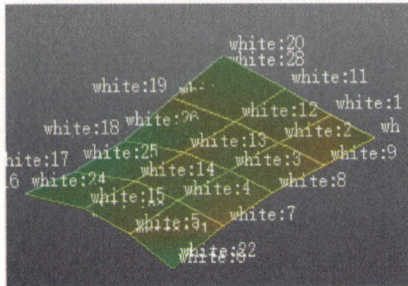

420.485 Hz

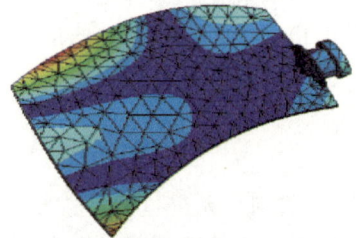

428.10 Hz

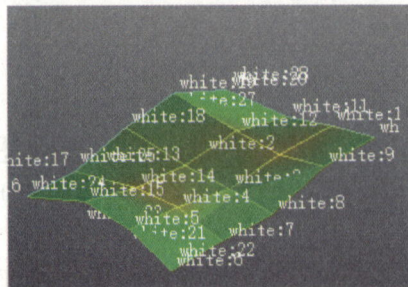

546.484 Hz

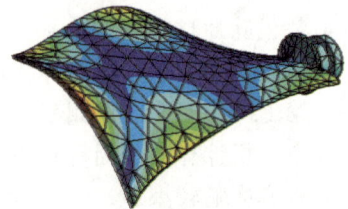

542.83 Hz

续表10-7

实验测试结果	仿真计算结果
 616.425 Hz	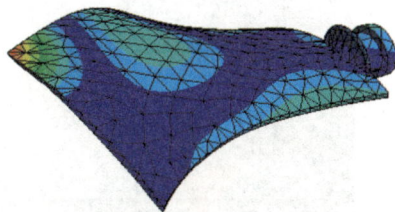 611.75 Hz

白色塑料叶片的固有频率及其相对误差,如表 10-8 所示。

表 10-8   **白色塑料叶片的固有频率及其相对误差**

固有频率(LMS)/Hz	固有频率(ANSYS)/Hz	相对误差/%
185.323	185.31	0.01
298.341	297.58	0.26
420.485	428.10	−1.81
546.484	542.83	0.67
616.425	611.75	0.76

黑色塑料叶片的频率及其振型的实验结果与仿真计算结果对比,如表 10-9 所示。

表 10-9   **黑色塑料叶片的固有频率及其振型的实验结果与仿真计算结果对比**

实验测试结果	仿真计算结果
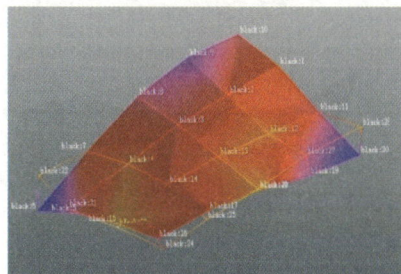 142.476 Hz	 142.49 Hz

续表10-9

实验测试结果	仿真计算结果

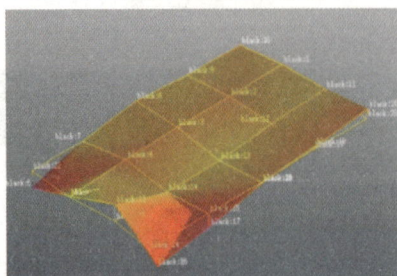

329.576 Hz

335.25 Hz

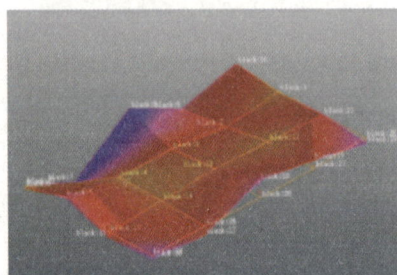

418.877 Hz

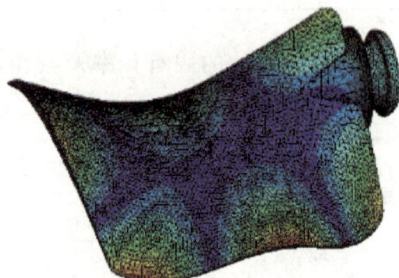

408.35 Hz

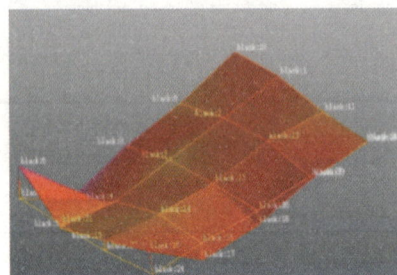

507.326 Hz

504.49 Hz

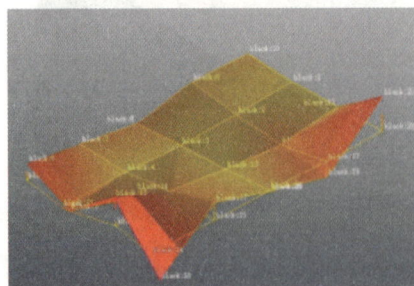

775.615 Hz

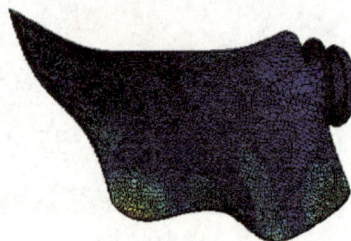

775.19 Hz

黑色塑料叶片的固有频率及其相对误差,如表 10-10 所示。

表 10-10　　　　　　　　黑色塑料叶片的固有频率及其相对误差

固有频率(LMS)/Hz	固有频率(ANSYS)/Hz	相对误差/%
142.476	142.49	−0.01
329.576	335.25	−1.72
418.877	408.35	2.51
507.326	504.49	0.56
775.615	775.19	0.05

铝合金叶片的固有频率及其振型的实验结果与仿真计算结果对比,如表 10-11 所示。

表 10-11　　铝合金叶片的固有频率及其振型的实验结果与仿真计算结果对比

实验测试结果	仿真计算结果

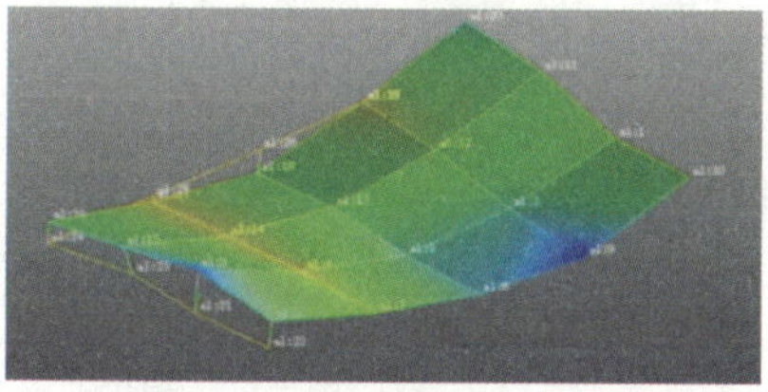

172.970 Hz

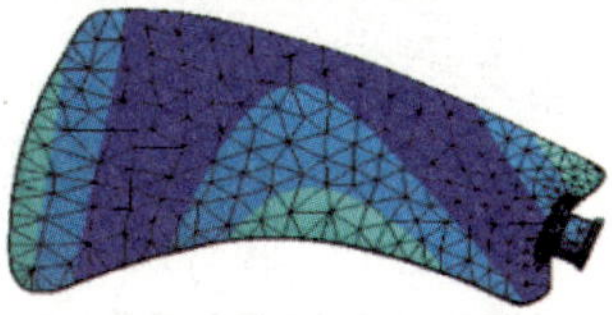

175.18 Hz

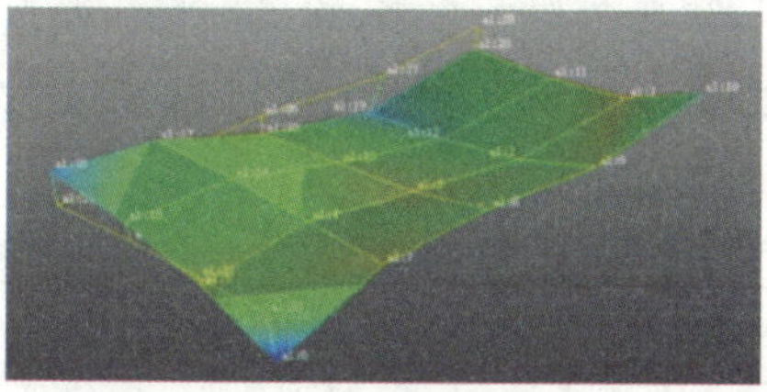

361.574 Hz

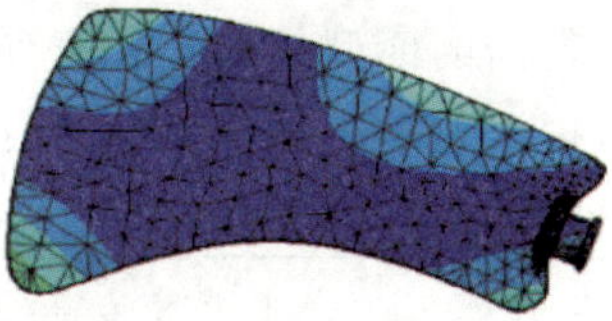

361.60 Hz

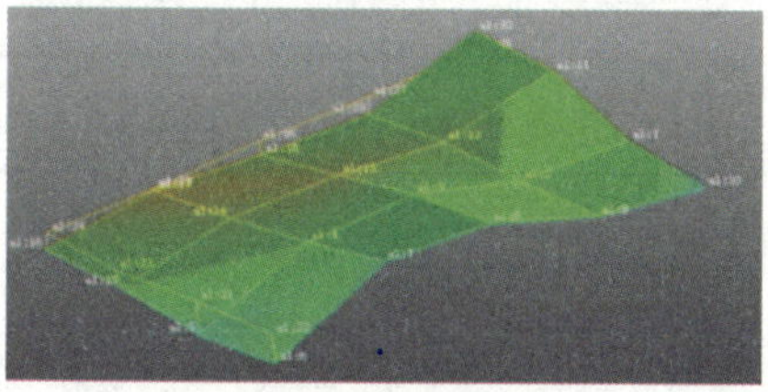

503.084 Hz

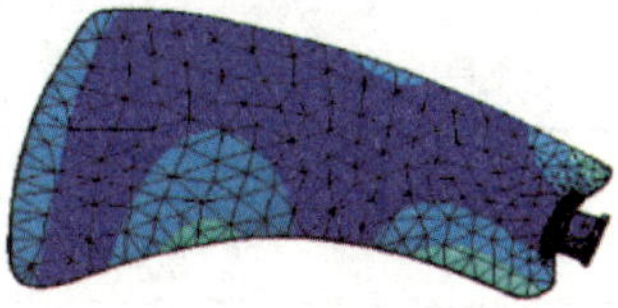

503.31 Hz

续表10-11

实验测试结果	仿真计算结果
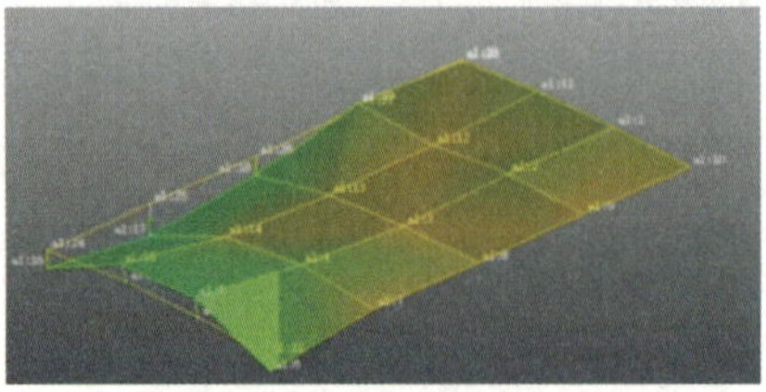 607.663 Hz	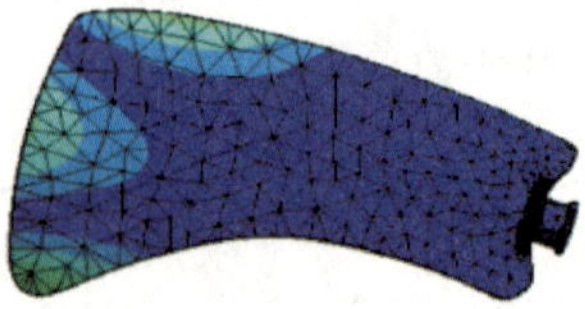 604.62 Hz

铝合金叶片的固有频率及其相对误差,如表 10-12 所示。

表 10-12　　　　　　　　铝合金叶片的固有频率及其相对误差

固有频率(LMS)/Hz	固有频率(ANSYS)/Hz	误差/%
172.970	175.18	−1.28
361.574	361.60	−0.01
503.084	503.31	−0.04
607.663	604.62	−0.50

　　将 LMS 模态分析作为参照,对 ANSYS Workbench 模态分析中的固有频率与振型对应得出的材料杨氏模量和泊松比进行更换,重复以上步骤,将不同杨氏模量和泊松比所得出的模型的固有频率列成表格,方便与实验模态分析比对,选出与实验模态分析数据误差最小的材料参数,如表 10-13 所示。

表 10-13　　　　　　　　　　叶片材料参数

叶片	密度/(kg/m³)	杨氏模量/MPa	泊松比
白色塑料叶片	1 385	6 540	0.30
黑色塑料叶片	1 178	3 950	0.30
铝合金叶片	2 717	71 790	0.32

　　基于同样的软件具体操作,实物部分需要给叶片装配上轮毂来测试叶片的边界条件的模态,如图 10-62 所示。

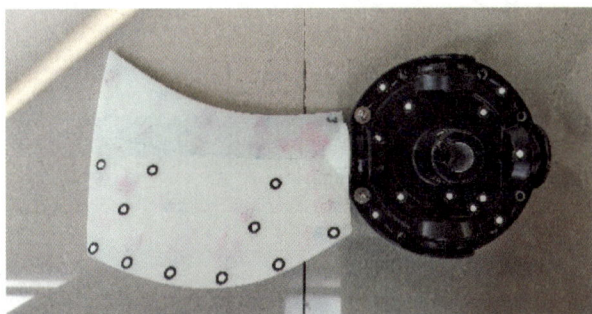

图 10-62　叶片与轮毂装配

（1）启动 Workbench,并创建分析项目

创建模态分析项目,如图 10-63 所示。

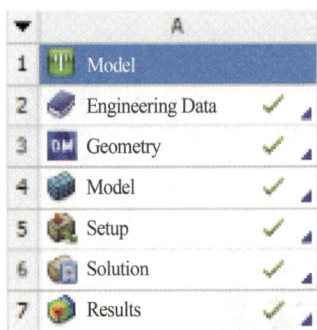

图 10-63　创建模态分析项目

（2）导入几何体模型

在 Geometry 项上单击鼠标右键,添加叶片实体模型,进入 DM 界面进行模型生成。

（3）创建材料

双击 Engineering Data 进入材料库,选择新栏,命名材料为 666。将 Physical Properties 下的 Density 选项拖动到属性框,将工具箱 Linear Elastic 下的 Isotropic Elasticity 选项拖动到属性框。

（4）设置模型材料属性

打开叶片模型,单击模型下的几何结构,找到属性,查看叶片模型体积,称量叶片实物质量,计算出叶片的密度,将密度数据填入属性框中 Density 栏,查找常见材料的杨氏模量和泊松比,选择其中一组,将已知杨氏模量与泊松比填入属性框,如图 10-64 所示。

	A	B	C	D	E
1	Property	Value	Unit		
2	Material Field Variables	Table			
3	Density	7850	kg m^-3		
4	Isotropic Secant Coefficient of Thermal Expansion				
6	Isotropic Elasticity				
7	Derive from	Youn...			
8	Young's Modulus	2E+11	Pa		
9	Poisson's Ratio	0.3			

图 10-64　设置模型材料属性

双击打开叶片模型,单击模型下几何结构的固体,找到材料下的任务,添加新命名材料 666,如图 10-65 所示。

图 10-65 添加新命名

(5) 划分网格

双击打开叶片模型,找到网格,设置单元尺寸,右击网格,单击生成网格,等待加载完成,网格划分完毕,如图 10-66 所示。

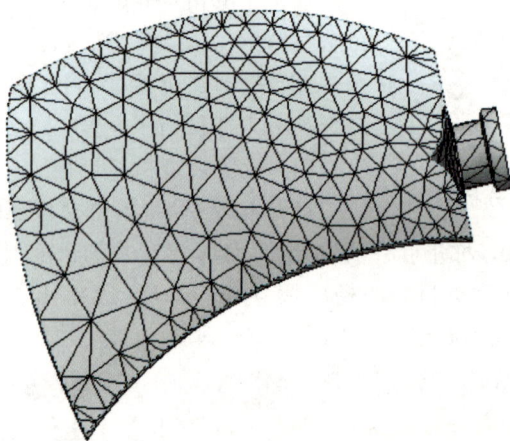

图 10-66 划分网格

(6) 设置模态分析求解项

单击模态下的分析设置,设置最大的模态阶数为 15,右击求解方案下的图形状态栏,选择所有,创建模型形状结果,得到 1~15 阶模态,在图形窗口下方可以查看模型的固有频率。

轮毂约束下白色塑料叶片的固有频率及其振型的实验结果与仿真计算结果对比，如表 10-14 所示。

表 10-14　轮毂约束下白色塑料叶片的固有频率及其振型的实验结果与仿真计算结果对比

实验测试结果	仿真计算结果
 136.266 Hz	 132.44 Hz
 296.645 Hz	 306.48 Hz
 371.875 Hz	 370.79 Hz

续表10-14

实验测试结果	仿真计算结果

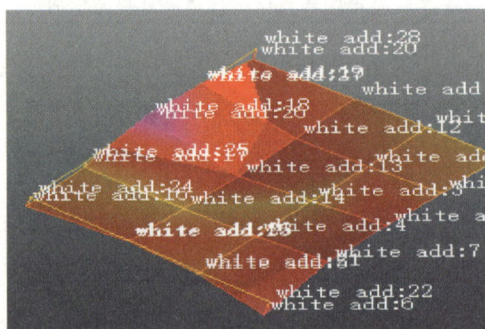

648.750 Hz

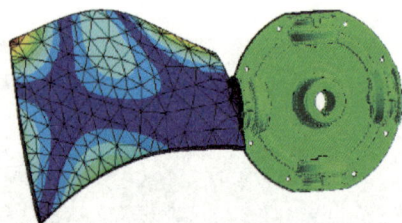

642.96 Hz

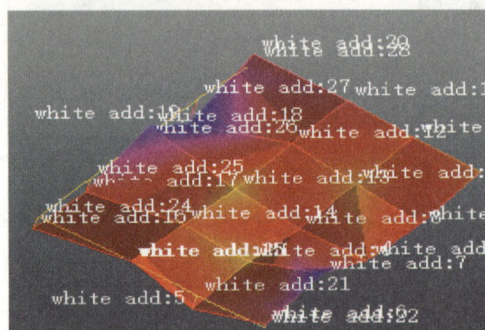

990.840 Hz

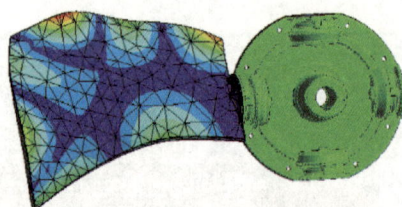

999.55 Hz

轮毂约束下白色塑料叶片的固有频率及其相对误差,如表10-15所示。

表 10-15　　　　　　轮毂约束下白色塑料叶片的固有频率及其相对误差

固有频率(LMS)/Hz	固有频率(ANSYS)/Hz	相对误差/%
136.266	132.44	−2.81
296.645	306.48	−3.32
371.875	370.79	−0.29
648.750	642.96	−0.89
990.840	999.55	−0.88

轮毂约束下黑色塑料叶片的固有频率及其振型的实验结果与仿真计算结果对比,如表10-16所示。

表 10-16　轮毂约束下黑色塑料叶片的固有频率及其振型的实验结果与仿真计算结果对比

实验测试结果	仿真计算结果
115.303 Hz	99.949 Hz
221.411 Hz	221.79 Hz
290.965 Hz	298.12 Hz
361.247 Hz	363.46 Hz

续表10-16

实验测试结果	仿真计算结果
459.548 Hz	463.88 Hz

轮毂约束下黑色塑料叶片的固有频率及其相对误差，如表 10-17 所示。

表 10-17　　　　　　　轮毂约束下黑色塑料叶片的固有频率及其相对误差

固有频率（LMS）/Hz	固有频率（ANSYS）/Hz	误差/%
115.303	99.949	−3.77
221.411	221.79	−0.17
290.965	298.12	−2.46
361.247	363.46	−0.61
459.548	463.88	−0.94

轮毂约束下铝合金叶片的固有频率及其振型的实验结果与仿真计算结果对比，如表 10-18 所示。

表 10-18　　　　　　　轮毂约束下铝合金叶片的固有频率及其振型的
实验结果与仿真计算结果对比

实验测试结果	仿真计算结果
139.23 Hz	132.68 Hz

续表10-18

实验测试结果	仿真计算结果
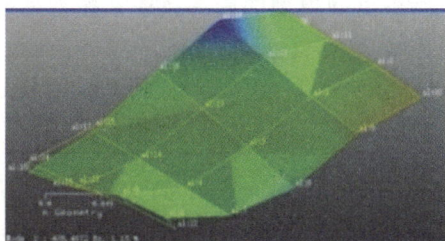	
232.42 Hz	228.16 Hz
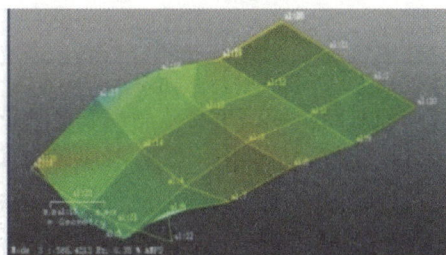	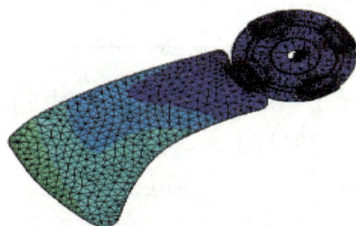
330.52 Hz	321.03 Hz
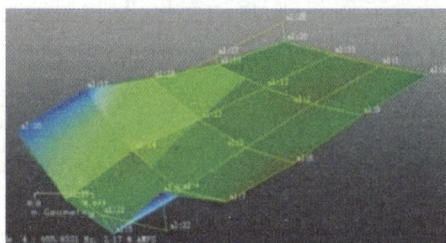	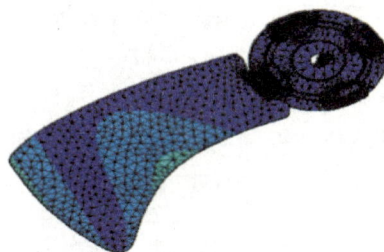
455.36 Hz	448.48 Hz

轮毂约束下铝合金叶片的固有频率及其相对误差,如表10-19所示。

表 10-19 　　　　　　　　**轮毂约束下铝合金叶片的固有频率及其相对误差**

固有频率(LMS)/Hz	固有频率(ANSYS)/Hz	相对误差/%
139.23	132.68	4.70
232.42	228.16	1.83
330.52	321.03	2.87
455.36	448.48	1.51

以 LMS 模态分析作为参照,将 ANSYS Workbench 模态分析中的固有频率和振型与其对应,得出叶片的刚度因数和摩擦系数,再不断更换刚度因数和摩擦系数,重复以上步骤,将不同刚度因数和摩擦系数所得出的模型的固有频率和振型列成表格,方便与实验模态分析比对,选出与实验模态分析数据误差最小的材料参数,如表 10-20 所示。

表 10-20   **叶片与轮毂连接参数**

叶片	刚度因数	摩擦系数
白色塑料叶片	1	0.25
黑色塑料叶片	1	0.15
铝合金叶片	0.2	0.40

基于叶片材料参数,分别对叶片进行计算模态分析,将结果与实验模态分析的结果进行比对后发现,两者的振型图相似,振动变化相似,振动趋势相似,对应频率误差较小,在 5% 以内。综上,可以将表 10-13 的材料参数作为模态参数,进行振动响应分析、多物理场耦合分析和疲劳寿命分析。

通过叶片与轮毂连接的边界条件参数分别对叶片进行计算模态分析,将结果与实验模态分析结果进行对比分析,发现两者的振型图相似,振动变化相似,振动趋势相似,振动规律大致相同,对应频率误差较小,在 5% 以内。综上,可以将表 10-20 的边界条件参数作为模态参数,利用所得模态参数建立风机叶片有限元分析模型,进行振动响应分析、多物理场耦合分析和疲劳寿命分析。

10.4   轴流风机振动响应分析

计算在固定不变载荷作用下结构的效应常用结构静力学,不需要考虑惯性和阻尼的影响,如结构随时间变化的载荷等。

静力分析方程为:

$$Kx = F \tag{10-5}$$

式中,K 为刚度矩阵;x 为位移矢量,m;F 为静力载荷,N。

谐响应分析是一种时域分析方法,用于确定线性结构在承受随时间按正弦(简谐)规律变化的载荷时的稳态响应,分析过程中只计算结构的稳态受迫振动,不考虑激振开始时的瞬态振动,如图 10-67 所示。

谐响应分析的目的在于计算出结构在几种频率下的响应值(通常是位移)对频率

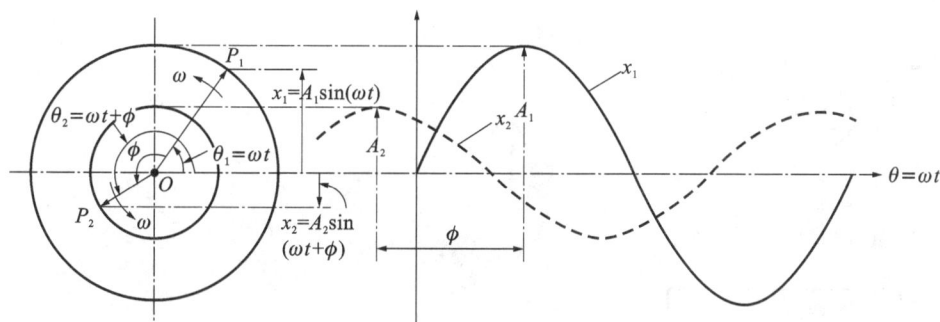

(a)简谐振动

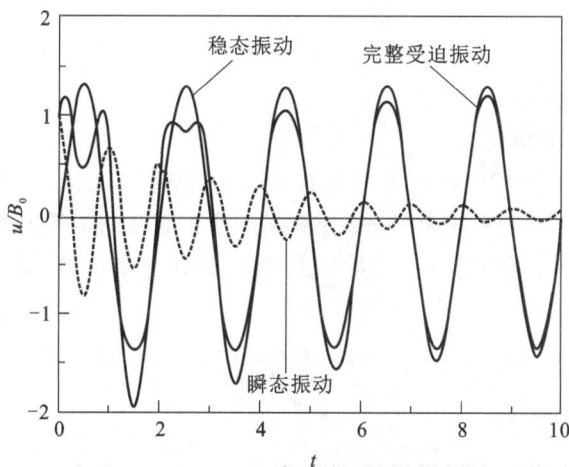

(b)响应曲线

图 10-67　简谐振动与响应曲线

的曲线,从而使设计人员能预测结构的持续性动力特性,验证设计能否削弱共振、疲劳以及其他受迫振动引起的有害效果。

由经典力学理论可知,物体的动力学方程为:

$$M\ddot{x} + C\dot{x} + Kx = F(t) \tag{10-6}$$

式中,M 为质量矩阵;C 为阻尼矩阵;K 为刚度矩阵;x 为位移矢量,m;$F(t)$为力矢量,N;$\dot{x}$ 为速度矢量,m/s;$\ddot{x}$ 为加速度矢量,m/s^2。

10.4.1　静力分析

(1) 本研究建立项目

启动 Workbench,并建立分析项目,如图 10-68 所示。

添加叶片实体模型,双击进入 DM 界面进行模型生成,如图 10-69 所示。

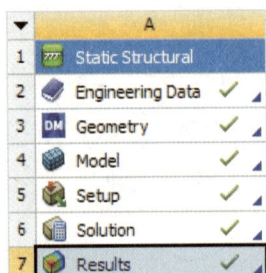

图 10-68　建立分析项目

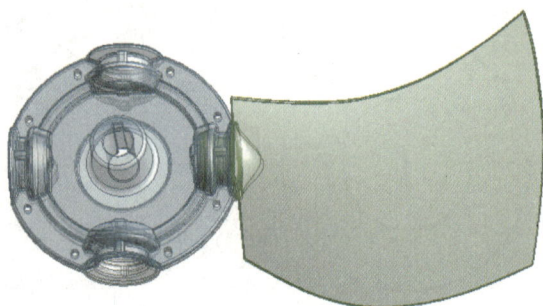

图 10-69　生成几何图形

双击 Engineering Data 选项,新命名材料为 666,将所需的 Density 与 Isotropic Elasticity 选项卡拖动到属性框。

(2) 设置模型材料属性

双击项目原理图的 B4 栏打开叶片模型,单击模型下的几何结构,找到属性,查看叶片模型体积,称量叶片实物质量,计算出叶片的密度,将密度数据填入属性框中 Density 栏,查找常见材料的杨氏模量和泊松比,选择其中一组,将已知的杨氏模量与泊松比填入属性框,如图 10-70 所示。

属性 Outline Row 5: Structural Steel					
	A	B	C	D	E
1	Property	Value	Unit		
2	Material Field Variables	Table			
3	Density	7850	kg m^-3		
4	Isotropic Secant Coefficient of Thermal Expansion				
6	Isotropic Elasticity				
7	Derive from	Youn...			
8	Young's Modulus	2E+11	Pa		
9	Poisson's Ratio	0.3			

图 10-70　设置模型材料属性

(3) 划分网格

选择 Mesh 节点,单击方法命令,在 Details of "Body Sizing"列表中单击 Scoping Method 项,框选所有实体,在尺寸调整分辨率中输入 4,得到图形如图 10-71 所示。

(4) 施加载荷与边界条件

在分析树中选择 Static Structural 节点,显示载荷工具栏。

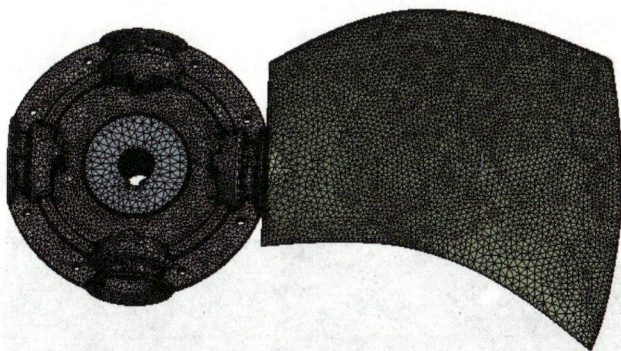

图 10-71 划分网格后的图形

单击 Fixed Support(固定约束)命令,然后单击 Face(选择面)按钮,选择如图 10-72 所示的 4 个轮毂连接孔中的 8 个圆柱面。

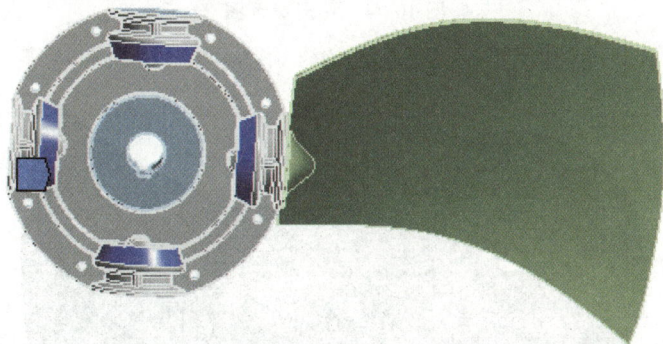

图 10-72 施加固定支撑

单击工具栏上的 Force 命令,然后单击 Face,选择所示表面,在文本框中输入 −45,得到图形如图 10-73 所示。

图 10-73 施加载荷

（5）设置求解项

求解变形。单击 Deformation，插入 Total Deformation 项，变形量云图如图 10-74 所示。

图 10-74　变形量云图

单击 Equivalent，插入 Equivalent Stress 项，应力云图如图 10-75 所示。

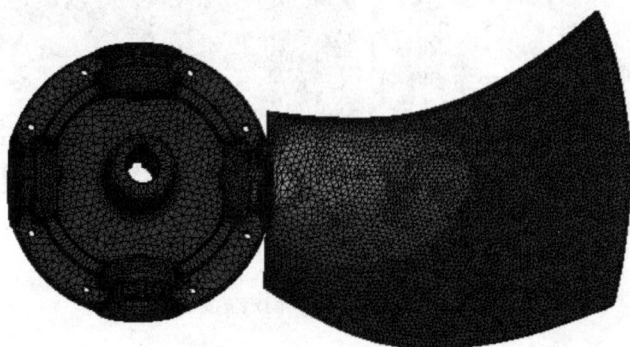

图 10-75　应力云图

不同轴流风机叶片（包括白色塑料叶片、黑色塑料叶片和铝合金叶片）具有不同的应变与应力特性。通过仿真计算，得到叶片在受到静力载荷影响时，其变形量与应力的具体数据，如表 10-21～表 10-26 所示。

表 10-21　　　　　　　　　　　静力载荷下白色塑料叶片变形量(μm)

静力载荷/N	叶片厚度			
	原厚度	0.5 mm	1 mm	1.5 mm
45	2.829 1	2.329 7	1.97	1.683 4
50	3.143 4	2.588 5	2.188 9	1.870 4
55	3.457 7	2.847 4	2.407 8	2.057 5

表 10-22 　　　　　　　　**静力载荷下白色塑料叶片应力(Pa)**

静力载荷/N	叶片厚度			
	原厚度	0.5 mm	1 mm	1.5 mm
45	12.089	9.350 4	12.806	8.154 7
50	13.432	10.389	14.229	9.060 7
55	14.776	11.428	15.651	9.966 8

表 10-23 　　　　　　　　**静力载荷下黑色塑料叶片变形量(μm)**

静力载荷/N	叶片厚度			
	原厚度	0.5 mm	1 mm	1.5 mm
45	5.966 2	4.795	3.929 8	3.268 1
50	6.629 1	5.327 8	4.366 4	3.631 3
55	7.292 1	5.860 6	4.803 1	3.994 4

表 10-24 　　　　　　　　**静力载荷下黑色塑料叶片应力(Pa)**

静力载荷/N	叶片厚度			
	原厚度	0.5 mm	1 mm	1.5 mm
45	7.942 4	8.177 3	6.688 7	7.075 6
50	8.824 9	9.085 9	7.431 9	7.861 8
55	9.707 4	9.994 5	8.175 1	8.648

表 10-25 　　　　　　　　**静力载荷下铝合金叶片变形量(μm)**

静力载荷/N	叶片厚度			
	原厚度	0.5 mm	1 mm	1.5 mm
45	14.857	11.8	9.553 3	7.874 6
50	16.507	13.111	10.615	8.749 6
55	18.158	14.422	11.676	9.624 5

表 10-26 　　　　　　　　**静力载荷下铝合金叶片应力(Pa)**

静力载荷/N	叶片厚度			
	原厚度	0.5 mm	1 mm	1.5 mm
45	16.219	16.103	16.024	20.204
50	18.021	17.893	17.804	22.449
55	19.823	19.682	19.585	24.693

由图 10-76 与图 10-77 可得出,对白色塑料叶片而言,厚度一定时,受力增大,应力与变形量均增大;受力一定时,厚度增大,变形量越来越小,应力变化呈现波浪形。

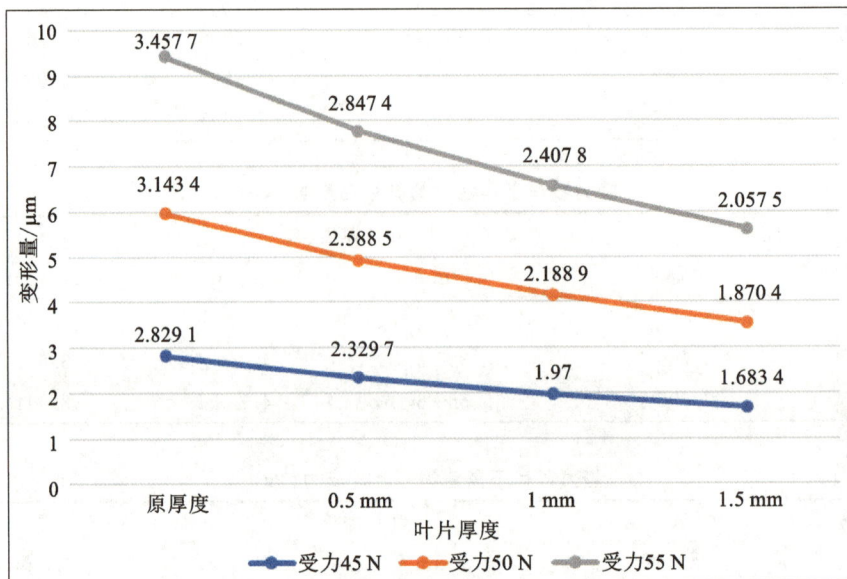

图 10-76　静力载荷下白色塑料叶片变形量折线图

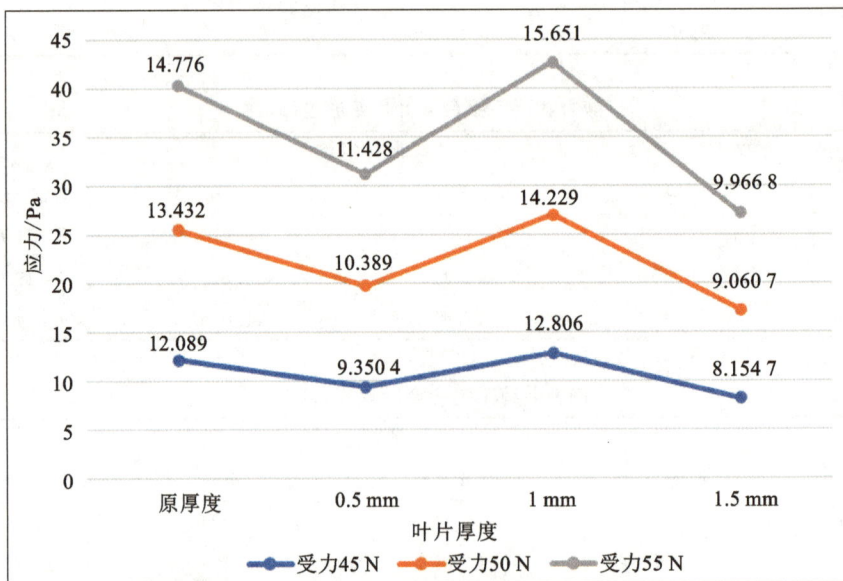

图 10-77　静力载荷下白色塑料叶片应力折线图

　　由图 10-78 与图 10-79 可得出,对黑色塑料叶片而言,厚度一定时,受力增大,应力与变形量均增大;受力一定时,厚度增大,变形量越来越小,应力先增大再减小。

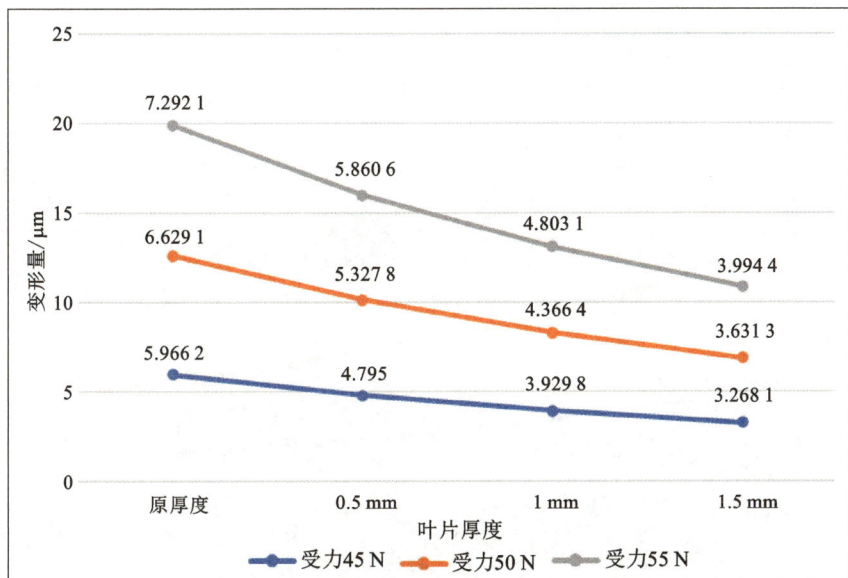

图 10-78　静力载荷下黑色塑料叶片变形量折线图

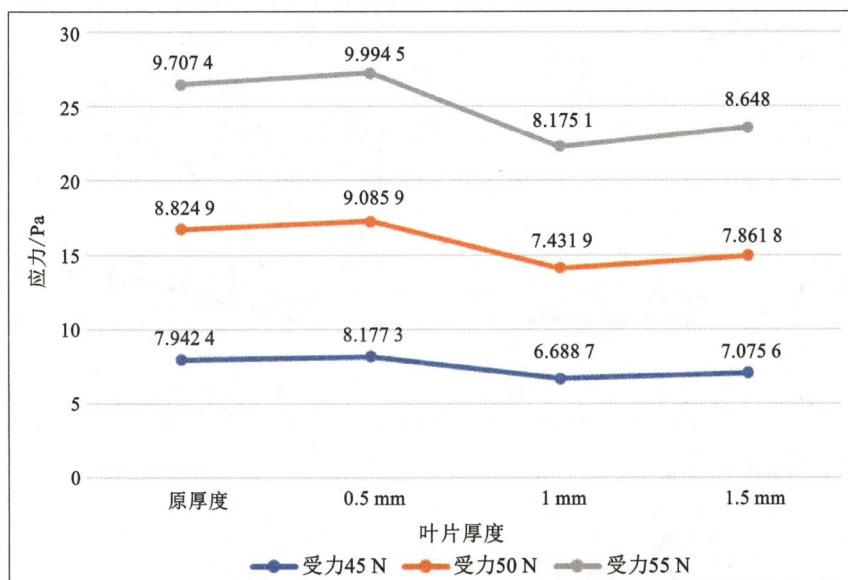

图 10-79　静力载荷下黑色塑料叶片应力折线图

由图 10-80、图 10-81 可得出,对铝合金叶片而言,厚度一定时,受力增大,应力与变形量均增大;受力一定时,厚度增大,变形量越来越大,厚度增加 1 mm 以下时,应力较为稳定,厚度增加 1 mm 以上时,应力急剧增大。

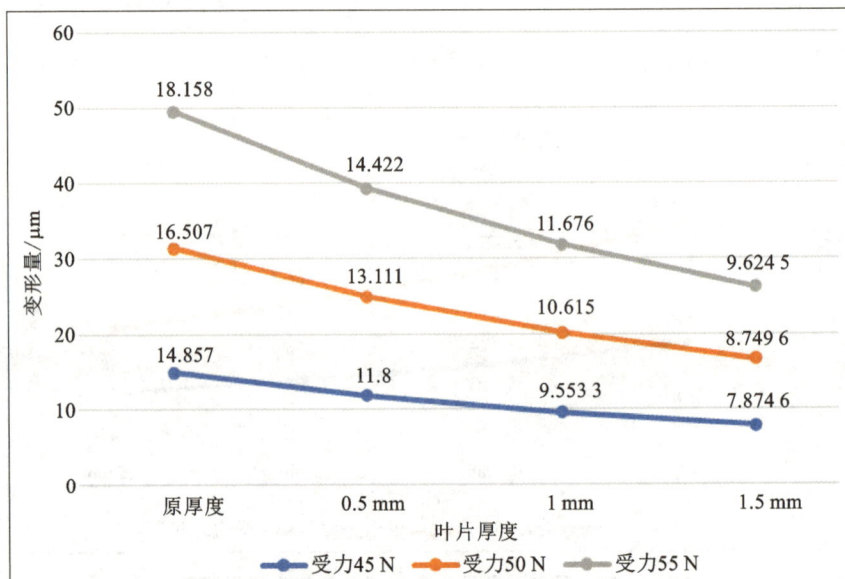

图 10-80 静力载荷下铝合金叶片变形量折线图

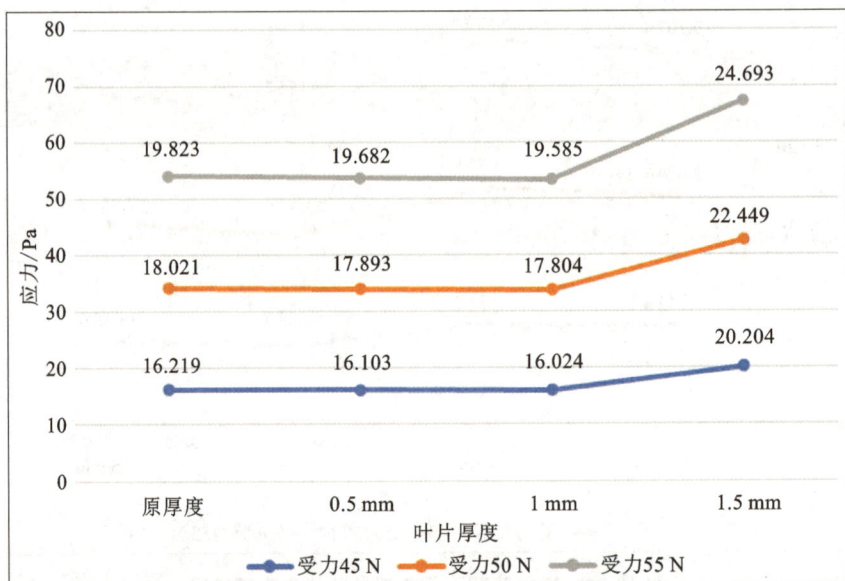

图 10-81 静力载荷下铝合金叶片应力折线图

10.4.2 动力分析

（1）建立项目

启动 Workbench，并建立分析项目，如图 10-82 所示。

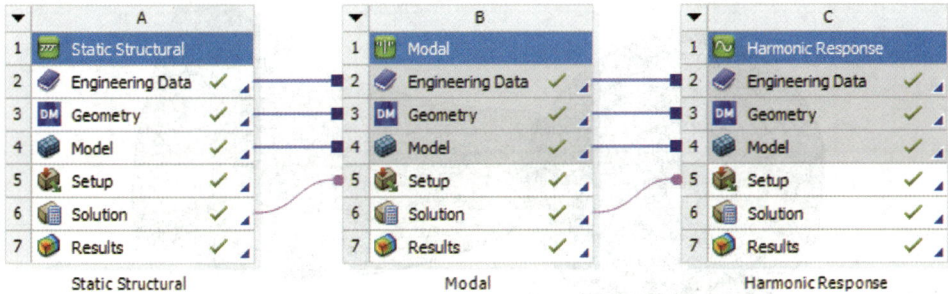

图 10-82 建立分析项目

在 Geometry 项上单击右键，添加叶片实体模型，双击进入 DM 界面进行模型生成。

（2）创建材料

双击 Engineering Data，命名材料为 666。

（3）添加模型材料属性

将工具箱 Physical Properties 下的 Density 与 Isotropic Elasticity 拖动到属性框中。

（4）设置模型材料属性

双击打开叶片模型，单击模型下的几何结构，找到属性，查看叶片模型体积，称量叶片实物质量，计算出叶片的密度，将密度数据填入属性框中的 Density 栏，查找常见材料的杨氏模量和泊松比，选择其中一组，将已知的杨氏模量与泊松比填入属性框，如图 10-83 所示。

图 10-83 设置模型材料属性

（5）划分网格

选择 Mesh 节点，单击方法命令，在 Details of "Body Sizing"列表中单击 Scoping Method 项，框选所有实体，在尺寸调整分辨率中输入 4，得到图形如图 10-84 所示。

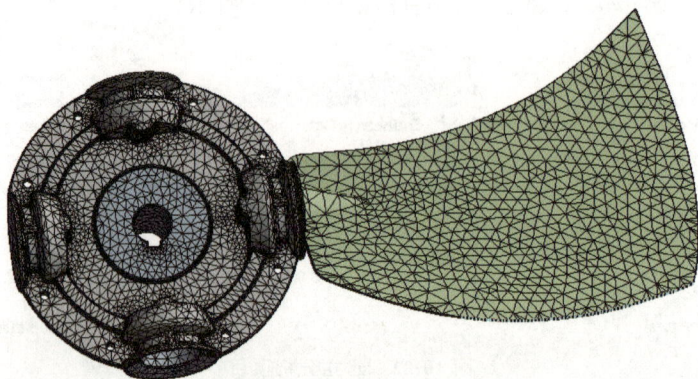

图 10-84　划分网格后的图形

（6）施加载荷与边界条件

单击 Environment 工具栏上的 Fixed Support 命令，然后单击 Face，选择 4 个轮毂连接孔内 8 个球面，如图 10-85 所示。

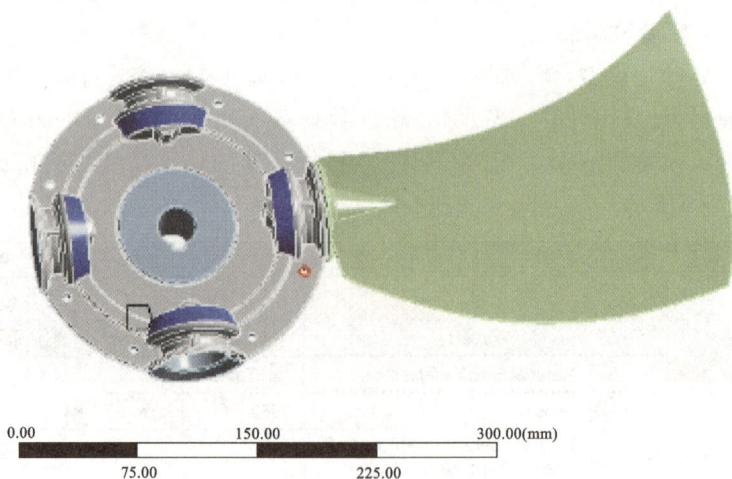

图 10-85　施加固定支撑

（7）设置模态分析求解项

选择 Modal(B5)节点下的 Analysis Settings，设置 Detail of "Analysis Settings"中的 Max Modals to Find 为 15，求解前 15 阶模态。

选择 Solution 节点可以观察到模型的固有频率,如图 10-86 所示。

模式	☑	频率 [
1	1.	37.297
2	2.	89.761
3	3.	180.49
4	4.	221.01
5	5.	296.15
6	6.	362.87
7	7.	463.29
8	8.	570.12
9	9.	611.37
10	10.	753.71

11	11.	789.2
12	12.	832.51
13	13.	941.08
14	14.	1087.
15	15.	1134.6
16	16.	1174.9
17	17.	1242.5
18	18.	1278.1
19	19.	1343.4
20	20.	1449.6

图 10-86   模型的固有频率

(8) 施加谐响应分析载荷与边界条件

在 Define By 下拉列表中选择 Components,在 X 分量和 Y 分量文本框中输入 0,在 Z 分量文本框中输入 1 000,如图 10-87 所示。

类型	力
定义依据	分量
应用	表面效应
坐标系	全局坐标系
☐ X 分量	0. N
☐ Y 分量	0. N
☐ Z 分量	1000. N
☐ X 相角	0. °
☐ Y 相角	0. °
☐ Z 相角	0. °
抑制的	否

图 10-87   施加载荷

(9) 设置谐响应分析求解项

在 Analysis Settings 中将 Range Maximum 设置为 1 000,取 40 个频率点结果,输入求解方案间隔为 40,如图 10-88 所示。

单击 Stress 命令,此时在分析树中插入 Stress 项,在详细设置窗口中设置方向为 Z 轴,单击 Deformation 命令,此时插入 Frequency Response 项,在详细设置窗口中设置方向为 Z 轴,如图 10-89 所示。

频率间距	线性的
☐ 范围最小	0. Hz
☐ 范围最大	960. Hz
☐ 求解方案间隔	40
用户定义的频率	关闭
解法	模态叠加

图 10-88　设置谐响应分析求解项

范围	
范围限定方法	几何结构选择
几何结构	1 面
空间分辨率	使用平均
定义	
类型	法向弹性应变
方向	Z轴
坐标系	全局坐标系
抑制的	否

图 10-89　添加变形响应求解项

（10）谐响应求解并显示分析结果

在分析树中选择 Solution 节点，单击其下的 Frequency Response Stress 项，可以观察到谐响应应力分析结果，如图 10-90 所示。图 10-90（a）为幅值频谱，图 10-90(b)为相位频谱，从图中可看到有两个谐振动频率，Z 方向 1 阶频率为 217.4 Hz，2 阶频率为 792.17 Hz，与模态分析结果相同。

选择 Solution(C6)节点，单击 Frequency Response Deformation 项，观察谐响应变形分析结果，如图 10-91 所示。图 10-91(a)为幅值频谱，图 10-91(b)为相位频谱。

插入 Total Deformation 项，在详细设置窗口中设置 Frequency 为 216。

单击 Equivalent(Von-Mises)命令，插入 Equivalent Stress 项，在详细设置窗口中设置 Frequency 为 216。

选择 Solution 节点；单击 Total Deformation 项与 Equivalent Stress 项，在图形窗口显示出应变云图，如图 10-92 所示。

(a)振幅

(b)相位角

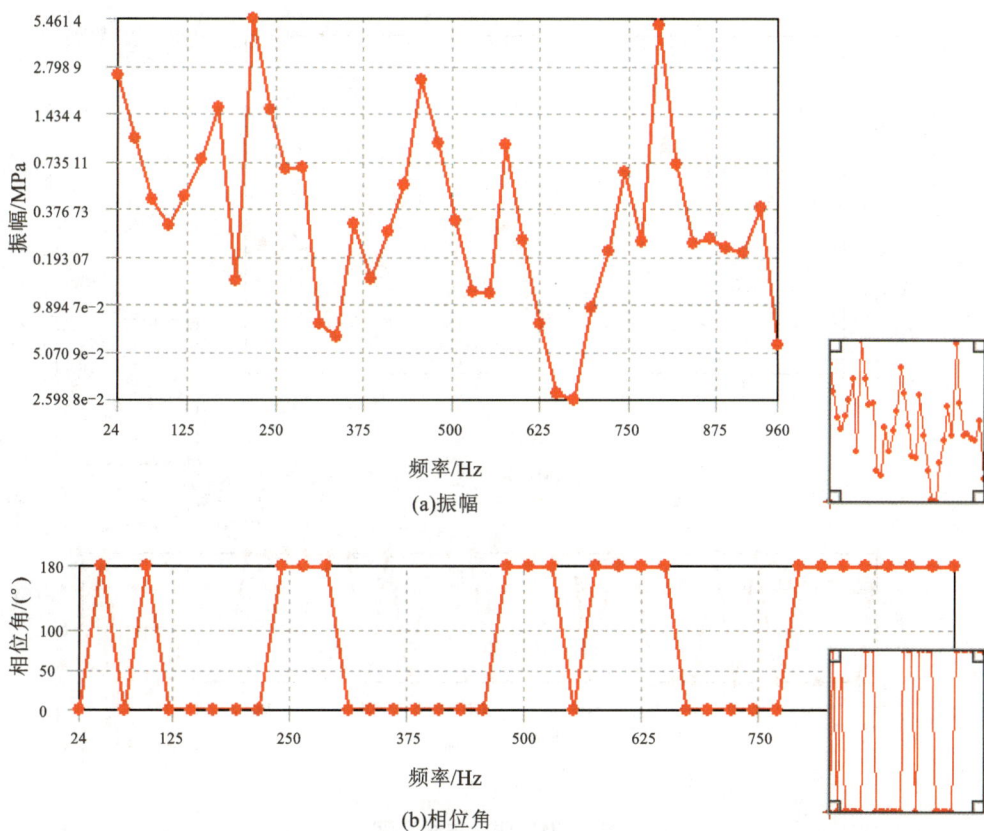

图 10-90 应力频率响应

不同轴流风机叶片,包括白色塑料叶片、黑色塑料叶片和铝合金叶片,具有不同的应变与应力特性。通过仿真计算,得到叶片在受到动力载荷影响时,其变形量与应力的具体数据,如表 10-27～表 10-32 所示。

表 10-27　　　　　　　　**动力载荷下白色塑料叶片变形量(μm)**

动力荷载/N	固有频率/Hz			
	40	41.8	44.4	46.8
	叶片厚度			
	原厚度	0.5 mm	1 mm	1.5 mm
45	2.223 1	1.993	1.504 9	1.202 1
50	2.470 2	2.214 4	1.672 1	1.335 6
55	2.717 2	2.435 8	1.839 3	1.469 2

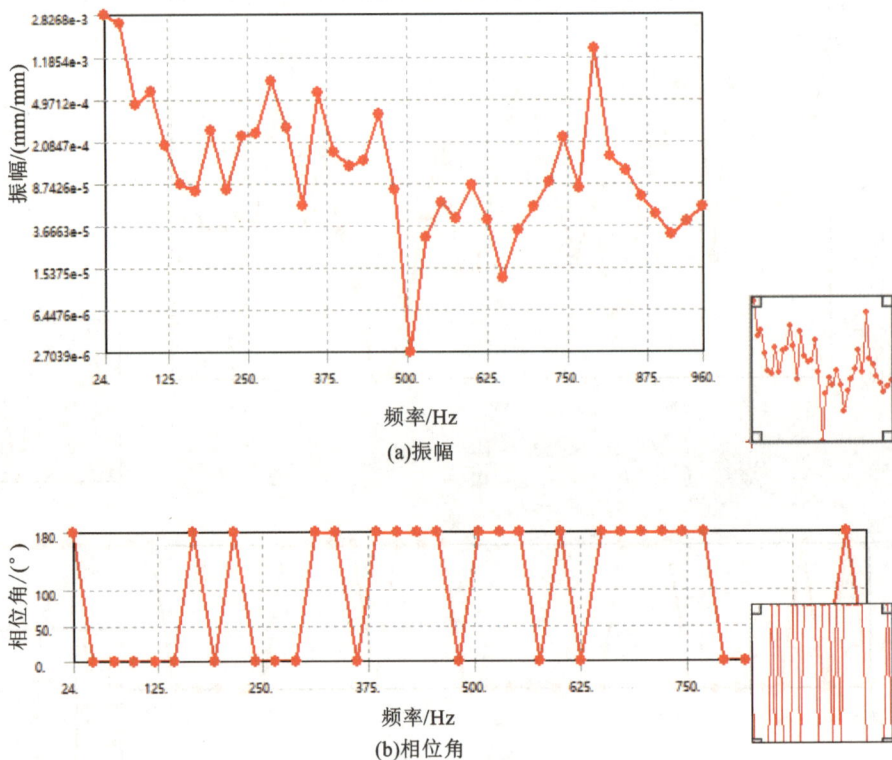

(a)振幅

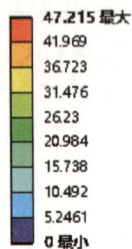

(b)相位角

图 10-91　变形频率响应

C: Harmonic Response
总变形
类型:总变形
频率:216Hz
扫掠相:0°
单位: mm
2024/4/28 16:08

47.215 最大
41.969
36.723
31.476
26.23
20.984
15.738
10.492
5.2461
0 最小

(a)变形云图

C: Harmonic Response
等效应力
类型:等效 (Von Mises) 应力
频率: 216 Hz
扫描相: 0°
单位: MPa
2024/4/28 16:10

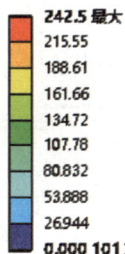

242.5 最大
215.55
188.61
161.66
134.72
107.78
80.832
53.888
26.944
0.000 101 32 最小

(b)应力云图

图 10-92　变形云图与应力云图

由图 10-93、图 10-94 可看出,对白色塑料叶片而言,厚度一定时,受力增大,应力与变形量均增大;受力一定时,厚度增大,变形量越来越小,应力越来越大。

由图 10-95、图 10-96 可看出,对黑色塑料叶片而言,厚度一定时,受力增大,应力与变形量均增大;受力一定时,厚度增大,变形量越来越小,应力越来越大。

由图 10-97、图 10-98 可看出,对铝合金叶片而言,厚度一定时,受力增大,应力与变形量均增大;受力一定时,厚度增大,变形量越来越小,应力越来越大。

表 10-28　　　　　　　　**动力载荷下白色塑料叶片应力(Pa)**

动力荷载/N	固有频率/Hz			
	40	41.8	44.4	46.8
	叶片厚度			
	原厚度	0.5 mm	1 mm	1.5 mm
45	7.260 9	8.666 9	10.696	11.548
50	8.067 7	9.629 9	11.884	13.275 5
55	8.874 5	10.593	13.073	15.003 1

表 10-29　　　　　　　　　　动力载荷下黑色塑料叶片变形量(μm)

动力荷载/N	固有频率/Hz			
	56.3	57.2	60.1	63.2
	叶片厚度			
	原厚度	0.5 mm	1 mm	1.5 mm
45	3.210 3	3.034 2	2.492 3	1.901
50	3.456 2	3.122 3	2.512 5	2.102 3
55	3.712 5	3.348 9	2.737 9	2.325 2

表 10-30　　　　　　　　　　动力载荷下白色塑料叶片应力(Pa)

动力荷载/N	固有频率/Hz			
	56.3	57.2	60.1	63.2
	叶片厚度			
	原厚度	0.5 mm	1 mm	1.5 mm
45	9.256 2	9.656 4	11.563	12.456
50	9.655 6	10.634	12.824	13.337
55	9.872 5	11.244	13.113	17.301

表 10-31　　　　　　　　　　动力载荷下铝合金叶片变形量(μm)

动力荷载/N	固有频率/Hz			
	27.8	29.3	33.3	36.5
	叶片厚度			
	原厚度	0.5 mm	1 mm	1.5 mm
45	1.210 3	0.925	0.512	0.203 2
50	1.462 4	1.215 8	0.645 2	0.335 2
55	1.700 2	1.422 5	0.821 1	0.461 2

表 10-32　　　　　　　　　　动力载荷下铝合金叶片应力(Pa)

动力荷载/N	固有频率/Hz			
	27.8	29.3	33.3	36.5
	叶片厚度			
	原厚度	0.5 mm	1 mm	1.5 mm
45	6.290 6	7.632 4	9.687	10.525
50	7.112 5	8.614 4	10.875	12.125 5
55	7.897 5	9.552	12.113	13.005 8

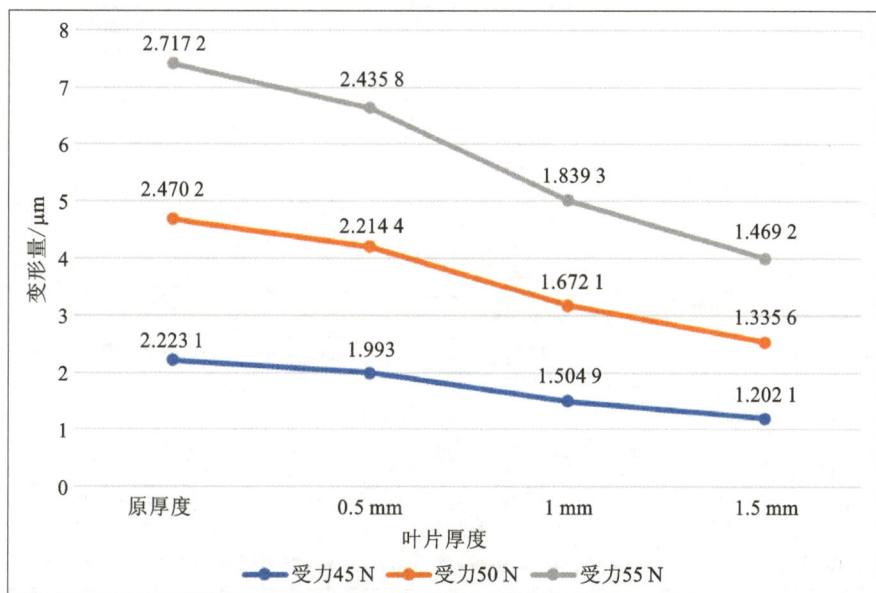

图 10-93　动力载荷下白色塑料叶片变形量折线图

　　对 3 个不同参数与材料的叶片进行分析，主要研究的是风机叶片振动稳定性的相关问题。本书运用 ANSYS 软件对风机叶片进行了有限元模态分析，以提取叶片的模态参数，了解结构在自由振动时的固有频率、振型等特性。还利用 LMS 测试系统进行了实验模态分析，以验证和补充有限元分析的结果。通过对风机叶片进行静力分析与动力学分析，评估了叶片在不同工作条件下的振动稳定性。

　　通过本次实验，可得出以下结论：

　　① 实验结果表明，叶片的变形形式包括扭转、弯曲以及弯扭结合，其中弯扭结合占多数，且变形量最大位置为叶片尖端，应力最大位置为叶根处。叶片尖端的变形量最大，可能是因为尖端与叶片固定端（即叶根）的距离最远，受力杠杆最长。叶根处的应力最大，可能是因为叶根处是叶片与转子连接的地方，需要承受所有通过叶片传递的力矩。此外，叶根处的材料和结构设计也可能影响应力分布。这说明在设计和使用叶片时需要特别关注其结构强度和稳定性，尤其是在高应力、高温等极端环境下。

　　② 进行谐响应分析可以预测叶片的固有频率，从而为叶片优化设计提供指导。对 3 种叶片进行有限元分析后可以得出各自的固有频率多在 30～100 Hz 之间，为了避免固有频率与激振频率过于接近而产生共振现象，对生产安全造成不良影响，叶片需要尽量避免在与固有频率相近的频率下工作。

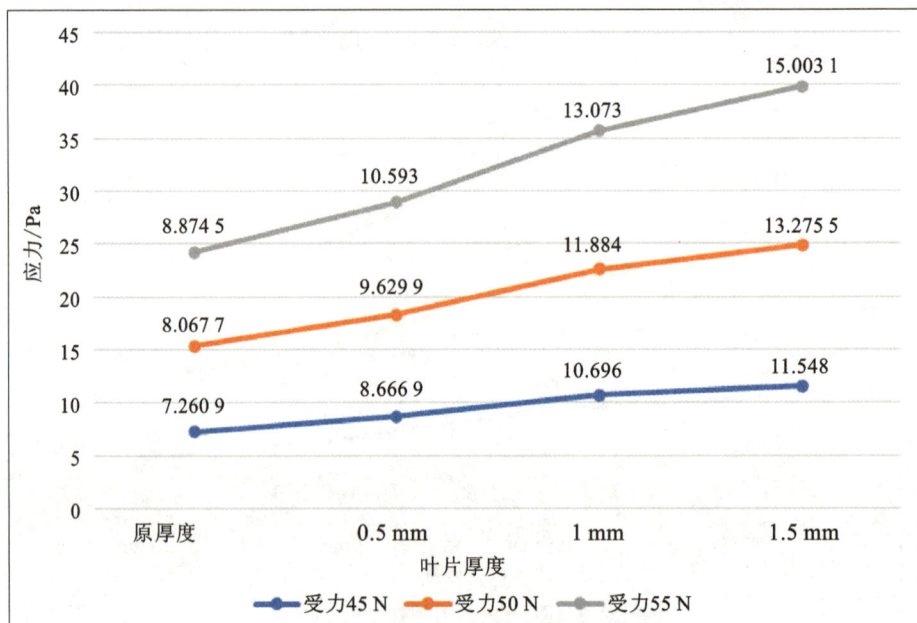

图 10-94　动力载荷下白色塑料叶片应力折线图

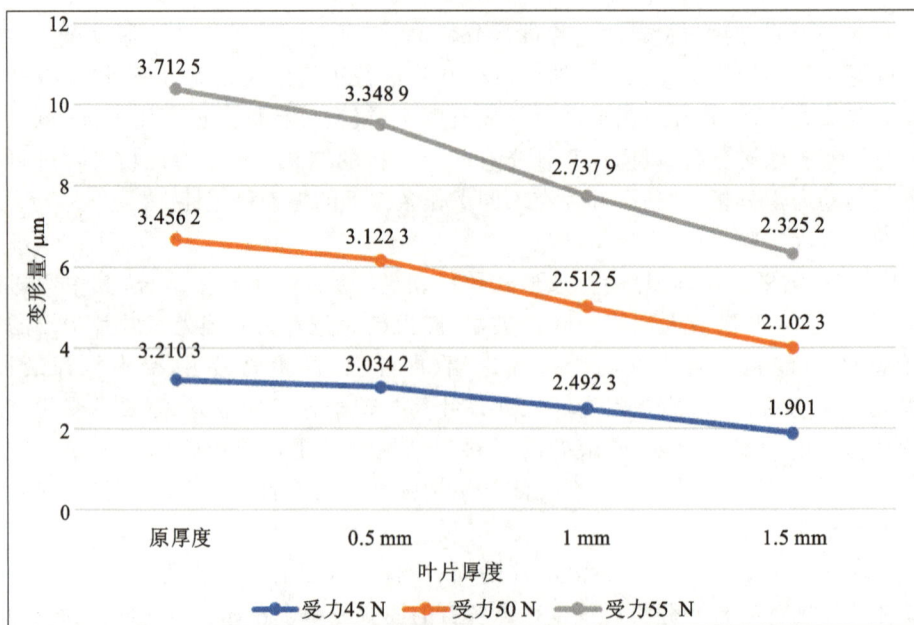

图 10-95　动力载荷下黑色塑料叶片变形量折线图

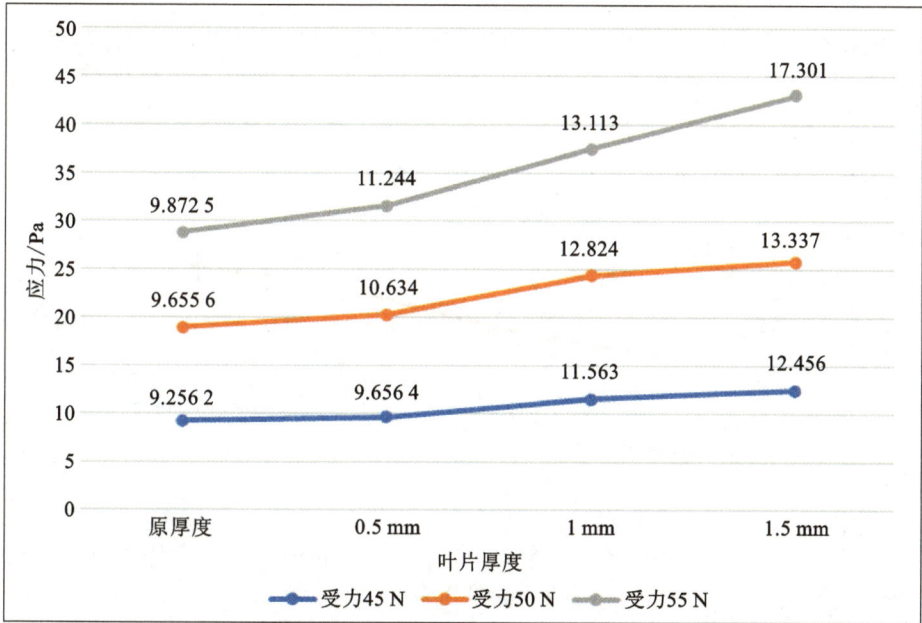

图 10-96　动力载荷下黑色塑料叶片应力折线图

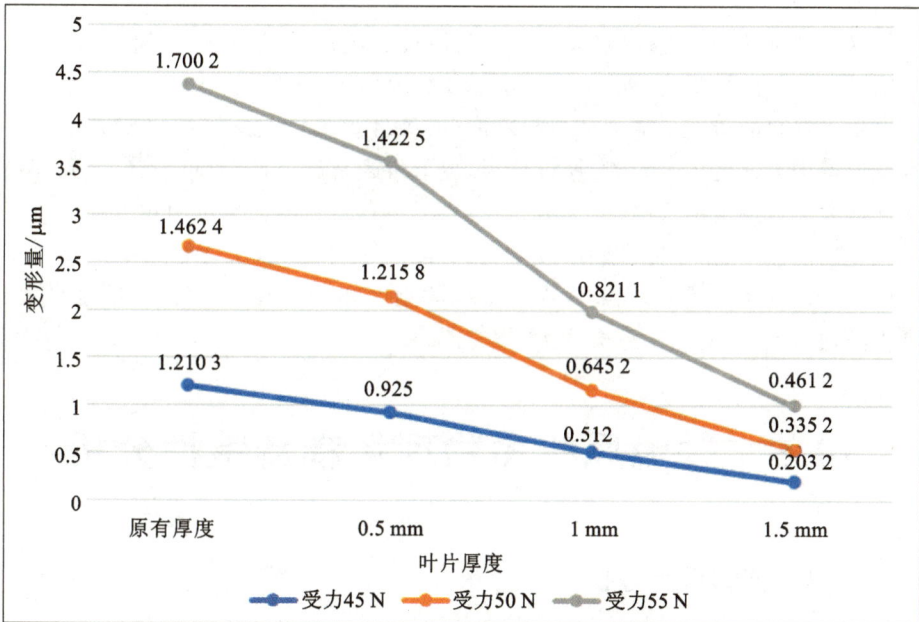

图 10-97　动力载荷下铝合金叶片变形量折线图

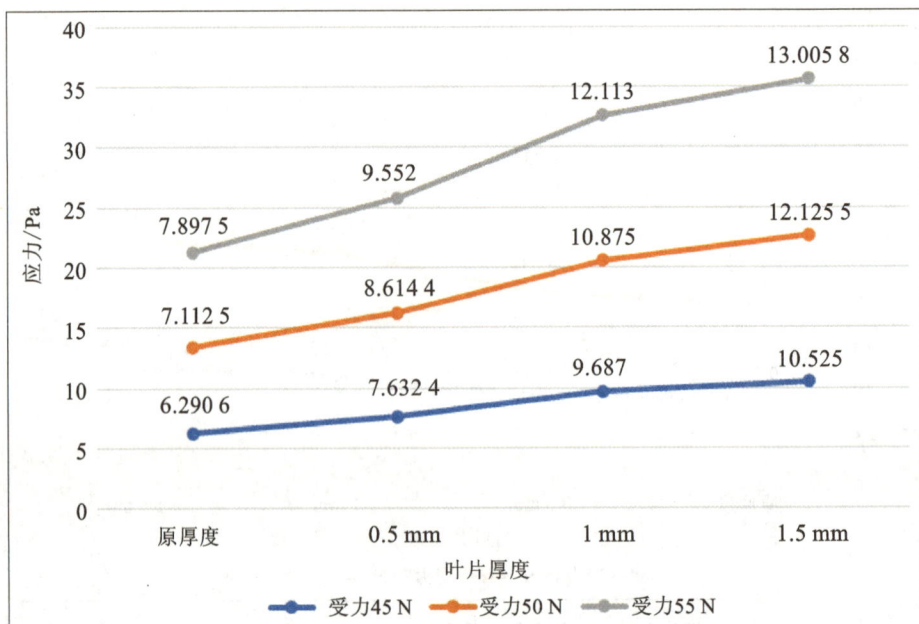

图 10-98　动力载荷下铝合金叶片应力折线图

③ 对 3 种叶片进行参数修改并改变其厚度和施加不同载荷后,研究其特性,结果表明,厚度一定时,受力增大,应力与变形量均增大。当受力增大时,应力也会增大。又由于材料的应变是应力和材料刚度(或弹性模量)的比值,所以应力增大也会导致变形量增大。受力一定时,厚度增大,变形量越来越小,应力越来越大,固有频率也随之增大。当厚度增大时,受力分布在更大的面积上,因此单位面积上的应力实际上是减小的。然而,由于叶片的厚度增大,其刚度也会增大,这会导致单位应力下的应变(即变形)减小。另外,固有频率与结构的刚度和质量有关,因此当厚度增大时,刚度也随之增大,固有频率也会增大。

10.5　轴流风机多物理场耦合特性分析

10.5.1　流固耦合分析

流固耦合(fluid-solid interaction,FSI)是一个在力学方面被研究得比较深入的分支,它涉及流体力学与固体力学的交叉与相互作用。简而言之,流固耦合研究的是固体在流场作用下的变化,以及流场如何受到固体变化的影响,同时研究这两者之间的相互作用。当流动的流体与旋转叶片接触时,叶片的旋转将会影响流场中介质的流动状态,而叶片也会受到流场施加的载荷作用,这些载荷会导致叶片产生变形。这种变形不是单向的,它也会反过来影响流体运动,从而改变流体载荷的分布和大小。在此种情况下,数值模拟被称为双向流固耦合分析,且需在瞬态状态下计算。

在流固耦合分析中,根据流体域和固体域之间物理场耦合程度的不同,还可以分为强流固耦合和弱流固耦合。其求解方法有直接解法和分离解法之分。弱流固耦合的分离解法是分别求解流体和固体的控制方程,通过流固耦合交界面进行数据传递,这种方法对计算机性能的需求大幅降低,因此本书采用此种方法。

下面先列出流体和固体的控制方程以及弱流固耦合的求解流程图。

不可压缩流体的守恒定律基于质量守恒和动量守恒,可通过以下控制方程来描述:

质量守恒控制方程:

$$\frac{\partial \rho_t}{\partial t} + \nabla(\rho_f \boldsymbol{v}) = 0 \tag{10-7}$$

动量守恒控制方程:

$$\frac{\partial \rho_f \boldsymbol{v}}{\partial t} + \nabla(\rho_f \boldsymbol{v} - \boldsymbol{\tau}_f) = \boldsymbol{f}_f \tag{10-8}$$

式中,ρ_f 为流体密度;t 为时间;$\boldsymbol{v}$ 为速度矢量;$\boldsymbol{\tau}_f$ 为剪切力张量;$\boldsymbol{f}_f$ 为体积力矢量。

根据牛顿第二定律,固体守恒的方程式为:

$$\rho_s \ddot{\boldsymbol{d}}_s = \nabla \boldsymbol{\sigma}_s + \boldsymbol{f}_s \tag{10-9}$$

式中,ρ_s 为固体密度;$\ddot{\boldsymbol{d}}_s$ 为固体域当地加速度矢量;$\boldsymbol{\sigma}_s$ 为柯西应力张量;$\boldsymbol{f}_s$ 为体积力张量。

$$\frac{\partial(\rho h)}{\partial t} - \frac{\partial \rho}{\partial t} + \nabla(\rho_f v h) = \nabla(\lambda \nabla T) + \nabla(v \tau) + \nabla \rho f_f + S_E \tag{10-10}$$

式中,h 为流体高度;λ 为导热系数;S_E 为能量源项。

固体部分的热变形项公式为:

$$f_T = \alpha_T \nabla T \tag{10-11}$$

式中,α_T 为热膨胀系数。

在进行风机叶片流固耦合分析时,以如图 10-99 所示主动旋转的轴流式风机叶片为研究对象进行仿真分析。本研究仿真采用的几何模型为 10.1.1 小节中所介绍的由 Geomagic Design X 软件建立的叶片几何模型,然后将叶片几何模型导入 SolidWorks 软件中,在叶片模型的基础上建立旋转域与流体域模型。

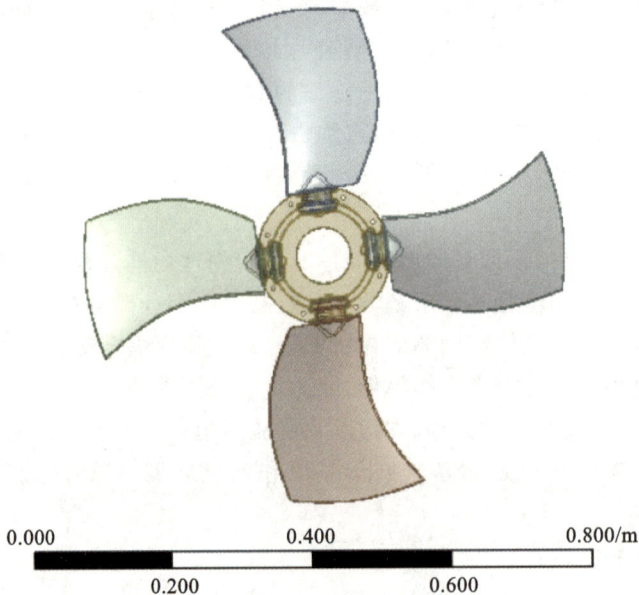

0.000		0.400		0.800/m
	0.200		0.600	

图 10-99　叶片模型

　　如图 10-100 所示，外部大圆柱为流体域，内部小圆柱为旋转域。由于叶片旋转时周围流场范围无穷大，但是在仿真时无法模拟无穷大的流场，因此对其周围的流场范围进行划定，考虑到叶片旋转时叶片周围的气流会发生变化，将叶片外的流域划分为两部分，即内流域和外流域。其中，内流域为圆柱形的旋转域，其内部挖掉叶片外形的型腔，在风机旋转过程中随着风机叶片的转动而同轴旋转，与风机保持相对静止状态。

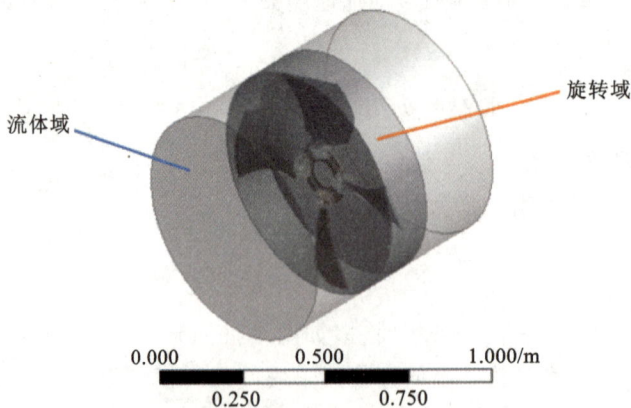

流体域　　旋转域

0.000		0.500		1.000/m
	0.250		0.750	

图 10-100　整体模型

在 ANSYS Workbench 中利用流体流动(Fluent)模块与静态结构(Static Structural)模块进行流固耦合计算。本书中叶片的变形对流场影响可以忽略不计,所考虑的主要是流体压力作用在叶片上时,叶片的应力分布。所以本书采用单向稳态流固耦合的分析方法进行分析,建立分析模块,如图 10-101 所示。

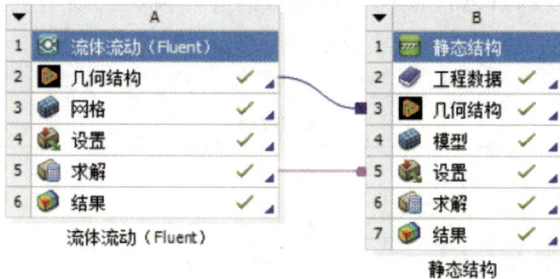

图 10-101　流固耦合项目图

分析模块建立完成后,导入几何模型并进行相应设置,在 DesignModeler 中对其进行布尔操作,建立流固交界面,保证流体域与旋转域完整地贴合,同时保证计算的准确性。然后将入口、出口分别命名为 inlet、outlet,壁面命名为 water_wall,流固交界面命名为 water_face,与之相对的固体接收面命名为 soild_face,如图 10-102 所示。

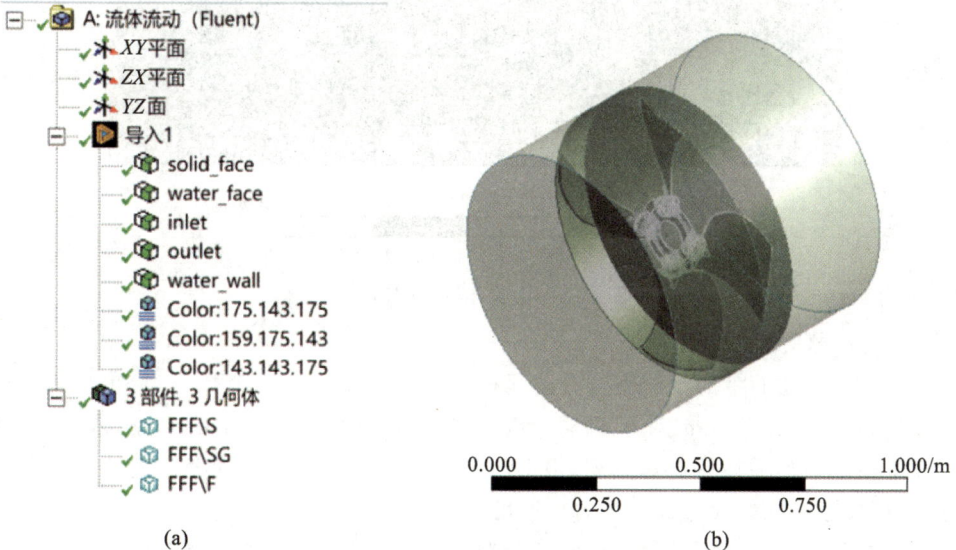

(a)　　　　　　　　　　　　　　(b)

图 10-102　处理模型

前处理完成后,对固体域和流体域的网格分别进行划分,由于需要考虑流体域与固体域的联系,特别是在交界面上的网格,其质量将直接影响计算结果的误差大小,因此,高质量的网格对于准确计算必不可少。本书通过对不同形状的几何体采用相适应的网格划分方法以确保网格符合高质量要求。侯程程和荐威等的研究在网格划分方面给予作者很大的启发,对于流体域部分,因其体积较大且其中包含流固交界面这一复杂面,采用四面体形网格、补丁适形法,调整其网格尺寸为 8 mm。对于固体域,采用面尺寸调节方式,添加固体域,即叶片模型的所有面,设定网格尺寸为 3 mm。其中,各叶片的固体域网格总数、流体域网格总数、网格单元质量如表 10-33 所示。

表 10-33   网格数据

叶片材质	固体域 网格总数	流体域 网格总数	固体域网格 平均单元质量	流体域网格 平均单元质量
铝合金	41.243 2 万	685.399 9 万	0.734 35	0.834 05
黑色增强塑料	72.316 5 万	771.359 2 万	0.786 49	0.844 15
白色增强塑料	79.288 0 万	634.181 0 万	0.773 73	0.840 88

流体域网格剖面状态,如图 10-103 所示。

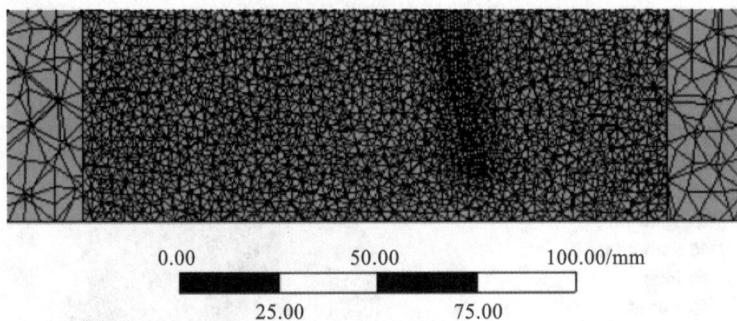

0.00   50.00   100.00/mm
        25.00   75.00

图 10-103   流体域细化后网格

叶片网格,如图 10-104 所示。

本书所建立的单向流固耦合有限元模型将流体域划分为流体入口、出口面和叶片旋转段。利用 Fluent 对风机载荷进行分析,首先进入 Fluent 设置界面,如图 10-105 所示。然后设置计算线程,根据所用计算机实际配置选择合适的线程进行计算,选择稳态选项并设置地球重力加速度为 Y 方向 -9.81 m/s^2。

选择 k-epsilon(2 eqn)模型,将流体材料设置为空气,设置流体旋转域的旋转速度与旋转方向,分别设置为 1 000 rad/s、1 450 rad/s、2 000 rad/s 绕 Z 轴旋转,如图

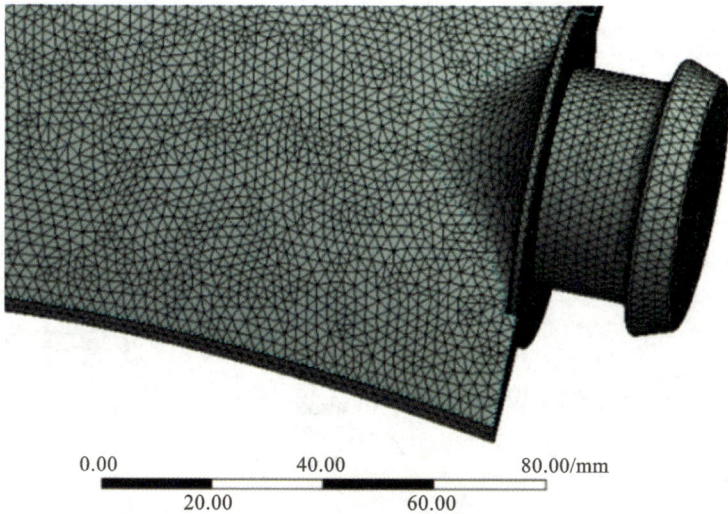

图 10-104　固体域细化后网格

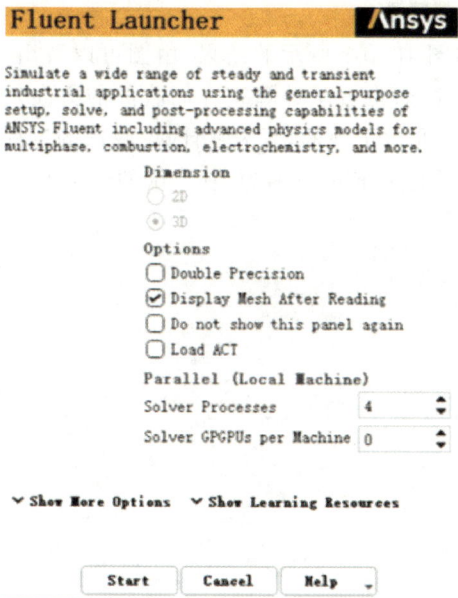

图 10-105　设置重力加速度

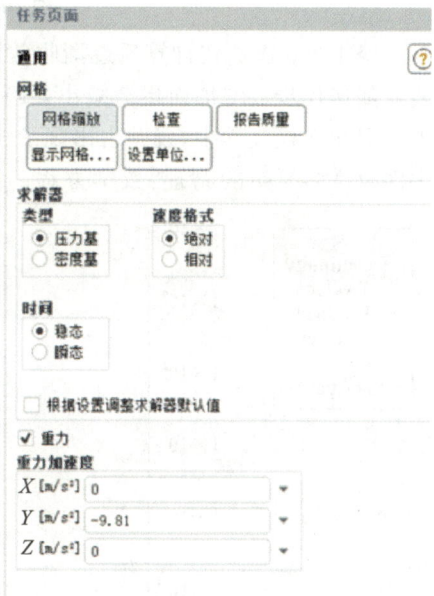

10-106 所示。本书参考张琳和刘旭东等对于流场的求解设置,设置边界条件中入口为压力入口、出口为压力出口,求解方法选择 Coupled 算法,残差值设定为 10^{-3},初始化后将迭代步数设置为 1 000,设置完成后分别对 3 种不同的转速情况进行计算。

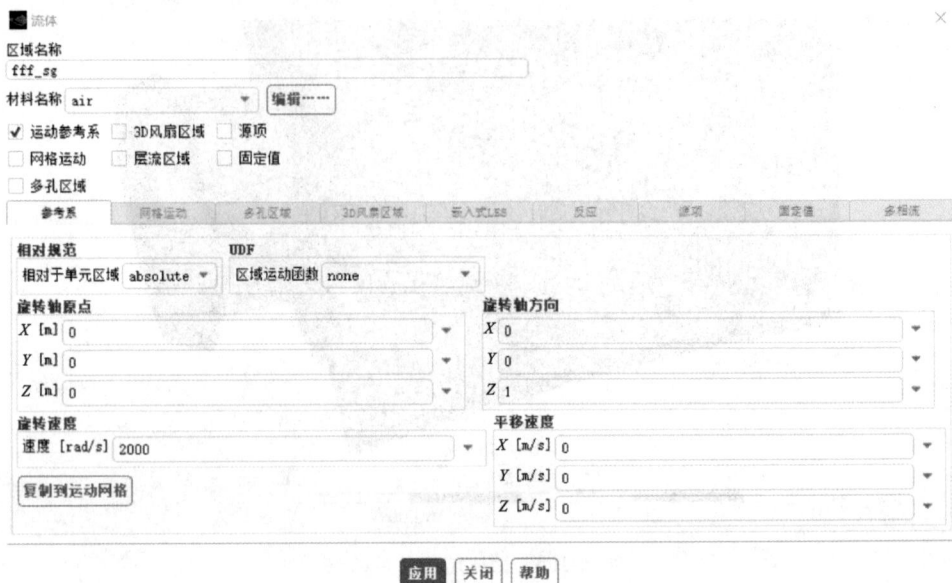

图 10-106 设置转速

经 1 000 次迭代计算后逐渐收敛,得出如图 10-107 所示的结果,由图可以看出,残差随迭代步数增加而逐渐减小并趋于稳定,这通常表示计算正在向收敛的方向发展。但在迭代过程中,残差也出现了波动,这是非常正常的,因为在计算、收敛的过程中涉及许多复杂的物理、数学方程。本书使用的是 Fluent 模块中默认的收敛标准

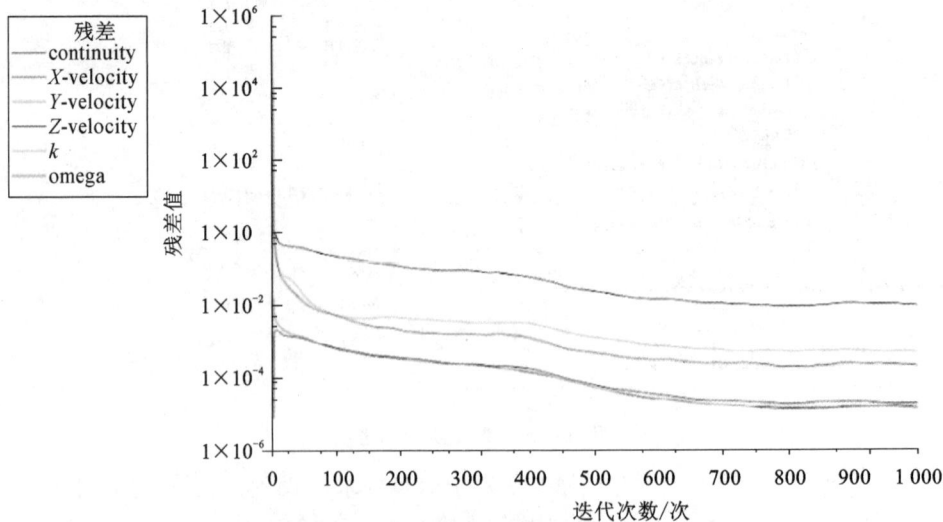

图 10-107 迭代图

0.001。在图 10-107 中,我们可以看到在迭代到 800 次左右时,残差已经达到了设定标准,即可以认为计算已经达到收敛。

计算完成后,打开流线显示,如图 10-108 所示,在 Start From 选项下选择 inlet,调整 of Points 为 500,以显示足够多的流线来展示气体流动情况以及流动速度的大小,单击 Apply 后得流线图。可以清晰地看到,气体在入口处进入叶轮,在叶轮的旋转之下积攒能量,接着从出口排出,在流线图左侧详细显示了其各部分速度。

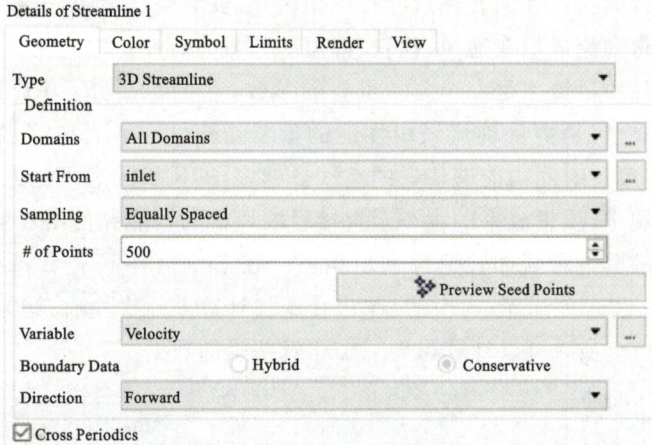

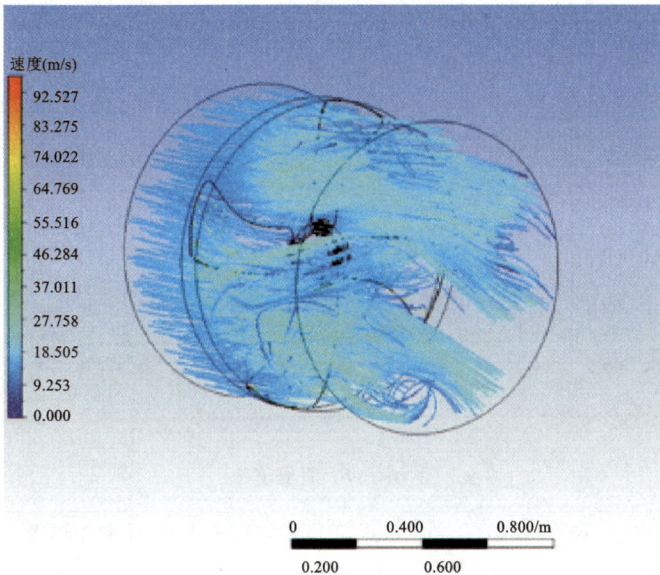

图 10-108　流线图

图 10-108 所示的就是轴流风机运行时的流线状态,轴流风机之所以能够把气体从出口吹出,主要依赖于其叶片特殊的结构设计,叶片从根部至叶片顶端扭曲一定的角度,这种设计有利于叶片在旋转时更有效地推动空气流动。当电机驱动转轴开始旋转,固定在轮毂上的风叶通过绕转轴旋转,产生了一个相当于推或拉的力,使得周围的空气被吸入或排出。具体来说,当风叶旋转时,其叶片会对空气产生一定的作用力,这个作用力将空气推向或拉向风叶的出口,从而形成了轴向的气流。另外,轴流风机还可以通过调整风叶的转速及叶片的扭转角、安装角等参数,来控制吹出的风量和风速。这使得轴流风机在通风、换气、降温等领域有着广泛的应用。

轴流风机的质量流率是一个非常重要的参数,它主要表明了单位时间内通过风机出口的空气质量,是衡量轴流风机性能的重要指标之一。具体来说,质量流率越大,表示风机在单位时间内能够输送的空气量越多,即风机的通风能力越强。

在实际应用中,质量流率的大小会直接影响风机的性能和使用效果。此外,质量流率还与风机的其他参数如转速等密切相关。在 Fluent 中可查看每次迭代的实时质量流率,如图 10-109 所示。此图反映出在迭代计算 600 次左右,结果便趋于稳定,因此在迭代 1 000 步后可以计算得到一个相对精确的数据。

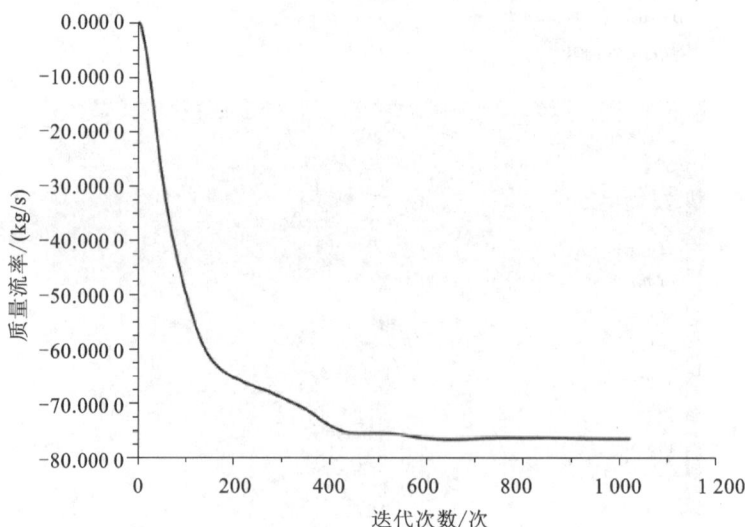

图 10-109　质量流率

本书分别对 3 种不同叶片在 3 种不同转速下进行计算,结果如表 10-34 和图 10-110 所示,可以看出随着转速的不断增大,风机的质量流率也在不断增大,符合实际工况,即本研究的分析结果具有很高的精确度。

表 10-34   **3 种叶片在 3 种转速下的质量流率**

叶片	转速		
	1 000 rad/s	1 450 rad/s	2 000 rad/s
铝合金叶片	6.5 kg/s	9.8 kg/s	12.9 kg/s
黑色塑料叶片	19.8 kg/s	30.6 kg/s	40.2 kg/s
白色塑料叶片	37.9 kg/s	55.3 kg/s	76.8 kg/s

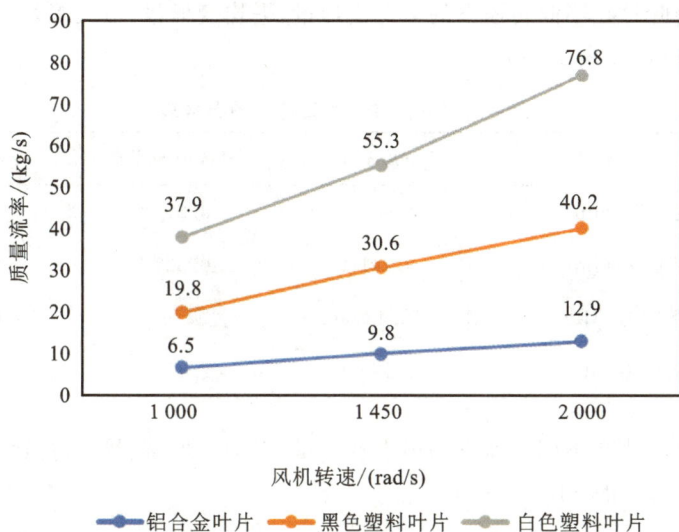

图 10-110   3 种叶片在 3 种转速下的质量流率

流体域计算完成后,打开静力学模块,在几何模型处抑制流体域模型并设置固体域材料属性,然后划分网格。在分析设置处添加标准地球重力,重力方向与流体域中保持一致,为 $-Y$ 方向。添加固定支撑,将轮毂沿 Z 轴方向的自由度进行限制。设置流固交界面,为下一步接收流体域数据做准备,将流体域导入的压力接收面定为流固交界面,在求解项目下设置待求解项总变形和等效应力。3 种叶片分别在 1 000 rad/s、1 450 rad/s 和 2 000 rad/s 三种转速下依次进行流固耦合的计算分析,得出以下结果。

铝合金叶片在不同转速下的最大变形量、平均变形量、最大等效应力和平均等效应力具体数值,如表 10-35 所示。

表 10-35 　　　　　　　　　铝合金叶片在不同转速下的参数表

	1 000 rad/s	1 450 rad/s	2 000 rad/s
最大变形量/mm	0.272 8	0.574 5	1.093 5
平均变形量/mm	0.087 1	0.183 6	0.350 3 4
最大等效应力/MPa	7.371 7	15.555 0	29.619 0
平均等效应力/MPa	0.319 5	0.673 8	1.285 5

　　黑色塑料叶片在不同转速下的最大变形量、平均变形量、最大等效应力和平均等效应力具体数值,如表 10-36 所示。

表 10-36 　　　　　　　　　黑色塑料叶片在不同转速下的参数表

	1 000 rad/s	1 450 rad/s	2 000 rad/s
最大变形量/mm	1.510 6	3.279 2	5.339 2
平均变形量/mm	0.241 1	0.527 5	0.921 7
最大等效应力/MPa	12.480 0	27.617 0	41.768 0
平均等效应力/MPa	1.133 4	2.452 6	4.339 0

　　白色塑料叶片在不同转速下的最大变形量、平均变形量、最大等效应力和平均等效应力具体数值,如表 10-37 所示。

表 10-37 　　　　　　　　　白色塑料叶片在不同转速下的参数表

	1 000 rad/s	1 450 rad/s	2 000 rad/s
最大变形量/mm	2.502 8	5.263 2	10.024
平均变形量/mm	0.620 9	1.307 3	2.490 5
最大等效应力/MPa	52.243	109.970	209.030
平均等效应力/MPa	2.328 1	4.973 6	9.474 8

　　图 10-111～图 10-113 展示了 3 种风机叶片在不同转速下的总变形分布云图,由图可知,从叶片的叶根到叶顶,变形整体呈逐渐加大的趋势,最大的变形量总是出现在叶顶处。随着转速的增加,叶片的整体总变形都呈逐渐增加态势,但单个叶片的变形大小分布趋势基本保持一致。图 10-114 显示了 3 种叶片在不同转速下的最大变形量。

(a)1 000 rad/s

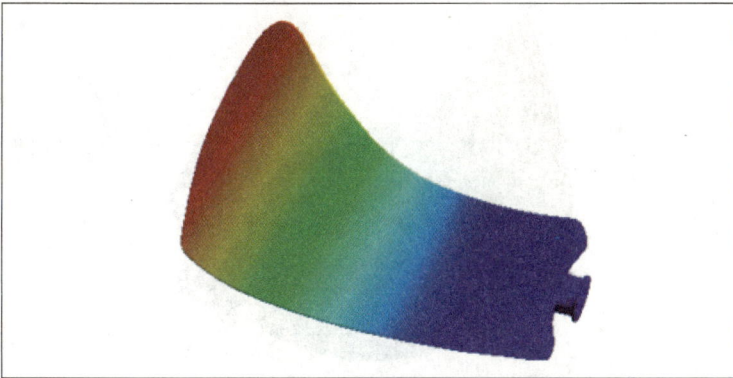

(b)1 450 rad/s

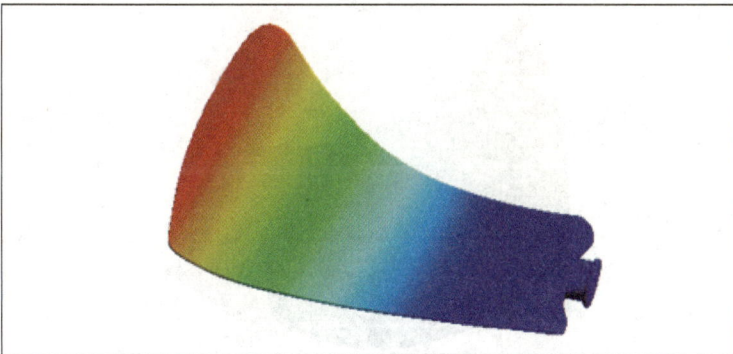

(c)2 000 rad/s

图 10-111　铝合金叶片在不同转速下的总变形图

(a)1 000 rad/s

(b)1 450 rad/s

(c)2 000 rad/s

图 10-112　黑色塑料叶片在不同转速下的总变形图

(a)1 000 rad/s

(b)1 450 rad/s

(c)2 000 rad/s

图 10-113   白色塑料叶片在不同转速下的总变形图

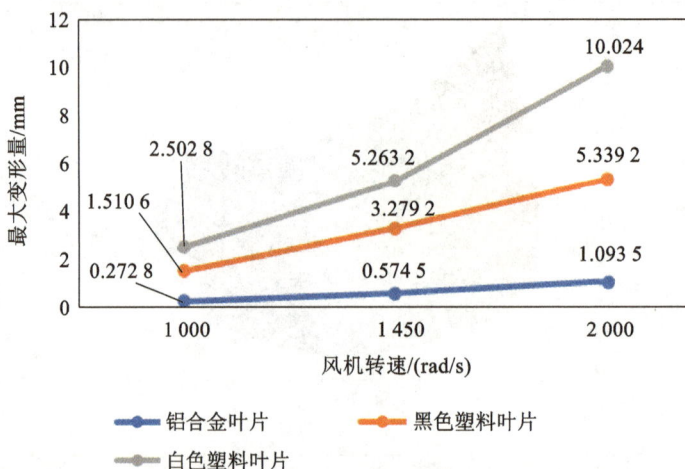

图 10-114　最大变形量图

　　此结果表明,在运行过程中要保证叶片边缘与外壁的间隙在一个安全范围,防止运行过程中因振动等情况导致叶片边缘与外壁发生摩擦碰撞而损坏叶片,所以应严格控制转轴的圆跳动误差以及叶片与外圈的装配间隙。

　　图 10-115～图 10-117 显示了 3 种风机叶片分别在不同转速下的等效应力的分布云图。由图可知,最大应力出现在叶根处,特别是黑色塑料叶片,最大应力出现在圆锥形加强筋的尖端处,由于存在应力集中,所以最大应力就出现在此处。经查阅资料得知,本书采用的玻璃纤维增强塑料屈服强度一般条件下为 450 MPa,远大于本研究仿真最大等效应力 209.03 MPa,说明本书分析的叶片在运行过程中可以承受该转速下由高速旋转形成的流场所施加的载荷。

　　由图 10-120 可知,随着转速的不断增大,3 种叶片所受平均等效应力均呈现不断增大的趋势。具体来看,当转速比较小时,叶片的平均等效应力变化较为平缓;随着转速的增大,叶片的等效应力开始显著增大,尤其是在转速达到 2 000 rad/s 时,等效应力的值相较于转速为 1 450 rad/s 时有一个大的跨度。

　　由分析结果,得出 3 种叶片在不同转速下的最大等效应力,如图 10-119 所示。通过对比不同转速下的分析结果,发现叶片的最大等效应力与转速之间存在非线性的关系。当转速达到 2 000 rad/s 时,叶片的最大等效应力会有一个大跨度增加,这将对叶片的安全运行造成严重影响。为了确保叶片的安全稳定运行,在实际工程中应严格控制转速范围,避免长时间保持在高转速。平时还需加强对叶片易损坏部分的监测和维护工作,及时发现并处理潜在的隐患。

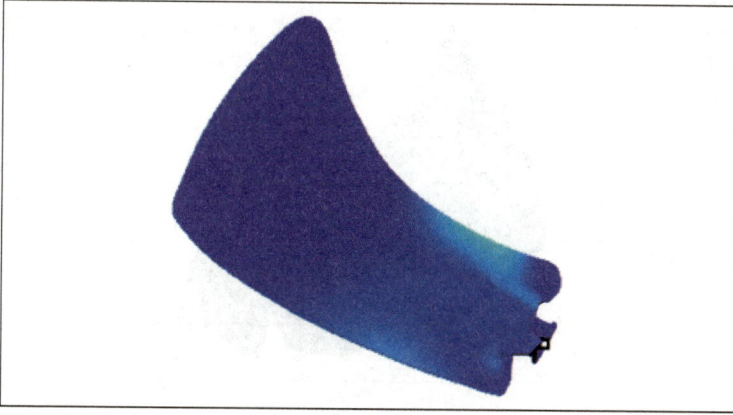

(a)1 000 rad/s

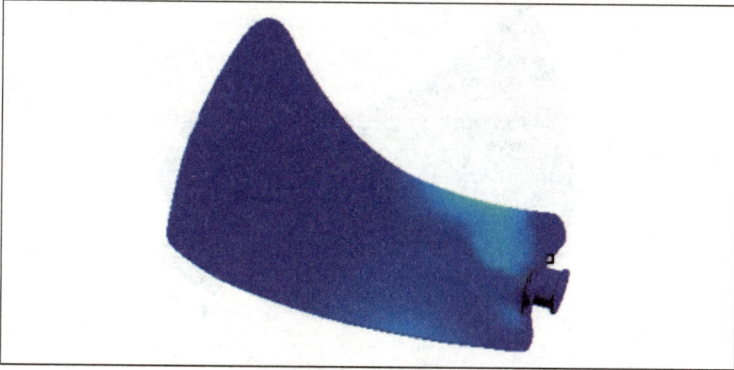

(b)1 450 rad/s

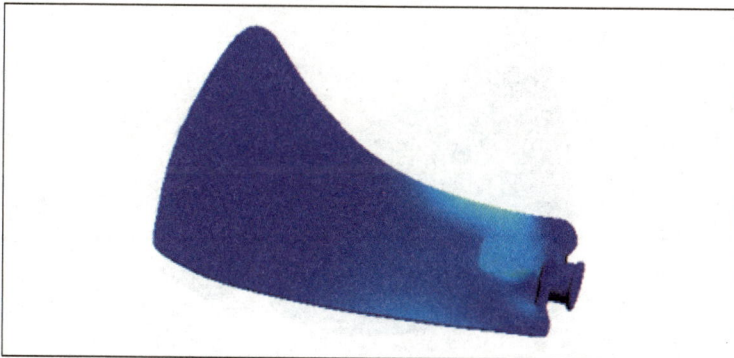

(c)2 000 rad/s

图 10-115　铝合金叶片在不同转速下的等效应力图

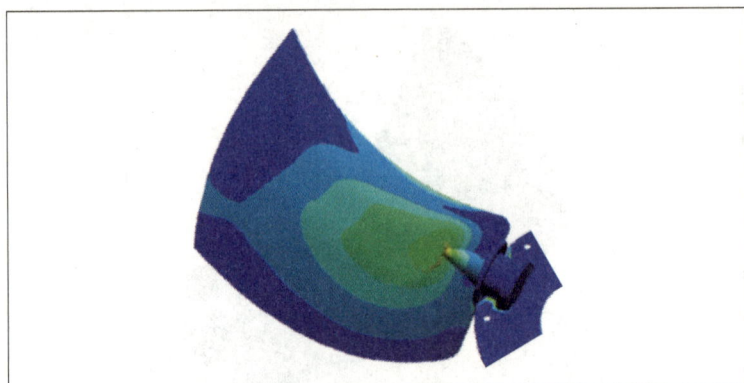

(a)1 000 rad/s

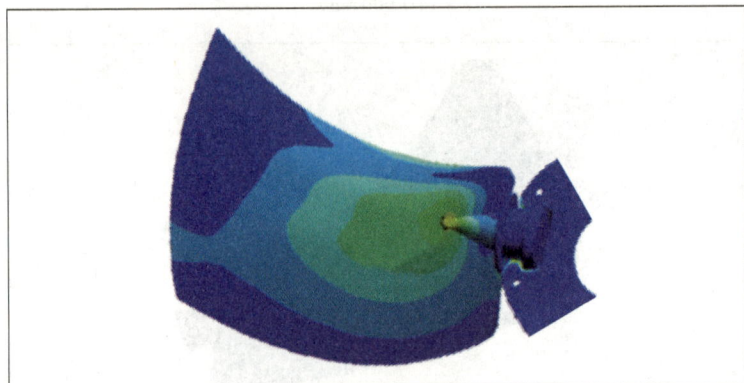

(b)1 450 rad/s

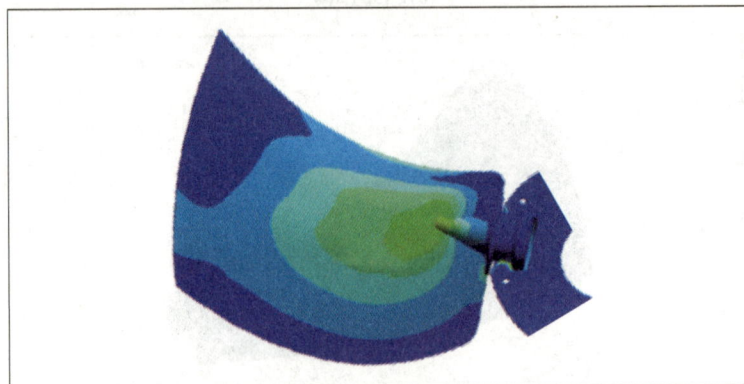

(c)2 000 rad/s

图 10-116　黑色塑料叶片在不同转速下的等效应力图

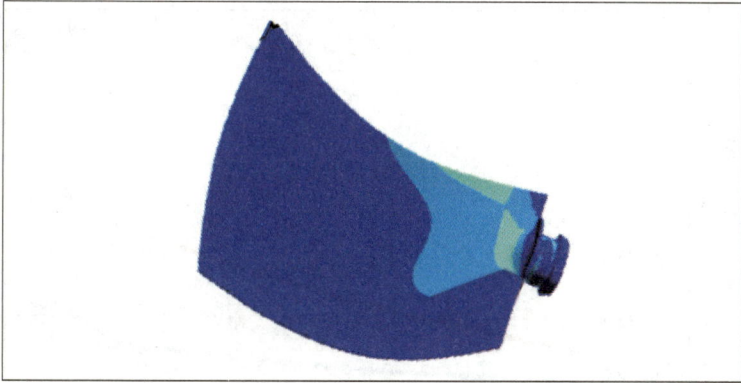

(a)1 000 rad/s

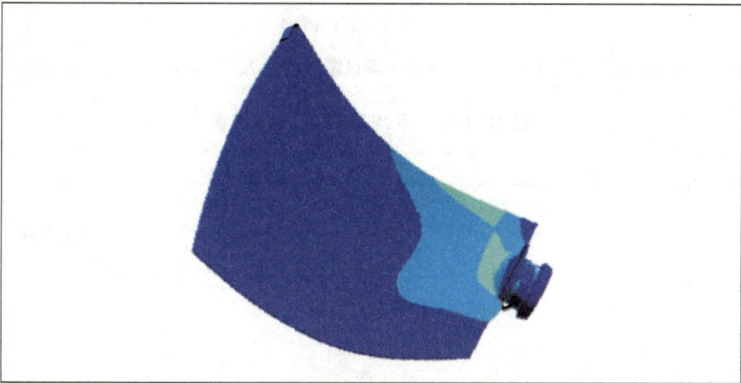

(b)1 450 rad/s

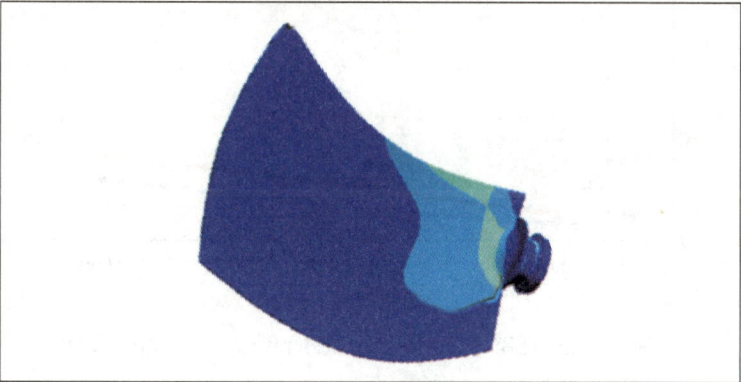

(c)2 000 rad/s

图 10-117　白色塑料叶片在不同转速下的等效应力图

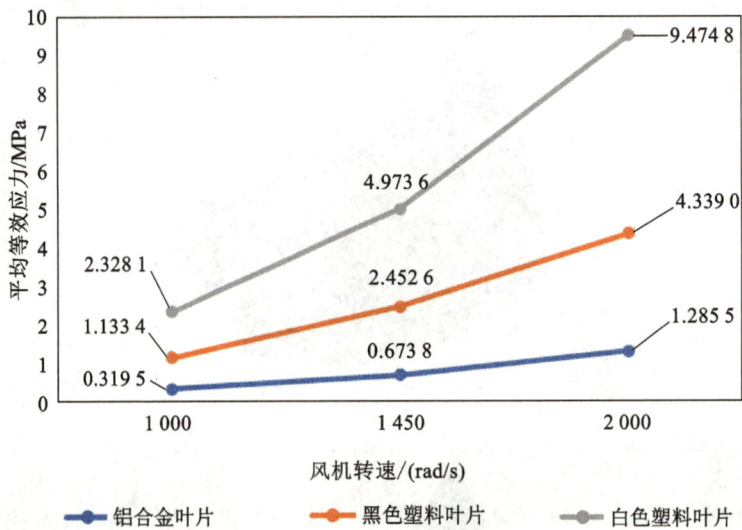

图 10-118 平均等效应力折线图

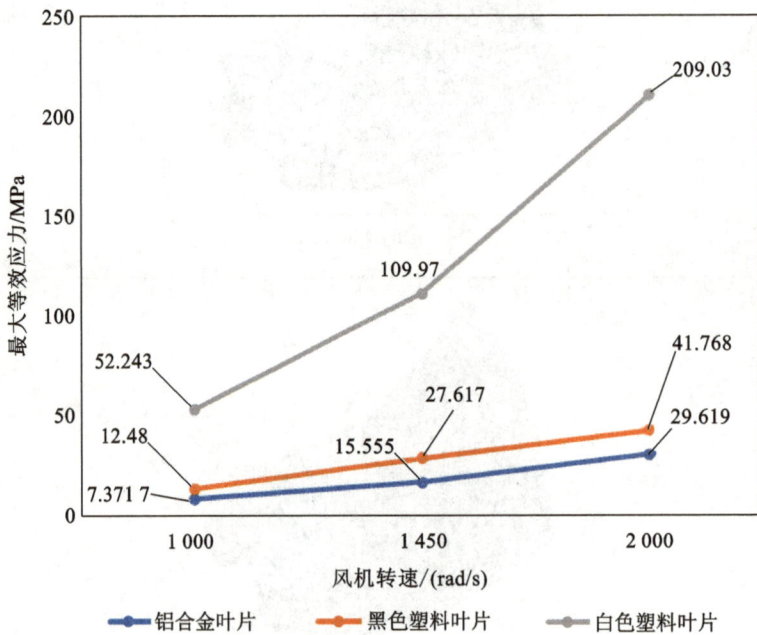

图 10-119 最大等效应力折线图

10.5.2 热流固耦合分析

热流固耦合分析,是对叶片在温度场、流场与力场的共同作用下的特性进行耦合分析。在温度场中需要考虑其传热方式,我们所熟知的三大传热方式为热传导、热辐射、热对流。对于风机叶片,热传导与热对流往往同时发生且占主要地位。对于 3 种不同材料的叶片,它们有着不同的传热性能,需要各自进行分析。

热流固耦合分析与 10.5.1 小节进行的流固耦合分析有很多相似之处,但相较于流固耦合增加了一个温度场,无形中又增加了数值模拟计算负担,计算的时间也会增加。

在热流固耦合数值模拟计算过程中,结构温度场和热弹性求解的有限元方程为:

$$\begin{cases} M\dfrac{\partial T}{\partial t} + KT - Q = 0 \\ DU = GT + F \end{cases} \tag{10-12}$$

式中,M 为热容量矩阵;T 为温度向量;t 为时间;K 为导热矩阵;Q 为热流向量;D 为刚度矩阵;U 为位移向量;G 为热应力系数矩阵;F 为机械力向量。

如图 10-120 所示,建立热流固耦合求解项目,导入与流固耦合中相同的几何模型,模型特征在此不过多赘述。本章的求解仍然采用单向、稳态的方式,分析叶片在高温下的变形情况,进而为叶片实际工作条件提供参考,为设计叶片时的选材提供依据。相比于流固耦合,热流固耦合更加真实地反映实际工况下叶片的变形情况,分析结果也更接近真实情况,更具参考意义。

项目原理图

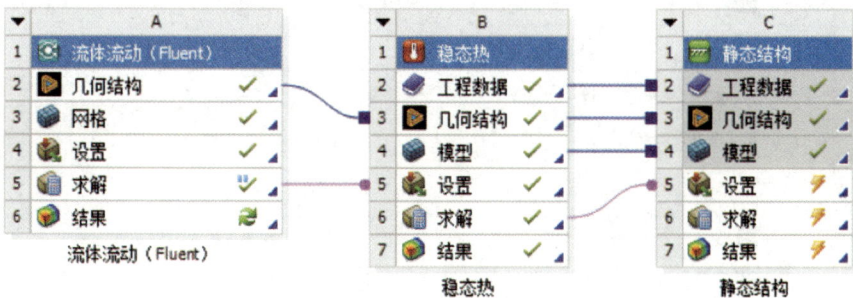

图 10-120 求解项目

网格划分前依旧需要对关键表面进行单独设置,如流场的入口、出口,流固交界面,系统耦合面,边界面。与流固耦合时相同,经过布尔操作得以在流场模型中形成叶片轮廓作为流固交界面,为传递数据提供纽带。为简化计算,下文将轮毂与转轴直接接触所传递的热量忽略不计,这样可以减少整体模型的复杂程度,免除转轴的模型设置以及它们之间的传热关系设置。

网格的划分方式与流固耦合中基本一致,分别在流体域与固体域中单独划分。热流固耦合分析对网格质量的要求依然很高,此处划分网格采用的方法与 10.5.1 小节相同,所得网格数目、节点等数据也相同。

网格划分完成后进入流场设置界面,与流固耦合最大的不同是本次需要打开模型设置中的能量选项,勾选能量方程,如图 10-121 所示。模型仍然选择 k-epsilon(2 eqn)模型,旋转域设置为绕 Z 轴旋转,转速为 1 450 rad/s。

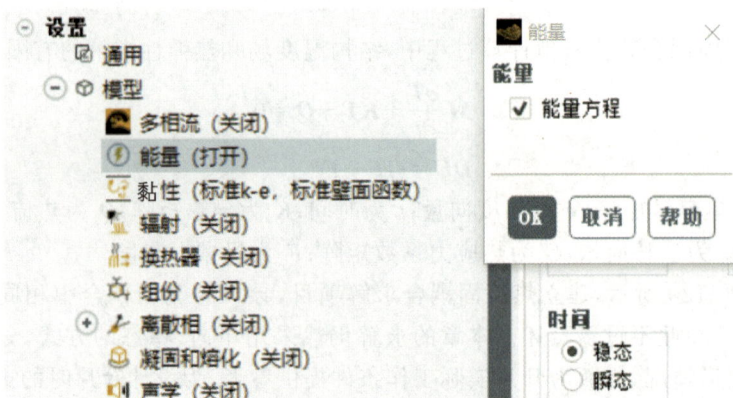

图 10-121　勾选能量方程

边界条件的设置相比于流固耦合需增加设置温度、传热系数等条件,在入口处设置入口温度为 150 ℃,出口温度设置为 30 ℃,如图 10-122 所示。

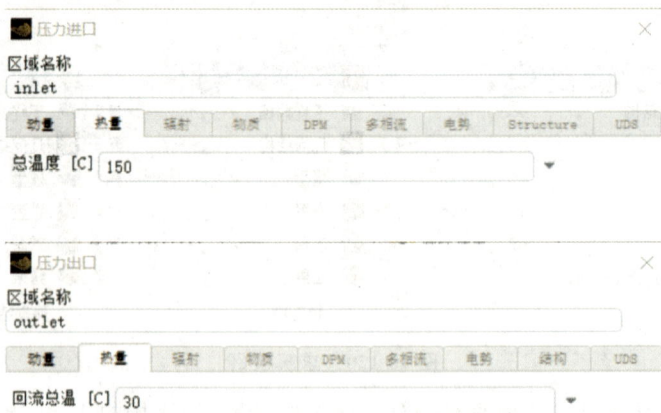

图 10-122　出入口温度

设置流体域壁面以及耦合面的对流传热系数为 3 W/(m² · K),来流温度为 25 ℃,如图 10-123 所示。

图 10-123　壁面热量条件

流体域计算完成后,在静力学模块中进行固体域的计算,与流固耦合中相似,在几何模型处抑制流体域模型并设置固体域材料属性,然后划分网格。在分析设置处添加标准地球重力,重力方向仍为 −Y 方向,添加固定支撑,将轮毂沿 Z 轴方向的自由度进行限制。设置流固交界面,为下一步接收流体域数据做准备。与 10.5.1 小节不同的是,本次需将流体域中所计算出的温度载荷同压力一起导入接收面,在求解项目下设置总变形。求解完成后与相同转速下的流固耦合结果进行对比,铝合金叶片总变形结果对比如图 10-124 所示。

图 10-125 显示了 100 ℃ 和 150 ℃ 的总变形结果,与图 10-124 对比,结果显示在温度为 100 ℃ 条件下叶片的总变形程度相较于无温度条件有一定的增加,最大变形量从 0.574 53 mm 增加到 0.782 88 mm,说明在高温环境下,叶片因温度的增加而受热变形加剧。由于叶片整体材料保持一致,其整体变形深浅的分布趋势仍保持不变。

由图 10-126 可知,随着温度从 100 ℃ 上升到 150 ℃,叶片的最大变形量在增大,由 0.782 88 mm 增加到 1.178 70 mm,说明温度在一定范围内提高会使得其所受应力增加,材料刚性改变,进而使得变形增加。这说明在实际运行过程中,一定要保证环境温度在合理的范围内。本次仿真结果显示的最大变形仍在可靠范围内,但已有明显趋势——其变形量随温度的提升而增加,因此现实中该种材料物品一定要避开高温环境。

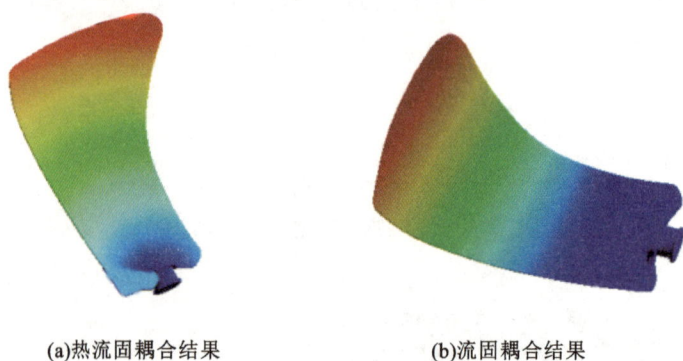

(a)热流固耦合结果 (b)流固耦合结果

图 10-124　铝合金叶片总变形结果对比

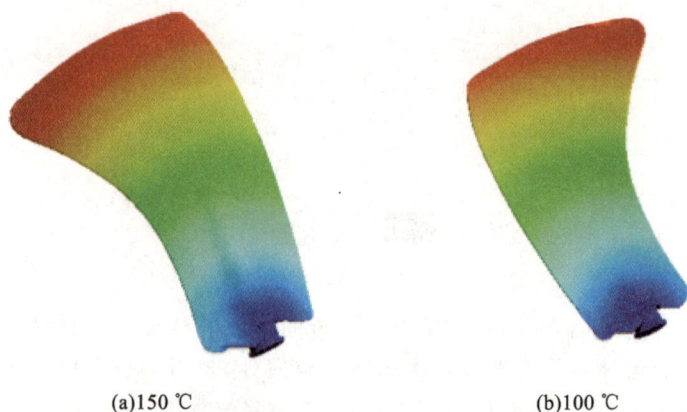

(a)150 ℃ (b)100 ℃

图 10-125　铝合金叶片在不同温度下的总变形结果对比图

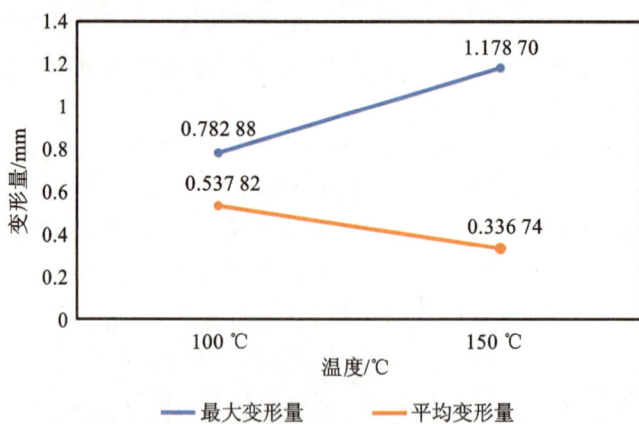

图 10-126　铝合金叶片在不同温度下的变形图

本书通过对风机叶片逆向建模，并将其置入多物理场分析，探究了其在多物理场中的相关性能，并对得出的结果进行了相关分析，分析结果可以为叶片的优化设计提供一些参考依据。具体结论如下：

① 基于 HandySCAN 激光扫描仪结合 VXelements 3D 软件扫描得到 3 种叶片和轮毂的点云数据，保存为 stl 文件格式，随后导入 Geomagic Design X 软件中，分别构建出铝合金叶片、黑色塑料叶片以及白色塑料叶片模型。

② 对 3 种叶片进行简单的测量后基于 LMS Test. Lab 锤击实验平台建立相似模型，敲击其每一个点进行数据收集，经软件处理后得出多阶模态振形。

③ 将叶片模型导入 ANSYS 软件中进行自由模态分析，不断修正材料杨氏模量、泊松比等参数，取其前 15 阶结果与实验结果进行对比，最终得出 3 种叶片的材料参数：铝合金叶片密度为 2.717 g/cm^3，杨氏模量为 71 790 MPa，泊松比为 0.32；黑色塑料叶片密度为 1.178 g/cm^3，杨氏模量为 3 950 MPa，泊松比为 0.30；白色塑料叶片密度为 1.385 g/cm^3，杨氏模量为 6 540 MPa，泊松比为 0.30。

④ 通过流固耦合分析，研究叶片在不同转速下的质量流率、总变形以及等效应力情况。进一步分析得出铝合金叶片在转速在 2 000 rad/s 时的最大变形量为 1.093 5 mm；黑色塑料叶片的最大变形量为 5.339 2 mm；白色塑料叶片的最大变形量为 7.825 5 mm。最大等效应力均分布在叶片表面的尖锐处，即应力集中的部位。

⑤ 经过热流固耦合分析得出，在同等转速的条件下，100 ℃时热流固耦合分析相比于流固耦合的分析结果，其变形量有所增加，铝合金叶片的最大变形量从 0.574 53 mm 增加到 0.782 88 mm。且进一步提高温度到 150 ℃后铝合金叶片变形量相比于 100 ℃条件下增加了 0.395 82 mm，最大变形量达到 1.178 70 mm。

10.6　轴流风机疲劳寿命分析

在循环加载的条件下，材料发生疲劳破坏所需的应变或应力的循环次数称作疲劳寿命。对实际构件，常用工作小时计。构件在出现工程裂纹（宏观可见或可检的裂纹，长度 0.2～1.0 mm）以前的疲劳寿命称作裂纹形成寿命，自出现工程裂纹到扩展为完全断裂的疲劳寿命称作裂纹扩展寿命。

当结构或材料承受多次重复变化的载荷作用后，即使应力值始终没有超过材料的强度极限，甚至比弹性极限还低，仍可能发生破坏。这种在交变载荷持续作用下结构或材料的破坏现象，称为疲劳破坏。结构的疲劳破坏是其主要的失效形式，抗疲劳设计广泛应用于各种机械设计中，对于汽车、重型机械、动力机械、化工机械、航空航天和原子能等领域抗疲劳设计更为重要。

发动机在运行状态下，需要不断地停车、启动、制动、加速与减速。在这种情况下，叶片所承受的循环载荷复杂度极高，容易使其出现疲劳失效的现象。对叶片进行疲劳寿命预测与可靠性评估是保证叶片可靠性和安全的重要措施之一。有限元法广泛应用于风机结构的整体建模及疲劳寿命评估中。

10.6.1　无裂纹叶片风机的疲劳寿命分析

下面用 ANSYS Workbench 仿真平台对加轮毂的无裂纹叶片在稳态模块中进行疲劳寿命分析，对其疲劳特性进行研究。

（1）稳态模块疲劳寿命分析

① 导入几何体模型。

打开 ANSYS Workbench，进入用户操作界面，单击单位中的单位系统，选择度量标准（kg，mm，s，C，mA，N，mV），设置分析单位，双击 Geometry 选项，创建分析项目 A，将工具箱中分析系统下的 Static Structural 选项拖动到分析项目 A 中的 A2 上，使 A2 呈红色显示，创建分析项目 B。在 A2 栏的 Geometry 选项上单击右键，选择 Replace Geometry 中的 Browse 命令，添加轮毂的叶片实体模型。

② 设置模型材料属性。

双击项目原理图中的 B2 栏 Engineering Data 进入材料库，选择轮廓框中的 A＊栏，分别新命名材料为 white、black、al；添加铝合金材料。

单击轮廓框的 white，在属性框的 A1 栏中添加质量、杨氏模量、泊松比，将工具箱 Linear Elastic 下的 Isotropic Elasticity 拖动到属性框中的 A1 栏，将工具箱中 Life 下的 S-N Curve 选项拖动到属性框中 A1 栏的 Property 选项上，创建 S-N 属性。一般工程上会用材料的 S-N 曲线来描述载荷和寿命之间的数学函数关系。查找常见塑料和铝合金材料的应力寿命参数，塑料和铝合金材料的 S-N 曲线分别如图 10-127

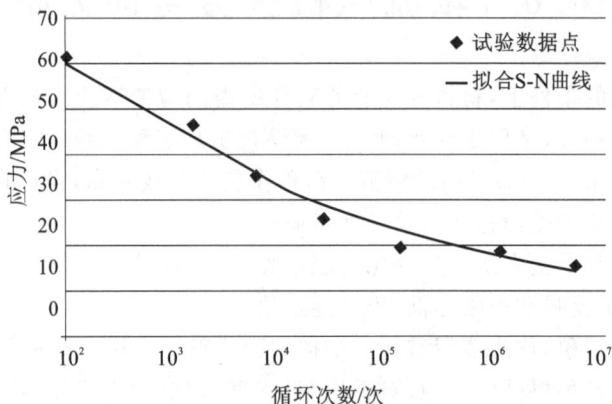

图 10-127　塑料 S-N 曲线

和图 10-128 所示,选出曲线中的几点,在表格 Properties Row 10:S-N Curve 窗口输入选出的应力寿命参数,并在 Chart of Properties Row 10:S-N Curve 窗口中显示该曲线,完成模型材料属性的添加,材料 black、al 执行类似操作。

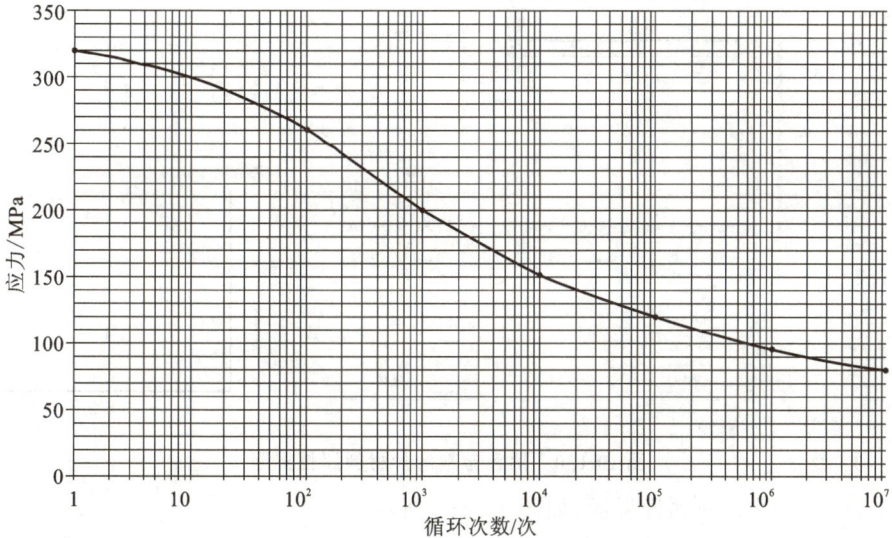

图 10-128　铝合金 S-N 曲线

进入材料属性界面,分别单击 white、black、al,将叶片的密度填入属性框的 B3 栏,将杨氏模量填入属性框的 B6 栏,将泊松比填入属性框的 B7 栏。

白色塑料叶片材料属性界面,如图 10-129 所示。

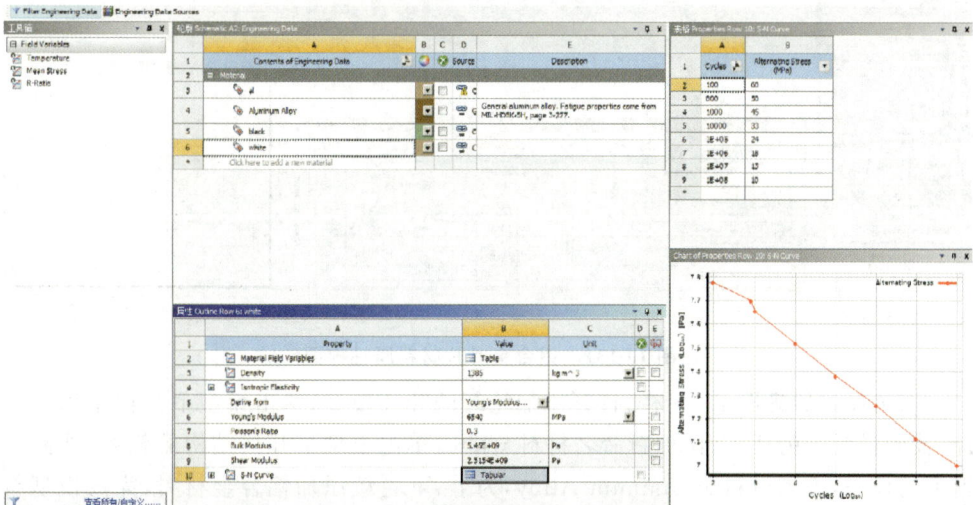

图 10-129　白色塑料叶片材料属性界面

黑色塑料叶片材料属性界面，如图 10-130 所示。

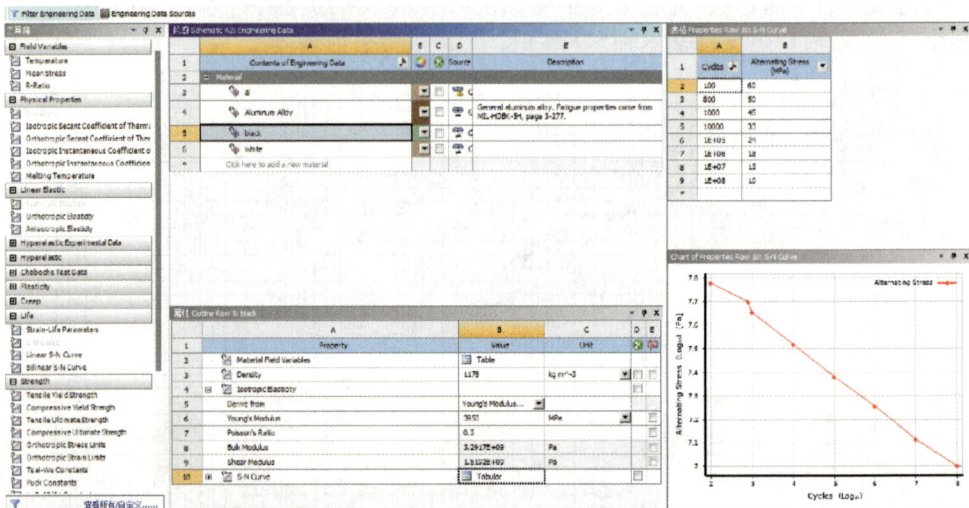

图 10-130　黑色塑料叶片材料属性界面

铝合金叶片材料属性界面，如图 10-131 所示。

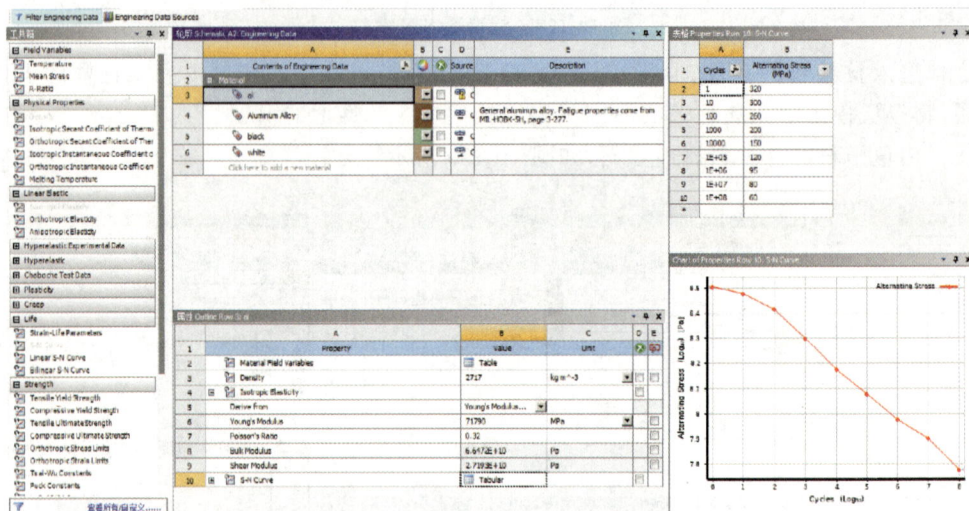

图 10-131　铝合金叶片材料属性界面

双击项目原理图的 B4 栏，打开添加轮毂的叶片模型，单击模型下几何结构的叶片，找到材料下的任务，添加新命名材料 white，单击模型下几何结构的轮毂，找到材料下的任务，添加材料 Aluminum Alloy，为上、下轮毂添加铝合金材料，完成模型材料属性的设置，如图 10-132 所示，材料 black、al 执行类似操作。

ID（Beta）	125
刚度行为	柔性
坐标系	默认坐标系
参考温度	根据环境
处理	无
材料	
□ 任务	white
非线性效应	是
热应变效应	是
⊞ 边界框	
⊞ 属性	
⊞ 统计	

⊞ 图形属性	
⊟ 定义	
□ 抑制的	否
ID（Beta）	66
刚度行为	柔性
坐标系	默认坐标系
参考温度	根据环境
处理	无
⊟ 材料	
□ 任务	Aluminum Alloy ▸
非线性效应	是
热应变效应	是
⊞ 边界框	

图 10-132　模型材料属性设置界面

③ 施加载荷和边界条件。

双击项目原理图中的 B4 栏，打开添加轮毂的叶片模型，找到网格，设置单元尺寸，单击右键网格，单击生成网格，等待加载完成，网格划分完毕。

单击右键静态结构下的分析设置，选中插入，单击固定支撑，选中轮毂的中间部分，在固定支撑的详细信息栏的几何结构中单击应用，这样就将轮毂固定。单击右键静态结构下的分析设置，选中插入，找到力，单击它，选中叶片上表面，在力的详细信息栏的几何结构中单击应用，查找塑料以及铝合金材料叶片转动时所受气动力的大小和方向，在力的详细信息栏的定义依据中选择矢量，将所查找的力输入，选择好方向。单击连接前的加号，单击接触前的加号，单击叶片与轮毂接触的接触区域，修改详细信息栏定义下的类型，将其改为摩擦，输入摩擦系数。设置一个以轮毂中间部分为原点的坐标系，单击右键静态结构下的分析设置，选中插入，找到旋转速度，单击后在几何结构选择全部几何体，轴选择轮毂中间部分，添加一个旋转速度。

④ 设置求解项。

单击右键求解方案，依次选择插入→变形→总计，在求解方案信息下，添加总变形；单击右键求解方案，依次选择插入→应力→等效，在求解方案信息下，添加等效应力；单击右键求解方案，依次选择插入→疲劳→疲劳工具，在求解方案信息下，添加疲劳工具，单击右键疲劳工具，分别选择寿命、损坏、安全系数，单击安全系数，修改设计寿命；在疲劳工具下，添加寿命、损坏、安全系数，单击疲劳工具，将加载类型改为基于零，比例因子改为 1.5。

设置完成，如图 10-133 所示。

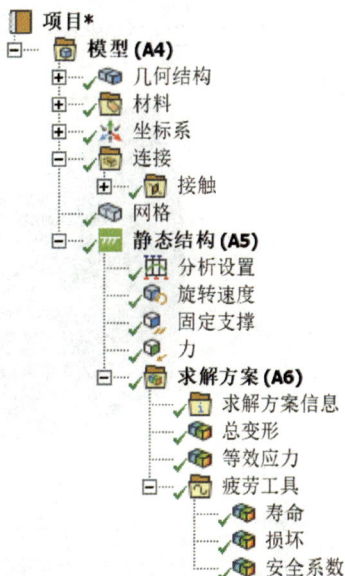

项目*
- 模型 (A4)
  - ⊞ 几何结构
  - ⊞ 材料
  - ⊞ 坐标系
  - ⊟ 连接
    - ⊞ 接触
    - 网格
  - ⊟ 静态结构 (A5)
    - 分析设置
    - 旋转速度
    - 固定支撑
    - 力
  - ⊟ 求解方案 (A6)
    - 求解方案信息
    - 总变形
    - 等效应力
    - ⊟ 疲劳工具
      - 寿命
      - 损坏
      - 安全系数

图 10-133　设置完成界面

⑤ 显示疲劳分析结果。

单击工具栏上的求解,待求解完成后,分别单击求解方案下的总变形和等效应力,在图形窗口可以显示出总变形和等效应力云图,在图形窗口的左上角可以查看对应图形的最大值、最小值和平均值。分别单击疲劳工具下的寿命、损坏、安全系数,在图形窗口可以显示出寿命、损坏和安全系数云图,在图形窗口的右下角可以查看对应图形的最大值、最小值和平均值。

更换叶片,重复以上步骤,可以得出以上 3 种无裂纹叶片的疲劳寿命分析结果。

无裂纹白色塑料叶片变形云图,如图 10-134 所示。

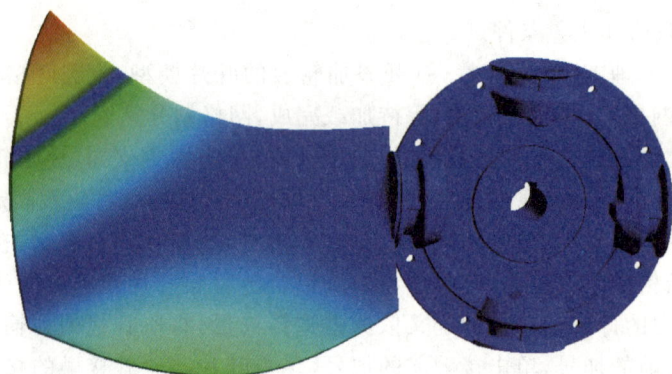

图 10-134　无裂纹白色塑料叶片变形云图

无裂纹白色塑料叶片应力云图,如图 10-135 所示。

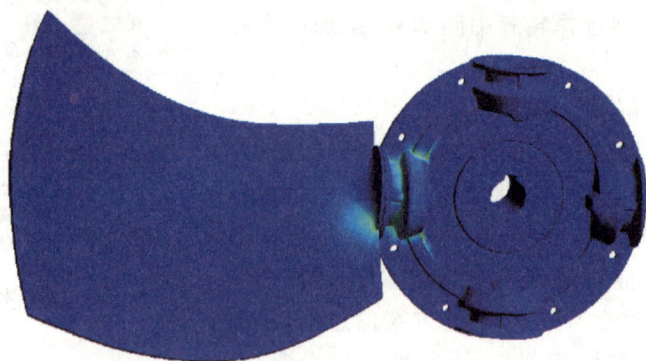

图 10-135　无裂纹白色塑料叶片应力云图

无裂纹白色塑料叶片疲劳寿命云图,如图 10-136 所示。

无裂纹白色塑料叶片损坏云图,如图 10-137 所示。

无裂纹白色塑料叶片安全系数云图,如图 10-138 所示。

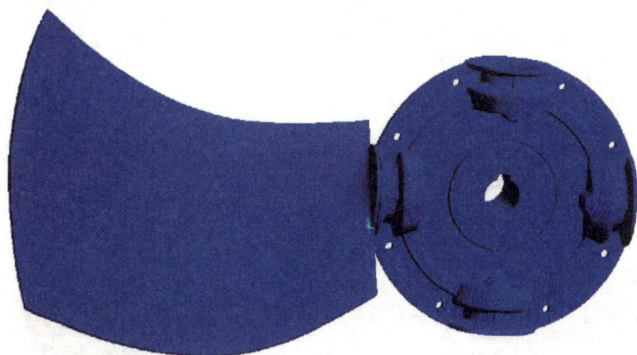

图 10-136　无裂纹白色塑料叶片疲劳寿命云图

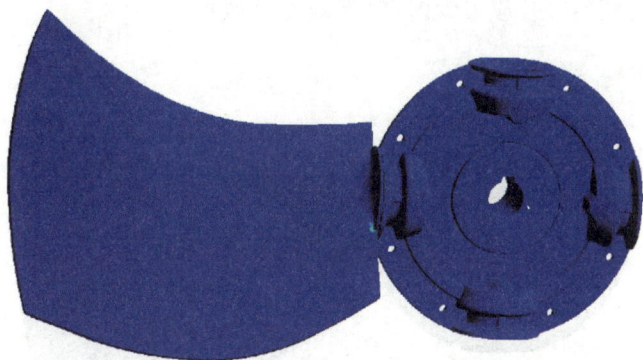

图 10-137　无裂纹白色塑料叶片损坏云图

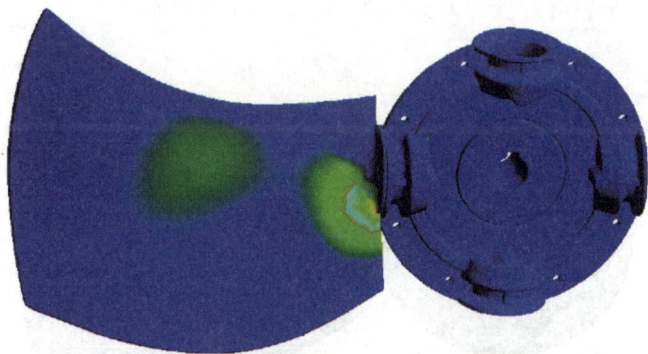

图 10-138　无裂纹白色塑料叶片安全系数云图

无裂纹黑色塑料叶片变形云图,如图 10-139 所示。

图 10-139　无裂纹黑色塑料叶片变形云图

无裂纹黑色塑料叶片应力云图,如图 10-140 所示。

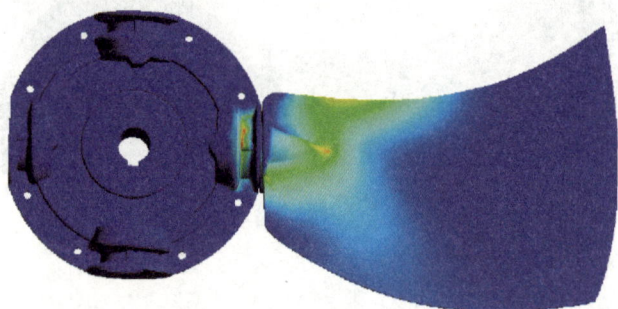

图 10-140　无裂纹黑色塑料叶片应力云图

无裂纹黑色塑料叶片疲劳寿命云图,如图 10-141 所示。

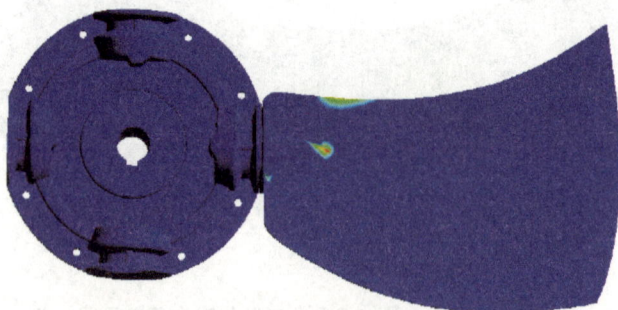

图 10-141　无裂纹黑色塑料叶片疲劳寿命云图

无裂纹黑色塑料叶片损坏云图,如图 10-142 所示。

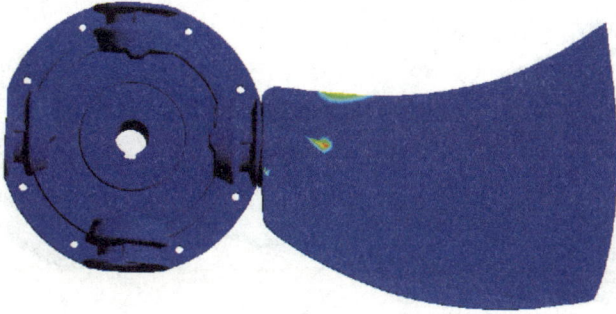

图 10-142　无裂纹黑色塑料叶片损坏云图

无裂纹黑色塑料叶片安全系数云图,如图 10-143 所示。

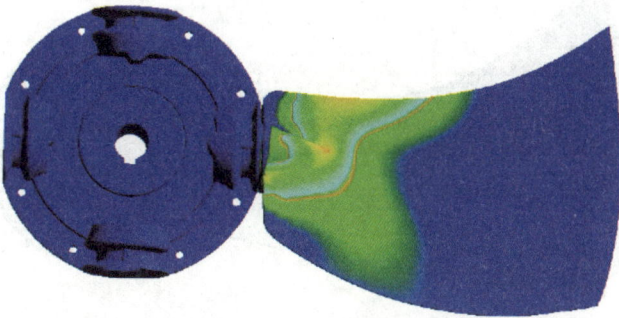

图 10-143　无裂纹黑色塑料叶片安全系数云图

无裂纹铝合金叶片变形云图,如图 10-144 所示。

图 10-144　无裂纹铝合金叶片变形云图

无裂纹铝合金叶片应力云图，如图 10-145 所示。

图 10-145　无裂纹铝合金叶片应力云图

无裂纹铝合金叶片寿命云图，如图 10-146 所示。

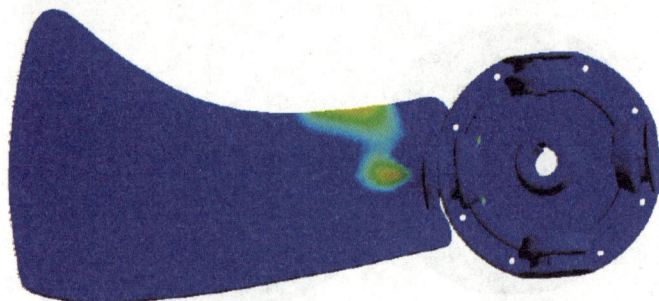

图 10-146　无裂纹铝合金叶片寿命云图

无裂纹铝合金叶片损坏云图，如图 10-147 所示。

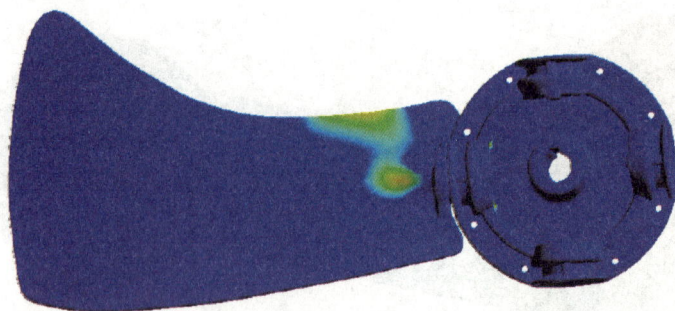

图 10-147　无裂纹铝合金叶片损坏云图

无裂纹铝合金叶片安全系数云图,如图 10-148 所示。

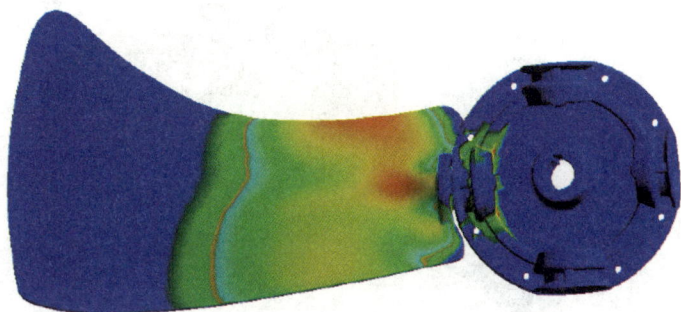

图 10-148　无裂纹铝合金叶片安全系数云图

(2)随机振动模块疲劳寿命分析

下面用 ANSYS Workbench 仿真平台对加轮毂的无裂纹叶片在随机振动模块中进行疲劳寿命分析,对其疲劳特性进行研究。

首先在 ANSYS Workbench 用户操作界面创建模态分析项目,然后将随机振动项目连接到模态分析项目后面,导入无裂纹叶片模型,在材料库里创建材料,设置叶片材料属性,打开分析界面,先分别为叶片和上、下轮毂添加材料,划分网格,在模态中添加固定支撑,用来固定轮毂,将分析设置中的最大模态阶数改为 15,求解模态,在随机振动中单击分析设置,单击输出控制前的加号,将速度和加速度的计算改为随机振动分析模式,在随机振动分析模式中添加功率谱密度(PSD)形式的加速度,方向改为 Z 轴,查找叶片的 PSD 加速度数据,填入 PSD 加速度表格数据中,在求解方案中插入定向变形,将方向更改为 Z 轴,插入等效应力,插入疲劳工具,在疲劳工具中插入寿命和损坏。最后单击求解,可以在图形窗口中查看对应的结果,在图形窗口左上角可以查看对应图形的最大值、最小值和平均值。改变 PSD 加速度对应频率,进行多次求解分析,改变疲劳工具下的曝光时间,再进行多次求解分析。

无裂纹白色塑料叶片寿命图,如图 10-149 所示。

无裂纹白色塑料叶片损坏图,如图 10-150 所示。

无裂纹黑色塑料叶片寿命图,如图 10-151 所示。

无裂纹黑色塑料叶片损坏图,如图 10-152 所示。

无裂纹铝合金叶片寿命图,如图 10-153 所示。

无裂纹铝合金叶片损坏图,如图 10-154 所示。

不同的叶片在相同的 PSD 载荷下,损坏值和寿命不同。同一叶片在曝光时间(即暴露在加载环境中的时间)相对较短的情况下,叶片损坏值很小,其寿命较长,延

图 10-149　无裂纹白色塑料叶片寿命图

图 10-150　无裂纹白色塑料叶片损坏图

图 10-151　无裂纹黑色塑料叶片寿命图

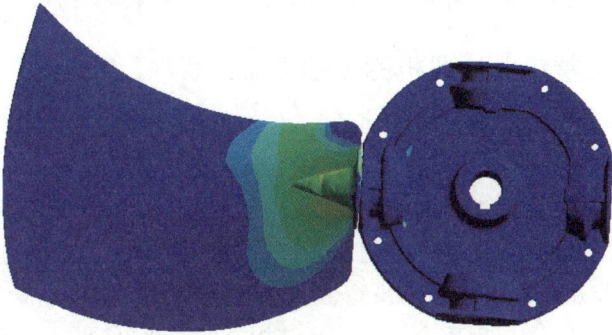

图 10-152 无裂纹黑色塑料叶片损坏图

图 10-153 无裂纹铝合金叶片寿命图

图 10-154 无裂纹铝合金叶片损坏图

长暴露在加载环境中的时间,叶片的疲劳寿命不会发生改变,但叶片的疲劳损坏会增加。如果长时间暴露在加载环境中,叶片的疲劳损坏会累积增加。

10.6.2 有裂纹叶片风机的疲劳寿命分析

裂纹对叶片寿命的影响是多方面的,不仅涉及结构完整性和强度的问题,还会对叶片的安全运行产生威胁。裂纹对叶片寿命的影响主要体现在以下几个方面:①叶根螺栓裂纹或缺失。叶根螺栓的裂纹或缺失会导致其他螺栓受力不均,使得螺栓承受的载荷超过设计载荷。随着叶片的运行,其他螺栓可能会相继断裂,若未能及时发现和处理,叶片有从轮毂上脱落的风险,这不仅影响叶片寿命,也威胁到机组的安全运行。②涂层剥落。涂层剥落会加速叶片结构层的老化,如果长时间未得到处理,可能导致叶片结构层损伤及分层,从而显著缩短叶片寿命。③叶片结构层的开裂和分层。当结构层出现开裂及分层时,缺陷区域相对于其他正常区域成为最薄弱区域。一旦最薄弱区域发生破坏,随着叶片的运行,裂纹会逐渐向周边扩展,从而缩短叶片寿命。

在风机损坏事故中,因叶片损坏导致风机损坏的现象比较常见。叶片存在微裂纹且长期运行会导致疲劳断裂。所以有必要对叶片进行定期检查及维护,以预防和及时采取措施来处理这些潜在的裂纹问题。

由于叶片尖端受的离心力较大,裂纹出现的可能性较大,因此可以在叶片尖端附近制作裂纹来进行疲劳寿命分析,下面用 SolidWorks 软件制作出有裂纹的叶片,先将有轮毂的叶片导入 SolidWorks 软件,选择合适基准面,单击右键所选基准面,选择草图绘制,进入草图绘制界面,选择直线在叶片尖端附近画出三角形,如图 10-155 所示,单击退出草图,单击装配体,单击装配体特征,选择拉伸切除并单击,输入合适的拉伸切除深度,进行拉伸切除。

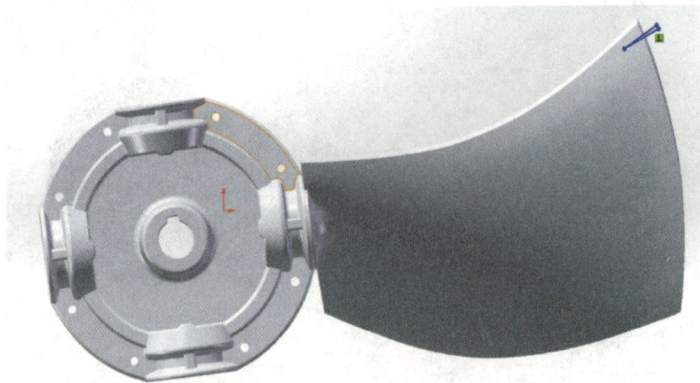

图 10-155　草图三角形

加轮毂的有裂纹白色塑料叶片，如图 10-156 所示。

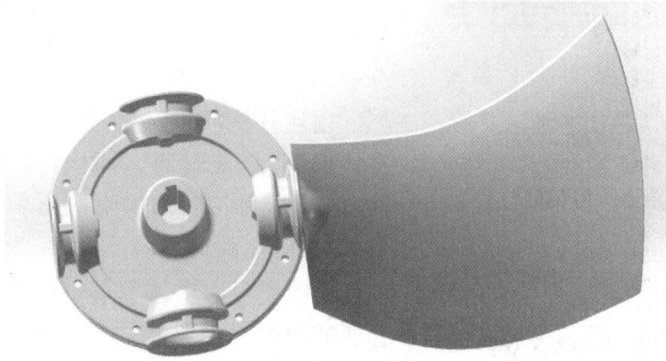

图 10-156　加轮毂的有裂纹白色塑料叶片

加轮毂的有裂纹黑色塑料叶片，如图 10-157 所示。

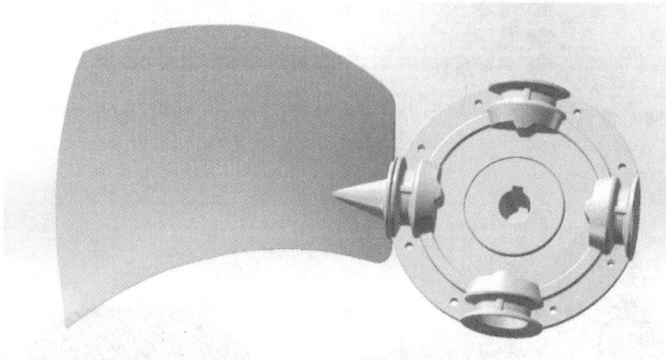

图 10-157　加轮毂的有裂纹黑色塑料叶片

加轮毂的有裂纹铝合金叶片，如图 10-158 所示。

图 10-158　加轮毂的有裂纹铝合金叶片

项目*
模型 (A4)
  几何结构
  材料
  坐标系
  连接
    接触
  网格
  静态结构 (A5)
    分析设置
    旋转速度
    固定支撑
    力
    求解方案 (A6)
      求解方案信息
      总变形
      等效应力
      疲劳工具
        寿命
        损坏
        安全系数

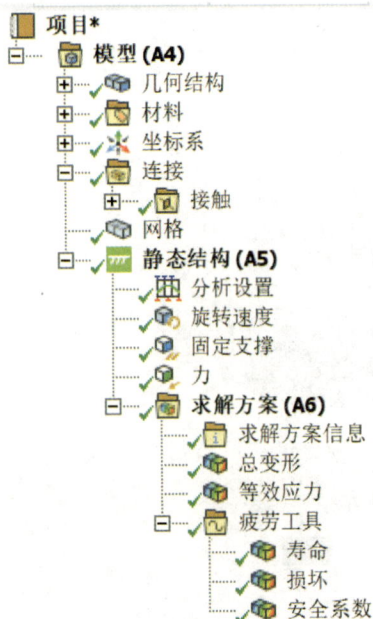

图 10-159　设置完成界面

（1）稳态模块疲劳寿命分析

下面用 ANSYS Workbench 仿真平台对加轮毂的有裂纹叶片在稳态模块中进行疲劳寿命分析，分析其疲劳特性。

创建分析项目，添加加轮毂的有裂纹叶片实体模型，创建材料，为材料设置模型材料属性，为叶片和轮毂添加对应材料，之后划分网格，为其施加载荷和边界条件，设置求解项，以上操作步骤与前面无裂纹部分类似，设置完成界面如图 10-159 所示。单击求解，在图形窗口中查看总变形和等效应力云图以及寿命、损坏和安全系数云图，在图形窗口的左上角可以查看图形对应的最大值、最小值和平均值。更换叶片，重复以上步骤，可以得出以上 3 种有裂纹叶片的疲劳寿命分析结果。

有裂纹白色塑料叶片变形云图如图 10-160 所示。

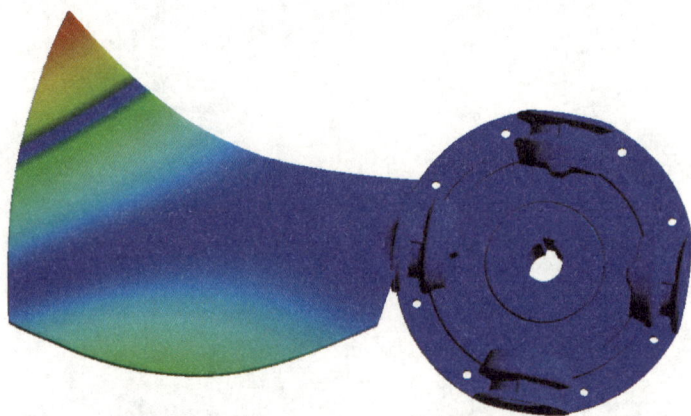

图 10-160　有裂纹白色塑料叶片变形云图

有裂纹白色塑料叶片应力云图，如图 10-161 所示。

有裂纹白色塑料叶片疲劳寿命云图，如图 10-162 所示。

有裂纹白色塑料叶片损坏云图，如图 10-163 所示。

有裂纹白色塑料叶片安全系数云图，如图 10-164 所示。

有裂纹黑色塑料叶片变形云图，如图 10-165 所示。

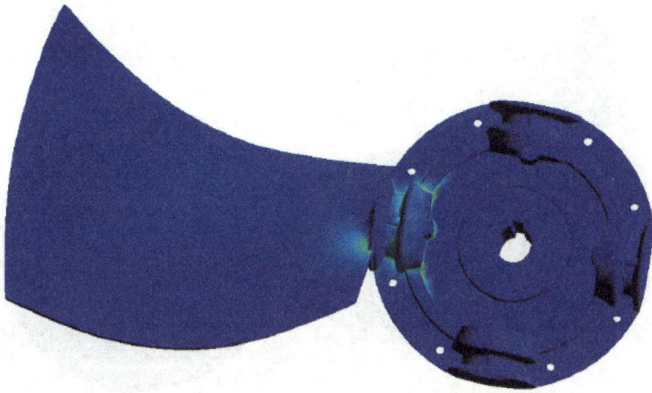

图 10-161 有裂纹白色塑料叶片应力云图

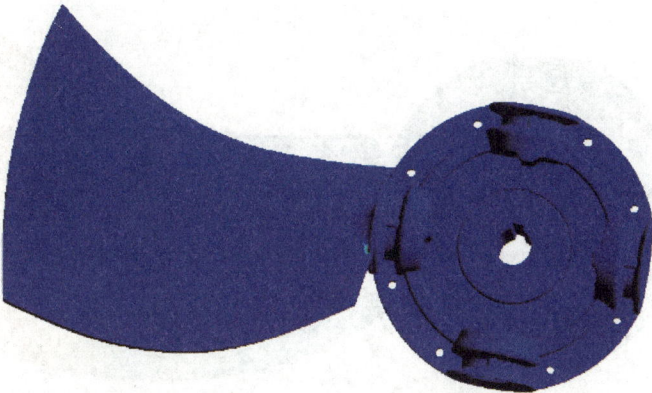

图 10-162 有裂纹白色塑料叶片疲劳寿命云图

图 10-163 有裂纹白色塑料叶片损坏云图

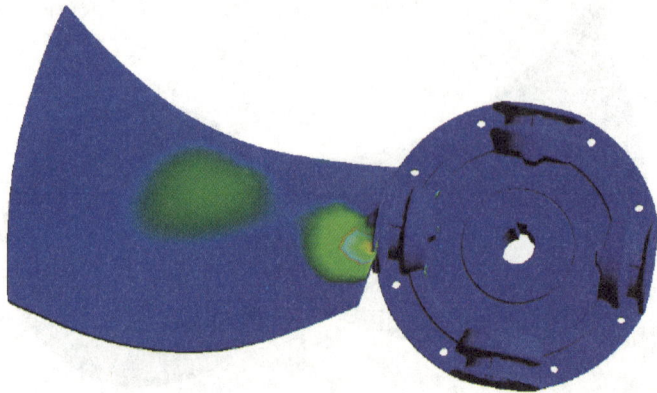

图 10-164　有裂纹白色塑料叶片安全系数云图

图 10-165　有裂纹黑色塑料叶片变形云图

有裂纹黑色塑料叶片应力云图，如图 10-166 所示。

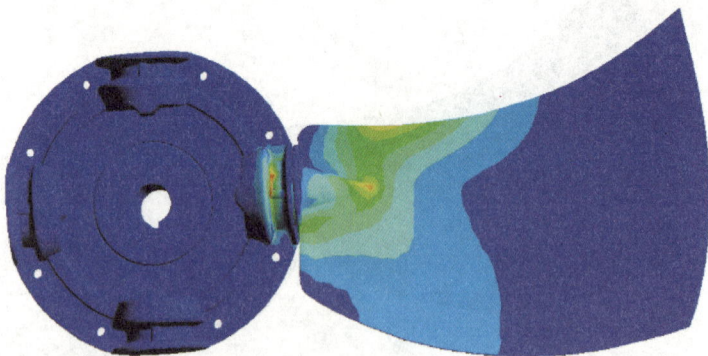

图 10-166　有裂纹黑色塑料叶片应力云图

有裂纹黑色塑料叶片疲劳寿命云图,如图 10-167 所示。

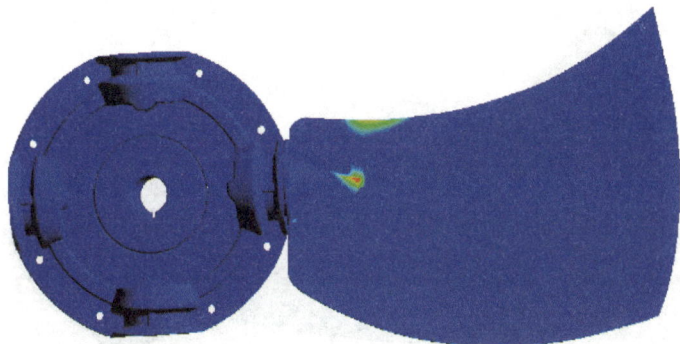

图 10-167 有裂纹黑色塑料叶片疲劳寿命云图

有裂纹黑色塑料叶片损坏云图,如图 10-168 所示。

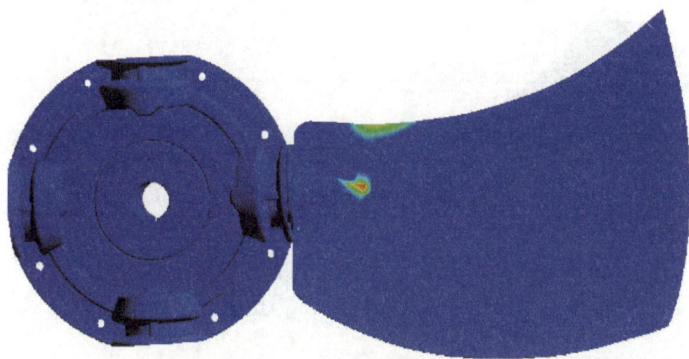

图 10-168 有裂纹黑色塑料叶片损坏云图

有裂纹黑色塑料叶片安全系数云图,如图 10-169 所示。

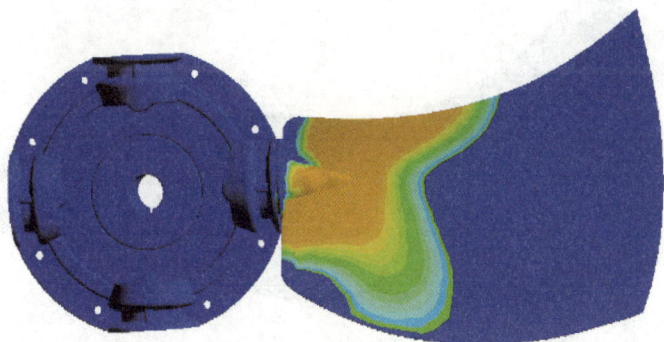

图 10-169 有裂纹黑色塑料叶片安全系数云图

有裂纹铝合金叶片变形云图,如图 10-170 所示。

图 10-170　有裂纹铝合金叶片变形云图

有裂纹铝合金叶片应力云图,如图 10-171 所示。

图 10-171　有裂纹铝合金叶片应力云图

有裂纹铝合金叶片疲劳寿命云图,如图 10-172 所示。

图 10-172　有裂纹铝合金叶片疲劳寿命云图

有裂纹铝合金叶片损坏云图,如图 10-173 所示。

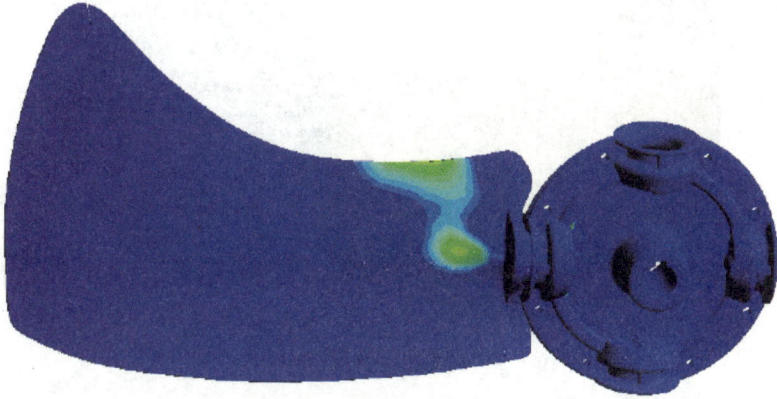

图 10-173　有裂纹铝合金叶片损坏云图

有裂纹铝合金叶片安全系数云图,如图 10-174 所示。

图 10-174　有裂纹铝合金叶片安全系数云图

（2）随机振动模块疲劳寿命分析

创建分析项目过程与前面类似,这里不再重复说明。

有裂纹白色塑料叶片寿命图,如图 10-175 所示。

有裂纹白色塑料叶片损坏图,如图 10-176 所示。

有裂纹黑色塑料叶片寿命图,如图 10-177 所示。

有裂纹黑色塑料叶片损坏图,如图 10-178 所示。

有裂纹铝合金叶片寿命图,如图 10-179 所示。

有裂纹铝合金叶片损坏图,如图 10-180 所示。

图 10-175　有裂纹白色塑料叶片寿命图

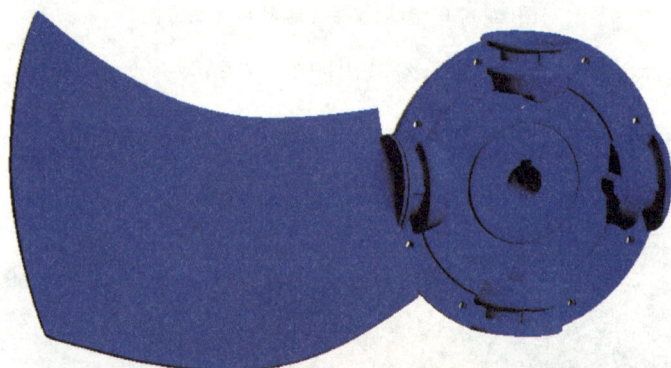

图 10-176　有裂纹白色塑料叶片损坏图

图 10-177　有裂纹黑色塑料叶片寿命图

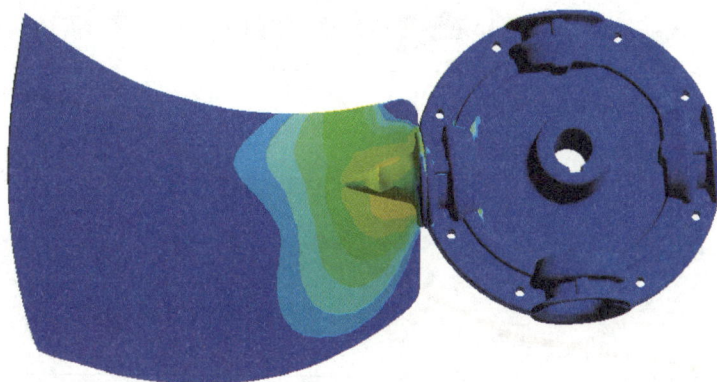

图 10-178   有裂纹黑色塑料叶片损坏图

图 10-179   有裂纹铝合金叶片寿命图

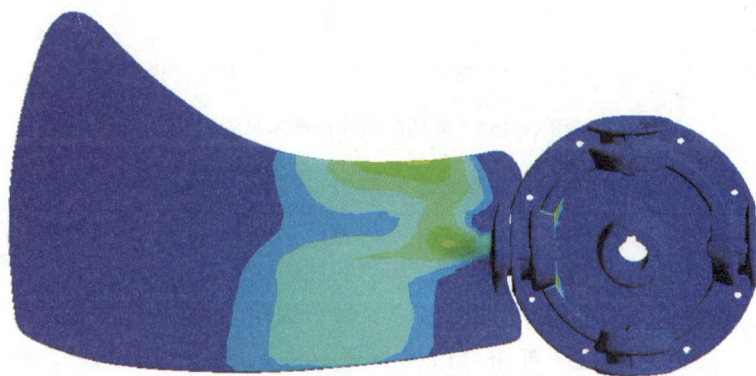

图 10-180   有裂纹铝合金叶片损坏图

（3）稳态模块分析结果

根据计算数据绘制出的叶片总变形折线图，如图 10-181～图 10-183 所示。

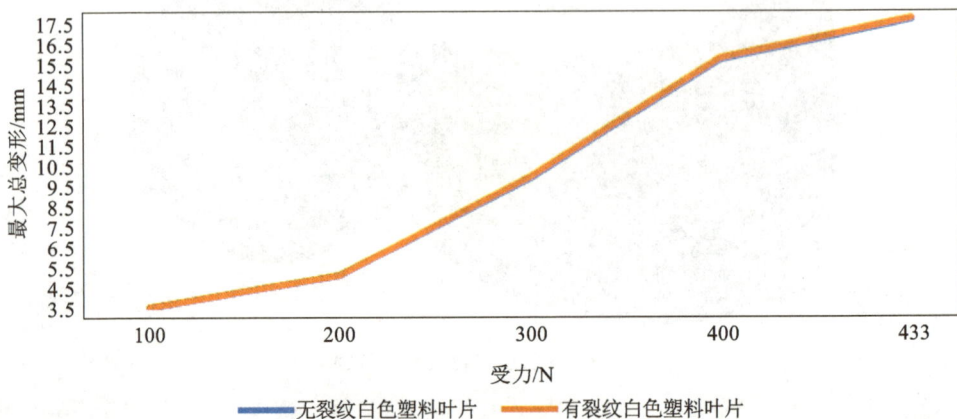

图 10-181　白色塑料叶片最大总变形

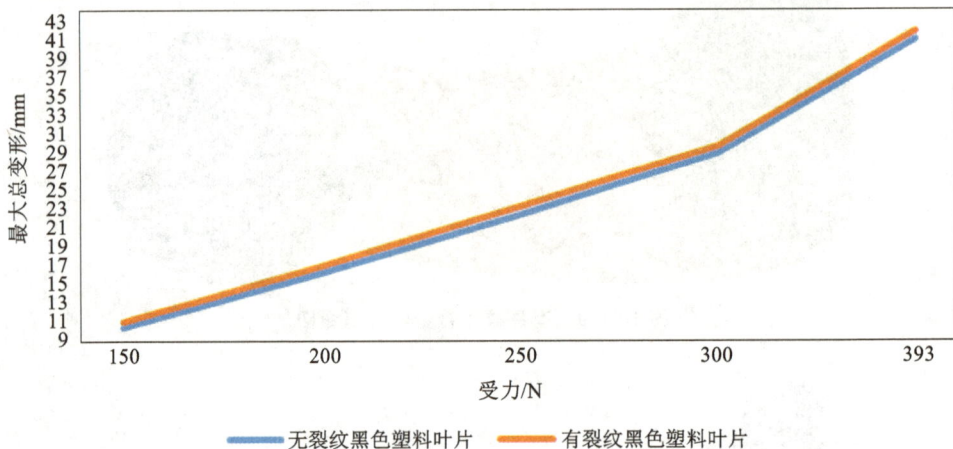

图 10-182　黑色塑料叶片最大总变形

根据计算数据绘制出的叶片最大等效应力折线图，如图 10-184 所示。

根据计算数据绘制出的叶片最小寿命折线图，如图 10-185、图 10-186 所示。

根据计算数据绘制出的叶片最大损坏折线图，如图 10-187 所示。

根据计算数据绘制出的叶片最小安全系数折线图，如图 10-188 所示。

由图 10-185、图 10-186 可知，当力在 433 N 左右时，白色塑料叶片寿命几乎为零，433 N 左右的力已达到白色塑料叶片的受力极限，此时总变形较大；当力在 393 N 左右时，黑色塑料叶片寿命几乎为零，393 N 左右的力已达到黑色塑料叶片的受力

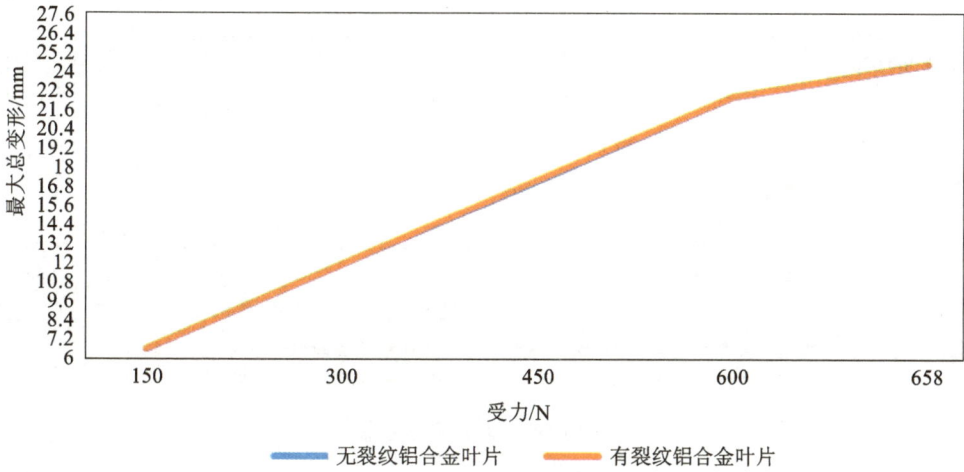

图 10-183　铝合金叶片最大总变形

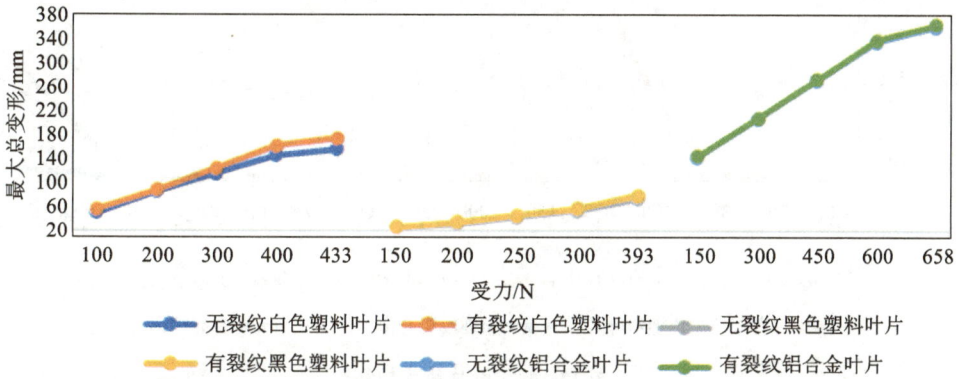

图 10-184　叶片最大等效应力

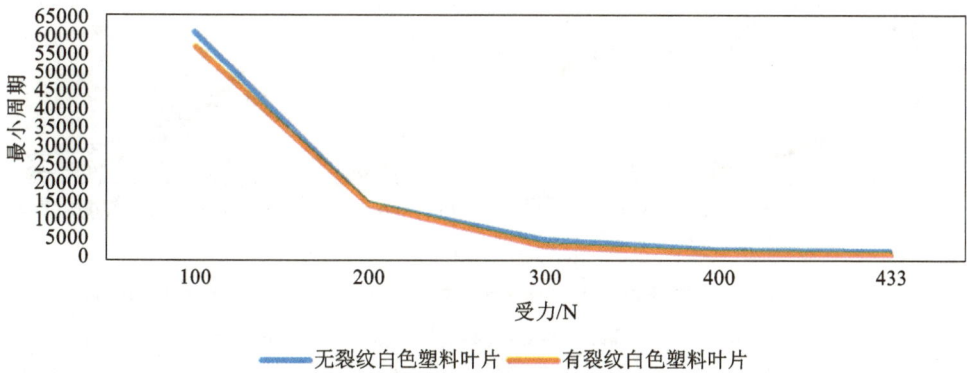

图 10-185　白色塑料叶片最小寿命

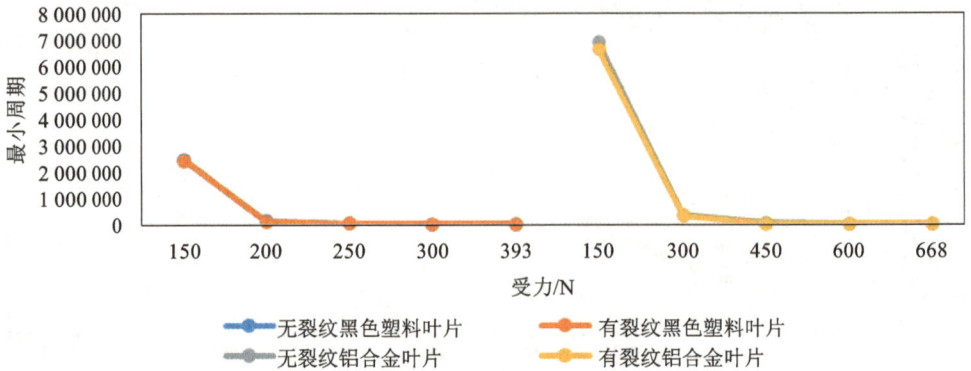

图 10-186　叶片最小寿命

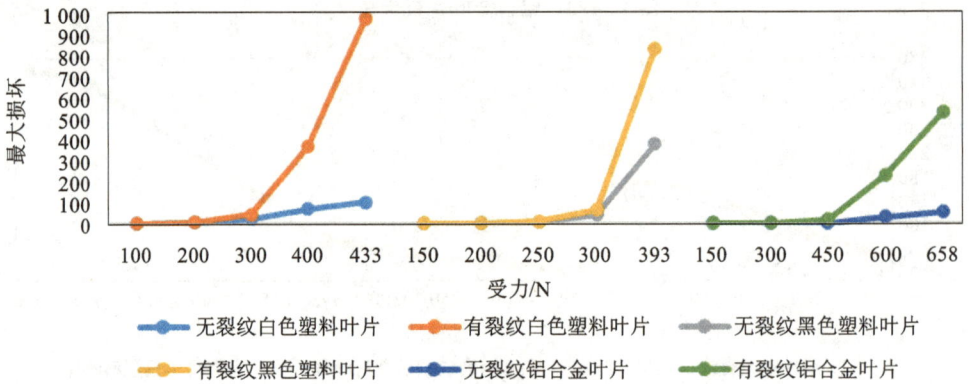

图 10-187　叶片最大损坏

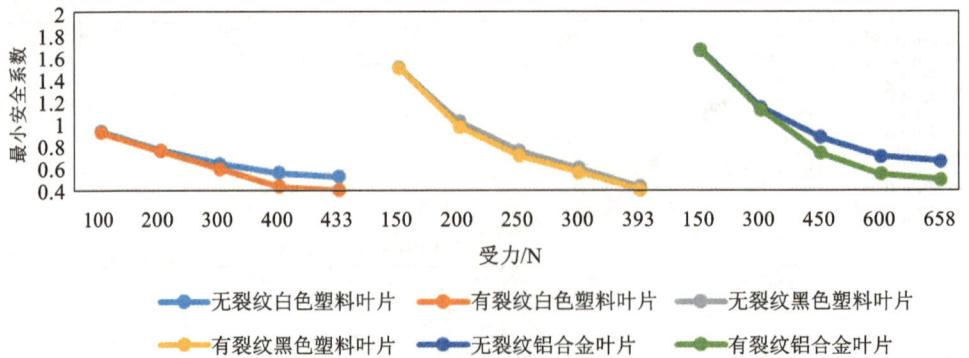

图 10-188　叶片最小安全系数

极限,此时叶片总变形较大;当力在 658 N 左右时,铝合金叶片寿命几乎为零,658 N 左右的力已达到铝合金叶片的受力极限,此时总变形较大。在叶片使用过程中,需定期检测叶片受力情况,如果叶片受力过大,需对叶片进行结构优化,以提高叶片的使用寿命。

(4)随机振动模块分析结果

不同叶片受不同频率段加速度时的最小寿命,如表 10-38 所示。

表 10-38 不同频率段下叶片的最小寿命

白叶片频率段/Hz	无裂纹白叶片最小寿命/s	有裂纹白叶片最小寿命/s	黑叶片频率段/Hz	无裂纹黑叶片最小寿命/s	有裂纹黑叶片最小寿命/s	铝合金叶片频率段/Hz	无裂纹铝合金叶片最小寿命/s	有裂纹铝合金叶片最小寿命/s
0～100	71 526	19 427	0～100	5.1×10^5	2.8×10^5	0～100	47 010	2 020
100～200	6.9×10^{10}	6.7×10^9	100～200	1.0×10^8	2.3×10^7	100～200	3.0×10^5	2.0×10^5
200～300	1.2×10^8	5.6×10^7	200～300	1.8×10^{14}	1.3×10^{13}	200～300	4.8×10^9	4.9×10^9
300～400	3.1×10^9	3.4×10^8	300～400	1.4×10^{15}	1.1×10^{15}	300～400	1.3×10^{16}	1.1×10^{16}
400～500	1.4×10^{13}	8.6×10^{12}	400～500	3.8×10^{17}	2.5×10^{17}	400～500	8.0×10^{16}	6.0×10^{16}

根据表 10-38 的最小寿命,确定在该周期区间同频率段(0～100 Hz)内,不同叶片在不同曝光时间下的最大损坏,如图 10-189 所示。

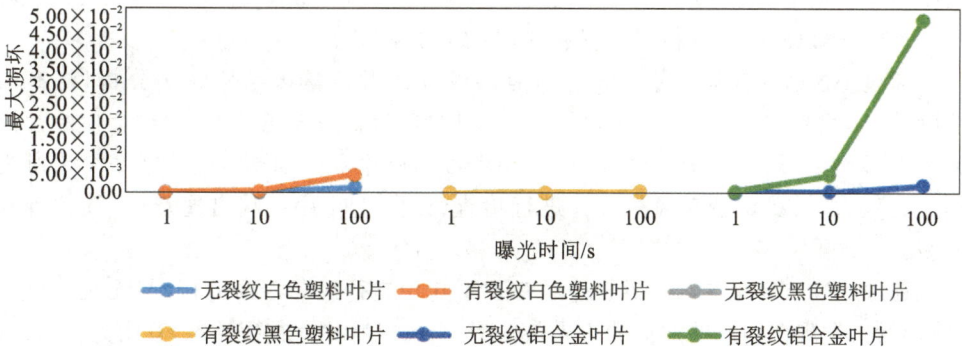

图 10-189 不同曝光时间下最大损坏

由表 10-38 可知,同一叶片受不同频率段加速度时,有裂纹叶片寿命比无裂纹叶片寿命短,相比于其他频率段,叶片受频率段(0～100 Hz)的加速度时,其寿命较短,说明在此频率段内叶片振动比较厉害,使其寿命缩短,在叶片使用中需尽量减少此频率段的力。由图 10-187～图 10-189 可知,延长暴露在加载环境中的时间,叶片的疲劳寿命不会发生改变,但叶片的疲劳损坏会随着曝光时间的增加而增加,如果长时间暴露在加载环境中,叶片的疲劳损坏会累积增加。

10.7　本章小结

疲劳寿命分析是风机叶片可靠性分析的重要方面,本书以常用的风机叶片为研究对象,对叶片进行了疲劳寿命分析。首先通过 3D 扫描仪对风机叶片进行逆向扫描和验证,确定初始参数,运用 Geomagic Design X 软件,将 3D 扫描仪获取的风机叶片的物理模型数据转换为基于特征、高质量的 CAD 模型,然后使用 LMS 测试系统对风机叶片进行数据采集及模态分析实验,使用 ANSYS 模态分析软件进行模态分析,计算风机叶片结构的固有频率和振型,之后对上述两种模态分析结果进行对比和分析,找出两者差异所在。对仿真模型进行适当的调整,再进行分析,得出其振型,提取其前 15 阶固有频率以及相关的模态参数,并得出材料的杨氏模量和泊松比以及边界条件,根据所得数据建立风机叶片有限元模型,利用 ANSYS 有限元分析软件对叶片的结构进行疲劳寿命分析,最后利用 SolidWorks 软件建模出有裂纹的风机叶片,利用 ANSYS 软件分析裂纹对整体结构和寿命的影响,为风机叶片可靠性研究及结构优化提供可靠依据。

通过 ANSYS 有限元分析软件对叶片结构进行疲劳寿命分析,发现在叶片根部会出现应力集中现象,使其损坏值较大,导致叶片根部寿命较短。需要定期对风机叶片进行检查,以防止叶片根部出现裂纹,导致叶片断裂。

通过 ANSYS 有限元分析软件对有裂纹叶片进行整体结构影响分析,将有裂纹叶片与无裂纹叶片进行对比,得到在相同的载荷和边界条件下,裂纹会使叶片的最大变形增大,最大等效应力增大,损坏增大,叶片寿命缩短,由于叶片尖端所受离心力较大,需要定期对风机叶片进行检查,以防止叶片尖端出现裂纹,导致叶片断裂。

通过 ANSYS 有限元分析软件对有裂纹叶片进行疲劳寿命分析,与无裂纹叶片进行对比,发现在相同的载荷和边界条件下,当风机叶片存在裂纹时,其耐久性、抗疲劳性会下降,使用寿命会缩短,说明裂纹会缩短整体叶片的疲劳寿命。需要定期对风机叶片进行检测,确保叶片表面平整,无隆起、凹陷或裂纹。对于小裂纹,可以进行维护,对于有严重裂纹或无法修补的叶片,应更换新叶片。

通过 ANSYS 有限元分析软件在随机振动模块对叶片进行疲劳寿命分析后,发现有裂纹叶片寿命比无裂纹叶片寿命短,当同一叶片受不同频率段加速度时,相比于其他频率段,叶片受频率段 0～100 Hz 的加速度时,其寿命较短,说明在此频率段内叶片振动比较厉害,使其寿命缩短。延长暴露在加载环境中的时间,叶片的疲劳寿命不会发生改变,但叶片的疲劳损坏会随着曝光时间的增加而累积。在使用过程中应尽量减少 0～100 Hz 频率段的力,对叶片进行结构优化,并定期检查叶片,防止疲劳损坏累积过大,影响叶片的正常使用,以提高风机叶片的可靠性。

11 结论与展望

11.1 研 究 总 结

本书以分段光滑的转子/定子碰摩系统为研究对象,根据非光滑干摩擦自激振动的主要影响因素,分别建立并分析了3种转子/定子碰摩模型:两自由度的简单转子/定子碰摩模型、考虑定子动力学特性的一般性转子/定子碰摩模型,以及考虑交叉耦合效应的转子/定子碰摩模型。各个模型分别针对转子/定子碰摩系统的一个或多个非光滑因素,并显示出不同的响应特征和滞滑振动特性。

(1)主要研究和结论

干摩擦自激反向涡动的响应预测。通过研究同时考虑了转子和定子的动力学特性,以及接触面的摩擦效应和变形的一般性转子/定子碰摩模型,在碰摩转子纯滚动的假设条件下,发展了一种解析方法实现对干摩擦反向涡动的响应预测。结果显示,该解析方法不仅可以实现对低转速纯滚动碰摩转子和定子的响应幅值和频率的高精度预测,还可以实现对同时含有大幅值和小幅值振荡的高转速纯滚动碰摩转子和定子的精准预测。此外,该解析方法还可以用于对具有短滑移相的干摩擦自激反向涡动滞滑振动响应的近似预测。纯滚动响应的精准预测说明了干摩擦反向涡动是自激反向涡动和强迫正向转动的复合作用,即使强迫激励部分的响应幅值很小,也不能忽略其对总响应的影响。短滑移相的滞滑振动响应的近似预测说明了碰摩转子纯滚动和滑移运动对干摩擦反向涡动的影响主要体现在其阻尼效应上,碰摩转子纯滚动对系统的等效阻尼小于滑移运动的等效阻尼,这也是长滑移相的滞滑振动响应的解析幅值偏高的原因。

干摩擦反向涡动的滞滑振动特性及滑动分岔行为。首先,通过研究两自由度的简单转子/定子碰摩模型,借助非光滑动力系统的滑动分岔理论,揭示分段光滑转子/

定子碰摩系统中干摩擦自激反向涡动的滞滑振动特性。以碰摩转子转动和涡动间的相对速度为零时的超曲面作为切换流形,得到了分别由相邻子空间向量场的法向分量控制的 3 种类型滑动区域及其边界条件。同时,说明了摩擦力从较缓的浅波形向剧烈振荡的超谐波波形转变,对应碰摩转子纯滚动和滑移运动的切换。然后,通过研究考虑定子动力学特性的一般性转子/定子碰摩系统,基于 Filippov 系统中滑动分岔的相空间拓扑结构,深入分析了分段光滑转子/定子碰摩系统中干摩擦自激反向涡动的滑动分岔动力学行为。理论确认了转子和定子间刚接触的纯滚动和柔性接触的横穿滞滑振动,并说明引起周期性滞滑振动的主要因素是转子/定子碰摩系统的干摩擦效应和阻尼效应。此外,发现了横穿滑动模式、擦边滑动模式和切换滑动模式的单一滑动运动模式,以及它们之间相互混合的滑动运动模式。由于转子/定子碰摩系统中谐波激励运动和非线性模态运动的相互作用,混合滑动区域可能同时位于转子和定子间相对偏移量的最大和最小位置附近。最后,通过分析转子/定子碰摩系统参数对滑动分岔动力学行为的影响,确定了转速增大的过程中滑动运动模式的主要切换路径。一般而言,混合滑动运动模式易于在单一滑动模式和/或两种极端情形之一的相互切换阶段出现。

滞滑振动特性与干摩擦反向涡动的关系。通过研究简化转子/定子碰摩系统,发现了转子/定子碰摩系统参数对干摩擦反向涡动中滞滑振动特性的作用。一方面,在给定系统摩擦系数的情形下,增大碰摩接触刚度,与在给定碰摩接触刚度下减小摩擦系数对滞滑振动特性的作用是相同的。另一方面,在转子/定子碰摩点处,在给定系统摩擦系数的情形下增大转子圆盘半径,与在给定转子圆盘半径下增大摩擦系数对滞滑振动特性的作用是相同的。同时,对于简化转子/定子碰摩系统的所有参数,干摩擦反向涡动的临界转速处的一个滞滑振动周期内总是存在着碰摩转子的纯滚动。基于干摩擦反向涡动存在边界处的切换流形上滑动的临界条件,提出了一种新的计算干摩擦反向涡动临界条件的解析方法。通过验证得出,从非光滑动力系统理论得到的干摩擦反向涡动临界条件的结果与其他文献是一致的。

自激正向涡动的降阶分析。通过研究含交叉耦合效应的转子/定子碰摩系统,利用离散化思维构建系统非线性周期模态的周期谱子流形,得到系统自激正向涡动的二维降阶模型。根据谱子空间的流形理论,给出了一种谱子流形的开放曲面结构。基于谱子空间内稳定的非线性模态与平衡点之间的牢固联系,将带有时间周期系数的流形方程的求解问题,转化为多组易于求解的常系数方程组求解问题。仿真结果表明,自治降阶模型和全阶模型的自激正向涡动轨线几乎同步,并沿着不变谱子流形渐进地收敛到稳定的非线性模态周期解上。转子/定子碰摩系统的自激正向涡动是系统交叉耦合效应和干摩擦效应相互作用的结果,随着系统外激励幅值的增大,即碰摩转子转速的增加,交叉耦合效应逐渐弱化,干摩擦效应逐渐开始在响应中起主导作用,并最终系统由交叉耦合效应引起的自激正向涡动转化为强迫的同频全周碰摩。在周期激励的强迫干扰下,降阶模型依然可以用于预测小幅值激励转子/定子碰摩系统的自激正向涡动,但是由于大幅值激励引起的响应特性和非线性模态特性发生了质的变化,降阶模型将会失效。本书的解析方法可以推广到其他碰摩系统的研究中,相应的理论结果为非光滑转子/定子碰摩的干摩擦自激振动及其滞滑振动特性的检测和分析,提供了新的思路。

转子/定子碰摩模型及其理论方法的定性验证。基于转子/定子碰摩系统的不同类型响应的理论边界条件,考虑转子/定子碰摩系统中柔性大变形转轴和刚性转盘的刚柔耦合特性,对碰摩转子的不同响应类型进行模拟仿真和实验研究。结果显示,理论计算、模拟仿真和实验测量结果具有良好的一致性。一方面,说明了转子/定子碰摩系统的理论分析方法的有效性。另一方面,说明了 Jeffcott 转子/定子碰摩模型和库仑摩擦力模型的合理性。由此,转子/定子碰摩模型及其理论方法为系统的干摩擦自激振动解析分析及滞滑振动特性研究提供了理论基础。同时,发现了碰摩转子的纯滚动和滑移运动共存的现象,这也是转子/定子碰摩系统滞滑振动特性研究的实际基础。

(2)特色及创新点

由于非光滑问题的复杂性,本书着重对非光滑转子/定子碰摩系统干摩擦自激振动以及滞滑振动特性进行研究。

① 针对考虑干摩擦效应和碰摩面弹性变形的多自由非光滑转子/定子碰摩模型,发展了预测系统干摩擦自激反向涡动中转子和定子的响应的解析方法。

② 基于非光滑动力学理论解析,确定了切换流形上不同类型滑动运动模式的区域及其边界条件,揭示了转子/定子碰摩系统中干摩擦自激反向涡动的滞滑振动特性及其对应的多种单一滑动运动模式和混合滑动运动模式。

③ 基于系统干摩擦反向涡动存在边界处展现出的滑动模式临界条件,提出了一种基于滞滑振动特性的干摩擦反向涡动临界条件的解析方法。

④ 基于非线性模态理论,构建了转子/定子碰摩系统中稳定正向涡动非线性模态所对应的谱子流形,并由此得到转子/定子碰摩系统的降阶模型。

本书涉及转子动力学、非线性动力学、非光滑动力学等多个交叉学科。其分析结果为这类非光滑转子系统的动力学设计、参数优化以及振动控制等提供了理论依据。

11.2 研 究 展 望

非光滑因素可以诱发一系列转子/定子碰摩系统的干摩擦自激振动,从而导致转子系统的失稳而引发灾难性的危害。因此,需要进一步从理论模型、方法和参数影响等方面加深对转子系统的非光滑动力学行为的机理性研究。同时,实际应用中的旋转设备是一个涉及多个学科的复杂研究内容,需要考虑更多的非光滑因素,对转子/定子碰摩系统的干摩擦自激振动及滞滑振动特性进行广泛的研究。因此,可以从以下几个方面进一步探索关于非光滑转子/定子碰摩系统动力学的问题。

① 非光滑转子/定子碰摩系统滞滑振动特性和滑动分岔的全局分析。由于系统中干摩擦反向涡动存在两种不同涡动频率的类型,而不同类型的干摩擦反向涡动中可能含有不同类型的滑动分岔动力学行为,因此有必要对干摩擦反向涡动中滞滑振动进行全局分析,从而确定系统的全局滑动分岔图。

② 转子/定子碰摩系统摩擦力模型的特性分析。目前针对非光滑复杂问题的研究主要是利用最简单的库仑摩擦力模型,忽略了干摩擦效应中摩擦力方向受碰摩转子相对速度影响的转变过程,以及相对速度为零时摩擦力的作用过程等一些具体因素,而这些因素可能会影响系统干摩擦自激振动及滞滑振动特性,尤其是碰摩转子进入纯滚动的条件。因此,发展并分析考虑碰摩细节的摩擦力模型是下阶段开展研究的重点。

③ 转子/定子碰摩系统滞滑振动响应的解析分析。目前的研究确定了碰摩转子在纯滚动和滑移运动时具有不同的阻尼效应,如何将这种不同的阻尼效应考虑进去,在忽略纯滚动假设条件的前提下,实现对系统干摩擦反向涡动中长滑移相的滞滑振动响应的预测,也是后续的研究方向。

④ 转子/定子碰摩系统的非线性模态分析。非线性模态在研究系统降阶模型方面表现出了独特的优势,然而其对应的谱子流形及降阶模型的构建方法依然不够完善,尤其是对于非线性模态的准周期解,其复杂的流形方程求解,还有待深入研究。

⑤ 转子系统中多种非光滑因素的耦合特性分析。实际工程中可能存在着松动转子、多盘转子和多环境激励转子等复杂非光滑转子系统,其中可能存在着多个非光滑因素,包括不连续边界的碰触等现象,由此可以诱发更加复杂的动力学行为。因此,它们之间的相互耦合作用也是今后研究应重点关注的方向。

⑥ 转子系统的实验研究。解决包括碰摩转子和定子的涡动速度测量等问题,组

建与碰摩模型相对应的高精度实验台架和高频动态采集系统,开展转子/定子碰摩系统干摩擦自激振动及滞滑振动的验证性实验,也是后期研究工作的一部分。

目前,针对转子系统的非光滑特性的研究并不多,但是不管在实际应用中,还是数值仿真中,都发现了完全不同于依据光滑系统理论得到的动力学行为。因此,转子系统自激振动及滞滑振动特性研究,对于旋转设备的设计和故障诊断等具有重要的理论和工程意义,需要深入探讨。

参 考 文 献

[1] MUSZYNSKA A. Rotordynamics[M]. New York: Taylor & Francis, 2005.

[2] ISHIDA Y, YAMAMOTO T. Linear and nonlinear rotordynamics[M]. Weinheim: Wiley-VCH, 2012.

[3] NGUYEN-SCHÄFER H. Rotordynamics of automotive turbochargers[M]. Switzerland: Springer, 2015.

[4] SIDDIQUE A, YADAVA G S, SINGH B. A review of stator fault monitoring techniques of induction motors[J]. IEEE Transactions on Energy Conversion, 2005, 20 (1): 106-114.

[5] LEONG M S. Field experiences of gas turbines vibrations—a review and case studies[J]. Journal of System Design and Dynamics, 2008, 2(1): 24-35.

[6] CHOI Y S, LEE K H. Investigation of blade failure in a gas turbine[J]. Journal of Mechanical Science and Technology, 2010, 24(10): 1969-1974.

[7] MA H, YIN F L, GUO Y Z, et al. A review on dynamic characteristics of blade-casing rubbing[J]. Nonlinear Dynamics, 2016, 84(2): 437-472.

[8] MA Y, MARTINEZ-VAZQUEZ P, BANIOTOPOULOS C. Wind turbine tower collapse cases: a historical overview[J]. Proceedings of the Institution of Civil Engineers-Structures and Buildings, 2019, 172(8): 547-555.

[9] PRABITH K, KRISHNA I R P. The numerical modeling of rotor-stator rubbing in rotating machinery: a comprehensive review[J]. Nonlinear Dynamics, 2020, 101(2): 1317-1363.

[10] ZHANG W M, MENG G, CHEN D, et al. Nonlinear dynamics of a rub-impact micro-rotor system with scale-dependent friction model[J]. Journal of Sound and Vibration, 2008, 309(3-5): 756-777.

[11] FRECHETTE L G, JACOBSON S A, BREUER K S, et al. High-speed microfabricated silicon turbomachinery and fluid film bearings[J]. Journal of Microelectromechanical Systems, 2005, 14(1): 141-152.

[12] AHMAD R, KAMARUDDIN S. An overview of time-based and condition-based maintenance in industrial application[J]. Computers & Industrial Engineering, 2012, 63(1): 135-149.

[13] WANG S Z, HONG L, JIANG J. Characteristics of stick-slip oscillations in

dry friction backward whirl of piecewise smooth rotor/stator rubbing systems [J]. Mechanical Systems and Signal Processing, 2020, 135: 106387.

[14] BENTLY D E, YU J J, GOLDMAN P, et al. Full annular rub in mechanical seals, part Ⅰ: experimental results[J]. International Journal of Rotating Machinery, 2002, 8(5): 319-328.

[15] WANG S Z, HONG L, JIANG J. Non-smooth behavior of sliding bifurcations in a general piecewise smooth rotor/stator rubbing system[J]. International Journal of Bifurcation and Chaos, 2021, 31(2): 2150085.

[16] DI BERNARDO M, BUDD C J, CHAMPNEYS A R, et al. Piecewise-smooth dynamical systems: theory and applications[M]. London: Springer-Verlag, 2008.

[17] MASRI S F. Analytical and experimental studies of multiple-unit impact dampers[J]. Journal of the Acoustical Society of America, 1969, 45(5): 1111-1117.

[18] JIANG J, ULBRICH H. The physical reason and the analytical condition for the onset of dry whip in rotor-to-stator contact systems[J]. Journal of Vibration and Acoustics, 2005, 127(6): 594-603.

[19] TANG Y G, ZHANG S X, ZHANG R Y, et al. Development of study on the dynamic characteristics of deep water mooring system[J]. Journal of Marine Science and Application, 2007, 6(3): 17-23.

[20] KINKAID N M, O'REILLY O M, PAPACLOPOULOS P. Automotive disc brake squeal[J]. Journal of Sound and Vibration, 2003, 267(1): 105-166.

[21] 曹登庆, 初世明, 李郑发, 等. 空间可展机构非光滑力学模型和动力学研究[J]. 力学学报, 2013, 45(1): 3-15.

[22] CHUA L O. Chua's circuit 10 years later[J]. International Journal of Circuit Theory and Applications, 1994, 22(4): 279-305.

[23] DI BERNARDO M, BUDD C J, CHAMPNEYS A R. Grazing, skipping and sliding: analysis of the non-smooth dynamics of the DC/DC buck converter [J]. Nonlinearity, 1998, 11(4): 859-890.

[24] LIBERZON D. Switching in systems and control[M]. Boston: Birkhäuser, 2003.

[25] CHEN H J. Social status, human capital formation and super-neutrality in a two-sector monetary economy[J]. Economic Modelling, 2011, 28(3): 785-794.

[26] XU D G, YANG X S, TANG R Q. Finite-time and fixed-time non-chattering control for inertial neural networks with discontinuous activations and proportional delay[J]. Neural Processing Letters, 2020, 51(3): 2337-2353.

[27] WANG A L, XIAO Y N. A Filippov system describing media effects on the spread of infectious diseases[J]. Nonlinear Analysis: Hybrid Systems, 2014, 11(1): 84-97.

[28] MILMAN V D, MYSHKIS A D. On the stability of motion in the presence of impulses[J]. Siberial Mathematical Journal, 1960, 1(2): 233-237.

[29] TEIXEIRA M A. Perturbation theory for non-smooth systems[M]. New York: Springer, 2009.

[30] FILIPPOV A F. Differential equations with discontinuous right-hand sides [M]. The Netherlands: Springer, 1988.

[31] DI BERNARDO M, FEIGIN M I, HOGAN S J, et al. Local analysis of C-bifurcations in n-dimensional piecewise-smooth dynamical systems[J]. Chaos Solitons & Fractals, 1999, 10(11): 1881-1908.

[32] SHAW S W. On the dynamic response of a system with dry friction[J]. Journal of Sound and Vibration, 1986, 108(2): 305-325.

[33] UTKIN V I. Sliding modes in control and optimization[M]. Berlin Heidelberg: Springer-Verlag, 1992.

[34] HOLMES P J. The dynamics of repeated impacts with a sinusoidally vibrating table[J]. Journal of Sound and Vibration, 1982, 84(2): 173-189.

[35] THOMPSON J M T, GHAFFARI R. Chaos after period-doubling bifurcations in the resonance of an impact oscillator[J]. Physics Letters A, 1982, 91 (1): 5-8.

[36] IVANOV A P. Impact oscillations: linear theory of stability and bifurcations [J]. Journal of Sound and Vibration, 1994, 178(3): 361-378.

[37] SHAW S W, HOLMES P J. A periodically forced piecewise linear oscillator [J]. Journal of Sound and Vibration, 1983, 90(1): 129-155.

[38] 胡海岩. 分段线性系统动力学的非光滑分析[J]. 力学学报, 1996, 28(4): 483-488.

[39] DANKOWICZ H, NORDMARK A B. On the origin and bifurcations of stick-slip oscillations[J]. Physica D: Nonlinear Phenomena, 2000, 136 (3-4): 280-302.

［40］LUO G W，XIE J H，ZHU X F，et al. Periodic motions and bifurcations of a vibro-impact system［J］. Chaos，Solitons & Fractals，2008，36（5）：1340-1347.

［41］DI BERNARDO M，BUDD C J，CHAMPNEYS A R，et al. Bifurcations in nonsmooth dynamical systems［J］. Siam Review，2008，50(4)：629-701.

［42］DI BERNARDO M，NORDMARK A，OLIVAR G. Discontinuity-induced bifurcations of equilibria in piecewise-smooth and impacting dynamical systems ［J］. Physica D：Nonlinear Phenomena，2008，237(1)：119-136.

［43］LEINE R I，NIJMEIJER H. Dynamics and bifurcations of non-smooth mechanical systems［M］. Berlin Heidelberg：Springer-Verlag，2004.

［44］AWREJCEWICZ J，OLEJNIK P. Friction pair modeling by a 2-DOF system：numerical and experimental investigations［J］. International Journal of Bifurcation and Chaos，2005，15(6)：1931-1944.

［45］FREDRIKSSON M H，NORDMARK A B. Bifurcations caused by grazing incidence in many degrees of freedom impact oscillators［J］. Proceedings of the Royal Society A：Mathematical，Physical and Engineering Sciences，1997，453(1961)：1261-1276.

［46］NORDMARK A B. Universal limit mapping in grazing bifurcations［J］. Physical Review E，1997，55(1)：266-270.

［47］舒仲周，王照林. 运动稳定性的研究进展和趋势［J］. 力学进展，1993，23(3)：424-431.

［48］LUO A C J，GEGG B C. Stick and non-stick periodic motions in periodically forced oscillators with dry friction［J］. Journal of Sound and Vibration，2006，291(1-2)：132-168.

［49］KUZNETSOV Y A，RINALDI S，GRAGNANI A. One-parameter bifurcations in planar Filippov systems［J］. International Journal of Bifurcation and Chaos，2003，13(8)：2157-2188.

［50］HETZLER H. On the effect of nonsmooth Coulomb friction on Hopf bifurcations in a 1-DOF oscillator with self-excitation due to negative damping［J］. Nonlinear Dynamics，2012，69(1-2)：601-614.

［51］PIIROINEN P T，KUZNETSOV Y A. An event-driven method to simulate Filippov systems with accurate computing of sliding motions［J］. ACM Transactions on Mathematical Software，2008，34（3）：1-24.

[52] ERAZO C, HOMER M, PIIROINEN P T, et al. Dynamic cell mapping algorithm for computing basins of attraction in planar Filippov systems[J]. International Journal of Bifurcation and Chaos, 2017, 27(12): 1730041.

[53] IBRAHIM R A. Friction-induced vibration, chatter, squeal, and chaos—part Ⅰ: mechanics of contact and friction[J]. Applied Mechanics Reviews, 1994, 47(7): 209-226.

[54] ZHAI L, LUO Y Y, WANG Z W, et al. Nonlinear vibration induced by the water-film whirl and whip in a sliding bearing rotor system[J]. Chinese Journal of Mechanical Engineering, 2016, 29(2): 260-270.

[55] YE P Q, WANG R C, ZHAO T, et al. Recent research advances of whole machine tool dynamics [J]. Journal of Tsinghua University (Science and Technology), 2012, 52(12): 1758-1763.

[56] GALVANETTO U, BISHOP S R, BRISEGHELLA L. Mechanical stick-slip vibrations[J]. International Journal of Bifurcation and Chaos, 1995, 5(3): 637-651.

[57] FEENY B, GURAN A, HINRICHS N, et al. A historical review on dry friction and stick-slip phenomena[J]. Applied Mechanics Reviews, 1998, 51(5): 321-341.

[58] DAHL P R. Solid friction damping of mechanical vibrations[J]. AIAA Journal, 1976, 14(12):1675-1682.

[59] BLIMAN P A, SORINE M. Easy-to-use realistic dry friction models for automatic control[C]//VASILIOS A S, KOSTAS A, SOTIRIS I, et al. Proceedings of 3rd European Control Conference, New York: Springer-Verlag, 1995: 3788-3794.

[60] CANUDAS DE WIT C, OLSSON H, ÅSTRÖM K J, et al. A new model for control of systems with friction[J]. IEEE Transactions on Automatic Control, 1995, 40(3): 419-425.

[61] GURAN A, PFEIFFER F, POPP K. Dynamics withfriction: modeling, analysis and experiment[M]. Singapore: Word Scientific, 2001.

[62] DEN HARTOG J D. Forced vibrations with combined Coulomb and viscous friction[J]. Transactions of the ASME, 1931, 53(2): 107-115.

[63] ANDERSON J R, FERRI A A. Behavior of a single-degree-of-freedom system with a generalized friction law[J]. Journal of Sound and Vibration, 1990, 140(2): 287-304.

[64] HENON M. On the numerical computation of Poincaré maps[J]. Physica D: Nonlinear Phenomena, 1982, 5(2-3): 412-414.

[65] GALVANETTO U, KNUDSEN C. Event maps in a stick-slip system[J]. Nonlinear Dynamics, 1997, 13(2): 99-115.

[66] TOULEMONDE C, GONTIER C. Sticking motions of impact oscillators[J]. European Journal of Mechanics-A/Solids, 1998, 17(2): 339-366.

[67] VALENTE A X C N, MCCLAMROCH N H, MEZIĆ I. Hybrid dynamics of two coupled oscillators that can impact a fixed stop[J]. International Journal of Non-Linear Mechanics, 2003, 38(5): 677-689.

[68] POPP K, STELTER P. Stick-slip vibrations and chaos[J]. Philosophical Transactions of the Royal Society A-Mathematical, Physical and Engineering Sciences, 1990, 332(1624): 89-105.

[69] LEINE R I, VAN CAMPEN D H, DE KRAKER A, et al. Stick-slip vibrations induced by alternate friction models[J]. Nonlinear Dynamics, 1998, 16 (1): 41-54.

[70] FANG H B, XU J. Stick-slip effect in a vibration-driven system with dry friction: sliding bifurcations and optimization[J]. Journal of Applied Mechanics, 2014, 81(5): 051001.

[71] LIU N Y, OUYANG H J. Friction-induced vibration of a slider on an elastic disc spinning at variable speeds[J]. Nonlinear Dynamics, 2019, 98(4): 39-60.

[72] QU R, WANG Y, WU G, et al. Bursting oscillations and the mechanism with sliding bifurcations in a Filippov dynamical system[J]. International Journal of Bifurcation and Chaos, 2018, 28(12): 1850146.

[73] MORA K, CHAMPNEYS A R, SHAW A D, et al. Explanation of the onset of bouncing cycles in isotropic rotor dynamics: a grazing bifurcation analysis [J]. Proceedings of the Royal Society A: Mathematical, Physical and Engineering Sciences, 2020, 476(2237): 20190549.

[74] LEVITAN E S. Forced oscillation of a spring-mass system having combined Coulomb and viscous damping[J]. Journal of the Acoustical Society of America, 1959, 31(11): 1576.

[75] CAPONE G, D'AGOSTINO V, VALLE S D, et al. Influence of the variation between static and kinetic friction on stick-slip instability[J]. Wear, 1993, 161(1-2): 121-126.

[76] VAN DE VRANDE B L，VAN CAMPEN D H，DE KRAKER A. An ap-proximate analysis of dry-friction-induced stick-slip vibrations by a smoothing procedure[J]. Nonlinear Dynamics，1999，19(2)：159-171.

[77] THOMSEN J J，FIDLIN A. Analytical approximations for stick-slip vibration amplitudes[J]. International Journal of Non-Linear Mechanics，2003，38(3)：389-403.

[78] YIN S，SHEN Y K，WEN G L，et al. Analytical determination for degener-ate grazing bifurcation points in the single-degree-of-freedom impact oscillator [J]. Nonlinear Dynamics，2017，90(1)：443-456.

[79] HUNDAL M S. Response of a base excited system with Coulomb and viscous friction[J]. Journal of Sound and Vibration，1979，64(3)：371-378.

[80] PASCAL M. Sticking and nonsticking orbits for a two-degree-of-freedom os-cillator excited by dry friction and harmonic loading[J]. Nonlinear Dynamics，2014，77(1-2)：267-276.

[81] AWREJCEWICZ J，HOLICKE M M. Melnikov's method and stick-slip cha-otic oscillations in very weakly forced mechanical systems[J]. International Journal of Bifurcation and Chaos，1999，9(3)：505-518.

[82] NEWKIRK B L. Shaft rubbing[J]. Journal of the American Society for Naval Engineers，1927，39(1)：114-120.

[83] JOHNSON D C. Synchronous whirl of a vertical shaft having clearance in one bearing[J]. Journal of Mechanical Engineering Science，1962，4(1)：85-93.

[84] BILLETT R A. Shaft whirl induced by dry friction[J]. Engineer，1965，29：713-714.

[85] BLACK H F. Interaction of a whirling rotor with a vibrating stator across a clearance annulus[J]. Journal of Mechanical Engineering Science，1968，10(1)：1-12.

[86] 张文. 多自由度转子系统的干摩擦失稳[J]. 振动工程学报，1988，1(3)：80-84.

[87] NIKIFOROV A. Whip velocity of backward whirl with slip in multiple-degree-of-freedom rotor-stator system[J]. Mathematical Models in Engineering，2019，5(4)：146-157.

[88] KUMAR M S. Rotor dynamic analysis using ANASYS[C]//GUPTA K. IU-TAM Symposium on Emerging Trends in Rotor Dynamics，Dordrecht：Springer，2011：153-162.

[89] DIMAROGONAS A D, SANDOR G N. Packing rub effect in rotating machinery, part Ⅰ: a state of the art review[J]. Wear, 1969, 14(3): 153-170.

[90] GOLDMAN P, MUSZYNSKA A. Dynamic effects in mechanical structures with gaps and impacting: order and chaos[J]. Journal of Vibration and Acoustics, 1994, 116(4): 541-547.

[91] MUSZYNSKA A. Effects of an oversize, poorly lubricated bearing on rotordynamic response, part Ⅰ: experimental results, part Ⅱ: analytical modeling [C] // KIM W. Proceedings of the Fourth International Symposium on Transport Phenomena and Dynamics of Rotating Machinery, Honolulu: Begell House, 1992: 1105-1125.

[92] JACQUET-RICHARDET G, TORKHANI M, CARTRAUD P, et al. Rotor to stator contacts in turbomachines: review and application[J]. Mechanical Systems and Signal Processing, 2013, 40(2): 401-420.

[93] JIANG J. The analytical solution and the existence condition of dry friction backward whirl in rotor-to-stator contact systems[J]. Journal of Vibration and Acoustics, 2007, 129(2): 260-264.

[94] CHEN Y H, YAO G, JIANG J. The forward and the backward full annular rubbing dynamics of a coupled rotor-casing/foundation system[J]. International Journal of Dynamics and Control, 2013, 1(2): 116-128.

[95] LAHRIRI S. On the rotor to stator contact dynamics with impacts and friction-theoretical and experimental study[D]. Lyngby: Technical University of Denmark, 2012.

[96] WILKES J C, CHILDS D W, DYCK B J, et al. The numerical and experimental characteristics of muti-mode dry-frictioin whip and whirl[J]. Journal of Engineering for Gas Turbines and Power, 2010, 132(5): 052503.

[97] LINGENER A. Experimental investigation of reverse whirl of a flexible rotor [C]//LALANNE M, HENRY R. Proceedings of the 3rd IFToMM International Conference on Rotor dynamics, Lyon: RELX Group, 1990: 13-18.

[98] CRANDALL S. Fromwhirl to whip in rotordynamics[C]//LALANNE M, HENRY R. Proceedings of the 3rd IFToMM International Conference on Rotordynamics, Lyon: RELX Group, 1990: 19-26.

[99] YU J, MUSZYNSKA A, BENTLY D. Dynamic behavior of rotor with full annular rub[R]. Reno: Bently Rotor Dynamics Research Corporation, 1998.

[100] ZHANG G F, XU W N, XU B, et al. Analytical study of nonlinear synchronous full annular rub motion of flexible rotor-stator system and its dynamic stability[J]. Nonlinear Dynamics, 2009, 57(4): 579-592.

[101] BENTLY D E, GOLDMAN P, YU J J. Full annular rub in mechanical seals,part Ⅱ: analytical study[J]. International Journal of Rotating Machinery, 2002, 8(5): 329-336.

[102] CHOI Y S. Investigation on the whirling motion of full annular rotor rub[J]. Journal of Sound and Vibration, 2002, 258(1): 191-198.

[103] JIANG J, SHANG Z Y, HONG L. Characteristics of dry friction backward whirl—a self-excited oscillation in rotor-to-stator contact systems[J]. Science China-Technological Sciences, 2010, 53(3): 674-683.

[104] BARTHA A R. Dry friction backward whirl of rotors[D]. Zurich, Switzerland: Swiss Federal Institute of Technology Zurich, 2000.

[105] ALZIBDEH A, ALQARADAWI M, BALACHANDRAN B. Effects of high frequency drive speed modulation on rotor with continuous stator contact [J]. International Journal of Mechanical Sciences, 2017, 131: 559-571.

[106] YU J J, GOLDMAN P, BENTLY D E, et al. Rotor/seal experimental and analytical study on full annular rub[J]. Journal of Engineering for Gas Turbines and Power, 2002, 124(2): 340-350.

[107] MUSZYNSKA A, GOLDMAN P. Chaotic responses of unbalanced rotor-bearing stator systems with looseness or rubs[J]. Chaos, Solitons & Fractals, 1995, 5(9): 1683-1704.

[108] JIANG J, ULBRICH H. Stability analysis of sliding whirl in a nonlinear Jeffcott rotor with cross-coupling stiffness coefficients[J]. Nonlinear Dynamics, 2001, 24(3): 269-283.

[109] VLAJIC N, CHAMPNEYS A R, BALACHANDRAN B. Nonlinear dynamics of a Jeffcott rotor with torsional deformations and rotor-stator contact [J]. International Journal of Non-Linear Mechanics, 2017, 92: 102-110.

[110] VARNEY P, GREEN I. Rough surface contact of curved conformal surfaces: an application to rotor-stator rub[J]. Journal of Tribology, 2016, 138 (4): 041401.

[111] TADOKORO C, MATSUMOTO A, NAGAMINE T, et al. Piezoelectric

power generation using friction-induced vibration[J]. Smart Materials and Structures, 2017, 26(6): 104572.

[112] YAMAUCHI S. The nonlinear vibration of flexible rotors (1st report, development of a new analysis technique)[J]. Transactions of the Japan Society of Mechanical Engineers Series C, 1983, 49(446): 1862-1868.

[113] KIM Y B, NOAH S T. Response and bifurcation analysis of a MDOF rotor system with a strong nonlinearity[J]. Nonlinear Dynamics, 1991, 2(3): 215-234.

[114] CHOI Y S, NOAH S T. Nonlinear steady-state response of a rotor-support system[J]. Journal of Vibration Acoustics Stress and Reliability in Design, 1987, 109(3): 255-261.

[115] PELETAN L, BAGUET S, TORKHANI M, et al. Quasi-periodic harmonic balance method for rubbing self-induced vibrations in rotor-stator dynamics [J]. Nonlinear Dynamics, 2014, 78(4): 2501-2515.

[116] 李自刚. 含随机因素的非线性转子-轴承系统动力学行为研究[D]. 西安:西安交通大学, 2016.

[117] ROSENBERG R M. Normal modes of nonlinear dual-mode systems[J]. Journal of Applied Mechanics, 1960, 27(2): 263-268.

[118] SHAW S W, PIERRE C. Nonlinear normal modes and invariant-manifolds [J]. Journal of Sound and Vibration, 1991, 150(1): 170-173.

[119] PESHECK E, PIERRE C, SHAW S W. A new Galerkin-based approach for accurate non-linear normal modes through invariant manifolds[J]. Journal of Sound and Vibration, 2002, 249(5): 971-993.

[120] HALLER G, PONSIOEN S. Nonlinear normal modes and spectral submanifolds: existence, uniqueness and use in model reduction[J]. Nonlinear Dynamics, 2016, 86(3): 1493-1534.

[121] 刘铢生, 黄克累. 一种用于非线性振动系统的模态分析方法[J]. 力学学报, 1988, 20(1): 41-48.

[122] JEZEQUEL L, LAMARQUE C H. Analysis of non-linear dynamical systems by the normal form theory[J]. Journal of Sound and Vibration, 1991, 149(3): 429-459.

[123] MISHRA A K, SINGH M C. The normal modes of non-linear symmetric

systems by group representation theory[J]. International Journal of Non-Linear Mechanics, 1974, 9(6): 463-480.

[124] VAKAKIS A F, RAND R H. Normal modes and global dynamics of a two-degree-of-freedom non-linear system, part Ⅰ: low energies[J]. International Journal of Non-Linear Mechanics, 1992, 27(5): 861-874.

[125] PIERRE C, SHAW S W. Mode localization due to symmetry-breaking non-linearities[J]. International Journal of Bifurcation and Chaos, 1991, 1(2): 471-475.

[126] CAUGHEY T K, VAKAKIS A, SIVO J M. Analytical study of similar normal modes and their bifurcation in a class of strong non-linear systems[J]. International Journal of Non-Linear Mechanics, 1990, 25(5): 521-533.

[127] NAYFEH A H. On direct methods for constructing nonlinear normal modes of continuous systems[J]. Journal of Vibration and Control, 1995, 4(1): 389-430.

[128] 吴志强. 多自由度非线性系统的非线性模态及 Normal Form 直接方法[D]. 天津:天津大学, 1996.

[129] 陈艳华. 转子/定子碰摩系统的非线性模态分析及在系统响应预测中的应用[D]. 西安:西安交通大学, 2014.

[130] JIANG D, PIERRE C, SHAW S W. Nonlinear normal modes for vibratory systems under harmonic excitation[J]. Journal of Sound and Vibration, 2005, 288(4-5): 791-812.

[131] 黄行蓉, 刘久周, 李琳. 基于非线性模态的复杂系统动力学特性分析方法[J]. 北京航空航天大学学报, 2019, 45(7): 1337-1348.

[132] PONSIOEN S, PEDERGNANA T, HALLER G. Automated computation of autonomous spectral submanifolds for nonlinear modal analysis[J]. Journal of Sound and Vibration, 2018, 420: 269-295.

[133] JAIN S, TISO P, HALLER G. Exact nonlinear model reduction for a Von Kármán beam: slow-fast decomposition and spectral submanifolds[J]. Journal of Sound and Vibration, 2018, 423: 195-211.

[134] SZALAI R. Model reduction of non-densely defined piecewise-smooth systems in Banach spaces[J]. Journal of Nonlinear Science, 2019, 29(3): 897-960.

[135] MIGNOLET M P, PRZEKOP A, RIZZI S A, et al. A review of indirect/non-intrusive reduced order modeling of nonlinear geometric structures[J]. Journal of Sound and Vibration, 2013, 332(10): 2437-2460.

[136] SOMBROEK C S M, TISO P, RENSON L, et al. Numerical computation of nonlinear normal modes in a modal derivative subspace[J]. Computers & Structures, 2018, 195: 34-46.

[137] PONSIOEN S, PEDERGNANA T, HALLER G. Analytic prediction of isolated forced response curves from spectral submanifolds[J]. Nonlinear Dynamics, 2019, 98(4): 2755-2773.

[138] JIN Y L, LU K, HOU L, et al. An adaptive proper orthogonal decomposition method for model order reduction of multi-disc rotor system[J]. Journal of Sound and Vibration, 2017, 411: 210-231.

[139] AVRAMOV K V, MIKHLIN Y V. Review of applications of nonlinear normal modes for vibrating mechanical systems[J]. Applied Mechanics Reviews, 2013, 65(2): 020801.

[140] 陈艳华, 江俊. 转子/定子碰摩系统的非线性模态及其在干摩擦反向涡动响应预测中的应用[J]. 西安交通大学学报, 2014, 48(5): 82-88.

[141] HONG J, YU P C, ZHANG D Y, et al. Nonlinear dynamic analysis using the complex nonlinear modes for a rotor system with an additional constraint due to rub-impact[J]. Mechanical Systems and Signal Processing, 2019, 116: 443-461.

[142] JIANG J, WU Z Q. Determining the characteristics of a self-excited oscillation in rotor/stator systems from the interaction of linear and nonlinear normal modes[J]. International Journal of Bifurcation and Chaos, 2010, 20(12): 4137-4150.

[143] CHEN Y H, JIANG J. Determination of nonlinear normal modes of a planar nonlinear system with a constraint condition[J]. Journal of Sound and Vibration, 2013, 332(20): 5151-5161.

[144] LEGRAND M, JIANG D, PIERRE C, et al. Nonlinear normal modes of a rotating shaft based on the invariant manifold method[J]. International Journal of Rotating Machinery, 2004, 10(4): 319-335.

[145] KALKCR J J. Three-dimensional elastic bodies in rolling contact[M]. Dordrecht, Boston, London: Kluwer Academic Publishers, 1990.

[146]王顺增，杨子涵，江俊. 一种基于快速算法的多点现场动平衡方法：CN107389268A[P]. 2017-11-24.

[147] WATANABE Y，KAMI Y，IWATSUBO T. Study of self-excited vibration of rotor and casing due to dry friction[C]//MIZUKI S. Proceedings of the 11th International Symposium on Transport Phenomena and Dynamics of Rotating Machinery. Honolulu：Begell House，2006：ISROMAC11-2006-130.

[148] 刘林，江俊. 转子/定子碰摩响应的全局动力学特性研究[J]. 应用力学学报，2006，23(3)：351-357,506.